国 家 科 技 重 大 专 项

大型油气田及煤层气开发成果丛书

（2008—2020）

卷 52

涪陵海相页岩气高效开发关键技术

王志刚　孙　健　胡德高　蔡勋育　易积正　等编著

石油工业出版社

内容提要

本书系统梳理了国家科技重大专项“涪陵页岩气开发示范工程”在涪陵页岩气田勘探开发过程中形成的重要理论、方法和技术，全面总结了涪陵页岩气田开发成果的基础，可为中国海相页岩气高效开发提供可借鉴和参考的依据。

本书可供从事页岩气研究的勘探开发人员、从事非常规油气资源研究的科技人员及高等院校相关专业师生参考学习。

图书在版编目（CIP）数据

涪陵海相页岩气高效开发关键技术 / 王志刚等编著 .
—北京：石油工业出版社，2022.12
（国家科技重大专项 · 大型油气田及煤层气开发成果丛书：2008—2020）
ISBN 978-7-5183-5436-8

Ⅰ . ①涪… Ⅱ . ①王… Ⅲ . ①海相 – 油页岩 – 油气田开发 – 研究 – 中国 Ⅳ . ① P618.130.8

中国版本图书馆 CIP 数据核字（2022）第 102291 号

责任编辑：张 倩 张旭东 唐俊雅
责任校对：张 磊
装帧设计：李 欣 周 彦

出版发行：石油工业出版社
（北京安定门外安华里 2 区 1 号楼 100011）
网 址：www.petropub.com
编辑部：（010）64523710 图书营销中心：（010）64523633
经 销：全国新华书店
印 刷：北京中石油彩色印刷有限责任公司

2022 年 12 月第 1 版 2022 年 12 月第 1 次印刷
787×1092 毫米 开本：1/16 印张：22.75
字数：530 千字

定价：230.00 元

《国家科技重大专项·大型油气田及煤层气开发成果丛书（2008—2020）》

编委会

《涪陵海相页岩气高效开发关键技术》

编写组

组　长：王志刚

副组长：孙　健　胡德高　蔡勋育　易积正

成　员：（按姓氏拼音排序）

包汉勇　蔡俊驰　陈　宁　陈筱琳　陈学辉　陈亚琳
樊丽丽　冯　斌　关晓东　何　勇　胡　韵　胡小虎
黄　亮　黄根炉　黄朝琴　江建飞　李　俊　李　牧
李　争　李继庆　李奎东　李新文　李远照　李之帆
廖如刚　刘　超　刘　华　刘　军　刘　莉　刘　霜
刘　炜　刘乔平　刘尧文　陆永潮　路智勇　伦增珉
彭　军　齐艳平　任　岚　荣　莽　舒志国　唐德东
王　辉　王　进　王　磊　王　怡　王步娥　王海峰
王卫红　吴国超　习传学　肖佳林　熊智勇　许明标
杨春和　杨海平　杨文新　易　军　郁　飞　臧艳彬
张　峰　张柏桥　张洪宁　张良万　张双全　张永贵
张召基　赵春鹏　赵明琨　郑爱维　郑泽旭　周德华
周贤海　周泽军

丛书·序

能源安全关系国计民生和国家安全。面对世界百年未有之大变局和全球科技革命的新形势，我国石油工业肩负着坚持初心、为国找油、科技创新、再创辉煌的历史使命。国家科技重大专项是立足国家战略需求，通过核心技术突破和资源集成，在一定时限内完成的重大战略产品、关键共性技术或重大工程，是国家科技发展的重中之重。大型油气田及煤层气开发专项，是贯彻落实习近平总书记关于大力提升油气勘探开发力度、能源的饭碗必须端在自己手里等重要指示批示精神的重大实践，是实施我国“深化东部、发展西部、加快海上、拓展海外”油气战略的重大举措，引领了我国油气勘探开发事业跨入向深层、深水和非常规油气进军的新时代，推动了我国油气科技发展从以“跟随”为主向“并跑、领跑”的重大转变。在“十二五”和“十三五”国家科技创新成就展上，习近平总书记两次视察专项展台，充分肯定了油气科技发展取得的重大成就。

大型油气田及煤层气开发专项作为《国家中长期科学和技术发展规划纲要（2006—2020年）》确定的10个民口科技重大专项中唯一由企业牵头组织实施的项目，以国家重大需求为导向，积极探索和实践依托行业骨干企业组织实施的科技创新新型举国体制，集中优势力量，调动中国石油、中国石化、中国海油等百余家油气能源企业和70多所高等院校、20多家科研院所及30多家民营企业协同攻关，参与研究的科技人员和推广试验人员超过3万人。围绕专项实施，形成了国家主导、企业主体、市场调节、产学研用一体化的协同创新机制，聚智协力突破关键核心技术，实现了重大关键技术与装备的快速跨越；弘扬伟大建党精神、传承石油精神和大庆精神铁人精神，以及石油会战等优良传统，充分体现了新型举国体制在科技创新领域的巨大优势。

经过十三年的持续攻关，全面完成了油气重大专项既定战略目标，攻克了一批制约油气勘探开发的瓶颈技术，解决了一批“卡脖子”问题。在陆上油气勘探、陆上油气开发、工程技术、海洋油气勘探开发、海外油气勘探开发、非常规油气勘探开发领域，形成了6大技术系列、26项重大技术；自主研发20项重大工程技术装备；建成35项示范工程、26个国家级重点实验室和研究中心。我国油气科技自主创新能力大幅提升，油气能源企业被卓越赋能，形成产量、储量增长高峰期发展新态势，为落实习近平总书记“四个革命、一个合作”能源安全新战略奠定了坚实的资源基础和技术保障。

《国家科技重大专项·大型油气田及煤层气开发成果丛书（2008—2020）》（62卷）是专项攻关以来在科学理论和技术创新方面取得的重大进展和标志性成果的系统总结，凝结了数万科研工作者的智慧和心血。他们以“功成不必在我，功成必定有我”的担当，高质量完成了这些重大科技成果的凝练提升与编写工作，为推动科技创新成果转化为现实生产力贡献了力量，给广大石油干部员工奉献了一场科技成果的饕餮盛宴。这套丛书的正式出版，对于加快推进专项理论技术成果的全面推广，提升石油工业上游整体自主创新能力和科技水平，支撑油气勘探开发快速发展，在更大范围内提升国家能源保障能力将发挥重要作用，同时也一定会在中国石油工业科技出版史上留下一座书香四溢的里程碑。

在世界能源行业加快绿色低碳转型的关键时期，广大石油科技工作者要进一步认清面临形势，保持战略定力、志存高远、志创一流，毫不放松加强油气等传统能源科技攻关，大力提升油气勘探开发力度，增强保障国家能源安全能力，努力建设国家战略科技力量和世界能源创新高地；面对资源短缺、环境保护的双重约束，充分发挥自身优势，以技术创新为突破口，加快布局发展新能源新事业，大力推进油气与新能源协调融合发展，加大节能减排降碳力度，努力增加清洁能源供应，在绿色低碳科技革命和能源科技创新上出更多更好的成果，为把我国建设成为世界能源强国、科技强国，实现中华民族伟大复兴的中国梦续写新的华章。

中国石油董事长、党组书记

中国工程院院士

戴厚良

丛书·前言

石油天然气是当今人类社会发展最重要的能源。2020 年全球一次能源消费量为 134.0×10^8t 油当量，其中石油和天然气占比分别为 30.6% 和 24.2%。展望未来，油气在相当长时间内仍是一次能源消费的主体，全球油气生产将呈长期稳定趋势，天然气产量将保持较高的增长率。

习近平总书记高度重视能源工作，明确指示“要加大油气勘探开发力度，保障我国能源安全”。石油工业的发展是由资源、技术、市场和社会政治经济环境四方面要素决定的，其中油气资源是基础，技术进步是最活跃、最关键的因素，石油工业发展高度依赖科学技术进步。近年来，全球石油工业上游在资源领域和理论技术研发均发生重大变化，非常规油气、海洋深水油气和深层—超深层油气勘探开发获得重大突破，推动石油地质理论与勘探开发技术装备取得革命性进步，引领石油工业上游业务进入新阶段。

中国共有 500 余个沉积盆地，已发现松辽盆地、渤海湾盆地、准噶尔盆地、塔里木盆地、鄂尔多斯盆地、四川盆地、柴达木盆地和南海盆地等大型含油气大盆地，油气资源十分丰富。中国含油气盆地类型多样、油气地质条件复杂，已发现的油气资源以陆相为主，构成独具特色的大油气分布区。历经半个多世纪的艰苦创业，到 20 世纪末，中国已建立完整独立的石油工业体系，基本满足了国家发展对能源的需求，保障了油气供给安全。2000 年以来，随着国内经济高速发展，油气需求快速增长，油气对外依存度逐年攀升。我国石油工业担负着保障国家油气供应安全，壮大国际竞争力的历史使命，然而我国石油工业面临着油气勘探开发对象日趋复杂、难度日益增大、勘探开发理论技术不相适应及先进装备依赖进口的巨大压力，因此急需发展自主科技创新能力，发展新一代油气勘探开发理论技术与先进装备，以大幅提升油气产量，保障国家油气能源安全。一直以来，国家高度重视油气科技进步，支持石油工业建设专业齐全、先进开放和国际化的上游科技研发体系，在中国石油、中国石化和中国海油建立了比较先进和完备的科技队伍和研发平台，在此基础上于2008年启动实施国家科技重大专项技术攻关。

国家科技重大专项“大型油气田及煤层气开发”（简称“国家油气重大专项”）是《国家中长期科学和技术发展规划纲要（2006—2020年）》确定的16个重大专项之一，目标是大幅提升石油工业上游整体科技创新能力和科技水平，支撑油气勘探开发快速发展。国家油气重大专项实施周期为2008—2020年，按照“十一五”“十二五”“十三五”3个阶段实施，是民口科技重大专项中唯一由企业牵头组织实施的专项，由中国石油牵头组织实施。专项立足保障国家能源安全重大战略需求，围绕“6212”科技攻关目标，共部署实施201个项目和示范工程。在党中央、国务院的坚强领导下，专项攻关团队积极探索和实践依托行业骨干企业组织实施的科技攻关新型举国体制，加快推进专项实施，攻克一批制约油气勘探开发的瓶颈技术，形成了陆上油气勘探、陆上油气开发、工程技术、海洋油气勘探开发、海外油气勘探开发、非常规油气勘探开发6大领域技术系列及26项重大技术，自主研发20项重大工程技术装备，完成35项示范工程建设。近10年我国石油年产量稳定在2×10^8t左右，天然气产量取得快速增长，2020年天然气产量达$1925\times10^8m^3$，专项全面完成既定战略目标。

通过专项科技攻关，中国油气勘探开发技术整体已经达到国际先进水平，其中陆上油气勘探开发水平位居国际前列，海洋石油勘探开发与装备研发取得巨大进步，非常规油气开发获得重大突破，石油工程服务业的技术装备实现自主化，常规技术装备已全面国产化，并具备部分高端技术装备的研发和生产能力。总体来看，我国石油工业上游科技取得以下七个方面的重大进展：

（1）我国天然气勘探开发理论技术取得重大进展，发现和建成一批大气田，支撑天然气工业实现跨越式发展。围绕我国海相与深层天然气勘探开发技术难题，形成了海相碳酸盐岩、前陆冲断带和低渗—致密等领域天然气成藏理论和勘探开发重大技术，保障了我国天然气产量快速增长。自2007年至2020年，我国天然气年产量从$677\times10^8m^3$增长到$1925\times10^8m^3$，探明储量从$6.1\times10^{12}m^3$增长到$14.41\times10^{12}m^3$，天然气在一次能源消费结构中的比例从2.75%提升到8.18%以上，实现了三个翻番，我国已成为全球第四大天然气生产国。

（2）创新发展了石油地质理论与先进勘探技术，陆相油气勘探理论与技术继续保持国际领先水平。创新发展形成了包括岩性地层油气成藏理论与勘探配套技术等新一代石油地质理论与勘探技术，发现了鄂尔多斯湖盆中心岩性地层大油区，支撑了国内长期年新增探明 10×10^8t 以上的石油地质储量。

（3）形成国际领先的高含水油田提高采收率技术，聚合物驱油技术已发展到三元复合驱，并研发先进的低渗透和稠油油田开采技术，支撑我国原油产量长期稳定。

（4）我国石油工业上游工程技术装备（物探、测井、钻井和压裂）基本实现自主化，具备一批高端装备技术研发制造能力。石油企业技术服务保障能力和国际竞争力大幅提升，促进了石油装备产业和工程技术服务产业发展。

（5）我国海洋深水工程技术装备取得重大突破，初步实现自主发展，支持了海洋深水油气勘探开发进展，近海油气勘探与开发能力整体达到国际先进水平，海上稠油开发处于国际领先水平。

（6）形成海外大型油气田勘探开发特色技术，助力“一带一路”国家油气资源开发和利用。形成全球油气资源评价能力，实现了国内成熟勘探开发技术到全球的集成与应用，我国海外权益油气产量大幅度提升。

（7）页岩气、致密气、煤层气与致密油、页岩油勘探开发技术取得重大突破，引领非常规油气开发新兴产业发展。形成页岩气水平井钻完井与储层改造作业技术系列，推动页岩气产业快速发展；页岩油勘探开发理论技术取得重大突破；煤层气开发新兴产业初见成效，形成煤层气与煤炭协调开发技术体系，全国煤炭安全生产形势实现根本性好转。

这些科技成果的取得，是国家实施建设创新型国家战略的成果，是百万石油员工和科技人员发扬艰苦奋斗、为国找油的大庆精神铁人精神的实践结果，是我国科技界以举国之力团结奋斗联合攻关的硕果。国家油气重大专项在实施中立足传统石油工业，探索实践新型举国体制，创建“产学研用”创新团队，创新人才队伍建设，创新科技研发平台基地建设，使我国石油工业科技创新能力得到大幅度提升。

为了系统总结和反映国家油气重大专项在科学理论和技术创新方面取得的重大进展和成果，加快推进专项理论技术成果的推广和提升，专项实施管理办公室与技术总体组规划组织编写了《国家科技重大专项·大型油气田及煤层气开发成果丛书（2008—2020）》。丛书共 62 卷，第 1 卷为专项理论技术成果总论，第 2～9 卷为陆上油气勘探理论技术成果，第 10～14 卷为陆上油气开发理论技术成果，第 15～22 卷为工程技术装备成果，第 23～26 卷为海洋油气理论技术装备成果，第 27～30 卷为海外油气理论技术成果，第 31～43 卷为非常规油气理论技术成果，第44～62卷为油气开发示范工程技术集成与实施成果（包括常规油气开发7卷，煤层气开发5卷，页岩气开发4卷，致密油、页岩油开发3卷）。

各卷均以专项攻关组织实施的项目与示范工程为单元，作者是项目与示范工程的项目长和技术骨干，内容是项目与示范工程在2008—2020年期间的重大科学理论研究、先进勘探开发技术和装备研发成果，代表了当今我国石油工业上游的最新成就和最高水平。丛书内容翔实，资料丰富，是科学研究与现场试验的真实记录，也是科研成果的总结和提升，具有重大的科学意义和资料价值，必将成为石油工业上游科技发展的珍贵记录和未来科技研发的基石和参考资料。衷心希望丛书的出版为中国石油工业的发展发挥重要作用。

国家科技重大专项“大型油气田及煤层气开发”是一项巨大的历史性科技工程，前后历时十三年，跨越三个五年规划，共有数万名科技人员参加，是我国石油工业史上一项壮举。专项的顺利实施和圆满完成是参与专项的全体科技人员奋力攻关、辛勤工作的结果，是我国石油工业界和石油科技教育界通力合作的典范。我有幸作为国家油气重大专项技术总师，全程参加了专项的科研和组织，倍感荣幸和自豪。同时，特别感谢国家科技部、财政部和发改委的规划、组织和支持，感谢中国石油、中国石化、中国海油及中联公司长期对石油科技和油气重大专项的直接领导和经费投入。此次专项成果丛书的编辑出版，还得到了石油工业出版社大力支持，在此一并表示感谢！

中国科学院院士 贾承造

《国家科技重大专项·大型油气田及煤层气开发成果丛书（2008—2020）》

分卷目录

序号	分卷名称
卷 29	超重油与油砂有效开发理论与技术
卷 30	伊拉克典型复杂碳酸盐岩油藏储层描述
卷 31	中国主要页岩气富集成藏特点与资源潜力
卷 32	四川盆地及周缘页岩气形成富集条件、选区评价技术与应用
卷 33	南方海相页岩气区带目标评价与勘探技术
卷 34	页岩气气藏工程及采气工艺技术进展
卷 35	超高压大功率成套压裂装备技术与应用
卷 36	非常规油气开发环境检测与保护关键技术
卷 37	煤层气勘探地质理论及关键技术
卷 38	煤层气高效增产及排采关键技术
卷 39	新疆准噶尔盆地南缘煤层气资源与勘查开发技术
卷 40	煤矿区煤层气抽采利用关键技术与装备
卷 41	中国陆相致密油勘探开发理论与技术
卷 42	鄂尔多斯盆缘过渡带复杂类型气藏精细描述与开发
卷 43	中国典型盆地陆相页岩油勘探开发选区与目标评价
卷 44	鄂尔多斯盆地大型低渗透岩性地层油气藏勘探开发技术与实践
卷 45	塔里木盆地克拉苏气田超深超高压气藏开发实践
卷 46	安岳特大型深层碳酸盐岩气田高效开发关键技术
卷 47	缝洞型油藏提高采收率工程技术创新与实践
卷 48	大庆长垣油田特高含水期提高采收率技术与示范应用
卷 49	辽河及新疆稠油超稠油高效开发关键技术研究与实践
卷 50	长庆油田低渗透砂岩油藏 CO_2 驱油技术与实践
卷 51	沁水盆地南部高煤阶煤层气开发关键技术
卷 52	涪陵海相页岩气高效开发关键技术
卷 53	渝东南常压页岩气勘探开发关键技术
卷 54	长宁—威远页岩气高效开发理论与技术
卷 55	昭通山地页岩气勘探开发关键技术与实践
卷 56	沁水盆地煤层气水平井开采技术及实践
卷 57	鄂尔多斯盆地东缘煤系非常规气勘探开发技术与实践
卷 58	煤矿区煤层气地面超前预抽理论与技术
卷 59	两淮矿区煤层气开发新技术
卷 60	鄂尔多斯盆地致密油与页岩油规模开发技术
卷 61	准噶尔盆地砂砾岩致密油藏开发理论技术与实践
卷 62	渤海湾盆地济阳坳陷致密油藏开发技术与实践

本卷·前言

涪陵页岩气田是国家首个页岩气开发示范区，其高效开发受到业内的广泛关注，同时开发过程中积累的大量创新理论与实践经验可为我国海相页岩气开发评价及页岩气增产提供科学依据。与常规油气不同，页岩气主要储集在微纳米尺度的页岩孔隙中，主要以游离态和吸附态赋存于纳米储集空间和颗粒表面，使页岩气开发难度较大、成本较高，得益于水平钻井、体积压裂等关键技术，页岩气藏实现了可持续的规模性商业开发。截至2020年底，涪陵页岩气田累计建成产能$124\times10^8m^3$，累计探明储量$7926\times10^8m^3$，累计产气$350\times10^8m^3$，成为全国累计产量最高的商业开发页岩气田。

涪陵页岩气田的高效开发体现了理论技术的不断突破与创新，为系统梳理涪陵页岩气田勘探开发过程中形成的重要理论、方法和技术，为中国海相页岩气高效开发提供可借鉴和参考的依据，在全面总结涪陵页岩气田开发成果的基础上，将《涪陵海相页岩气高效开发关键技术》一书奉献给读者。

全书分为七章。主要阐述了国内外页岩气勘探开发现状与历程概述、页岩气开发地质评价技术、页岩气开发动态评价及开发优化技术、涪陵页岩气水平井优快钻井技术、页岩气高效压裂技术、页岩气绿色开发技术、涪陵页岩气田技术集成与示范体系建设。本书的成果是长期从事涪陵页岩气勘探开发工作的科研人员集体智慧的结晶，对于中国南方海相页岩气高效开发具有一定的指导意义。

本书研究成果得到中国石化总部领导的指导，得到中国石化勘探分公司、中国石化华东分公司、中国石化西南分公司等兄弟单位的鼎力支持，笔者在此表示衷心感谢，也感谢江汉油田的科研人员为涪陵页岩气田发展作出的积极贡献！

本书的出版得到了国家科技重大专项“涪陵页岩气开发示范工程”（编号：2016ZX05060）的资助。在编写过程中，引用了国内外相关学者在页岩气勘探开发研究方面的成果，由于资料众多，难以一一列举，一并表示衷心感谢！

限于作者水平，文中观点难免有不妥之处，恳请读者批评指正。

目 录

第一章 概 述

页岩气主要是指以吸附态或游离态赋存在可生烃的富有机质泥页岩中，少量以溶解态赋存于干酪根、沥青、残留水和液态原油中，是一种典型的自生自储型非常规天然气（张金川等，2004；Hao et al.，2013）。与常规储层相比，页岩储层孔隙微小，在地层条件下渗透率普遍小于0.001mD，自然条件下单井无产能，一般需要通过体积压裂才能获得工业性气流（郭旭升等，2012；邹才能等，2015；郭彤楼，2016）。本章详细介绍了国内外页岩气的勘探开发现状，重点对涪陵页岩气田的勘探开发历程进行了描述，便于读者对页岩气的勘探开发现状与背景有进一步的了解。

第一节 国内外页岩气勘探开发概况

一、北美页岩气勘探开发概况

页岩气的勘探开发最早开始于美国，1821年，Hart等在美国东部阿巴拉契亚盆地的泥盆系页岩中钻探了世界上第一口页岩气井（井深仅21m），在深8m的泥盆系Perrysbury组Dunkirk页岩中生产出了天然气（Curtis，2002；Selley，2012）。尽管当时页岩气产量非常低，并未引起人们的重视，但却拉开了世界天然气工业发展的序幕。随着美国天然气需求的不断增加，以页岩气为目标的勘探开发一度升温，在泥盆纪黑色页岩层进行了大量的浅层钻探，此后于1863年在美国东部伊利诺伊盆地的西肯塔基州泥盆系和密西西比系层位中陆续发现低产页岩气流（Curtis，2002；Jarvie et al.，2008）。

20世纪初，北美页岩气钻井已经扩展到了西弗吉尼亚州和印第安纳州，页岩气开始进入工产化生产。1914年在阿巴拉契亚盆地泥盆系Ohio页岩的钻探中获得日产$2.83 \times 10^4 m^3$的高产气流，由此发现了世界第一个页岩气田——Big Sandy气田（Selley，2012）。1926年，Big Sandy气田的含气范围由阿巴拉契亚盆地的东部扩展到西部，成为当时世界已知的最大气田（Jarvie et al.，2008；董大忠等，2011）。

20世纪70年代末期，为应对有限的商业化页岩气井和石油危机问题，美国能源部联合国家地质调查局、州级地质调查所、大学及工业团体，投入大量资金，启动了针对美国东部页岩气的地质理论与勘探开发技术攻关项目（EGSP），开展了从地质、地球化学到气藏工程等一系列的理论研究与技术攻关，意识到美国几个盆地的泥盆系和密西西比系黑色页岩中具有丰富的天然气资源，使页岩气资源正式成为新的天然气资源和勘探开发目标。1980年，美国联邦政府实施了燃料税贷款计划，投入了大量资金用于页岩气勘探开发研究，这一期间取得大量的研究成果，尤其在页岩气的聚集机理方面取得重要的认识，从而使其产能、储量得到很大提高。1981年，被誉为页岩气革命之父的George

P. Mitchell 基于 18 年的页岩气开采技术攻关与勘探开发实践，对美国中南部沃斯堡盆地密西西比系 Barnett 页岩 MEC1C. W. Slay No.1 井通过氮气泡沫压裂获得巨大成功，实现了页岩气开采真正意义上的突破，由此将页岩气产区从美国东部迅速推向了中南部地区（Jarvie et al.，2008）。同期（20 世纪 80—90 年代初），美国天然气技术协会（GTI）集中研究了美国页岩气的资源潜力与提高采收率技术等问题，为北美页岩气的发展起到了重要的推动作用。

随着钻完井技术的进步、大型水力压裂技术的突破和输气管道的规模化建设，页岩气在 1990—2000 年成为美国最活跃的天然气开发目标。在借鉴 Antrim 页岩气的成功开发经验基础上，实现了阿巴拉契亚盆地 Ohio、伊里诺伊盆地 New Albany、沃斯堡盆地 Barnett 和圣胡安地 Lewis 页岩气的规模开采，美国页岩气产量大幅度增长。从 1979—1999 年，美国的页岩气年产量增加了 7 倍（Curtis，2002），至 2000 年页岩气井达 28000 口，页岩气年产量增加到约 $100 \times 10^8 m^3$（Hill et al.，2000；Curtis，2002；Selley，2012）。

2000 年以后，美国页岩气进入了一个快速发展阶段（图 1-1-1）。2002 年，福特沃斯盆地 Barnett 页岩气田和密执安盆地的 Antrim 页岩气田进入了美国前十大气田行列中，分别为第六和第七。2004 年西南能源公司在阿科马盆地发现 Fayetteville 页岩气区，而沃斯堡盆地 Barnett 页岩气年产量突破 $100 \times 10^8 m^3$，跃居美国第二大气田。2005 年，美国的页岩气井超过了 3.5 万口，产量约为 $22 \times 10^8 m^3$，占总产量的 4.5%；2006 年，页岩气井增加至 3.9 万多口，产量占 8%（Warlick，2006）。截至 2011 年，在北美地区大约有 50 个富有机质黑色页岩区带被证实存在页岩气资源，其中 9 个区带实现了页岩气规模开发，页岩气年产量已达到 $2000 \times 10^8 m^3$。美国能源信息署（EIA）的报告显示，2019 年美国页岩气产量增长 $957 \times 10^8 m^3$，占全球天然气产量增长率的 73%；2020 年美国页岩气产量为 $7330 \times 10^8 m^3$，占其天然气总产量的约 80%，推动美国成为天然气出口国。

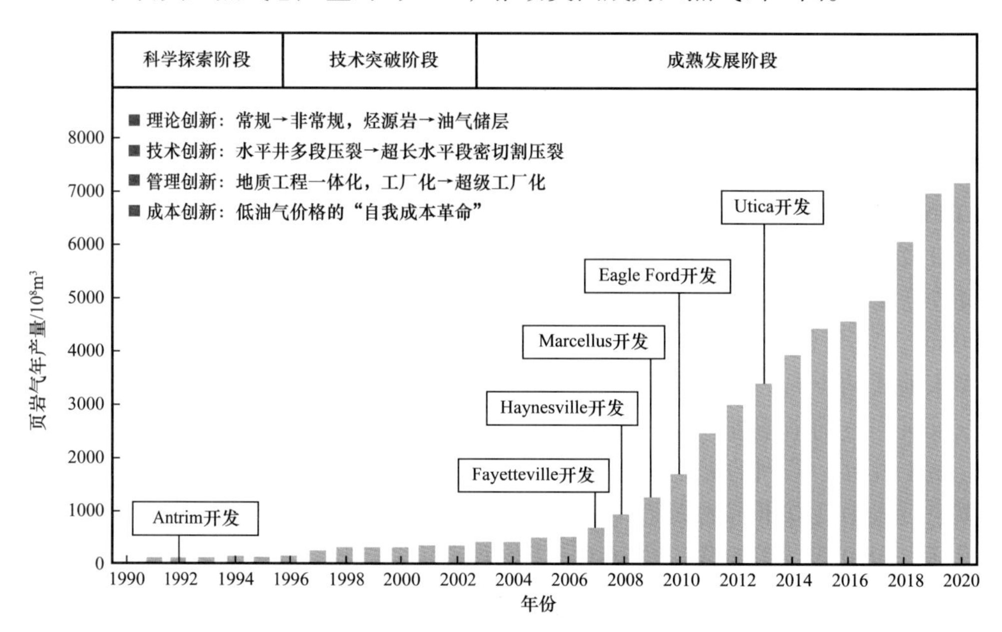

图 1-1-1 美国页岩气发展历程简图

二、中国页岩气勘探开发概况

与北美的页岩气勘探开发成就相比，中国的页岩气勘探开发起步较晚，从 2002 年开始关注页岩气，通过勘探实践和理论创新，较短时间内实现了中国页岩气产量从无到有、在深埋 3500m 以浅实现了年产 $200\times10^8m^3$ 的历史性跨越、在深埋 3500～4000m 深层实现突破发现的转变，逐步形成了适合中国海相页岩气地质特点的理论认识和勘探思路。归纳起来，中国页岩气勘探开发主要经历了以下 5 个阶段。

（1）裂缝型气藏研究阶段（2002 年以前）。

实际上，从历史发展分析，中国的油气勘探开发对页岩气并不陌生，过去的常规油气勘探开发中页岩气的发现已屡见不鲜。20 世纪 60—90 年代，不断在松辽盆地古龙凹陷、渤海湾盆地济阳坳陷、四川盆地威远构造带、鄂尔多斯盆地、柴达木盆地茫崖坳陷等几乎所有陆上含油气盆地中都发现了页岩气或泥页岩裂缝性油气藏，钻遇页岩气显示层位多、分布广，典型代表有 1966 年在四川盆地威远构造上钻探的威 5 井，在古生界寒武系筇竹寺组海相页岩中获得了日产气 $2.46\times10^4m^3$。1994—1998 年间中国还专门针对泥岩、页岩裂缝性油气藏做过大量工作，此后许多学者也在不同含油气盆地探索过页岩气形成与富集的可能性（董大忠等，2012a，2012b）。

（2）调研学习阶段（2002—2006 年）。

2002 年起，国内页岩气研究开始进入跟踪调研阶段，该阶段主要进行了一些前期的探索和准备工作。首先跟踪调研了美国页岩气的发展动态，在此基础上进行了页岩气的相关研究。期间，国内各大石油企业、大专院校及科研机构通过查阅、收集了大量美国页岩气勘探开发的文献资料，开展了我国页岩气资源评价及成藏地质条件的相关研究，对促进我国页岩气的勘探开发起到了积极的推动作用（郭旭升，2014）。随着我国天然气对外依存度的不断提高，能源安全问题变得更加严峻，加速提升天然气在一次能源中所占比例，改善能源结构和保障能源安全迫在眉睫，因此丰富的页岩气资源的勘探开发越发被重视。2005 年开始，中国石油、中国石化、国土资源部油气研究中心、中国地质大学等单位借鉴北美成功经验，相继以老井复查、区域地质调查为基础，调查了我国页岩气形成与富集成藏的地质条件，评价了我国页岩气资源潜力，探索了我国页岩气的发展前景（董大忠等，2012a，2012b）。2006 年，中国石油与美国的新田石油公司对我国展开了第一次页岩气研讨，在此次研讨过程中，根据川南威远、阳高寺等地区常规天然气钻井过程中钻遇寒武系筇竹寺组和志留系龙马溪组时出现的丰富含气显示现象，首次提出中国南方海相沉积盆地具有海相页岩气形成与富集的基本地质条件，并认为我国南方海相页岩发育区是我国页岩气勘探开发的有利地区及首选地区，甚至可成为我国油气资源的重要战略接替区域（郭彤楼等，2014）。除此之外，一些陆相沉积盆地如松辽盆地、鄂尔多斯盆地、吐哈盆地、准噶尔盆地等同样具有页岩气富集成藏的地质基础和条件（董大忠等，2016；姜振学等，2018）。

（3）中国页岩气产业的合作借鉴阶段（2007—2009 年）。

2007 年，中国石油与新田石油合作，引入美国页岩气概念，开展了威远地区寒武系筇竹寺组页岩气资源潜力评价与开发可行性的联合研究，该研究项目为中国与国外的第一个页岩气联合研究项目，属于中国页岩气产业的合作借鉴阶段或启蒙阶段（图1-1-2）。与此同时，对整个蜀南地区古生代海相页岩地层开展了露头地质调查与老资料（井）复查。为探索页岩气地质与资源前景评价方法，2008年中国石油勘探开发研究院在四川盆地南部长宁构造志留系龙马溪组露头区钻探了中国第一口页岩气地质评价浅井（长芯1井），井深154.3m，取心151.6m（邹才能等，2010）。2007—2008年的前期地质研究与选区评价，初步认识到上扬子地区古生界发育多套海相富有机质页岩，厚度大，有机碳含量高，具有较好的页岩气形成条件，明确了四川盆地上奥陶统五峰组—下志留统龙马溪组和下寒武统筇竹寺组两套页岩是中国页岩气的工作重点（董大忠等，2012b；邹才能等，2021）。2009年中国石油率先在四川盆地威远—长宁、云南昭通等地区进行页岩气钻探评价，与壳牌（Shell）公司在四川盆地富顺—永川地区进行中国第一个页岩气国际合作勘探开发项目。确立了长宁、威远和昭通3个页岩气有利区，启动了产业化示范区建设，初步提出年产$15\times10^8m^3$的页岩气发展目标（邹才能等，2017，2021）。

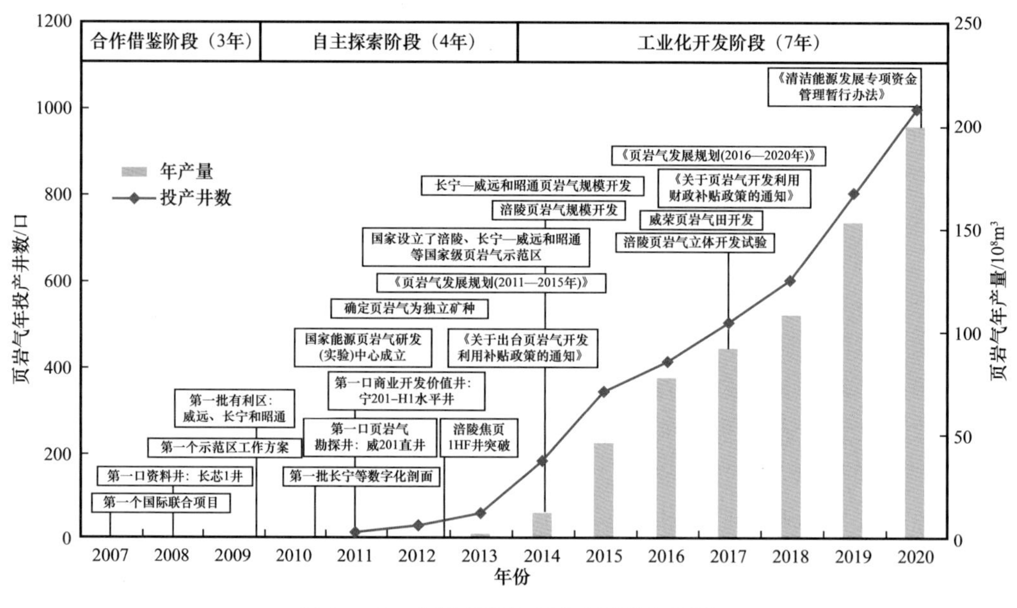

图1-1-2 中国页岩气产业主要发展历程

（4）发展突破阶段（2010—2013年）。

2010年以来，中国政府高度重视页岩气产业的发展，成立了国家能源页岩气研发（实验）中心，设立专项项目研究，国际合作继续深入，相关制度持续完善。2010年，中美两国制订并签署了《美国国务院和中国国家能源局关于中美页岩气资源工作行动计划》（邹才能等，2011）。2010—2011年，中国石化勘探南方分公司在四川盆地元坝地区、涪陵地区开展侏罗系页岩气勘探，利用常规探井进行页岩气的试气工作，先后在元坝101井、元坝102井、元坝9井、元坝5—侧1井等试获页岩油气，并开展元坝、涪陵地区元陆4井和兴隆101井两口常规探井页岩气取心工作，完钻涪陵陆相第一口页岩气水平井——涪页 HF-1 井。2012 年，中国石化加大了在四川盆地及邻区的期探步伐，加大了钻井与试气工作。2012 年 4 月，中国石化勘探南方分公司焦石坝区块首口探井——焦页 1 井开钻，直井对五峰组—龙马溪组 89m 页岩段进行系统取心，见良好页岩气显示，直接转入水平井钻探。11 月，水平井焦页 1-HF 井完成压裂测试，试获日产气 $20.3\times10^4m^3$，取得了龙马溪组页岩气的重大突破（郭彤楼等,2017；邹才能等,2021）。2013 年 1 月 8 日，焦页 1-HF 井生产的天然气开始充装至 CNG 车储气罐外运，标志着中国页岩气商业开发取得重大突破。

（5）跨越发展阶段（2014 年及以后）。

此阶段中国页岩气有效开发技术逐渐趋于成熟，埋深 3500m 以浅页岩气资源实现了有效开发，埋深 3500m 以深页岩气开发取得了突破进展（张金川等，2021），四川盆地海相页岩气已经成为中国天然气产量增长的重要组成部分，是中国页岩气产业的跨越发展阶段（图 1-1-2）。

焦页 1-HF 井取得突破后，经过系统研究，在焦石坝构造主体甩开部署焦页 2-HF 井、焦页 3-HF 井、焦页 4-HF 井三口井，都试获高产页岩气，同时启动了三维地震勘探和开发评价井的部署实施。2014 年 7 月，国土资源部审定涪陵页岩气田焦石坝区块焦页 1 至焦页 3 井区五峰组—龙马溪组一段的探明地质储量，评审探明含气面积 $106.45km^2$，探明储量 $1067.5\times10^8m^3$。

与此同时，2014 年，中国石油也开始加大在威远、长宁、富顺—永川等区块的勘探开发投入，中国页岩气勘探开发在四川盆地进入快速发展阶段。2015 年 8 月，经国土资源部审定，中国石油在四川威 202 井区、宁 201 井区、YS108 井区，新增含气面积 $207.87km^2$、页岩气探明地质储量 $1635.31\times10^8m^3$、技术可采储量 $408.83\times10^8m^3$。

第二节　涪陵页岩气田勘探开发历程

一、勘探历程

涪陵地区的地质调查及石油天然气勘探工作由来已久。20 世纪 50—90 年代，地质矿产部开展了石油普查和地质详查，实施二维地震共 14 条 417.51km、MT 测线 4 条 152.7km、CEMP 测线 14 条 470.7km，发现和落实了焦石坝、大耳山、轿子山等背斜构造。中国石化自 2001 年开始在川东南涪陵、綦江、綦江南等区块从油气地质条件诸方面针对下组合油气勘探进行了区带评价，评价认为包鸾—焦石坝背斜带—石门坎背斜带是该区海相下组合油气勘探的较有利勘探区，但由于勘探潜力不明确，在此期间区块内基本无实物工作量投入（郭旭升等，2016）。

受美国页岩气快速发展和成功经验的影响，中国石化正式启动了页岩气勘探评价工作，将发展非常规资源列为重大发展战略，加快了页岩油气勘探步伐。2009 年，中国石化勘探分公司以四川盆地及周缘为重点展开页岩气勘探选区评价，相继完成了四川盆地及周缘丁山 1 井等 40 余口老井复查、习水骑龙村等 25 条露头剖面资料研究，进行了大量分析测试。初步明确了该地区海相页岩气形成基本地质条件，认识到相对于北美商业页岩气田，南方海相页岩气具有多期构造运动叠加改造、热演化程度高、保存条件复杂、含气性差异大的特点，不能简单套用北美地区现成的理论和勘探技术方法，明确了在中国南方构造复杂地区加强页岩气保存条件评价十分必要。因此提出了南方复杂构造区高演化海相页岩气“二元富集”理论认识，即“深水陆棚相优质页岩是海相页岩气富集的基础，良好的保存条件是海相页岩气富集高产的关键”，并建立了三大类、18项评价参数的南方海相页岩气目标评价体系与标准，在此基础上，优选出了焦石坝、丁山、屏边等一批有利勘探目标（郭旭升等，2016；王志刚，2019）。

为了研究涪陵地区页岩气形成基本地质条件并争取实现页岩气商业突破，中国石化勘探分公司于2011年9月在焦石坝区块论证部署了第一口海相页岩气参数井——焦页1HF井，2012年2月14日焦页1HF井开钻，涪陵页岩气田非常规页岩气勘探从此拉开序幕。2012年9月16日水平井完钻，完钻井深3653.99m，水平段长1007.90m。同年11月，对焦页1HF井水平段2646.09～3653.99m分15段进行大型水力压裂，2012年11月28日，测试获日产$20.3\times10^4m^3$工业气流，从而宣告了涪陵页岩气田的发现（郭旭升等，2016）。

二、开发历程

焦页1HF井获得商业发现后，在焦页1HF井南部甩开部署焦页2井、焦页3井、焦页4井3口评价井，压裂测试分别试获日产$33.69\times10^4m^3$、$11.55\times10^4m^3$、$25.83\times10^4m^3$中高产工业气流，实现了焦石坝构造主体控制。与此同时，在焦石坝构造有利勘探区（埋深小于3500m）整体部署$594.50km^2$三维地震，为涪陵页岩气田一期建产奠定扎实的资料基础。继焦石坝主体控制后，2014年针对不同构造样式和深层页岩气积极向外围甩开部署实施了5口探井——焦页5井、焦页6井、焦页7井、焦页8井、焦页9井，其中焦页5井、焦页6井、焦页7井、焦页8井分别试获日产$4.5\times10^4m^3$、$6.68\times10^4m^3$、$3.68\times10^4m^3$、$20.8\times10^4m^3$页岩气流，扩大了涪陵页岩气田的勘探开发阵地（郭旭升，2014）。

截至2020年底，焦页1HF井连续生产3050天，焦页6-2HF井累计产气超$3.3\times10^8m^3$，继续保持国内页岩气井开发时间最长、单井累产最高两项纪录；涪陵页岩气田累计建成产能$124\times10^8m^3$，累计探明储量$7926\times10^8m^3$，累计产气$350\times10^8m^3$，成为全国累产最高的商业开发页岩气田。

第二章　页岩气开发地质评价技术

页岩气地质评价是页岩气勘探开发的基础，是认识页岩气形成、富集、成藏的重要理论问题，对页岩气勘探开发具有重要的科学指导意义。过去对页岩的认识，主要是作为烃源和盖层来进行研究。随着页岩气勘探开发在北美地区的重大突破，特别是四川盆地涪陵页岩气田的商业开发，现已普遍认识到页岩既是烃源，也是储集层，是集生、储、盖、运、聚于一体的地质体。页岩气是一种产自极低孔渗、富有机质页岩储集系统中的天然气，以游离态和吸附态为主赋存、原位饱和富集于页岩储集系统的微纳米级孔缝、矿物颗粒表面。页岩气藏是典型的非常规天然气藏，储层物性差，开采难度较大，这些都对页岩气勘探开发配套的地质评价技术提出了更高的要求。

本章主要从四个方面系统地介绍了涪陵页岩气开发地质评价技术：一是详细描述涪陵页岩气层地质特征，包括构造地质特征、沉积地层特征、地球化学特征、页岩储集特征、页岩含气性特征等；二是在精细描述的基础上，开展页岩气开发地质评价，主要有测井解释评价、地震解释预测和地质建模评价；三是明确了涪陵页岩气田的富集高产机理，提出深水陆棚沉积环境是页岩气富集的物质基础，有机质孔和特殊裂缝组合是页岩气富集的保障，良好的保存条件是页岩气富集的关键，并结合目前涪陵页岩气田开发实践，总结出高含气量、高压力系数、强改造体积是页岩气高产的关键；四是制定了适合中国南方海相地层的页岩气开发选区评价指标体系，对涪陵页岩气田的资源量进行了计算。本章节内容对中国南方海相页岩气田的勘探开发具有一定的指导意义。

第一节　页岩气层精细描述

一、构造地质特征

湘鄂西—川东构造带位于四川盆地东南（图 2-1-1），地跨川东高陡褶皱带和川南低陡褶皱带，处于加里东期乐山—龙女寺古隆起东南下斜坡，印支期泸州古隆起东南斜坡，为北至华蓥山断裂，南至齐岳山隐伏断裂，东至南川遵义大断裂，西至兴文古蔺隐伏大断裂所限的川南低陡褶皱带区域。其主要包括川东高陡褶皱带、川东南低陡褶皱带和齐岳山—金佛山—娄山断裂带、鄂西—渝东—黔北断褶带、雪峰山隆起带。

湘鄂西至川东近 400km 宽阔的中上扬子陆内中古生界变形带是江南—雪峰陆内造山作用向北西方向递进扩展变形的结果。湘鄂西—川东构造带南东与江南雪峰隆起以石门—慈利—保靖断裂为界，北西以华蓥山断裂与川中隆起分割，北与大巴山弧形构造对突。从南东—北西为 NEE—NE—NNE 向线性—弧形断褶带，由一系列被断层切割的复背斜和复向斜相间构成。齐岳山断裂将湘鄂西—川东构造带分为湘鄂西断褶带和川东断褶带两个不同的构造区。其中湘鄂西断褶带以厚皮“隔槽式”结构为主，川东断褶带为薄

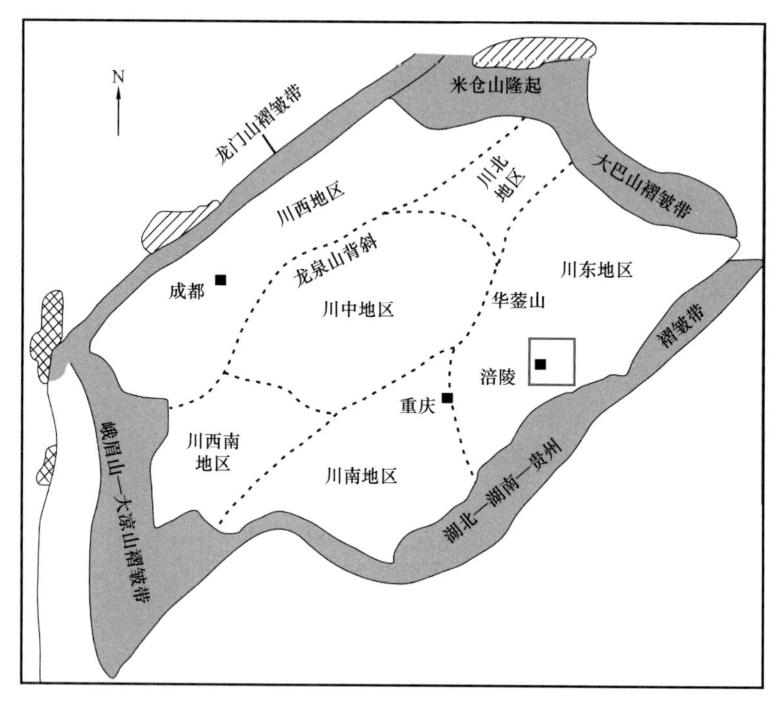

图 2-1-1　四川盆地及邻区构造单元区划图

皮“隔挡式”结构。

湘鄂西断褶带宽约 220km，走向 NEE—NE 向，向 NW 向突出呈弧形展布。从南东向北由桑植—石门复向斜、宜都—鹤峰复背斜、花果坪复向斜、恩施复背斜和利川复向斜等构造带组成。断褶带内背斜呈宽阔的箱状，核部主要出露寒武系—奥陶系，基底新元古界部分卷入；向斜较为狭窄，呈不对称至倒转、线状展布，核部地层主要由上古生界及中生界组成。背斜与向斜相间组成“隔槽式”结构。由东南向西北褶皱强度由大变小，隆升幅度由高变低，核部出露地层由老变新。基底卷入盖层程度较深，因此湘鄂西断褶带具有厚皮结构特征。该断褶带部分逆断层在燕山晚期发生负反转成为正断层。

川东断褶带宽约 170km，西起华蓥山断裂，东至齐岳山断裂。从南东向北西由石柱复向斜、方斗山复背斜和万县复向斜组成，与北部的大巴山弧形构造对突。断褶带出露地层以中生界三叠系、侏罗系及下白垩统为主，从南东向北西变新。断褶带内褶皱多成线性，背斜窄，地层陡峭紧闭，两翼通常不对称，其中一翼陡倾斜甚至倒转，核部常伴随发育逆断层，不同构造层内部构造复杂并解体；向斜通常轴部宽阔，地层相对平缓，呈“屉”状，内部构造相对简单。紧闭的背斜与开阔宽缓的向斜相间排列，以志留系等主要滑脱层组成“隔挡式”结构，基底多未卷入盖层构造中。

二、沉积地层特征

1. 涪陵区块地层总体特征综述

涪陵焦石坝地区出露地层主要为侏罗系—三叠系，侏罗系主要分布于北部，研究区范围内出露地层主体为下三叠统嘉陵江组，往南局部地区出露地表层位为中三叠统雷口坡组。钻井揭示，涪陵地区古生界奥陶系—中生界三叠系自下而上主要发育：十字铺组、宝塔组、涧草沟组、五峰组、龙马溪组、小河坝组、韩家店组、黄龙组、梁山组、栖霞组、茅口组、龙潭组、长兴组、飞仙关组、嘉陵江组，地层厚度及岩性简述见表 2-1-1。其中志留系由下统龙马溪组、小河坝组和中统韩家店组组成，与下伏奥陶系整合接触，与上覆石炭系黄龙组平行不整合接触。晚奥陶五峰组—早志留龙马溪组在涪陵地区分布稳定，厚度 200～300m。

表 2-1-1　区域地层简述表

地层					厚度/m	岩性简述
界	系	统	组	代号		
中生界	三叠系	上统	须家河组	T_3xj	105.0	以灰白色块状长石岩屑石英砂岩为主
		中统	雷口坡组	T_2l	585.0	上部以灰色薄—中厚层（含）泥质灰岩为主，中部为紫红色粉砂质页岩，下部以灰色含泥质（白云质）灰岩为主
		下统	嘉陵江组	T_1j	526.0	石灰岩为主。顶部见一中薄层灰、黄灰色白云岩、含灰白云岩，底部见一中厚层灰、深灰色云质灰岩
			飞仙关组	T_1f	426.0	顶部为灰黄色含灰泥质白云岩，间夹紫红色泥岩，中部以灰色、深灰色云质灰岩、鲕粒灰岩为主，下部为深灰色云质灰岩，底部见一层深灰色含灰泥岩
古生界	二叠系	上统	长兴组	P_2ch	174.5	石灰岩。上部岩性主要为灰色、深灰色生屑（含生屑）灰岩，下部岩性为浅灰色、灰色、深灰色灰岩
			龙潭组	P_2l	101.0	中部岩性以灰、深灰色灰岩、含泥灰岩为主夹薄层含生屑灰岩，上、下部岩性为灰黑色碳质泥岩
		下统	茅口组	P_1m	295.0	石灰岩、云质灰岩、泥质灰岩为主，夹薄层灰黑色泥岩、深灰色含灰泥岩及含生屑灰岩
			栖霞组	P_1q	119.0	石灰岩，灰、浅灰色，局部泥质含量较重
			梁山组	P_1l	10.0	上部为薄层的灰黑色碳质泥岩与薄层的灰色（含云）灰岩互层，下部为灰色泥岩夹一薄层含砾粉砂岩条带
	中石炭统		黄龙组	C_2h	22.0	石灰岩，含云质
	志留系	中统	韩家店组	S_2h	592.0	上部以紫红、棕红色泥岩、粉砂质泥岩为主夹薄层灰、绿灰色泥岩；中部以绿灰色泥岩、粉砂质泥岩夹薄层绿灰色泥质粉砂岩、粉砂岩；下部以灰色泥岩、粉砂质泥岩夹薄层灰色泥质粉砂岩、粉砂岩
		下统	小河坝组	S_1x	159.0	灰色、深灰色泥岩为主，夹薄层粉砂质泥岩
			龙马溪组	S_1l	235.0	上部以深灰色泥岩为主；中部灰—深灰色泥质粉砂岩与灰色粉砂岩互层；下部以大套灰黑色页岩、碳质硅质页岩及灰黑色泥岩、碳质泥岩为主

续表

地层					厚度/m	岩性简述
界	系	统	组	代号		
古生界	奥陶系	上统	五峰组	O_3w	6.5	黑色碳质富硅页岩；顶见0.10m灰黑色灰质泥岩
			涧草沟组	O_3j	14.0	浅灰色含云灰岩、泥质灰岩，取心见浅灰色含云瘤状灰岩
		中统	宝塔组	O_2b	14.5	浅灰色灰岩
			十字铺组	O_2sh	6.0	浅灰色泥质灰岩
		下统	牯牛潭组	O_1g	26.3	青灰色中厚层瘤状微晶灰岩夹含生物屑泥质瘤状微晶灰岩
			大湾组	O_1d	59.1	灰绿、紫红色泥质瘤状微晶灰岩夹绿色页岩
			红花园组	O_1h	19.7	灰色中厚至厚层亮晶生物屑灰岩，生物屑砂屑亮晶灰岩
			分乡组	O_1f	57.9	灰色中厚层含砂屑、生物屑亮晶灰岩与灰绿色页岩互层
			南津关组	O_1n	123.0	灰色中厚至厚层微晶灰岩夹微晶灰质白云岩

2. 含气页岩段地层划分与描述

五峰组—龙马溪组为焦石坝地区页岩气勘探的目的层段。五峰组厚度较薄，一般为4～7m。龙马溪组厚度一般在250～280m，结合岩性、电性特征纵向上可进一步将其细分为三个段，即自下而上为龙马溪组一段（以下简称龙一段）、龙马溪组二段（以下简称龙二段）、龙马溪组三段（以下简称龙三段）。

1）五峰组

五峰组岩性为灰黑色含黏土硅质页岩，局部层段夹黄铁矿薄层、条带或条纹以及钾质斑脱岩薄层或条带。岩石中笔石含量40%左右，另有少量腕足类及介形类等化石及大量的硅质放射虫和少量硅质海绵骨针化石。常见分散状黄铁矿晶粒。另外，在焦石坝五峰组笔石页岩中段夹有数十层（约26层）厚0.2～3cm不等的钾质斑脱岩薄层或条带，这可作为焦石坝地区五峰组的特殊岩性标志；电性上具有高伽马、高含U、低电阻、低密度和低TH/U比的特征。

2）龙一段

龙一段岩性以灰黑色含黏土硅质页岩、黏土质硅质页岩、黏土质粉砂质页岩为主，厚度为80～105m。页岩水平纹层发育，笔石化石丰富，局部含量可达80%，另见较多硅质放射虫及少量硅质海绵骨针等化石。页岩普遍见黄铁矿条带及分散状黄铁矿晶粒，总体反映缺氧、滞留、水体较深的深水陆棚环境沉积。电测曲线总体表现出高自然伽马、低电阻率、低密度、高声波、高中子、高含U、低TH/U比的特征。根据笔石和放射虫化石含量、岩石颜色、岩性及其组合等特征，可将其进一步细分为三个亚段（表2-1-2）。

表 2-1-2 焦石坝地区五峰组—龙马溪组地层划分统计表

地层			焦页 A 井		焦页 B 井		焦页 C 井		焦页 D 井		焦页 E 井	
组	段	亚段	底界 / m	厚度 / m	底界 / m	厚度 / m	底界 / m	厚度 / m	底界 / m	厚度 / m	底界 / m	厚度 / m
小河坝组			2164		2315.2		2079		2139		2342	
龙马溪组	三段		2292	128	2434.5	119.3	2219.6	140.6	2262	123	2462	120
	二段		2326	34	2477	42.5	2264.3	44.7	2312	50	2512	50
	一段	三亚段	2353	27	2511	34	2301.3	37	2346	34	2543.5	31.5
		二亚段	2378	25	2533	22	2322.7	21.4	2370.5	24.5	2556.5	13
		一亚段	2411	33	2569	36	2357.3	34.6	2407	36.5	2589	32.5
五峰组			2415.5	4.5	2575	6	2363	5.7	2414	7	2596	7

（1）一亚段：岩性以灰黑色含黏土硅 / 粉砂质页岩为主，局部夹黄铁矿薄层、条带或条纹。岩石中含丰富的顺层分布的笔石，其含量一般约 50%，局部富集可达 80%。另外还见到硅质放射虫及硅质海绵骨针化石；整体具有自下而上含量递减的特点。该亚段岩石中笔石、硅质放射虫及硅质骨针等化石的富集，说明其岩石是深水陆棚还原环境条件下形成的产物；电性上表现为高伽马、高含 U、低电阻、低密度和低 TH/U 比的特征。

（2）二亚段：岩性以灰黑色（含钙）黏土质粉砂质页岩为主，其间夹黄铁矿薄层、条带或条纹。页岩中所含古生物化石明显较一亚段少。见顺层集中分布的粉砂质条纹分布，与泥质条纹呈频繁韵律互层，主要为浅水陆棚低密度浊流环境沉积的岩石组合类型；电性上表现为相对较低伽马、低含 U、高电阻、高密度和高 TH/U 比的特征。

（3）三亚段：岩性以灰黑色（含钙）粉砂质黏土质混合页岩和粉砂质黏土岩为主，含分散分布的粉末状黄铁矿晶粒，一般含量 4% 左右，最高可达 8%；水平纹层发育。上部岩性主要为黑灰色粉砂质黏土页岩，岩石中常见少量顺层分布的笔石化石，其含量约 20%；水平纹层发育；电性上表现为较高伽马、高密度、较低电阻、低 U 含量、低声波、低中子的特征。

3）龙二段

该段地层厚度 10～50m。主体岩性以灰—深灰色砂岩为主，其间夹有粉砂质泥岩或泥岩，其中粉砂岩主体呈中—厚层、块状，本段生物化石、黄铁矿整体欠发育，从岩心上见典型的鲍马序列部分层段（如包卷层理、平行层理、递变层理等），底与下伏泥质岩之间具有明显的底冲刷特征，属浅水陆棚环境低密度浊流沉积；电性上具有低伽马、高电阻、高密度、低声波、低中子的特征。

4）龙三段

岩性以深灰—灰色黏土岩为主，偶夹薄层粉砂岩条带，厚度 100～140m。泥岩呈块状沉积，岩石中仅偶见笔石化石碎片，黄铁矿含量也较少，该段地层属于近滨泥质环境沉积；电性上具有中高伽马、中高电阻、高密度、高声波、高中子的特征。

3. 小层精细划分

针对目的层五峰组—龙马溪组龙一段，在龙一段三分的基础上，以焦石坝地区实际钻探参数井焦页 C 井为例结合后续生产勘探开发井的钻、测、录井资料，取心观察，将焦页 C 井五峰组—龙马溪组 98.7m 含气页层段综合岩性、电性特征进一步细分为 9 个小层。

（1）①小层（2357.3～2363m，厚 5.7m）：含黏土硅质页岩，岩心呈灰黑色，其间见 24 层灰绿色凝灰岩薄夹层，黄铁矿极发育，主体呈星散状，集中汇聚于凝灰岩条带中，岩石中笔石化石自下而上为欠发育—极发育，以双列式笔石化石为主。

（2）②小层（2356.3～2357.3m，厚 1.0m）：本段为龙马溪组底部的黏土质硅质页岩，岩心呈灰黑色，岩性较为单一，古生物极发育，以双列式笔石为主，黄铁矿极发育，呈星散状分布，镜下观察本小层碳质浸染严重，以硅质和黏土质为主，发育水平细纹层。本段具有明显的高伽马、高含 U、低电阻，低密度及低 Th/U 比的特征，自然伽马呈尖峰状，平均可达 297.08API，电阻率齿化低值，均值为 33.75Ω·m，密度均值为 2.51g/cm^3，本段 Th/U 比最小，平均仅为 0.43。综合分析化验资料表明：本小层 TOC 均值为 5.65%、POR 均值为 7.8%、石英含量均值为 57.00%、总含气量为 2.68m^3/t、脆性指数均值为 65.14%。

（3）③小层（2343.0～356.3m，厚 13.3m）：黏土质硅质页岩，岩心整体呈灰黑色，岩性较为单一，古生物发育，类别繁多，以 2343.84m 为界限，其下以双列式笔石为主，其上以单列式笔石为主，本小层内黄铁矿极发育，呈星散状分布，镜下观察本小层碳质浸染现象明显，以硅质和黏土质为主，水平细纹层发育，纹层细而密，纹层厚 0.04～0.16mm，密度 5～10 条 /cm。粉砂（粒径小，多小于 0.03mm）富集呈纹层状，与富碳质炭质纹层间互成层。从测井显示来看，具有高伽马、高含 U、相对低电阻、低密度及低 Th/U 特征，自然伽马和电阻率呈箱状中值，伽马平均值为 96.93API，深感应电阻平均值为 49.73Ω·m，密度较低，平均值为 2.55g/cm^3，呈向上逐渐增大的趋势，Th/U 比均小于 2，平均值 0.84，综合分析化验资料表明：本小层 TOC 均值为 3.42%、POR 均值为 4.92%、石英含量均值为 50.23%、总含气量为 3.25m^3/t、脆性指数均值为 57.55%。

（4）④小层（2333.2～2343m，厚 9.8m）：含钙黏土质粉砂质页岩，岩心整体呈灰黑色，古生物和黄铁矿总体表现为顶底发育，中部 5m 厚层段欠发育，结合薄片鉴定及全岩 X 衍射分析结果来看本小层内粉砂质含量约占 55%，黏土质含量约占 35%，灰质含量均在 10% 以上，局部达到 20% 以上；薄片中见碳质浸染现象，中部 5m 厚层段内灰质含量略重，岩石纹层发育，细而密，纹层厚度在 0.01～0.12mm，密度 5～10 条 /cm，粉砂粒径小，多小于 0.03mm。从测井显示来看，本段具有高伽马、中高密度及低 Th/U 比的特征，伽马平均值 187.83API，密度平均值可达 2.61g/cm^3，Th/U 比均小于 2，平均值 1.48，自然伽马和电阻率曲线上齿化似峰状。综合分析化验资料表明：本小层 TOC 均值为 2.54%、POR 均值为 3.94%、石英含量均值为 42.69%、总含气量为 3.40m^3/t、脆性指数均值为 49.47%。

（5）⑤小层（2322.7～2333.2m，厚 10.5m）：黏土质粉砂质页岩，岩心整体呈灰黑色，岩性较为单一，古生物总体欠发育，黄铁矿较发育，呈团块状、星散状。薄片中见碳质浸染现象，砂质含量在 50% 左右，岩石纹层发育，细而密，纹层厚度 0.04～0.12mm，密度 8～13 条 /cm。粉砂粒径小，多小于 0.03mm，全岩 X 衍射结果显示本小层内粉砂质含量约占 55%，黏土质含量约占 40%，碳酸盐含量约 5%。从测井曲线来看，变化较明显的是 Th/U 比及密度值自下至上逐渐增大，局部 Th/U 比值大于 2，密度由 2.56g/cm^3 增大至 2.65g/cm^3，平均值为 2.60g/cm^3，自然伽马似箱状，为相对低值，伽马平均值 169.72API，对应的电阻率为相对高值。综合分析化验资料表明：本小层 TOC 均值为 2.66%、POR 均值为 3.93%、石英含量均值为 39.82%、总含气量为 4.09m^3/t、脆性指数均值为 46.23%。

（6）⑥小层（2313.3～2322.7m，厚 9.4m）：（含钙）黏土质粉砂质页岩，岩心整体呈灰黑色，岩心上粉砂质纹层发育，自下而上逐渐变密，古生物、黄铁矿均欠发育，镜下观测碳质浸染现象减弱，纹层明显，富粉砂纹层与富泥炭质纹层间互成层，形成明暗相间的纹层构造，纹层厚度 0.01～0.25mm，密度 7～14 条 /cm，全岩 X 衍射结果显示本小层内粉砂质含量约占 55%，黏土质含量约占 35%，碳酸盐含量约占 10%。测井显示相对低伽马、相对高电阻的特征，电阻率齿化高值，本段伽马平均值为 166.68API，密度均大于 2.6g/cm^3，平均值为 2.64g/cm^3，Th/U 比大部分大于 2，平均值为 2.65。综合分析化验资料表明：本小层 TOC 均值为 1.31%、POR 均值为 3.38%、石英含量均值为 34.71%、总含气量为 1.69m^3/t、脆性指数均值为 42.25%。

（7）⑦小层（2301.3～2313.3m，厚 12m）：（含钙）黏土质粉砂质混合页岩，岩心整体呈灰黑色，与⑥小层相比黏土含量有所增加，测井显示相对低伽马，电阻率呈箱状中值，Th/U 比及密度变化不大。综合分析化验资料表明：本小层 TOC 均值为 1.47%、POR 均值为 3.53%、石英含量均值为 36.58%、总含气量为 1.67m^3/t；脆性指数均值为 43.01%。

（8）⑧小层（2283.8～2301.3m，厚 17.5m）：（含钙）粉砂质黏土质混合页岩，岩心整体呈灰黑色，岩石中灰质、粉砂质分布不均，本井中部 2283.8～2290.9m 层段内碳酸盐含量高（往南焦页 F 井对应层段内弱含碳酸盐），笔石化石整体发育，黄铁矿发育，呈星散状、团块状及条带状分布，镜下观测见碳质浸染现象，纹层相对⑥、⑦小层而言欠发育，全岩 X 衍射结果显示本小层内粉砂质约占 45%，黏土质含量约占 45%，碳酸盐含量在 10%，局部达到 25%。本段具有高伽马、高密度，低电阻的特征，自然伽马和电阻率曲线上齿化似峰状，伽马平均值为 184.37API，深感应电阻平均值为 30.49Ω·m，Th/U 比平均值为 2.71。综合分析化验资料表明：本小层 TOC 均值为 1.74%、POR 均值为 4.88%、石英含量均值为 33.28%、总含气量为 2.15m^3/t、脆性指数均值为 38.24%。

（9）⑨小层（2264.3～2283.8m，厚 19.5m）：粉砂质黏土页岩，岩心整体呈灰黑色，笔石化石、黄铁矿整体欠发育，镜下观测无碳质浸染现象，泥质含量高，泥屑呈拉长状，定向分布形成纹层构造，粉砂呈不连续分布。全岩 X 衍射结果显示本小层内粉砂质含量在 45% 左右，黏土质含量占 50%～55%。本段自然伽马似箱状，为高值，呈低电阻、高密度、高 Th/U 比的特征，伽马平均值 167.17API，密度平均可达 2.68g/cm^3，Th/U 比大部分大于 2，平均值为 3.85。综合分析化验资料表明：本小层 TOC 均值为 0.77%、POR 均值为 3.71%、石英含量均值为 34.62%、总含气量为 1.10m^3/t、脆性指数均值为 38.66%。

总体上来看，焦页 C 井①—⑤小层表现为高硅、高碳，高 GR、高含 U、低 DEN 的特征，为页岩气水平井穿行的有利层段。

三、地球化学特征

1. 有机质丰度

涪陵焦石坝及邻区五峰组—龙马溪组下部页岩有机碳含量总体达 1.0%～4.2%，含气页岩段按三亚段九小层划分统计，丰度自下而上总体呈减小的趋势，其中①—③小层丰度最高、④—⑤小层和⑧小层为中等有机质。

焦页 A 井目的层页岩段有机碳含量为 0.55%～5.89%，平均 2.55%/173 块，自下而上丰度有减小趋势。统计表明（图 2–1–2），丰度主要分布范围为 1%～3%，约占总样品数的 62%。其中①—③小层页岩段有机碳含量为 1.29%～5.89%，平均 4.01%/35 块评价为Ⅰ类层段，厚 17.5m。④—⑤小层页岩段有机碳含量为 1.04%～4.03%，平均 3.09%/45 块，评价为Ⅱ类层段，厚 20m。①—⑤小层丰度主要分布范围为 2%～5%。

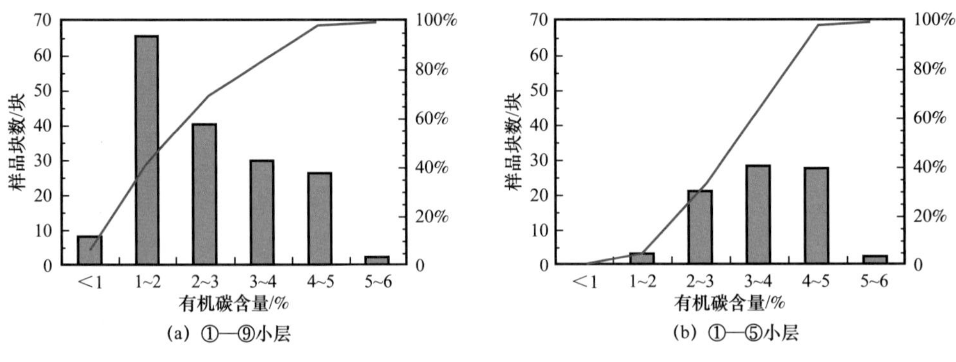

图 2–1–2 焦页 A 井页岩 TOC 分布直方图

2. 有机质类型

志留纪时期，涪陵焦石坝及周缘地区主体处于浅海沉积环境，生物以水生生物为主，具有大量的浮游生物和菌藻类，尤以笔石占绝对优势，局部有放射虫和硅质海绵骨针，有机质类型以腐泥型干酪根为主。对焦页 A 井下志留统龙马溪组 2 块样品干酪根镜检分析（表 2–1–3），有机质以藻类体和棉絮状腐泥无定形体为主，无壳质组和镜质组，有机质类型指数为 92.84 和 100，均为Ⅰ型干酪根。

表 2-1-3 焦页 A 井干酪根显微组分分析数据表

样号/井深/m	类别		腐泥组		类型指数	有机类型
			腐泥无定形体	藻类体		
No.01/2349.23	含量/%		40.27	52.57	92.84	I
	颜色	透光	浅灰色—灰褐色	灰褐色—黑色		
		荧光	无	无		
	特征		棉絮状	具藻类细胞结构		
No.02/2399.33	含量/%		71.21	28.79	100	I
	颜色	透光	浅灰色—灰褐色	灰褐色—黑色		
		荧光	无	无		
	特征		棉絮状	具藻类细胞结构		

3. 有机质成熟度

镜质组反射率（R_o）是反映干酪根成熟度的有效指标，但对于缺乏镜质组的 I 型干酪根或海相烃源岩其应用受到限制，对于这类烃源岩 Jacob（1981，1985，1989）提出了利用测定沥青反射率（R_b）来换算镜质组反射率的方法，本次利用 $R_o=0.3195+0.679\times R_b$ 公式换算镜质组反射率。

焦页 A 井五峰组—龙马溪组共测定了 9 块样品沥青质反射率，测点数超过 15 个样品。五峰组和龙马溪组各 1 块，经换算镜质体反射率分别为 2.42% 和 2.8%，表明五峰组—龙马溪组泥页岩进入过成熟演化阶段，以生成干气为主。

四、页岩储集特征

1. 实测物性特征

涪陵地区五峰组—龙马溪组含气页岩段导眼井开展了系统的取心工作和物性分析测试工作，孔隙度采用小柱样进行氮气法测试，测试前将样品在 60℃下烘干处理，由于目前实测孔隙度分析化验工作涉及了中国石化江汉油田分公司勘探开发研究院石油地质测试中心、成都理工大学国家重点实验室和中国石化石油勘探开发研究院无锡石油地质研究所等多家单位，所以实测孔隙度的对比分析结果可能会存在一定误差。

根据焦石坝地区一期产建区五峰组—龙马溪组含气页岩段 5 口取心井累计 424 块物性样品分析统计结果表明，整个含气页岩段孔隙度介于 1.11%～8.61%，平均孔隙度为 4.52%（图 2-1-3）。其中①—③小层物性条件最为优越，孔隙度集中发育在 4%～9% 范围区间，平均孔隙度达 5.35%（图 2-1-3）。

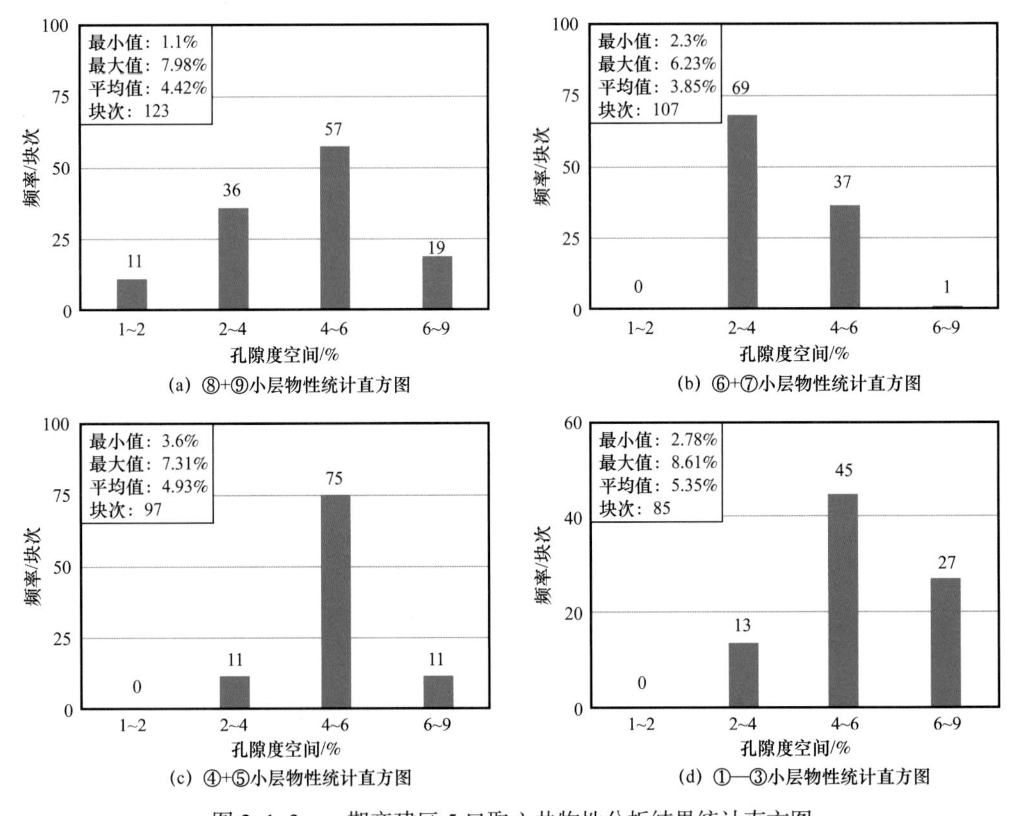

图 2-1-3 一期产建区 5 口取心井物性分析结果统计直方图

2. 测井解释物性特征

岩石物理特征和测井响应对比分析认为孔隙度与密度、声波、中子等测井曲线具有较好的相关性，并且黏土矿物含量影响可动流体孔隙度的大小。利用焦页 A 井龙马溪组—五峰组 180 块物性分析测试结果，分别建立了孔隙度和声波的相关关系式（2-1-1）以及孔隙度与密度、声波、中子的多元线性回归方程式（2-1-2），并对已完钻井进行孔隙度和可动流体孔隙度的解释。

$$POR=0.2115\times AC-11.598 \quad R=0.724 \tag{2-1-1}$$

$$POR=0.156\times AC+0.093\times CNL-4.12\times DEN+1.906 \quad R=0.733 \tag{2-1-2}$$

$$POR_{可动}=POR-(0.0836\times VCLAY-2.4934) \tag{2-1-3}$$

式中 POR——孔隙度，%；

$POR_{可动}$——黏土矿物校正孔隙度，%；

DEN——密度测井值，g/cm^3；

AC——声波测井值，ft/μs；

CNL——中子测井值，%；

VCLAY——黏土矿物含量，%。

从目前导眼井测井解释孔隙对比情况来看，各小层孔隙度从北部的焦页 A 井区向南部焦页 H—焦页 K 井区有较为明显的减小趋势（表 2-1-4）。

表 2-1-4 涪陵地区 10 口导眼井五峰组—龙马溪组含气页岩段测井解释孔隙度分层统计数据表

小层	测井解释孔隙度分层平均值 /%									
	焦页 A	焦页 B	焦页 C	焦页 D	焦页 E	焦页 F	焦页 H	焦页 I	焦页 J	焦页 K
⑨	4.88	5.45	4.49	4.5	4.09	4.34	2.27	4.28	4.2	3.89
⑧	5.36	5.87	5.36	4.59	4.59	5.02	1.84	4.21	3.86	3.58
⑦	3.9	4.12	3.78	3.24	4.61	3.58	2.61	3.11	2.73	2.76
⑥	3.83	3.99	3.79	3.03	3.93	3.38	2.96	2.51	2.52	2.77
⑤	5.22	5.68	5.37	4.32	5.58	4.65	4	2.89	3.27	2.61
④	4.77	4.87	4.61	3.94	4.96	4.11	3.36	2.3	3.31	3.52
③	4.59	4.94	4.54	3.98	4.83	3.94	3.79	2.08	3.11	3.35
②	4.89	5.22	4.56	4.22	4.75	4.49	3.95	2.51	3.2	3.04
①	4.93	5.02	4.62	3.7	4.37	4.1	3.82	3.34	3.33	3.32

五、页岩含气性特征

从涪陵区块南部大焦石坝地区已钻的导眼井及水平井的气测异常显示情况来看，焦石坝地区五峰组—龙马溪组含气页岩段具备整体含气的特征。

从焦页 A 井单井含气量实测结果来看，89m 段总含气量介于 0.44～5.19m^3/t，平均值为 1.97m^3/t，主要以损失气与解吸气为主，残余气含量低。损失气含量介于 0.11～3.9m^3/t，平均值为 1.14m^3/t；解吸气含量介于 0.31～1.4m^3/t，平均值为 0.79m^3/t；残余气含量介于 0.01～0.07m^3/t，平均值为 0.04m^3/t（图 2-1-4）。

实测含气量纵向上整体呈现出自上而下总含气量增高的特征，按照 0m^3/t—2m^3/t—4m^3/t 作为划分低含气段—中含气段—高含气段的标准，可将焦页 A 井 89m 段页岩气储层自下而上总体划分出 4 个段：2401.45～2415.5m 高含气段，总含气量区间值为 4.14～5.19m^3/t，平均值为 4.38m^3/t，该段主要以损失气为主，其次为解吸气，残余气含量较少；2390.0～2401.0m 低含气段，总含气量介于 0.89～1.47m^3/t，平均值为 1.15m^3/t，该段主要以解吸气为主，其次为损失气，残余气含量较少；2368.0～2390.0m 中含气段，总含气量介于 0.94～4.04m^3/t，平均值为 2.49m^3/t，该段主要以损失气含量和解吸气量大体相当，残余气含量少；2326.5～2368.0m 低含气段，总含气量介于 0.44～1.14m^3/t，平均值为 0.81m^3/t，该段主要以解吸气为主，其次为损失气，残余气含量少。从焦页 A 井实测含气量来看，总体具有由上至下逐渐增大的趋势，其中下部①—⑤小层含气量最高（图 2-1-4）。

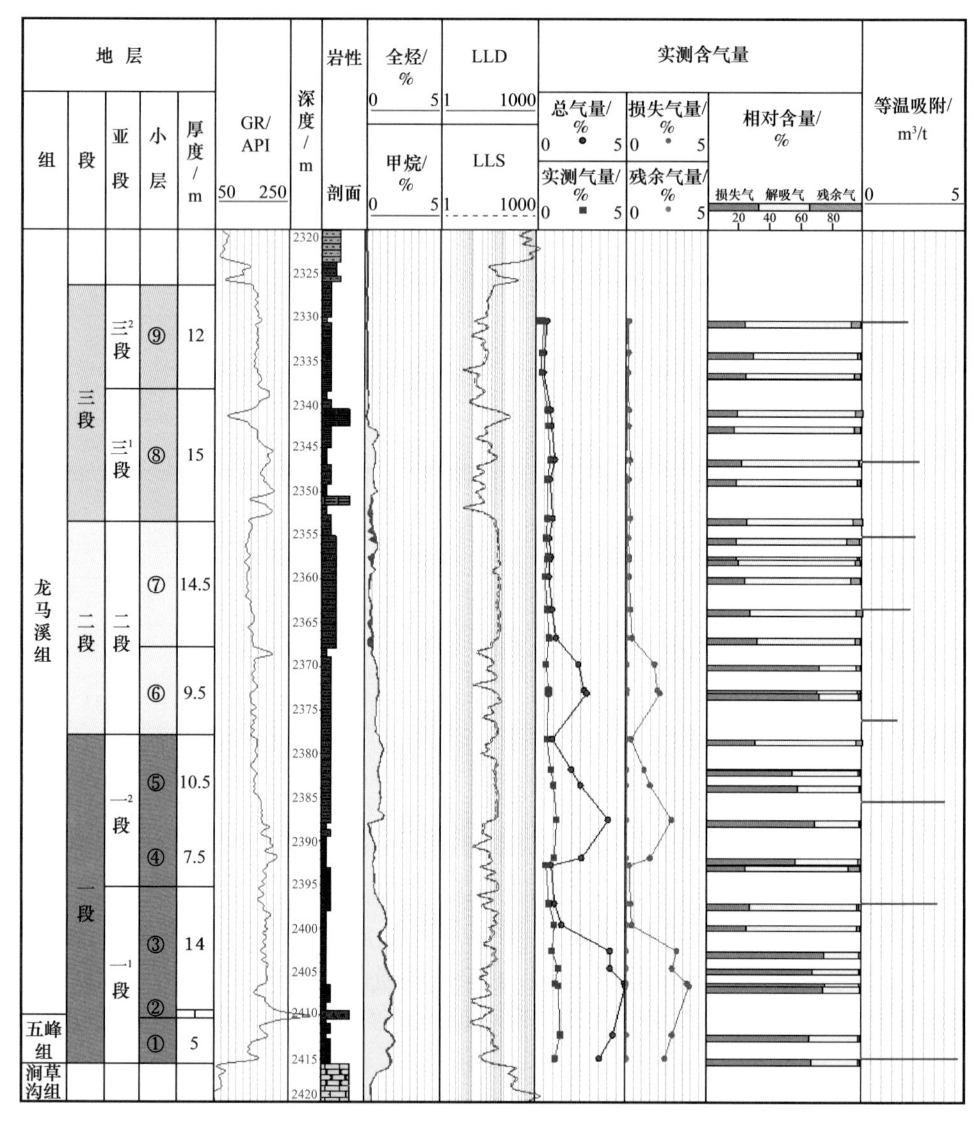

图 2-1-4 焦页 A 井 89m 目的层段含气量评价综合柱状图

第二节 页岩气地球物理及建模评价

一、页岩气测井解释评价技术

1. 页岩气储层测井响应特征分析

页岩气储层矿物组分以及孔隙结构复杂，低孔隙度、低渗透且富含有机质，其测井响应特征与常规储层存在很明显的差异。焦石坝地区优质页岩气储层的测井响应特征：三高一低（高伽马、高中子、高声波、低密度）、自然电位异常、挖掘效应明显、电阻率曲线呈现锯齿状以及钍铀比小于 2。

（1）自然伽马测井呈高值。其原因包括两方面：① 页岩中泥质、粉砂质等细粒沉积物含量高，放射性强度随之增强；② 页岩中富含干酪根等有机质，干酪根常形成于一个放射性铀元素富集的还原环境，因而导致自然伽马测井响应升高。

（2）声波时差测井呈高值。随着页岩中有机质及含气量的增加，声波速度降低、声波时差增大，在含气量较大或含气页岩内发育裂缝的情况下，声波测井值将急剧增大，甚至出现周波跳跃现象。

（3）中子测井响应呈高值。页岩中束缚水及有机质含量较高，可以显著抵消由于天然气造成的氢含量下降，致使含油气页岩中子测井响应表现为高值。

（4）密度测井呈低值。一般页岩密度较低，随着页岩中有机质（密度接近于 $1.0g/cm^3$）和烃类气体含量增加，密度测井值将进一步减小；如遇裂缝段，密度测井值将变得更低。由于气体的挖掘效应，导致中子和密度曲线在优质页岩气层段也会出现分离。

（5）自然电位异常。通常情况下泥岩的自然电位曲线平且直，对于部分优质页岩气层段，由于微发育裂缝，导致自然电位偏离泥岩基线。

2. 页岩气储层有机质及矿物组分测井评价

1）有机质含量测井评价

储层有机质含量直接决定储层含气潜力大小，利用测井资料准确评价含气页岩储层有机质含量是精确评价储层含气潜力的重要基础。在岩性岩相相对稳定的地质情况下，有机质自身固有的物理特性在常规测井具有明显的响应。

涪陵地区五峰组—龙马溪组底部泥页岩为浅海陆棚—滞留盆地沉积，沉积环境相对稳定，受陆源沉积物影响小，页岩矿物组分相对稳定。同陆相页岩气储层相比，龙马溪组页岩有机质含量相对更高，平均含量为 2.54%，最高可达 5.89%，有机质的测井响应受岩性、岩相背景影响相对较小，单一测井响应与页岩有机质含量关系较好，尤其以密度测井响应与有机质含量相关关系最好。如图 2-2-1 所示为密度测井响应与岩心 TOC 实验

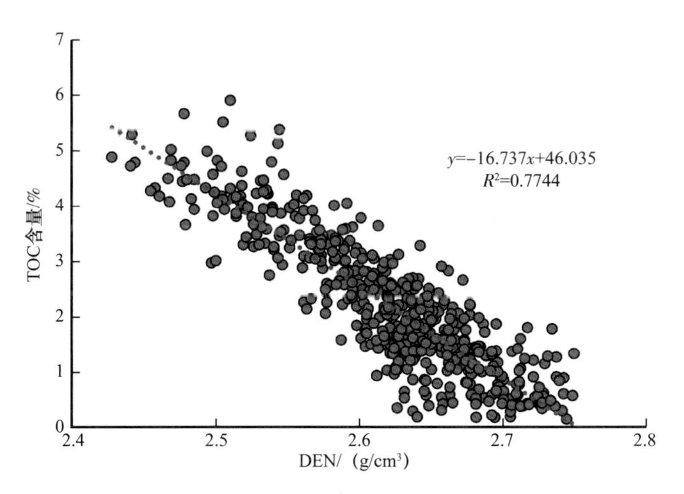

图 2-2-1 龙马溪组页岩有机质含量与密度测井响应交会图

数据来源：焦页 A、焦页 B、焦页 C、焦页 F、焦页 G 井共 548 个数据点

分析结果的线性负相关关系，利用图中所示这一线性关系，可以建立该地区的地质统计模型，用于评价页岩 TOC 含量。

2）矿物组分的测井评价

从北美大量岩心分析中可以总结发现，产气的页岩储层主要分为三大类，即硅质、黏土质和钙质，岩性的复杂程度甚于一般的普通碎屑岩和碳酸盐岩。矿物成分的确定对储层参数计算、岩石弹性参数预测，乃至完井压裂的成功都非常重要。

（1）利用岩心刻度测井多元素回归模型评价矿物组分。

在测井响应分析的基础上，对焦石坝地区的多口井取心分析资料，利用矿物组分敏感测井参数建立了基于多测井因素的地区经验模型，以及基于自然伽马、声波时差、中子、密度四个测井因素的黏土含量、石英含量、方解石、白云石、黄铁矿、长石等六种反映页岩组分的计算模型（表 2-2-1）。

表 2-2-1 矿物成分评价模型

序号	项目
1	黏土含量：−175.1512+0.082×AC+1.51718×CNL+67.43636×DEN−0.020276×GR
2	石英含量：403.517−0.1003×AC−0.06836×CNL−129.66298×DEN−0.02334×GR
3	方解石含量：−28.1076−0.01252×AC−0.49922×CNL+16.09188×DEN+0.007234×GR
4	长石含量：−30.4961−0.025134×AC−0.21056×CNL+19.5572×DEN−0.00707×GR
5	白云石含量：−46.076776+0.019964×AC−0.568765×CNL+20.54481×DEN+0.018016×GR
6	黄铁矿含量：−23.685467+0.03597×AC−0.170277×CNL+6.032743×DEN+0.02544×GR

（2）地质约束的最优化反演确定矿物组分。

区别于利用单一或少数测井曲线与储层某一矿物含量建立函数关系用以评价矿物含量的方法，利用常规测井信息开展非线性联合最优化反演评价储层矿物组分的方法与步骤，可简要概括如下：首先，需要对实测响应进行预处理，以期得到接近原始储层真实物理特性的校正测井响应；其次，依据岩心观察与常规评价结果得到的初步认识，圈定解释评价井段内存在的岩石组分类型，并确定其初始含量，形成完整的基于原始假设的储层岩石物理体积模型；再次，依据地区经验或理论参数合理选取各组分的测井响应骨架值，以非线性测井响应方程正演各常规测井响应，并计算关于校正曲线与正演模拟曲线如式（2-2-1）的目标函数 $T(X^j)$；最后，通过反复迭代调整各矿物组分含量，使目标函数 $T(X^j)$ 达到最小值，并将此时的岩石组分与含量模型作为反演最终结果，即通过解决最优化问题，达到求解复杂矿物储层岩石组分与含量问题的目的。

$$\begin{cases} T\left(X^j\right)=\left\|W\left(\text{logging}_s^j-\text{logging}_c\right)\right\|_2^2+\alpha^2\left\|X^j\right\|_2^2 \\ X^j=(x_1^j,x_2^j,\cdots,x_i^j)\text{，}\ \sum_i x_i^j=1,\quad 0\leqslant x_i^j\leqslant 1 \end{cases} \tag{2-2-1}$$

式中 logging_s^j——第 j 次迭代后产生的正演曲线组；

logging_c——实测曲线经校正产生的校正曲线组；

X^j——第 j 次迭代确定的各岩石组分含量；

W——各测井曲线在目标函数中的权重；

α——迭代稳定性控制参数；

$T(X^j)$——反映正演曲线与校正曲线相似程度的目标函数。

当函数 $T(X^j)$ 达到最小值时，表明正演曲线已逼近校正曲线，此时，即可认为模型求解得到的岩石组分与含量与地层真实情况最为接近。需要说明的是，采用更丰富的测井响应信息，以及岩心分析、常规储层评价取得的地层初步认识等，能够在更大的程度上降低反演算法的多解性。

3. 页岩储层孔隙度测井评价

页岩中的孔隙既是页岩气储藏的重要空间，又是页岩气运移的重要通道，因此，页岩孔隙度评价成为页岩含气量定量评价的重要基础。

在常规储层中，由于储层黏土含量或泥质含量比较低，岩石的粒间孔隙占主要成分，孔隙的连通性比较好，在常规的孔隙度测试条件下，便能得到较为准确的总孔隙度。但对于页岩地层而言，孔隙结构比较复杂，黏土含量比较高，导致测量的孔隙度与样品规格的大小、样品烘干的时间、样品烘干的时间长度以及测量方法都有很大的关系。在系统总结了焦石坝地区孔隙度测量情况的基础上，发现不同的实验室在样品测量规格、测量方式、测量标准等方面都有很大差异，即不同的实验室目前就孔隙度的测量还没有形成统一的标准。

由于孔隙度的实验测量不具有同样的标准，无法建立统一的模型进行区域范围内孔隙度的评价，因此引入干黏土骨架的概念，采用中子密度交会技术计算总孔隙度，建立孔隙度评价的普适模型。

$$\begin{cases}\rho_b=\rho_{gr}V_{gr}+\rho_{cldry}V_{cldry}+\rho_{org}V_{org}+\phi_t S_{wb}\rho_w+\phi_t\left(1-S_{wb}\right)\rho_f\\ CNL=CN_{gr}V_{gr}+CN_{cldry}V_{cldry}+CN_{org}V_{org}+\phi_t S_{wb}CN_w+\phi_t\left(1-S_{wb}\right)CN_f\\ V_{gr}+V_{cldry}+V_{org}+\phi_t=1\end{cases}\tag{2-2-2}$$

式中 ρ_b——测井密度，g/cm^3；

CNL——测井中子孔隙度，%；

ρ_{gr}，ρ_{cldry}，ρ_{org}，ρ_w，ρ_f——非黏土颗粒、干黏土、有机质、束缚水、孔隙流体骨架密度，g/cm^3；

CN_{gr}，CN_{cldry}，CN_{org}，CN_w，CN_f——非黏土颗粒、干黏土、有机质、束缚水、孔隙流体骨架中子孔隙度；

V_{gr}，V_{cldry}，V_{org}——非黏土颗粒、干黏土、有机质体积分量；

ϕ_t——总孔隙度，%。

对应的实验室测量有效孔隙度与总孔隙度有如下关系：

$$\phi_e=\phi_t-\alpha\phi_{clay}\tag{2-2-3}$$

式中 ϕ_e——实验测量有效孔隙度，%；

ϕ_t——总孔隙度，%；

ϕ_{clay}——黏土含量，%；

α——不同实验室的干燥系数（根据不同实验室测量条件得到）。

4. 含气量测井评价

页岩气主要以吸附态和游离态的天然气存在于储层中，Barnett（巴内特）页岩气开发的核心区游离气在总原地气中所占比例一般在50%以上。涪陵地区龙马溪组游离气含量接近于吸附气含量的两倍，因此游离气含气量定量评价显得尤为重要。根据页岩含气量定义可知，游离气含量亦指每吨岩石中所含游离气折算到标准温度与压力条件下的天然气体积，因此，游离气含量可以用下式表示：

$$G_{free}=\frac{1}{B_g}\phi\left(1-S_w\right)\frac{1}{\rho_b} \tag{2-2-4}$$

式中 G_{free}——游离气含量，m^3/t；

B_g——天然气地层体积系数，当天然气组分、储层温度与压力均已确定时，该参数即为一常数；

ϕ——地层孔隙度，%；

S_w——地层含水饱和度，%；

ρ_b——地层岩石体积密度，g/cm^3（或 kg/m^3）。

分别确定上述4个参数即可评价出页岩游离气含量。由于 B_g 为一变化范围不大的常数，ρ_b 可由密度测井值直接得到，确定评价区内单位体积岩石平均孔隙和裂隙空间及饱和度，就可以定量评价游离气含气量。前面已经详述过孔隙度的计算方法，下面着重研究饱和度的计算。

目前测井饱和度定量评价方法均基于电测井方法进行，但是对于页岩气地层，由于页岩导电机理比较复杂，有机质和黄铁矿都会对电阻率产生影响。同时由于页岩样品比较致密且脆，电性实验很难开展，获取电性参数难度较大。另外，页岩样品不含自由水，只含黏土束缚水，很难获取地层水电阻率。因此电法测井在页岩饱和度评价中很难应用。

文献及测试资料表明，页岩气主要吸附在有机孔的表面，页岩游离气存在孔径下限在5nm左右，小于5nm的有机孔隙空间被吸附气占据，因此，在利用页岩有效孔隙度进行游离气饱和度的计算时，需要排除吸附相占据的体积，否则游离气饱和度评价结果会比真实结果大。

计算吸附相孔隙度时首先需要准确评价吸附气含量，然后利用式（2-2-5）将吸附气含量换算为页岩气所占的孔隙体积

$$\phi_{ads}=\frac{M_{ads}}{\rho_a}=\rho_{g(101.3kPa,\,20℃)}G_{ads}\rho_b/\rho_a \tag{2-2-5}$$

式中 ϕ_{ads}——页岩气所占孔隙体积；

M_{ads}——单位体积页岩标准状态下吸附气质量含量，kg/m^3；

$\rho_{g(101.3kPa, 20°C)}$，ρ_b——标准状态下天然气密度与页岩岩石体积密度，kg/m^3；

ρ_a——吸附相密度，kg/m^3，可利用岩心测试结果标定测井曲线得到。

其中吸附相密度可从实验测试资料获取。

地层束缚水条件下，页岩气储层有效孔隙主要包括有机孔隙、微裂缝以及少量尺寸较大的颗粒粒间孔隙，而有机孔中包含有吸附孔隙与游离孔隙，因此，利用孔隙组分进行页岩气饱和度评价模型如下：

$$S_g = \frac{\phi_{free}}{\phi_t} = \frac{\phi_t - \phi_s - \phi_{ads}}{\phi_t} \tag{2-2-6}$$

式中 S_g——页岩游离气饱和度；

ϕ_{free}——游离气孔隙度，是总孔隙度中除去无效孔隙和吸附相孔隙之外的部分。

5. 地层压力测井评价

涪陵地区龙马溪组、五峰组地层上覆志留系小河坝组、韩家店组泥岩、粉砂质泥岩，加之石炭系黄龙组灰岩、云质灰岩的覆盖，形成了非常好的封闭环境。由于五峰组及龙马溪组下段沉积时期物源比较丰富，沉积物相对快速沉降堆积，使得沉积颗粒排列不规则，排水能力减弱，随着上覆沉积载荷的持续增加，这一部分压力便由孔隙流体承担，形成欠压实作用；同时由于沉积物中的有机质随着埋深增加，在一定的温度及压力条件下生烃，这一部分烃类将急剧增大孔隙流体的体积，进而形成异常高压。因此，欠压实和生烃膨胀作用很可能使龙马溪组页岩气储层形成异常高压特征。

1）欠压实成因孔隙压力预测研究

在对声波测井数据进行深入挖掘后，研究人员发现，在对一套较稳定泥岩地层进行声波测井测试的过程中，遇到两点（A，B）具有相同声波速度的地层，虽然埋深不同，认为其具有的物理性质相同，这就意味着两点泥岩骨架所受到的有效应力相同，而较深的点其较多受到的上覆地层压力由孔隙压力承担，这个点即为超压点，用公式表达为

$$(p_0)_A - (p_p)_A = (p_0)_B - (p_p)_B \tag{2-2-7}$$

式中 p_0——上覆地层压力，MPa；

p_p——孔隙流体压力，MPa。

（1）确定正常压实趋势线方程。

在正常情况下，泥岩孔隙度会随深度增加而呈指数函数规律变化，即

$$\phi_{shA} = \phi_{sh0} \times e^{-CH_A} \tag{2-2-8}$$

式中 ϕ_{sh0}，ϕ_{shA}——在地表和任意深度的泥岩孔隙度；

C——压实系数；

H_A——A 点所在的海拔深度，m。

由于泥岩孔隙度与声波时差呈线性关系，则式（2-2-8）中孔隙度可用声波时差数据

替换，且式（2–2–8）两边取自然对数，获得公式：

$$\ln \Delta t_{\mathrm{shA}} = \ln \Delta t_{\mathrm{sh0}} - CH_{\mathrm{A}} \tag{2–2–9}$$

通过与在实际泥岩地层中实测的声波时差测井资料拟合后，可确定 Δt_{sh0} 及 C，得到正常压实趋势线方程。

（2）求取泥岩层孔隙压力。

在选取好正常压实层段并获得正常压实线后，假设 A 点处于正常压实带，B 点处于超压带，那么 A 点的孔隙压力等于深度下的静水压力，并近似认为两点上覆地层密度相等，那么有其静水压力 p_{w} 和上覆地层压力 p_0 为

$$p_{\mathrm{w}} = 10^{-3} \rho_{\mathrm{W}} gH \tag{2–2–10}$$

$$p_0 = 10^{-3} \rho_{\mathrm{b}} gH \tag{2–2–11}$$

式中 ρ_{W}——孔隙流体密度，g/cm³；

ρ_{b}——上覆地层密度，g/cm³；

H——深度，m。

将式（2–2–10）与式（2–2–11）代入式（2–2–7）后可写成

$$\left(p_{\mathrm{p}}\right)_{\mathrm{B}} = 10^{-3} \rho_{\mathrm{W}} gH_{\mathrm{B}} + 10^{-3} g\left(\rho_{\mathrm{b}} - \rho_{\mathrm{W}}\right)\left(H_{\mathrm{B}} - H_{\mathrm{A}}\right) \tag{2–2–12}$$

把式（2–2–9）代入式（2–2–12），获得通式：

$$p_{\mathrm{p}} = 10^{-3} \rho_{\mathrm{W}} gH + 10^{-3} g\left(\rho_{\mathrm{b}} - \rho_{\mathrm{W}}\right)\left(H - \frac{1}{C}\ln\frac{\Delta t_{\mathrm{sh}}}{\Delta t_{\mathrm{sh0}}}\right) \tag{2–2–13}$$

式（2–2–13）所求即为孔隙压力，在获得了地层压实系数 C、地表声波时差拟合值 Δt_{sh0} 后，代入方程即可求得地层孔隙压力。

基于以上论述的理论方法，对涪陵地区几口参数井进行了孔隙压力的测井评价。按照上述建立正常压实趋势线的方法对焦页 A 井声波时差数据进行了处理与取值。取值过程中，主要遵循的原则是：① 根据自然伽马测井、自然电位测井数据结合地质录井资料选取纯泥岩段，把上覆地层中的黄龙组灰岩剔除，保留了其中的泥岩薄层，认为其是正常压实段；② 取井径曲线稳定的层段，剔除有明显缩径、扩径的部分，从而避免了钻井液对声波时差数据的影响；③ 取泥岩层声波时差曲线上的平均特征值而非尖峰值和周波跳跃值，读取数值时，注意声波时差测井曲线在泥岩段时数值的趋向性，避免读取孤立的过高或过低值。对于厚度较大的泥岩层段，选取有代表性的数据点，以取少取精为原则，避免过多数据聚集在同一深度段。按照此种处理原则，建立了焦页 A 井的正常压实趋势线方程（图 2–2–2）。

通过拟合曲线，获得声波时差 Δt 与深度 H 的关系通式如下：

$$H = -8186.6 \ln \Delta t + 46610 \tag{2–2–14}$$

$$\ln \Delta t = 5.693 - 0.000021H \tag{2–2–15}$$

2）页岩生烃作用和欠压实作用的超压预测研究

在已有方法的基础上，考虑页岩有机质生烃作用和机制，建立包涵无机增压和有机增压相结合的地层压力定量评价方法，具体实现步骤如下：

本方法利用测井资料确定页岩储层异常压力的方法包括假设条件和主要步骤如下：

假设条件：页岩气储层以Ⅰ型干酪根为主，干酪根裂解 / 热解最终产物为干气。

主要步骤：

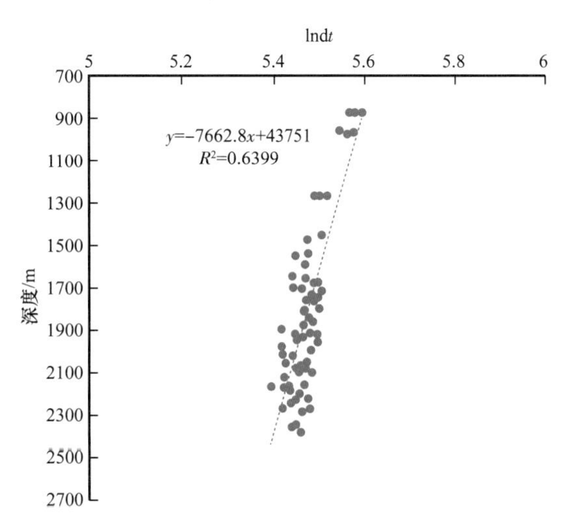

图 2-2-2 焦页 A 井正常压实趋势线方程

① 利用测井资料确定页岩气储层有机孔隙度 ϕ_{inorg} 与无机孔隙度 ϕ_{org}。

② 分析无机孔隙随储层埋深变化规律，利用全井段内无机孔隙正常压实趋势段，确定下式中压实系数 C 与地表无机孔隙度 ϕ^0_{inorg}：

$$\phi_{\text{inorg}}=\phi^0_{\text{inorg}}\times10^{-CH} \tag{2-2-16}$$

③ 依据压实平衡原理，确定压实作用形成的储层背景压力：

$$p_{\text{p-inorg}}=10^{-6}\rho_{\text{W}}gH+10^{-6}g\left(\rho_{\text{b}}-\rho_{\text{W}}\right)\left(H-\frac{1}{C}\lg\frac{\phi_{\text{inorg}}}{\phi^0_{\text{inorg}}}\right) \tag{2-2-17}$$

式中 $p_{\text{p-inorg}}$——压实作用形成的储层背景压力，MPa；

ρ_{W}，ρ_{b}——孔隙流体密度与上覆地层密度，kg/m^3；

g——重力加速度。

压实系数 C 与无机孔隙度 ϕ^0_{inorg} 由步骤②确定。

④ 利用下式确定干酪根转化率与有机孔隙发育程度关系：

$$\Delta F=\frac{\phi_{\text{org}}-C_{\text{TOC}}p_{\text{p-org}}}{\left(1-C_{\text{TOC}}p_{\text{p-org}}\right)\text{HI}} \tag{2-2-18}$$

上述关系确定方法如下：

根据Ⅰ型干酪根生烃增压原理，生烃消耗与剩余干酪根体积分别为 V_{TOC_A}，V_{TOC_B}：

$$V_{\text{TOC}_\text{A}}=V_{\text{TOC}}\text{HI}\cdot\Delta F \tag{2-2-19}$$

$$V_{\text{TOC}_\text{B}}=V_{\text{TOC}}\left(1-\text{HI}\cdot\Delta F\right) \tag{2-2-20}$$

式中 V_{TOC}——原始有机质体积；

HI——干酪根含氢指数；

ΔF——HI 生烃前后干酪根转化率变化量。

剩余干酪根受异常高压压缩，体积减小 $\Delta V_{\mathrm{TOC_B}}$：

$$\Delta V_{\mathrm{TOC_B}} = V_{\mathrm{TOC_B}} C_{\mathrm{TOC}} p_{\mathrm{p-org}} = V_{\mathrm{TOC}} (1 - \mathrm{HI} \cdot \Delta F) \cdot C_{\mathrm{TOC}} \cdot p_{\mathrm{p-org}} \quad (2\text{-}2\text{-}21)$$

式中 $p_{\mathrm{p-org}}$——有机质孔隙压力，MPa；

C_{TOC}——干酪根压缩系数，$\mathrm{MPa^{-1}}$。

则有机孔隙度 ϕ_{org} 可表示为

$$\phi_{\mathrm{org}} = \frac{V_{\mathrm{g}}}{V_{\mathrm{TOC}}} = \frac{V_{\mathrm{TOC_A}} + \Delta V_{\mathrm{TOC_B}}}{V_{\mathrm{TOC}}} = \mathrm{HI} \cdot \Delta F + (1 - \mathrm{HI} \cdot \Delta F) C_{\mathrm{TOC}} p_{\mathrm{p-org}} \quad (2\text{-}2\text{-}22)$$

④ 利用有机孔隙度确定干酪根生烃增压形成的附加孔隙压力：

$$p_{\mathrm{p-org}} = \frac{\phi_{\mathrm{org}} \cdot \Omega_1}{C_{\mathrm{TOC}} \cdot \Omega_2} \quad (2\text{-}2\text{-}23)$$

其中

$$\Omega_1 = \rho_{\mathrm{TOC}} (1 - \varepsilon) \left[\frac{\alpha}{(1+\alpha) \rho_{\mathrm{fre}}} + \frac{1}{(1+\alpha) \rho_{\mathrm{ads}}} \right] - 1$$

$$\Omega_2 = \rho_{\mathrm{TOC}} (1 - \varepsilon) \left[\frac{\alpha}{(1+\alpha) \rho_{\mathrm{fre}}} + \frac{1}{(1+\alpha) \rho_{\mathrm{ads}}} \right] - \phi_{\mathrm{org}}$$

式中 ε——天然气散失率；

ρ_{TOC}——生烃前干酪根密度，$\mathrm{kg/m^3}$；

α——质量化；

ρ_{fre}，ρ_{ads}——游离气与吸附气密度，$\mathrm{kg/m^3}$。

上述关系确定方法如下：

Ⅰ型干酪根生烃消耗的有机质质量 M_{g} 为

$$M_{\mathrm{g}} = V_{\mathrm{TOC_A}} \cdot \rho_{\mathrm{TOC}} \cdot (1 - \varepsilon) \quad (2\text{-}2\text{-}24)$$

生烃后天然气分别以游离、吸附两种状态赋存，其质量比为 α，则有机孔隙内游离气与吸附气体积总和为

$$V_{\mathrm{g}} = M_{\mathrm{g}} \left[\frac{\alpha}{(1+\alpha) \cdot \rho_{\mathrm{fre}}} + \frac{1}{(1+\alpha) \cdot \rho_{\mathrm{ads}}} \right] \quad (2\text{-}2\text{-}25)$$

则有机孔隙度又可表示为

$$\phi_{\mathrm{org}} = \frac{V_{\mathrm{g}}}{V_{\mathrm{TOC_g}}} = \frac{1}{V_{\mathrm{TOC}}} M_{\mathrm{g}} \left[\frac{\alpha}{(1+\alpha) \rho_{\mathrm{fre}}} + \frac{1}{(1+\alpha) \rho_{\mathrm{ads}}} \right] \quad (2\text{-}2\text{-}26)$$

将式（2-2-25）代入式（2-2-26），则有

$$\phi_{org}=\frac{\phi_{org}-C_{TOC}p_{p-org}}{1-C_{TOC}p_{p-org}}\cdot\rho_{TOC}(1-\varepsilon)\left[\frac{\alpha}{(1+\alpha)\rho_{fre}}+\frac{1}{(1+\alpha)\rho_{ads}}\right] \quad (2-2-27)$$

整理式（2-2-27）即可确定生烃作用形成的附加孔隙压力 p_{p-org} 关系式：

$$p_p=p_{p-inorg}+p_{p-org} \quad (2-2-28)$$

6. 原始地应力测井评价

原地应力的确定是解决石油工程岩石力学问题中关键的一步，比如井壁稳定性分析和水力压裂设计。Zoback（1992）指出仅用四个参数就可以描述地应力的应力状态：3 个主应力以及一个最大（最小）应力方向。三个应力包括垂直应力 σ_V，最大水平地应力 σ_H 和最小水平地应力 σ_h。根据 Anderson 断层理论，利用三个主应力的关系，可以将地应力的状态分为正断层应力状态（$\sigma_V>\sigma_H>\sigma_h$）、走滑断层应力状态（$\sigma_H>\sigma_V>\sigma_h$）和逆断层应力状态（$\sigma_H>\sigma_h>\sigma_V$）。

确定地应力的方法主要有井壁崩落法、钻井诱导缝法和快横波方位法。井壁由于应力集中，当超过岩石抗压强度会发生剪切破坏，井壁发生崩落；当超过岩石的抗拉强度后会发生拉张破坏，产生钻井诱导缝。另外水力压裂缝在远场延伸的过程，也属于拉张破坏，根据水力裂缝的走向可以判断最大水平地应力的方向。观测井壁崩落的方法有井壁声波成像电视以及电成像井径测井，井壁崩落在成像图上显示为呈 180°对称的垂直模糊暗色条带，它的方位对应最小水平地应力的方位（时贤等，2014）。Zoback（2010）指出钻井诱导缝的延伸深度较浅，一般不会超过 1cm，因此常常可根据微电阻率扫描成像测井确定钻井诱导裂缝发育情况，钻井诱导裂缝多呈一组 180°平行的羽状高角度裂缝，诱导裂缝的走向为最大水平地应力的方向。根据快横波的方位也可确定最大水平地应力的方位，当挠曲波在垂直井眼传播的过程中，不均匀的地层应力会使声波发生分裂，产生沿着最大水平地应力方向振动的快横波以及沿着最小水平地应力方向振动的慢横波，邱泉等（2009）认为产生这种现象的原因是应力导致的各向异性地层中可能存在着走向与最大主应力方向一致的裂缝以及在应力作用下矿物呈定向排列。

二、页岩气地震解释预测技术

在岩石物理分析的基础上，充分利用现有的钻井、测井、地质、地震资料，通过地震反演方法和参数优选，开展页岩气层主要评价参数的预测。岩石物理分析结果表明页岩气层评价参数与岩石物理参数具有一定的相关性，通过井约束波阻抗反演以及叠前弹性参数反演，得到相应的弹性参数数据体，计算出页岩气层的页岩厚度、孔隙度、脆性、TOC 及含气量。

1. 页岩气层厚度预测

综合利用阻抗、*GR*、密度和孔隙度反演数据体，开展了一、二、三段的储层顶底追踪解释。在精细解释各亚段顶底层面的基础上编制了各页岩层段的厚度图。从一期产建区内 6 口探井及周缘探井、评价井的页岩厚度误差统计结果（表 2-2-2）看来，三个页岩层段预测厚度的相对误差均在 2% 以下。

表 2-2-2 含气层段页岩厚度预测误差统计表

层段 井名	一亚段				二亚段				三亚段			
	厚度 / m（实钻）	厚度 / m（预测）	绝对误差 / m	相对误差 / %	厚度 / m（实钻）	厚度 / m（预测）	绝对误差 / m	相对误差 / %	厚度 / m（实钻）	厚度 / m（预测）	绝对误差 / m	相对误差 / %
焦页 A	37.50	37.92	0.42	1.11	25.00	24.90	−0.100	0.40	26.80	26.78	−0.020	0.08
焦页 B	40.40	40.09	−0.31	0.77	23.40	23.20	−0.200	0.85	34.40	34.40	−0.002	0.01
焦页 C	40.30	39.96	−0.34	0.85	21.40	21.75	0.353	1.65	37.00	37.01	0.014	0.04
焦页 D	44.00	43.98	−0.02	0.05	24.50	24.61	0.111	0.45	45.20	45.19	−0.010	0.02
焦页 E	39.40	39.52	−0.12	0.30	20.50	20.70	0.200	0.98	31.50	31.46	−0.036	0.11
焦页 F	42.50	42.90	0.40	0.94	16.20	16.00	−0.200	1.23	44.10	44.11	0.008	0.02
焦页 G	41.70	41.50	−0.20	0.48	21.20	21.39	0.187	0.88	29.50	29.60	0.103	0.35
焦页 H	43.00	42.86	−0.14	0.33	27.90	28.10	0.200	0.72	42.80	42.72	−0.085	0.20
焦页 L	44.00	44.06	0.06	0.13	26.40	26.55	0.147	0.56	49.20	49.11	−0.094	0.19
焦页 M	38.20	38.00	−0.20	0.53	26.30	26.08	−0.220	0.84	23.00	23.04	0.039	0.17
焦页 N	38.60	38.72	0.12	0.32	25.00	25.00	0.003	0.01	26.10	26.11	0.006	0.02
焦页 O	53.00	53.01	0.01	0.01	19.00	19.30	0.300	1.58	19.00	19.04	0.037	0.20
焦页 P	37.2	37.29	0.09	0.24	26.50	26.20	−0.300	1.13	32.80	32.80	0.003	0.01

2. 页岩气层孔隙度预测

在页岩气层段顶底精细解释的基础上，利用孔隙度反演数据体，提取各页岩气层段孔隙度平均值。从一期产建区内 6 口探井及周缘探井及评价井三个气层段的页岩孔隙度与未校正前误差统计结果来看（表 2-2-3），绝对误差普遍低于 0.5%，相对误差基本在 10% 以内，通过井校正后，与井完全吻合。

3. 页岩气层 TOC 预测

页岩气层 TOC 与密度有较好的相关性，通过公式将密度体转换为 TOC 数据体，利用三个含气层段顶底精细解释成果，提取三个亚段 TOC 平均值，研究整个三维区 TOC 的展布规律。从一期产建区内 6 口探井及周缘探井、评价井三个气层段的页岩 TOC 与校正前误差统计结果来看（表 2-2-4），绝对误差普遍低于 0.1%，相对误差基本在 10% 以内，通过井校正后，达到与井一致。

表 2-2-3 含气层段页岩孔隙度预测误差统计表

层段 井名	一亚段				二亚段				三亚段			
	孔隙度/%（实钻）	孔隙度/%（预测）	绝对误差/%	相对误差/%	孔隙度/%（实钻）	孔隙度/%（预测）	绝对误差/%	相对误差/%	孔隙度/%（实钻）	孔隙度/%（预测）	绝对误差/%	相对误差/%
焦页 A	4.87	5.40	0.53	10.84	3.86	3.89	0.03	0.68	5.12	5.33	0.21	4.15
焦页 B	5.04	5.58	0.54	10.75	3.97	4.55	0.58	14.64	5.65	6.46	0.82	14.50
焦页 C	4.78	4.52	−0.26	5.53	3.78	3.99	0.21	5.49	4.97	5.25	0.28	5.67
焦页 D	3.97	4.38	0.41	10.36	3.09	2.95	−0.14	4.53	4.37	4.80	0.43	9.96
焦页 E	5.35	5.34	−0.01	0.10	4.47	4.04	−0.44	9.79	4.98	5.29	0.31	6.14
焦页 F	4.18	4.09	−0.09	2.18	3.45	3.57	0.12	3.58	4.68	5.14	0.046	9.80
焦页 G	4.61	4.30	−0.31	6.72	3.94	3.50	−0.44	11.14	5.03	5.20	0.17	3.38
焦页 H	3.65	3.32	−0.33	8.99	2.80	2.42	−0.38	13.63	2.08	2.28	0.20	9.74
焦页 L	3.59	3.45	−0.14	3.90	3.05	2.65	−0.40	13.00	4.05	3.50	−0.55	13.65
焦页 M	5.01	4.50	−0.51	10.18	4.01	3.48	−0.53	13.16	5.42	5.50	0.09	1.57
焦页 N	4.72	4.30	−0.42	8.81	3.95	3.89	−0.06	1.45	5.27	5.31	0.04	0.70
焦页 O	3.58	3.20	−0.38	10.61	2.87	2.90	0.03	1.21	4.53	4.60	0.07	1.44
焦页 P	3.7	3.30	−0.40	10.81	3.22	2.82	−0.40	12.44	3.28	3.16	−0.12	3.66

表 2-2-4 含气层段页岩 TOC 预测误差统计表

层段井名	一亚段				二亚段				三亚段			
	TOC/%（测井）	TOC/%（预测）	绝对误差/%	相对误差/%	TOC/%（测井）	TOC/%（预测）	绝对误差/%	相对误差/%	TOC/%（测井）	TOC/%（预测）	绝对误差/%	相对误差/%
焦页 A	4.06	4.01	−0.05	1.33	2.26	2.19	−0.07	3.11	1.77	1.65	−0.12	6.81
焦页 B	3.9	3.85	−0.05	1.33	2.31	2.38	0.07	3.03	1.83	1.81	−0.02	1.26
焦页 C	3.14	3.50	0.36	11.54	1.99	2.20	0.21	10.38	1.67	1.65	−0.01	0.84
焦页 D	3.4	3.66	0.26	7.65	2.14	2.14	0.01	0.29	1.65	1.59	−0.06	3.56
焦页 E	3.77	3.82	0.05	1.44	2.27	2.20	−0.07	2.93	1.18	1.14	−0.04	3.22
焦页 F	3.37	3.46	0.09	2.65	1.96	2.02	0.06	2.86	1.33	1.27	−0.06	4.76
焦页 G	3.01	3.25	0.24	7.84	1.83	2.01	0.18	9.69	1.41	1.49	0.09	6.21

续表

层段井名	一亚段				二亚段				三亚段			
	TOC/%（测井）	TOC/%（预测）	绝对误差/%	相对误差/%	TOC/%（测井）	TOC/%（预测）	绝对误差/%	相对误差/%	TOC/%（测井）	TOC/%（预测）	绝对误差/%	相对误差/%
焦页 H	2.93	3.14	0.21	7.16	1.51	1.60	0.09	5.80	1.08	0.99	−0.09	8.50
焦页 L	3.1	3.20	0.10	3.10	1.76	1.82	0.06	3.60	1.54	1.50	−0.05	3.00
焦页 M	3.48	3.10	−0.38	11.05	1.77	2.00	0.23	12.87	1.29	1.38	0.10	7.45
焦页 N	3.48	3.55	0.07	1.88	2.01	1.92	−0.09	4.58	1.51	1.64	0.13	8.57
焦页 O	2.99	3.02	0.03	1.05	1.73	1.55	−0.18	10.33	1.32	1.22	−0.10	7.41
焦页 P	3.85	3.80	−0.05	1.30	1.43	1.60	0.17	11.99	0.83	0.95	0.12	14.78

4. 页岩气层脆性预测

利用叠前同时反演得到了弹性参数数据体（泊松比、杨氏模量等），及脆性矿物含量与杨氏模量、泊松比拟合公式，来预测脆性。从一期产建区内 6 口探井及周缘探井及评价井三个气层段的页岩层脆性矿物含量与校正前误差统计结果来看（表 2-2-5），绝对误差普遍低于 4.0%，最大为 4.87%，最小为 0，大多数井吻合较好，相对误差基本在 10% 以内，最低相对误差为 0，最高相对误差为 12.57%。通过井校正后，达到与井完全吻合。

表 2-2-5　含气层段页岩脆性预测误差统计表

层段井名	一亚段				二亚段				三亚段			
	脆性/%（测井）	脆性/%（预测）	绝对误差/%	相对误差/%	脆性/%（测井）	脆性/%（预测）	绝对误差/%	相对误差/%	脆性/%（测井）	脆性/%（预测）	绝对误差/%	相对误差/%
焦页 A	66.54	61.8	−4.72	7.09	56.85	57.3	0.46	0.81	47.04	47.0	0.00	0.00
焦页 B	65.23	64.1	−1.12	1.71	56.96	57.0	0.05	0.08	48.10	46.1	−2.00	4.15
焦页 C	62.84	64.1	1.26	2.01	56.71	56.0	−0.75	1.32	48.01	46.4	−1.61	3.35
焦页 D	63.93	64.4	0.43	0.67	57.28	57.0	−0.32	0.56	46.21	46.3	0.05	0.12
焦页 E	65.05	62.7	−2.40	3.68	56.69	54.3	−2.34	4.13	45.02	44.9	−0.15	0.34
焦页 F	63.58	62.8	−0.74	1.17	56.29	54.5	−1.83	3.25	45.66	45.0	−0.67	1.46
焦页 G	60.41	62.2	1.76	2.91	53.94	55.9	1.98	3.68	45.67	47.3	1.66	3.65
焦页 H	59.43	62.8	3.37	5.67	46.46	52.3	5.84	12.57	45.76	46.5	0.74	1.62
焦页 L	61.06	62.7	1.61	2.64	54.59	57.1	2.49	4.55	48.51	47.0	−1.48	3.05

续表

层段井名	一亚段				二亚段				三亚段			
	脆性 / %（测井）	脆性 / %（预测）	绝对误差 / %	相对误差 / %	脆性 / %（测井）	脆性 / %（预测）	绝对误差 / %	相对误差 / %	脆性 / %（测井）	脆性 / %（预测）	绝对误差 / %	相对误差 / %
焦页 M	63.20	59.3	−3.92	6.21	54.20	55.8	1.56	2.87	46.68	46.6	−0.05	0.10
焦页 N	63.86	63.9	0.09	0.14	56.14	54.2	−1.96	3.49	47.72	46.4	−1.32	2.77
焦页 O	61.93	61.4	−0.58	0.94	55.75	55.0	−0.80	1.43	46.41	47.0	0.61	1.32
焦页 P	58.73	63.6	4.87	8.30	45.65	50.2	1.55	9.97	42.86	47.1	4.24	9.90

5. 页岩气层含气量预测

依据岩石物理分析建立的含气量与密度及孔隙度的表征关系，利用叠前同时反演得到的密度数据体及孔隙度反演得到的孔隙度数据体，通过拟合公式，预测总含气量。在三个含气层段顶底精细解释基础上，提取三个亚段总含气量平均值，研究整个三维区三个含气层段的含气特征。从一期产建区及周缘 6 口探井及评价井三个气层段的页岩层含气量与校正前误差统计结果来看（表 2–2–6），绝对误差普遍低于 0.8m^3/t，最大为 0.88m^3/t，最小误差为 0.04m^3/t，相对误差基本在 12% 以内，最低相对误差为 1.06%，最高相对误差为 14.35%。通过井校正后，达到与井一致。

表 2–2–6　含气层段页岩含气量预测误差统计表

层段井名	一亚段				二亚段				三亚段			
	含气量 / m^3/t（测井）	含气量 / m^3/t（预测）	绝对误差 / m^3/t	相对误差 / %	含气量 / m^3/t（测井）	含气量 / m^3/t（预测）	绝对误差 / m^3/t	相对误差 / %	含气量 / m^3/t（测井）	含气量 / m^3/t（预测）	绝对误差 / m^3/t	相对误差 / %
焦页 A	6.57	7.05	0.48	7.29	4.01	4.22	0.21	5.27	3.81	4.33	0.53	13.80
焦页 B	6.51	7.12	0.61	9.38	4.12	4.66	0.54	13.06	4.15	4.75	0.60	14.35
焦页 C	5.31	6.10	0.79	14.87	3.45	3.95	0.50	14.35	3.53	3.90	0.37	10.33
焦页 D	5.32	6.07	0.75	14.05	3.49	3.45	−0.04	1.06	3.30	3.65	0.35	10.64
焦页 E	7.18	6.92	−0.26	3.58	4.77	4.11	−0.67	14.02	4.16	4.07	−0.09	2.28
焦页 F	5.05	5.73	0.68	13.56	3.29	3.91	0.61	18.64	3.02	3.40	0.38	12.67
焦页 G	5.39	4.65	−0.74	13.73	3.78	3.35	−0.42	11.22	3.64	3.35	−0.29	8.06
焦页 H	4.73	4.95	0.22	4.72	2.68	2.35	−0.33	12.47	1.92	1.79	−0.13	6.94
焦页 L	5.01	4.49	−0.52	10.46	3.31	2.97	−0.34	10.28	3.37	3.05	−0.32	9.37

续表

层段井名	一亚段				二亚段				三亚段			
	含气量 / m^3/t（测井）	含气量 / m^3/t（预测）	绝对误差 / m^3/t	相对误差 / %	含气量 / m^3/t（测井）	含气量 / m^3/t（预测）	绝对误差 / m^3/t	相对误差 / %	含气量 / m^3/t（测井）	含气量 / m^3/t（预测）	绝对误差 / m^3/t	相对误差 / %
焦页 M	6.18	5.30	−0.88	14.24	3.78	3.74	−0.04	1.06	3.78	3.28	−0.50	13.11
焦页 N	6.01	5.93	−0.08	1.39	4.01	4.13	0.12	2.93	3.96	4.29	0.34	8.47
焦页 O	4.78	4.19	−0.59	12.42	3.11	2.75	−0.36	11.49	3.36	2.95	−0.41	12.07
焦页 P	4.68	4.44	−0.24	5.22	2.82	3.11	0.29	10.40	2.23	2.34	0.11	5.02

三、页岩气地质建模评价技术

涪陵页岩气田一期产建区多数生产井已经进入产量递减阶段，对整个气田开发的管理也进入了精细管理的阶段，开发层系调整、井间加密等稳产措施对储层建模工作提出了迫切的需求。

页岩储层具有显著的特殊性，对其进行描述和建模的技术、方法和侧重点也不同于常规储层和裂缝性储层。页岩储层实现商业化开采的前提是水平井长井段的大型分段压裂，实质上是大量的人工水力裂缝沟通了页岩储层中先存的各种裂缝。页岩储层先存裂缝成因类型多，空间分布复杂，先存裂缝对人工压裂缝的发生、发展方向和长度具有重要的控制作用，因此页岩储层先存裂缝构成了影响页岩生产动态最重要的非均质性因素，是页岩储层建模考虑的主要对象之一。

人工压裂缝是页岩气流动的主要通道，对人工裂缝的空间分布进行描述和建模，对预测剩余页岩气的空间分布，研究气井生产动态规律也具有重要意义。

因此，页岩储层建模包括储层基质属性建模、天然裂缝建模以及耦合天然裂缝模型的人工裂缝建模。

1. 页岩储层属性参数建模及非均质特征

一般认为，海相沉积横向上稳定性好。对于焦石坝地区五峰组—龙马溪下部页岩各开发小层，是否存在值得研究的储层横向变化？

研究表明，涪陵页岩气田所在的地区在五峰组—龙马溪下部页岩沉积时，沉积环境为雪峰隆起、川中隆起和黔中隆起等三个物源区限定的受限海域。海底地形、与物源区的距离以及物源强度对各开发小层的页岩品质具有控制作用。涪陵一期产建区面积 269.9km^2，在这样一个范围内，各小层是否存在横向变化呢？

首先，由表 2-2-7 看出，各井同一小层的厚度在平面上存在明显变化，即使全区最为稳定的③小层，焦页 A 井钻厚 11.5m，而焦页 D 井达到了 15m。对于上部气层⑥—⑨小层，变化更为显著，如⑦—⑧小层的合计厚度在主体区向西南部具有明显的减薄趋势。

尽管有实物岩心为依托，可利用测井以及多种地化指标等数据，对小层的划分和对比也存在不确定性，如焦页F井、焦页E井⑦小层的钻厚严重偏小。小层厚度的显著变化说明了小层对比的难度，也说明储层在平面上存在显著的非均质性。

表 2-2-7 焦石坝导眼井各小层岩心分析 TOC 平均值统计表 单位：%

小层	焦页 A	焦页 B	焦页 C	焦页 E	焦页 F	焦页 G	焦页 H	焦页 I	焦页 J	焦页 K	小层平均
⑨	0.90	1.19	0.77		0.59	1.25		1.52	1.47	1.5	1.15
⑧	2.07	2.15	1.74	1.35	1.63	1.51		1.52	1.70	1.65	1.70
⑦	1.67	2.14	1.47	1.64	1.56	1.52		1.34	1.46	1.70	1.61
⑥	1.62	1.85	1.31	1.58	1.65	1.49		1.60	1.72	2.05	1.65
⑤	3.17	3.27	2.66	3.24	2.78	2.42	2.76	2.54	2.94	3.06	2.88
④	3.02	3.18	2.54	2.79	2.41	2.50	3.02	2.72	3.24	3.21	2.86
③	4.09	4.42	3.42	4.30	3.79	3.46	4.24	3.54		3.81	3.90
①	4.59	4.65	3.97	4.80	4.10	4.13	4.84	4.23	4.46	4.08	4.39

其次，统计导眼井各小层 TOC 平均值，也说明了横向非均质性的存在。

由表 2-2-7 可见，各井同一小层之间平均 TOC 存在差异。总体而言，从④、⑤小层开始，包括上部气层的主力小层⑦—⑧小层，在主体区的焦页 A 井和焦页 B 井，平均 TOC 较高，而位于中部的焦页 F 井和西南部的焦页 G 井，平均 TOC 偏低。

此外，由表 2-2-7 也可看出 TOC 在焦石坝地区纵横向的变化趋势，在焦页 A—焦页 B 井区，⑥小层 TOC 偏低，向上到⑦、⑧小层，TOC 变高达到 2% 以上；在中部地区的焦页 E 井和焦页 G 井，⑥小层 TOC 变低，且与上部的⑦、⑧小层 TOC 基本相当；而往焦石坝西南区的焦页 J 井和焦页 K 井区，⑥小层 TOC 变高，但向上的⑦、⑧小层 TOC 变小。这些变化指示了上部气层富有机质页岩段沉积环境的纵横向迁移。

由上述分析看出，钻井证实除①、③小层较为稳定外，其他各小层均存在较为明显的非均质特性，特别是上部气层各小层，存在显著的横向非均质性。

尽管工区导眼井稀少，但是大量的水平井及其长水平段对目的层的充分揭开和以密度、中子测井为核心的测井组合，为研究储层非均质性提供了大量的资料和信息，为利用储层综合建模的手段表征储层非均质性打下了基础。

TOC 是描述页岩储层最重要的参数，页岩储层的品质与 TOC 高度相关，同时密度测井响应对页岩储层的 TOC 含量高度敏感，因此通过水平井测井解释可以获得海量的 TOC 空间分布数据，利用储层建模工具挖掘水平井揭示的大量信息，实现对储层非均质性的刻画和表征，可充分体现储层建模的优势。

以下重点展示 TOC 三维地质建模表征的一期产建区储层非均质特征。

1）各小层 TOC 平均值分布特征

①、③、④、⑤、⑥、⑦、⑧和⑨小层 TOC 平均值自下而上依次变低（表 2-2-8），这符合龙马溪组下部页岩段沉积相向上演化的规律。

表 2-2-8 建模网格单元统计的各小层平均 TOC

小层	①	③	④	⑤	⑥	⑦	⑧	⑨
TOC/%	4.49	4.12	3.47	3.21	2.69	2.56	2.39	1.69

据研究区内稀疏分布的 6 口实钻井岩心分析，特别是焦页 A 井和焦页 B 井，⑥小层平均 TOC 低于⑦、⑧小层，因此初期还认为⑥小层为上下气层之间的隔层，目前完钻于上部气层的井轨迹主要在⑦、⑧小层穿行。然而据基于 185 口井测井解释 TOC 所建立的三维模型，⑥小层储层品质略好于⑦小层，比⑧小层更好。

2）优质储层厚度分布特征

对于目前主要完钻层段①—③小层，TOC≥3% 的累计储层厚度未显示出横向分割性，当使用 TOC≥4% 这一指标统计累计储层厚度时，就可以指示更为优质的储层分布区。西南区和东 2 区更为优质的储层变薄，而主体区和西区优质储层更厚。

3）气测全烃分布与高产区带吻合程度高

根据气体状态方程，在孔隙体积一定的情况下，含气量与地层压力呈正比，压力系数就是其比例系数，因此在保存条件好的地区，气测全烃呈高异常。气测全烃高异常也反映了钻遇了页岩储层高孔隙发育带，因此气测全烃异常与高产区带密切相关。

对于页岩这种极低渗透性储层，钻井液密度对于气测全烃的影响较小，而钻速成为影响气测全烃的主要因素。使用合理的方法，对气测全烃进行钻速校正，剔除或压制其中的假异常，突出有效异常，并利用建模技术确定气测异常的空间分布趋势，达到预测高产区分布的目的。

2. 页岩储层多尺度天然裂缝建模

与其他裂缝性储层相比，页岩储层的裂缝具有以下特殊性。

首先，页岩储层最突出的特征就是页理发育，页理在适当条件下易于张开构成页岩气产出的主要通道，这是其他裂缝性储层所没有的特性。页岩储层的主导裂缝页理缝也是肉眼难以观察，岩心上纹理可由岩石的组分、结构和颜色等沉积成岩特征等体现出来，而层理是否形成裂缝需要借助高分辨率仪器。

其次，页岩岩心易破碎，难以观察和统计高角度构造缝密度及其产状。页岩储层先存裂缝成因类型多，空间分布复杂，裂缝特征难以描述和统计，制约了页岩储层建模的发展和应用。考虑到工区实际地质条件，按照裂缝的成因、规模和产状，同时兼顾裂缝易于识别和统计，将涪陵一期产建区发育的主要裂缝划分为三种类型：大尺度构造裂缝和断裂、中小尺度构造裂缝和小—微尺度裂缝。三种裂缝的特征如下：（1）大尺度构造裂缝和断裂：大裂缝（m）—巨裂缝（km），中—高角度构造裂缝，地震分辨率可识别，使用地震属性预测技术实现对这一尺度裂缝的识别和预测；（2）中小尺度构造裂缝——

中裂缝（cm—m），为中—高角度构造缝，这类裂缝在岩心上可以观察和统计，成像测井可以识别。但由于页岩岩心易于破碎，难以准确、全面地对这类构造裂缝进行识别和统计，使用地质力学方法可以预测裂缝的发育趋势；（3）小尺度裂缝——小裂缝（cm）—微裂缝（μm），以页理缝为主，包括水平滑移缝等，通过岩心观察或电子显微镜识别。

下面分别对上述三个尺度的裂缝体系完成建模，并实现三个尺度天然裂缝体系的综合建模。

1）大尺度构造裂缝建模

对大尺度构造裂缝的识别采用 Paradigm 的第四代属性分析技术最大似然法技术，即 Likelihood 算法，其技术思路是：将原始地震数据沿着一组走向和倾角，计算每一点最低的相似度，最终的 fault Likelihood 数据体更加接近断裂的原貌，检测到的断裂在剖面上比第三代属性技术，诸如蚂蚁体、相干属性连续性强，在地震反射轴错断和变形的区域断裂都能细则地刻画出来，在剖面上更加接近人工解释的断裂，最大似然算法在充分考虑地层走向及倾向前提下，计算同相轴连续性，对小断层及裂缝有很好识别能力。

2）中小尺度构造裂缝建模

研究利用工区内已有的三口井岩心观察成果，统计出三口井高角度缝的裂缝密度，作为中小尺度岩心裂缝的信息来源。由于页岩岩心易于破碎，岩心裂缝观察和统计存在较大难度，取心井稀少，对于中等尺度的高角度构造裂缝，通过地质力学预测实现的裂缝建模更为符合实际。

基于已经完成的精细构造模型，对其进行“UVT”变换和反变换的过程，实现地质力学裂缝预测，可获得工区应力场、裂缝方向、膨胀数据体以及裂缝概率等多种数据体，为天然裂缝和人工裂缝建模提供了基础。

3）页理缝建模

页理缝是页岩储层关键的地质特征，对页理缝的建模至关重要。高倍电子显微镜 MAPS 成像分析显示，当 TOC 含量高时，在有机质演化后期沥青在页岩中的浓度高，有利于沥青聚集形成易于剥离的弱的结构面，也有利于形成被沥青充填的大量微裂缝；同时高 TOC 含量的页岩层系意味着沉积速率极低，笔石相对富集，易于形成页理面。然而，当 TOC 含量偏低时，沥青团块以及沥青线状分布概率降低，笔石聚集以及黄铁矿顺层发育等其他形成弱结构面的概率也降低。这从微观上解释了页理缝发育的主控因素。高异常流体压力形成的大量沥青充填的微裂缝，应是形成页理面和页理缝的主体。电镜观察和岩心统计表明，TOC 含量与页理缝呈明显的正相关。根据该关系式，可计算研究区 180 口井页理缝密度数据体，为研究区页理缝建模提供了定量的数据基础。

3. 压裂裂缝网络构建

1）基于微地震定位事件的压裂缝网重构

在对储层进行压裂改造的过程中，会产生大量的微地震事件，采用合适的技术手段可以得到微地震事件发生的位置以及强度。微地震事件在三维空间上反映为一系列离散的点，各事件点包含微地震的能量、动量等信息。压裂裂缝网络重构的目的是基于上述离散的微地震数据点，还原地层压裂裂缝与天然裂缝形态。

传统的根据微地震监测数据生成压裂缝网的方法是：观察微地震点分布的宏观趋势，人工划定主裂缝的粗略位置，再使用线性拟合最终确定其位置。该方法可以迅速得到一个可以用于油藏数值模拟的压裂裂缝网络，但该网络的结构受研究者主观影响较大：选择不同的主裂缝条数、位置，拟合得出的缝网完全不同。其次，页岩气开发中的压裂属于体积压裂，整个 SRV（体积改造）被微裂缝系统沟通，而该方法将压裂结果简化为一稀疏的主裂缝网，这与现有的 SRV 理论不符。

有一种压裂缝网重构方法，可根据微地震监测数据重构出 SRV 内部的微裂缝分布，并确定缝网渗透率。该方法克服了传统缝网生成方法中主观性较强，且与体积压裂的概念不符等缺点。利用本方法获得的缝网可直接用于建立压裂井区的离散裂缝地质模型，并以此为基础计算 SRV 的形状及体积，最终评价压裂效果。

2）压裂裂缝扩展特征

多级压裂技术使用封堵球或限流技术分隔储层不同位置，并分段施工，各段裂缝依次开裂。压裂过程产生一条或多条主裂缝，同时在其侧向强制形成次生裂缝，并在次生裂缝上继续分支形成二级次生裂缝。主裂缝与多级次生裂缝形成裂缝网络系统，并与天然裂缝、岩石层理沟通，使储层基质与裂缝面的接触面积最大化。

Beugelsdijk 等也通过室内实验证实了复杂裂缝网的存在。实验结果表明，使用低黏度压裂液时，裂缝延伸方向上没有主裂缝存在，裂缝沿天然裂缝起裂延伸；而采用高黏度压裂液时明显存在主裂缝，且水力裂缝几乎不与天然裂缝发生作用。

3）压裂缝网构建

定位结果仅仅展示了事件的空间分布形态，无法告知压裂产生的裂缝形态如何，而后者恰恰是压裂人员所关注的重点。但是定位结果提供了以下参数：日期（Date），时间（Time）、段数（Stage）、x–y 坐标、深度（Depth）、震级（Magnitude）。基于此，同时考虑事件点的时间与空间分布，利用微地震发生的时间序列计算得到裂缝网络。这种方法，将每个微地震事件依次按照一定的规则添加到裂缝网络中。共有三种准则："事件—事件""事件—网络"以及"各向异性"准则。后面详细介绍裂缝网络构建准则，在此需要强调的是，在构建裂缝网络的时候，需要对微地震事件进行预处理，删除低信噪比、低可信度的微地震事件；另外裂缝网络应该分段进行构建。该裂缝网络构建过程是一个逐渐迭代的过程，从起裂点出发，逐渐迭代至所有微地震事件全部考虑再终止迭代。

裂缝网络构建有三种准则，如图 2-2-3 所示，分别是"点点链接"（左）、"点缝链接"（中）以及"各向异性链接"（右）准则。各向异性链接准则要求按照预先给定的方向进行链接，构建的裂缝网络具有明显的方向性，然而该方法无法事先确定，所以仅研究了前面两种构建方法。

（1）基于"点点链接"准则的裂缝网络构建技术。

算法基本步骤如下：

① 所有的微地震事件构成集合 $\boldsymbol{M}$，在集合在按微地震事件发生的先后顺序排列微地震事件 $P(x, y, z, t)$。

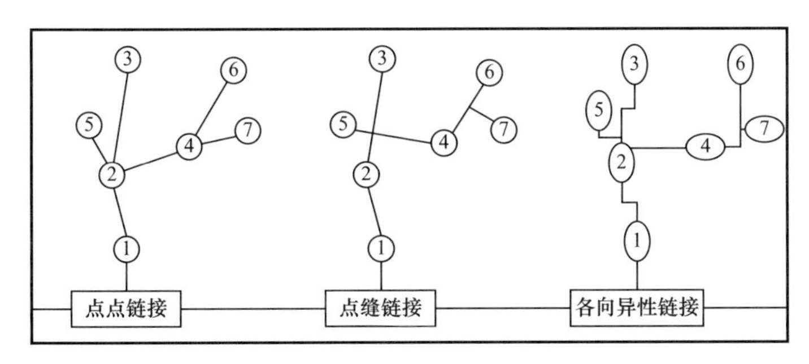

图 2-2-3 三种裂缝链接准则示意图

② 定义裂缝网络 ***N*** 的源（种子）点。当集合 ***M*** 中包含射孔、压裂段、射孔簇信息，应用它来定义种子点，至种子点距离定义为 0。

③ 定义微地震事件 P（x，y，z，t）之间的链接准则 d（P，N）和网络 ***N***。计算 t 时刻微地震事件与网络中其他多个微地震事件之间的最短距离。

④ 利用 ***M*** 中第 i 个微地震事件 P（x，y，z，t）来确定或计算准则 d（P，N），找到至网络 ***N*** 的链接点 c。

⑤ 生成 c 和 ***P*** 之间的路径。

⑥ 循环第④、⑤两步，直至所有微地震事件均参与网络构建，结束所有操作。

综合多个压裂段的裂缝网络，便可构成整口压裂井的裂缝网络。在实际操作中，还将裂缝网络形成的先后顺序，赋予不同的颜色，蓝色裂缝代表先形成的裂缝网络，红色裂缝代表后形成的裂缝网络。此外，按照裂缝形成的先后顺序，形成裂缝发育动态图，便于解释裂缝发育过程。

（2）基于“点缝链接”准则的裂缝网络构建技术。

算法基本步骤如下：

① 按时间 t 顺序排列微地震事件。

② 以各压裂段起裂点（投球滑套或压差滑套位置）为起点，迭代重构微裂缝网络 ***N***，方法如下：

a）缝网 ***N*** 最初为空集。第一步将起裂点 p_0 作为初始裂缝网加入 ***N***；

b）选择微震事件序列 ***P*** 中序号 i 最小的点 p_i 为研究对象，计算已有裂缝网 ***N*** 中所有线段到 p_i 最近的点 q；

c）如果点 q 本来就是 ***N*** 中某条线段的端点，则直接将线段 p_iq 加入 ***N***。否则，q 即是 N 中某线段（记为 ab）的内点；

d）从事件序列 ***P*** 中删除 p_i。

③ 重复步骤 b）、c）、d）直到序列 ***P*** 成为空集。

综合多个压裂段的裂缝网络，便可构成整口压裂井的裂缝网络。

在实际操作中，还将裂缝网络形成的先后顺序，赋予不同的颜色，蓝色裂缝代表先形成的裂缝网络，红色裂缝代表后形成的裂缝网络。此外，按照裂缝形成的先后顺序，形成裂缝发育动态图，便于解释裂缝发育过程。

（3）压裂缝网构建。

选取研究区任一段压裂微地震事件数据进行方法测试，并比较“点点链接”准则和“点缝链接”准则两种方法构建的裂缝网络。两种方法均体现出一条向右下方倾斜的主裂缝，在主裂缝两侧发育次生裂缝。但是，“点点链接”准则构建的裂缝网络比较杂乱，排列无规律，主次裂缝交叉明显；而“点缝链接”准则构建的缝网主次裂缝更清晰，次生缝在主缝两侧发育，方位明显，结构更合理。因此，在后续解释过程中，均采用“点缝链接”准则进行裂缝网络构建。

第三节　涪陵页岩气田富集高产机理

一、页岩气富集机理及主控因素

1. 深水陆棚沉积环境是页岩气富集的物质基础

上奥陶统—下志留统是全球性优质烃源岩发育的层段之一，在全球范围内具有可对比性。晚奥陶世—早志留世是全球黑色页岩广泛发育的时期。这套被称为“热页岩”地层的古沉积环境为奥陶纪晚期的冰期之后，海平面上升背景下的陆棚、海湾或陆表海。在北非和中东发现了大量以该套页岩为烃源岩的常规油气藏。四川盆地及周缘地区在晚奥陶世—早志留世具有非常特殊的构造沉积环境，提供了优质页岩形成的宏观背景。古地磁研究表明，四川盆地及周缘地区所处的扬子板块与非洲—阿拉伯板块同处于南纬高纬度地区，冰期后冰川的大规模溶化导致海平面快速上升，扬子及华南地区发生快速海侵。四川盆地及其周缘五峰组和龙马溪组沉积时期，在经历加里东中期的都匀运动后，构造体制发生了从伸展到挤压的转化（胡东风等，2014）。上扬子东部在弱挤压背景下发生陆内坳陷沉降，总体上为川中古隆四川盆地及其周缘下志留统龙马溪下段底部页岩沉积相起、牛首山—黔中古隆起和江南—雪峰隆起造山带夹持的台内坳陷。坳陷内由于快速海侵，形成了较大规模的深水陆棚环境，分别发育了川南、鄂西—渝东、川东北3个沉积厚度中心。冰期导致生物的大规模灭绝，冰期后由于生态环境的改变，为低等生物的大规模繁殖提供了有利条件，加之相对闭塞的海湾背景，导致了黑海式的水体分层模式的形成，深水区海底长期稳定的厌氧环境为有机质的保存提供了有利的地球化学环境。同时，总体平缓的古地形使陆源碎屑供给较少，使盆地沉积区整体为欠补偿状态，导致了地层中的高有机质含量。多种有利因素的叠加下，在四川盆地及周缘形成了厚度大、展布稳定的富有机质页岩。

涪陵气田产层为五峰组—龙马溪组下部的富有机质页岩，含气页岩层段厚83.5～102m，其中TOC含量大于2%的优质页岩厚度38～44m。富有机质页岩横向分布稳定，可对比性好。焦页A井五峰组—龙马溪组下部38m优质页岩段平均孔隙度4.5%，现场含气量平均值达2.99m^3/t。焦页A井岩心样品测试结果表明，五峰组—龙马溪组下段页岩TOC含量介于0.55%～5.89%，平均2.5%。针对五峰组—龙马溪组下段页岩不同的岩石类型，分别统计了TOC含量，其中硅质页岩TOC含量介于2.56%～4.97%，平均3.89%；含硅质页岩TOC含量介于2.01%～3.77%，平均2.84%；灰质页岩TOC含量介于1.29%～2.99%，平均2.10%；粉砂质页岩TOC含量介于1.32%～2.68%，平均1.70%；黏土质页岩TOC含量介于0.60%～2.53%，平均1.59%。硅质页岩TOC含量最高，主要分布在五峰组和龙马溪组底部，与产气层段具有良好的对应性。

2. 大量的有机质孔和特殊裂缝组合是富集的保障

有机碳含量是页岩气富集成藏的主要因素之一，与页岩含气量（包括吸附气含量和游离气含量）有良好的正相关关系，主要是有机质孔及其比表面在起作用。有机质孔主要是各种成烃生物排烃后的残留孔隙和岩石骨架间早期充填的原油发生热裂解所形成的无定形沥青质内的孔隙。有机质孔及其比表面为吸附态天然气的赋存提供了吸附剂，也为游离气的赋存提供了孔隙空间（图2-3-1）。因此，有机质孔发育程度成为制约页岩富集天然气的主要因素，有机质孔发育多，页岩赋存天然气的能力较强，反之，则较弱。

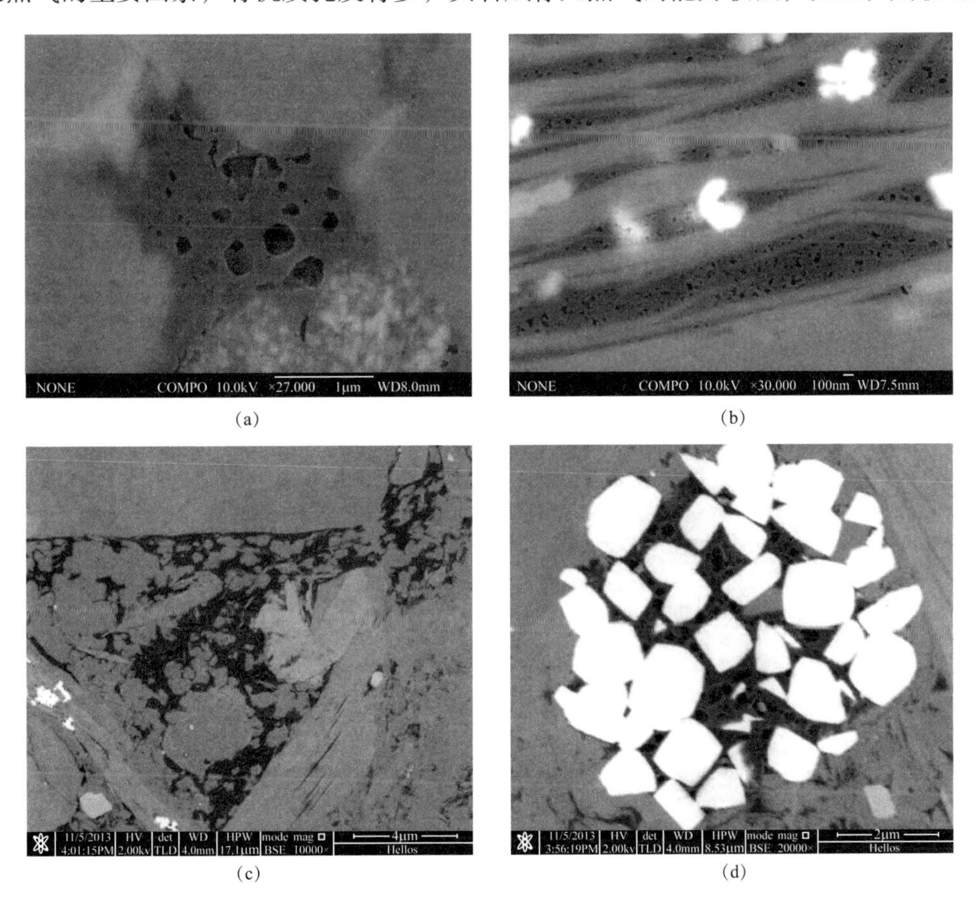

图2-3-1 焦页A井五峰组—龙马溪组下段页岩的有机质孔隙（据金之钧等，2016）

在涪陵焦石坝页岩气田五峰组—龙马溪组页岩中，有机碳含量高的优质页岩，页岩微观储层类型以有机纳米孔为主。由于具有较高的有机碳含量，有机质孔和有机质比表面积大，使该段页岩具有较好的页岩气吸附能力。有机碳含量较高的页岩层中，有机质孔能形成三维连通的孔隙系统，有利于天然气的富集和产出；在有机碳较低的页岩中，页岩微观储层类型以无机孔为主，有机质孔偏少，且呈孤立分布，不能形成三维连通的孔隙系统，不利于天然气的富集和产出。焦页A井五峰组—龙马溪组有机碳与有机质孔的发育具有很好的一致性，底部页岩具有较高的有机碳含量，有机质孔的孔隙度也发育较大，页岩含气量大，成为页岩气田主要产层（图2-3-2）。

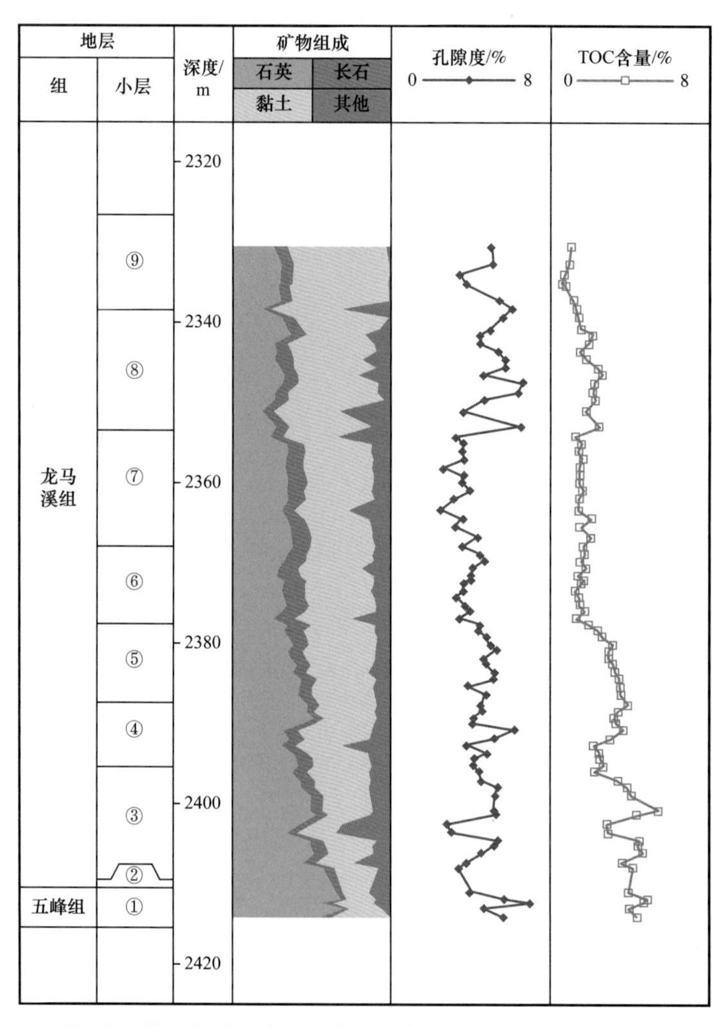

图2-3-2 焦页A井奥陶系五峰组—志留系龙马溪组有机碳含量和孔隙度关系图

页岩中的天然裂缝主要有构造应变、成岩作用和生烃膨胀等成因。构造成因裂缝既可能是由于水平应力差所形成的高角度裂缝，也可能是抬升卸载导致垂直应力改变所形成的低角度缝或水平缝以及沿沉积纹层发育的层理缝、页理缝。页岩因生烃膨胀和抬升卸载导致气体膨胀所形成的微裂缝，会有效地改变各类孔隙的连通性，同时，改变了岩石力学性质，影响后期储层改造的效果。裂缝对页岩气藏同时具有建设和破坏正反两方面的作用，裂缝对页岩气的保存和破坏程度与其发育的位置、规模和性质等有关。一方面，裂缝使页岩渗透率增大，增加页岩孔隙的连通程度，影响气体的流动速度，对页岩气藏的储能和产能具有建设性作用；另一方面，裂缝比较发育的地区，如区域性大断裂由于多期次、长时间的活动，多存在大气水下渗的影响，天然气易散失、难聚集，其附近区域的页岩气保存条件较差，甚至不能形成页岩气藏。如在福特沃斯盆地 Barnett 页岩气藏中裂缝非常发育的区域，天然气的生产能力最低，高产井基本上都分布在大裂缝不发育的地方。在大裂缝欠发育或不发育的区域，页岩的排烃受阻，排烃较少，页岩中残留烃较多，有利于页岩气聚集，是页岩气富集的有利位置。焦页 A 井龙马溪组和五峰组在取心层段裂缝发育较弱，仅在龙马溪组底部和五峰组发育水平裂缝和少量短距离延伸的垂直裂缝，五峰组主要发育水平和高角度裂缝（2416～2416.9m），但这些高角度裂缝相互之间不沟通，且被方解石充填，压裂即可获得有利于页岩气生产的网状裂缝；龙马溪组仅在底部发育一条垂直裂缝和一些水平裂缝，垂直裂缝宽度仅为 1~2mm，长度较短，仅数十厘米；水平裂缝为层间缝，分析认为主要是岩心在地面的泄压所致，其他层段裂缝不发育。

3. 良好的保存条件是页岩气富集的关键

封盖条件是页岩气得以富集的基本保障。区域整体封存是常规油气成藏保存的重要条件之一，页岩气藏要获得工业性产能也需要有一定范围的区域封盖能力。

盖层是特指与常规油气相同的区域盖层。区域盖层虽然对页岩层系没有起直接封盖作用，但是其对页岩气层的压力、地温场等具有重要的意义，是页岩层系保持高含气量的重要保证。盖层的封闭能力由其厚度、横向连续性及物性指标决定。此外，盖层的封盖能力具有时效性，即盖层形成的时间和质量影响其封盖的好坏，只有成藏系统相互匹配良好的盖层才是有效盖层。因此，在对页岩气保存条件进行评价时，除须注意区域盖层的封盖能力外，尚须分析区域盖层时间上的配置，即区域盖层封闭的有效性。

焦页 A 井龙马溪组—五峰组 38m 优质页岩层段孔隙度范围为 2.78%～7.08%，平均孔隙度约为 4.61%，渗透率范围为 0.00106～216.601mD，平均渗透率大约为 0.16mD。此页岩层段的直接顶板为龙马溪组中部灰黑色泥质粉砂岩和上部深灰色泥岩（图 2–3–3），孔隙度、渗透率都比较低，孔隙度在 0.4%～2% 的范围内，平均值约为 0.97%，渗透率在 0.004～0.073mD 的范围内，平均值约为 0.029mD。间接顶板为志留系小河坝组灰色、深灰色泥岩，孔隙度、渗透率均很小，是很好的盖层。通过顶板与页岩层段物性的比较，可以看出龙马溪组页岩顶板有很好的封闭性。在焦页 A 井的钻探过程中，发生了七次地层裂缝性井漏，全部都位于龙马溪组以上，在龙马溪组以下未发生井漏情况，佐证了顶板良好的封闭性。

页岩层段的底板为上奥陶统灰岩（图 2–3–4）。其中，上奥陶统十字铺组为含云泥质灰岩；宝塔组为生物碎屑灰岩；涧草沟组为瘤状灰岩（图 2–3–5），厚度很大，为 45～50m。涧草沟组—宝塔组是典型的特低孔隙度、低渗透率的致密灰岩，孔隙度在 0.61%～1.66%，平均值为 1.01%，渗透率在 0.0058～0.1092mD 的范围内。可以看出底板的孔隙度、渗透率远小于页岩层段的孔隙度、渗透率，因此上奥陶统灰岩作为页岩层段的底板都有着很好的封闭性。顶底板良好的封闭性使得页岩气在富集成藏的过程中散失逃逸的天然气量很少，在油气系统中形成超压环境。

图 2-3-3　焦页 A 井龙马溪组页岩顶板灰—灰黑色泥质粉砂岩

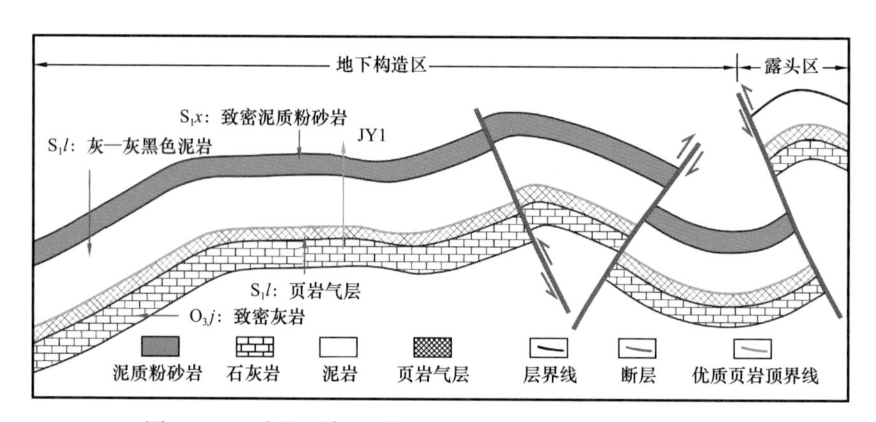

图 2-3-4　志留系龙马溪组顶底板岩性（据 Guo T，2013）

图 2-3-5　焦页 A 井龙马溪组页岩底板上奥陶统涧草沟组瘤状灰岩

二、页岩气高产机理及主控因素

页岩气富集是页岩气高产的重要物质基础，页岩储层自身发育大量纳米级孔隙，具有特低孔特低渗特征，实现高产需经过大规模人工压裂改造，提高储层渗流能力，良好的压裂工程工艺改造效果对页岩气单井产能有着至关重要的影响。在涪陵页岩气富集机理研究的基础上，结合目前涪陵页岩气田开发实践，总结高产控制因素。

1. 高含气量是页岩气高产的物质基础

页岩气在储层中主要以游离态和吸附态两种赋存方式存在，游离气含量决定气井初产。游离气在气井生产过程中优先产出，因此单井初期产量较高，与游离气相比，页岩气运移过程中吸附气需先从吸附态解吸为游离态才可由基质内运移至高渗缝网通道。因此游离气含量越高，气井初产也就越高（邹才能等，2017）。随着地层压力的下降，吸附气从有机质内解吸进入高渗透缝网通道，但表现为向高渗透缝网通道供气不足，因此后期表现为长周期产气。

不同地质条件下的工区具有不同的含气特性，部分地区主要根据吸附气的解吸来进行页岩气开采，部分地区的页岩气产出部分则以游离态为主。涪陵焦石坝地区五峰组至龙马溪组一段游离气、吸附气展现了南北区明显的差异性（表 2-3-1）。北区高产井游离气含量较大，多在 3.5m^3/t 以上，测试产能也均超过 100×10^{4}m^3/d，而南区和断层区游离气量却明显偏小。由北向南游离气量逐渐减小，而吸附气量逐渐增大，游离气量对总含气量影响较大。从游离态和吸附态两类气体的赋存分布来看，北部富游离气浅埋区已实现初期高产，通过加密井网部署来进行储层体积改造，可充分开采赋存的游离气，并有助于北区吸附气的解吸，进而获得高效稳产；而南部深埋区的吸附气量大，但由于埋深增加导致水平主应力差随之变大，不利于复杂缝网的形成，考虑经济效益不宜加密井部署（赵金洲等，2017）。

表 2-3-1 焦石坝地区自北向南单井水平段储层物性、测试产能（部分）统计表

工区位置	埋深 / m	单井储层物性			吸附气含量 / m^3/t	游离气含量 / m^3/t	测试产能 / 10^{4}m^3/t
		孔隙度 /%	含气饱和 /%	有机碳含量 /%			
北区	2281	4.7	59.3	3.7	1.81	3.31	66.1
	2380	5.8	68.7	3.5	1.80	4.94	155.8
	2324	4.2	75.0	3.9	1.81	3.86	61.9
	2323	4.6	61.3	3.2	1.92	3.37	46.2
	2703	4.6	60.5	3.3	1.92	3.78	70.3
	2647	4.2	56.0	4.4	2.53	3.24	41.8
	2454	4.8	61.8	3.4	1.80	3.77	89.9
	2480	5.3	69.9	4.2	2.25	4.86	116.4
南区	3553	2.1	28.9	2.1	1.57	1.01	3.5
	2840	4.0	49.8	4.2	2.56	2.90	21.9
	3035	4.2	57.8	3.1	2.01	2.82	29.0
断层	2452	4.0	49.7	2.2	1.70	2.48	16.5
	2310	4.1	48.8	2.8	1.40	2.27	13.0

根据游离气赋存机理，游离气与自由气体一致，那么根据游离气状态方程，决定游离气含量的关键参数为：温度、压力、气体压缩因子和体积。当气体组分确定时，气体的压缩因子取决于绝对温度和绝对压力，而温度和压力主要是通过地层深度决定的，不同深度的页岩气温压条件不同，游离气含量也存在差异，进而影响吸附游离气转化。因此，温压条件对吸附气和游离气的赋存都是重要的外在影响因素。另一重要影响因素是体积，体积表示游离气的赋存空间，在微孔中，由于没有足够的赋存空间，导致矿物表面发生势能叠加，因此，就不存在游离气。这就意味着具有较大的孔体积时游离气才能存在，当吸附相的含水饱和度较高时，孔隙中体积一定的条件下，水占据较大的体积，导致游离相的赋存空间减小，进而导致游离气量减小，因此，足够的赋存空间是影响游离气含量和赋存机理的重要因素。

2. 高页岩气层压力系数是高产的有力保障

地层压力是影响页岩气产量的一个关键因素，Zagorski 等分析了 Applachian 盆地 Marcellus 页岩气低压力、压力过渡区、常压到超压 3 种压力体系与单井产量的关系，认为只有常压到超压对产量的影响是正面的。焦石坝构造目前已钻探的一百余口钻井，地层压力系数为 1.0～1.55；构造主体地层压力系数为 1.30～1.55，靠近周缘断层附近一般为常压。

焦页 A 井 2012 年 11 月对 1000m 水平井段分 15 段进行大型水力压裂测试，获天然气 $20.3\times10^4m^3/d$；2013 年 1 月—2015 年 12 月，经过 3 年多的定产试采，产量稳定在 $6.0\times10^4m^3/d$，已累计产气 $7000\times10^4m^3$。焦页 A 井平台共钻探了 4 口水平井，都按定产 $6.0\times10^4m^3/d$ 进行生产，4 口井至 2015 年 3 月已累计产页岩气超过 $1.6\times10^8m^3$。焦页 Q 井 2013 年 9 月对 1500m 水平段进行大型水力加砂压裂测试，井口套压 25.50MPa，井底流压 29.64MPa，日产天然气 $37.56\times10^4m^3$；焦页 Q 井采取放大压差方式生产，初期日配产 $39\times10^4m^3$，至 2015 年 12 月，已累计产气 $1.9\times10^8m^3$。上述几口井地层压力系数都在 1.55 左右，而水平段靠近断层的一些钻井也具有较好的初始测试产量，但地层压力系数明显变低，甚至为 1.0 左右的常压，且产水量明显增大。因此，页岩气测试产量与压力系数有明显关系，高产井一般位于异常高压区，常压区测试产量明显变低。

超压地层压力系数越高，气体压缩因子越大，游离气含量越高，页岩孔隙度越高，为游离气提供了更多的储集空间，同时随着压力增加，吸附气量增加，高压或超压意味着相对更高的总含气量，为页岩气高产奠定了基础。

3. 体积改造是页岩气高产的关键途径

页岩气是一种通过压裂改造才能获得产能的气藏。有效的体积改造（SRV）是实现高产的关键途径。页岩层段体积改造后形成大量高渗透缝网通道体系，大幅增加了页岩基质与高渗透缝网通道的接触面积。通过体积改造形成的是复杂的网状裂缝系统，压裂改造效果好，容易形成高产工业气流。压裂改造效果受控于自身脆性、天然裂缝方位、水平地应力差、压裂施工排量和压裂液总量等。

1）脆性

储层岩性具有显著的脆性特征，是实现体积改造的物质基础。大量研究及现场试验表明：不同区域，储层岩石矿物组分差异较大，富含石英或者碳酸盐岩等脆性矿物的储层有利于产生复杂缝网，黏土矿物含量高的塑性地层不易形成复杂缝网，不同页岩储层体积改造时应选用各自适应的技术对策。如 Fort Worth 盆地的 Barnett 页岩矿物组分分别为石英 37.38%，碳酸盐岩 19.13%，黏土 41.13%；其中黏土矿物成分不含蒙脱石，以伊/蒙混层为主。由于 Barnett 脆性矿物含量较高，在破裂压力作用下更易形成裂缝，使得天然裂缝对地层与水力裂缝的连通形成大的改造体积有着重要贡献，这是该区域压裂更易形成复杂缝网，也是滑溜水压裂能够在 Barnett 页岩取得成功的原因之一。五峰组—龙马溪组一段的同小层脆性矿物含量差异较小，其中①—⑤小层脆性矿物含量较高，均大于 50%，表明研究区页岩储层具备较好的压裂改造条件。

2）天然裂缝方位

天然裂缝分布方位（通过逼近角和倾角表征）对压裂改造体积的影响表现为：当天然裂缝倾角较小时（近水平缝），天然裂缝张、剪破坏都较难；当天然裂缝倾角较大时（高角度缝），天然裂缝逼近角越小，天然裂缝面受到的正应力越小，天然裂缝越易张开破坏，形成的压裂改造体积较大；天然裂缝倾角在 44°～62°时，天然裂缝易发生剪切破坏，形成的压裂改造体积较大。

3）水平应力差

水平地应力差对压裂改造体积的影响可以表述为：当水平地应力差较小时，天然裂缝以张开破坏为主，随着天然裂缝逼近角增大，压裂改造体积虽有所减小，但幅度不大；当水平地应力差较大时，天然裂缝以剪切破坏为主，随着天然裂缝逼近角增大，压裂改造体积先增大后减小。当天然裂缝逼近角为 27°～44°时，天然裂缝最易剪切破坏，这时形成的压裂改造体积最大。

4）压裂施工排量和压裂液总量

在泵入总液量不变的条件下，施工排量越大，水力压裂后形成的压裂改造体积越大。这是由于排量越大，缝内净压力越高，流体压力扩散效应加剧导致地层压力升高幅度和范围扩大，缝内净压力高的同时导致诱导应力越大，压力场和应力场的增强效应共同导致天然裂缝破坏区越大。因此，页岩压裂应该在压裂设备允许范围内，尽量采用大排量进行施工，便于形成较大的压裂改造体积。在施工排量不变的条件下，总液量越大，水力压裂后形成的压裂改造体积越大。这时由于注入液体规模越大会导致主裂缝延伸越长，主裂缝干扰的范围增加。现场施工表明，在注入规模达到 1800m^3 后压裂改造体积增加速率变缓。为此，页岩压裂应该在工程成本最优的条件下选择合适的注液规模。

第四节　页岩气开发选区评价技术及资源量计算

一、评价指标优选

1. 泥页岩的品质

泥页岩的品质决定了页岩气单井产量的高低、资源规模大小以及后期压裂的难易程度，可以说，泥页岩品质是能否实现页岩气高效、商业化、规模化开发的基础。与泥页岩的品质关联度较大的指标有：优质泥页岩厚度、有机质丰度（TOC）、热演化程度（R_o）、有机质类型、物性、含气性、脆性矿物含量、裂缝发育程度等各种地质因素。

（1）优质页岩厚度：泥页岩作为有机质和天然气赋存的载体，其厚度大小决定了页岩气的资源规模与勘探开发价值。优质页岩厚度越大，分布越广，页岩气资源量、产气量越多，越利于页岩气的储集、产出。优质页岩厚度如果较薄，资源丰度和产气量就达不到经济开发的要求。

（2）有机质丰度（TOC）：有机碳含量是页岩气形成的基础，其不仅影响了页岩的生烃强度，同时也影响着页岩中吸附气的含量，因此具有高有机质丰度的泥页岩通常意味着其具有高的页岩气资源。另外，有机质丰度越高，有机质孔隙越发育，比表面积、孔体积也越大，因此，有机质丰度还决定了页岩气赋存空间的大小。

（3）成熟度，即热演化程度（R_o）：热演化程度决定了地层中烃类流体的相态、生烃量的大小以及页岩气的赋存空间形态、大小等，也是页岩品质的重要表征参数之一。另外成熟度（R_o）对纳米级孔隙的发育具有控制作用。

（4）脆性矿物含量：主要包括石英、长石等硅酸盐矿物以及碳酸盐矿物等。较高的脆性矿物含量可提高页岩脆性、增强页岩可改造性。

（5）孔隙度：直接表征泥页岩存储流体能力的大小，决定了页岩气藏的资源规模。

（6）渗透率：表征泥页岩地层渗流性的优劣。

2. 页岩气保存条件

除泥页岩应具有良好的品质之外，要形成页岩气藏，且能富集高产，还必须具备良好的保存条件。页岩气的保存条件与常规油气具有相似之处，但也有其自身的特点，评价参数主要包括构造样式、页岩气盖层条件、页岩气层顶底板条件、断裂发育情况及页岩气藏的压力系数等。这些评价指标已在前文的涪陵页岩气田富集高产机理章节中详细介绍，在此不再赘述。

3. 页岩气开发的经济性

经济性是页岩气开发的目的。与页岩气开发的经济性关联度较大的指标有地表与地貌条件、页岩气层的埋深、页岩气藏的丰度、水源条件、交通条件以及管网条件等。

泥页岩埋藏深度不仅决定页岩气商业开发成本的高低，同时对区内页岩气的保存条件具有十分重要的意义。研究区下古生界泥页岩经历了后期构造运动的强烈改造，因此对页岩气的保存条件要求相比美国产气页岩盆地更严格，页岩气会在埋深较浅深度范围的区域发生逸散；同时深度是影响页岩气开发工艺的重要因素之一，考虑到中国页岩气勘探开发刚刚起步，加之开发技术难度相对较大，页岩气有利的富集区深度小于4500m最佳。对于泥页岩埋深大于4500m的深部地区，即使其他地质条件能够满足，但考虑目前开发工艺以及开发成本的影响，只能作为资源潜力区处理。另外，页岩气开发的经济性还需要高度重视地表与地貌条件、水源条件、交通条件及管网条件等，通常地貌地形条件好、水源充足、道路交通便利有利于开发井网的建设。

二、开发选区评价体系

在构造及保存条件分析基础上，综合考虑含气性、埋深、地震资料品质等因素，建立了涪陵页岩气田开发地质综合评价表（表2-4-1）。

表2-4-1　涪陵页岩气田开发地质综合评价表

评价级次	页岩品质		含气性				可压性			压裂试气情况	
	TOC/%	硅质含量/%	全烃值/%	孔隙度/%	压力系数	电阻率/Ω·m	埋深/m	构造形态	曲率特征	测试压力/MPa	无阻流量/$10^4m^3/d$
Ⅰ类	>3	>65	>10	>3.5	>1.3	30～60	<3500	正向	斑点状为主	>20	>20
Ⅱ类	2～3	50～65	5～10	3～3.5	1.1～1.3	20～30，60～100	3500～4000	正、负向	斑点状、条带状	10～20	10～20
Ⅲ类	<2	<50	<5	<3	<1.1	<20，>100	>4000	负向	条带状为主	<10	<10

当有机碳含量大于3%、硅质含量大于65%、全烃值大于10%、孔隙度大于3.5%、压力系数大于1.3、电阻率为30～60Ω·m、埋深低于3500m，属正向构造形态，以斑点状曲率为主，测试压力大于20MPa，无阻流量超$20\times10^4m^3/d$的区域综合评价为Ⅰ类；当机碳含量为2%～3%、硅质含量为50%～65%、全烃值为5%～10%、孔隙度为3%～3.5%、压力系数为1.1～1.3、电阻率为20～30Ω·m或60～100Ω·m、埋深介于3500～4000m，以正向构造为主，且以斑点状、条带状曲率为主，测试压力为10～20MPa，无阻流量（10～20）$\times10^4m^3/d$的区域综合评价为Ⅱ类；当机碳含量小于2%、硅质含量小于50%、全烃值小于5%、孔隙度小于3%、压力系数小于1.1、电阻率小于20Ω·m或大于100Ω·m、埋深超4000m，以负向构造为主，且以条带状曲率为主，测试压力小于10MPa，无阻流量小于$10\times10^4m^3/d$的区域综合评价为Ⅲ类。其中评价为Ⅰ类、Ⅱ类的区域为页岩气开发有利区域。依据上述评价标准，对涪陵焦石坝地区各区块开展综合评价，结果表明一期主体区、江东区块及平桥区块综合评价为Ⅰ类，一期西南部及白涛、白马区块为Ⅱ类，梓里场区块为Ⅲ类。优选出江东区块和平桥区块作为下阶段有利开发区域。

三、资源量计算

1. 计算方法

原国土资源部在2014年发布了页岩气资源的储量计算方法与规范，页岩气地质储量包括吸附气地质储量和游离气地质储量。吸附气地质储量采用质量体积法计算，游离气地质储量采用容积法计算，二者之和为总地质储量。陈元千在2015年指出由于页岩气藏的吸附气含量是质量为1t的页岩在地面标准条件下的含气量，因此不需要像天然气藏那样除以原始气体体积系数，将地下体积转换到地面标准条件下的体积。因此，吸附气地质储量用式（2-4-1）计算，游离气地质储量用式（2-4-2）计算，总地质储量用式（2-4-3）计算。

页岩储层中的吸附气地质储量计算：

$$G_x = 0.01A_g h\rho_y C_x \tag{2-4-1}$$

页岩储层中的游离气地质储量计算：

$$G_y = 0.01A_g h\phi S_{gi}/B_{gi} \tag{2-4-2}$$

页岩气藏的地质储量计算：

$$G_z = G_x + G_y \tag{2-4-3}$$

式中 G_z——页岩气总地质储量，10^8m^3；
G_x——页岩气吸附气总地质储量，10^8m^3；
G_y——页岩气游离气总地质储量，10^8m^3；
A_g——含气面积，km^2；
h——有效厚度，m；
ρ_y——页岩质量密度，g/cm^3；
C_x——页岩吸附气含量，m^3/t；
ϕ——有效孔隙度，%；
S_{gi}——原始含气饱和度，%；
B_{gi}——原始页岩气体积系数。

2. 计算结果

基于本次建模数据体，采用分区分层的方法，对焦石坝一期产建区下部气层①—⑤小层平面上分8个区块、纵向上分5个小层，上部气层⑥—⑨小层平面分10个区块、纵向上分4个小层，合计80个计算单元页岩含气性进行计算。经过计算，焦石坝一期产建区①—⑨小层总地质储量约为$3744\times10^8m^3$，其中下部气层①—⑤小层总地质储量为$2039.07\times10^8m^3$，上部气层⑥—⑨小层总地质储量为$1704.9\times10^8m^3$。

第三章　页岩气开发动态评价及开发优化技术

页岩气产能评价、生产动态分析及开发优化技术是页岩气高效开发的关键技术。页岩气藏赋存方式多样，孔隙结构复杂，具有多尺度特征，原始渗透率极低，主要采用水平井体积压裂方式开采，因此，页岩气开发渗流理论、产能评价和动态分析预测方法以及开发技术政策都不同于常规气藏。

本章针对涪陵地区海相龙马溪组页岩气藏地质特征，通过室内物理模拟实验和分子动力学模拟，系统研究了页岩气在开发过程中的吸附气解吸、扩散、渗流机理，建立了页岩气在多尺度介质中耦合流动数学模型；在页岩气藏非线性流动理论研究基础上，根据涪陵页岩气水平井压裂开采特点及生产动态资料，建立了页岩气多段压裂水平井产能评价、动态分析、可采储量评价等技术方法，总结了涪陵页岩气井不同生产阶段的生产规律；形成了复杂地质条件下页岩气开发技术政策及方案优化技术与流程，优化确定了适合涪陵页岩气田不同地质条件的开发技术政策，为涪陵页岩气藏的高效开发和规模建产提供了有力支撑，同时也为国内其他页岩气田规模高效开发提供了有效技术和研究手段。

第一节　页岩气在多尺度介质中流动机理

页岩气藏赋存方式多样，吸附气、游离气并存，孔隙结构复杂，具有多尺度特征，孔隙度、渗透率极低，必须压裂才能进行商业化开采，因此，页岩气藏的流体运移机制非常复杂。页岩孔隙中赋存的流体在不同尺度的孔隙（纳米孔、微米孔、微裂缝等）发生多种流动方式（解吸、扩散、渗流等），因此，必须要研究页岩孔隙中赋存的流体、不同尺度的孔隙特征以及不同的流动方式，揭示页岩气藏渗流特征。

一、页岩气吸附解吸理论

页岩气藏属于自生自储型气藏，其天然气赋存状态多种多样，具有独特的存储特征。页岩气的吸附 / 解吸特征是页岩气开发需要考虑的一个重要指标，等温吸附解吸实验得到的特征参数是页岩气含气量分析、地质储量计算的基础。针对中国页岩气藏高温高压的特点，分别采用容量法和重量法测试系统，开展不同 TOC（有机碳含量）、粒度、含水率等对页岩等温吸附 / 解吸特征影响的实验研究，分析获得了吸附—解吸特征参数、吸附解吸规律及影响因素，为中国高温高压页岩气藏的产能评价及数值模拟提供基础参数。

1. 页岩吸附解吸实验

采用重量法和容积法开展了不同粒度、TOC 和含水率情况下页岩气的吸附 / 解吸实验。重量法所需样品量相对较少，因此采用重量法研究TOC和粒度对吸附的影响，采用容积法研究含水率对吸附解吸特征的影响。

1）不同有机碳含量（TOC）对吸附解吸的影响

选取6份页岩样品，每份样品制备60～80目样品用于吸附解吸实验，并制备小于200目样品用于TOC测试，开展页岩吸附/解吸实验。采用重量法在实验温度85℃下开展不同TOC条件下的吸附/解吸实验，并获相应的页岩吸附/解吸行为及特征参数，实验结果如图3-1-1所示。

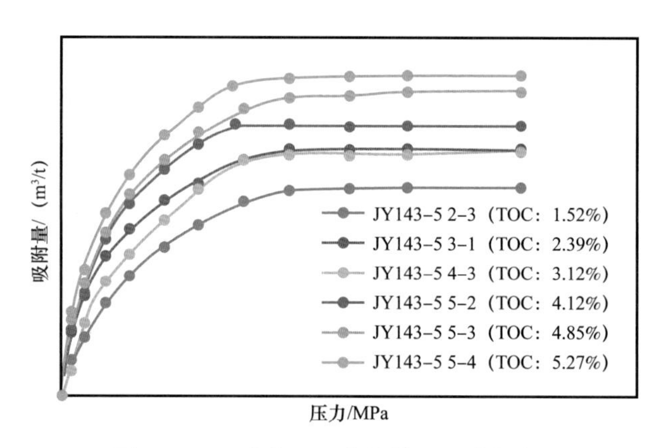

图3-1-1 不同TOC含量样品吸附曲线图

根据如图3-1-1所示实验结果，可计算得到不同有机碳含量的页岩样品的吸附/解吸参数，即兰格缪尔体积 V_L 和兰格缪尔压力 p_L，如图3-1-2所示。随着TOC值的增加，兰格缪尔体积呈增大趋势，兰格缪尔压力呈减小趋势，解吸实验结果计算得到的兰格缪尔体积和兰格缪尔压力均低于吸附对应的兰格缪尔体积和兰格缪尔压力。

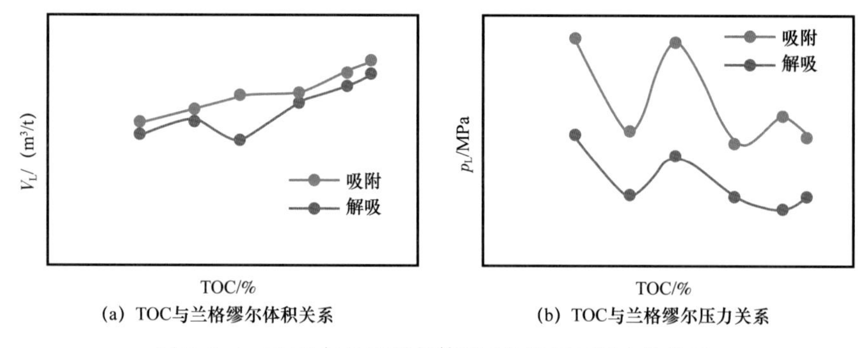

图3-1-2 TOC与兰格缪尔体积/兰格缪尔压力的关系

2）不同粒度对吸附解吸的影响

对JY143-5井5-2样品进行研磨粉碎及筛分，选取粒度为6～10目、16～20目、40～45目、60～80目和100～120目的实验样品，采用质量法分别在实验温度85℃下开展吸附/解吸实验，获取不同粒度条件下的页岩吸附/解吸行为及特征参数，实验结果如图3-1-3所示。

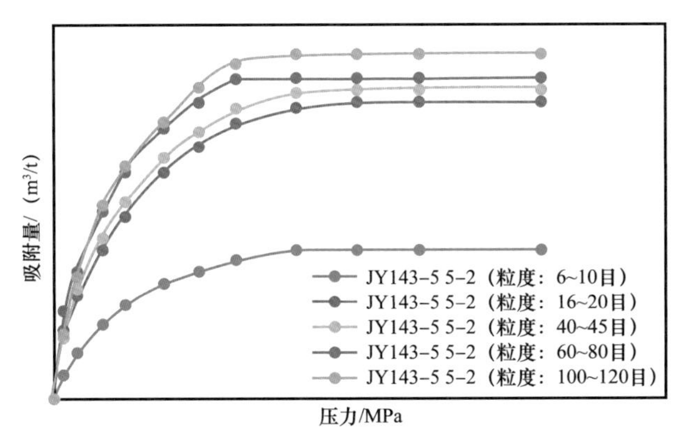

图 3-1-3 不同粒度样品吸附曲线图

随颗粒粒径减小，兰格缪尔体积呈增大趋势，兰格缪尔压力呈减小趋势，解吸实验结果计算得到的兰格缪尔体积和兰格缪尔压力均低于吸附对应的兰格缪尔体积和兰格缪尔压力（图 3-1-4）。随着实验样品颗粒粒径的减小，甲烷吸附量明显增大。目数为100～120 目的样品吸附量最大，为 3.819m^3/t，明显高于其他样品，达到 6～10 目样品吸附量的 2 倍。

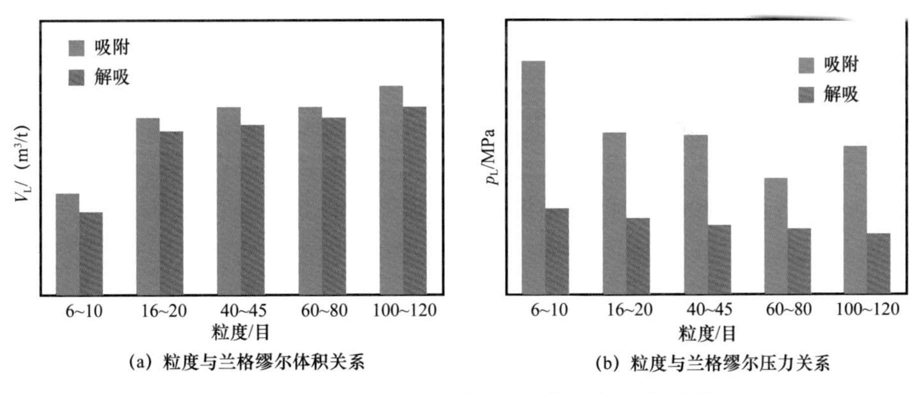

图 3-1-4 粒度与兰格缪尔体积 / 兰格缪尔压力的关系

3）不同含水率对吸附解吸的影响

对比干燥后页岩样品对 CH_4 的 GSE 等温吸附曲线可知，所有含原生水的页岩样品对 CH_4 的吸附能力均有不同程度地降低。含原生水页岩样品和干燥后页岩样品的 CH_4 饱和吸附量和兰格缪尔压力如图 3-1-5 所示。相比干燥后页岩样品，含原生水页岩样品的 CH_4 最大饱和吸附容量降幅范围为 2.90%～83.33%。虽然页岩样品原生水含量很低，但却显著地削弱了页岩的 CH_4 吸附能力。与干燥页岩相比，含水页岩除饱和吸附量降低外，兰格缪尔压力还大幅度增大（图 3-1-6）。

2. 分子模拟纳米孔隙吸附机理

利用分子动力学模拟手段，针对由真实的干酪根分子结构构成的纳米孔隙和真实的矿物表面，定量研究孔隙尺寸对干酪根吸附规律的影响，研究超临界甲烷在其中的物性变化规律和吸附规律。

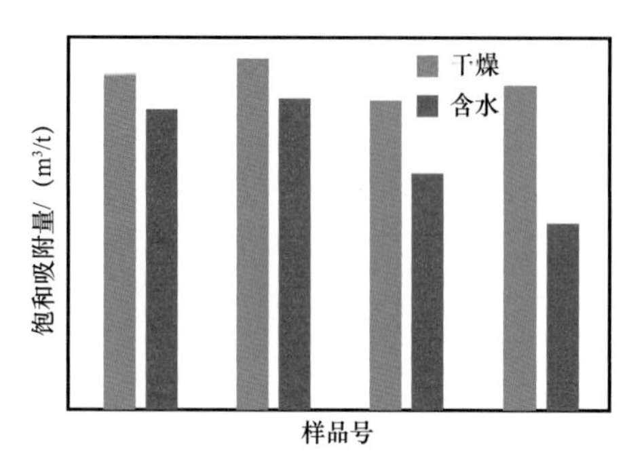

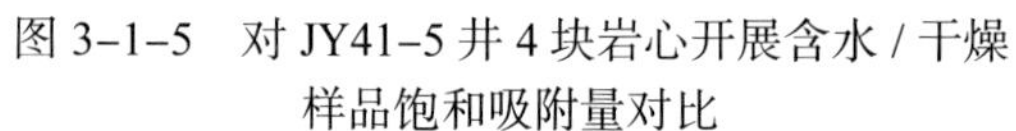
图 3-1-5 对 JY41-5 井 4 块岩心开展含水 / 干燥样品饱和吸附量对比

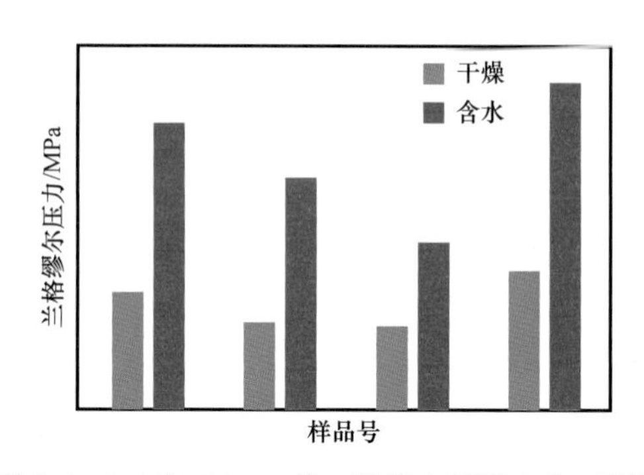

图 3-1-6 对 JY41-5 井 4 块岩心开展含水 / 干燥样品兰格缪尔压力对比

如图 3-1-7 所示给出了半径 r_p 为 8.7Å、10.7Å、12.7Å 和 53.7Å 的 4 个干酪根单孔中的甲烷气体密度分布在经线方向的切面图。可以看出，具有较高密度的吸附态甲烷占据了临近孔壁的区域，当孔径较小时，吸附态气体几乎完全填充了纳米单孔，只有当孔径较大时，孔隙中才会出现游离态气体。

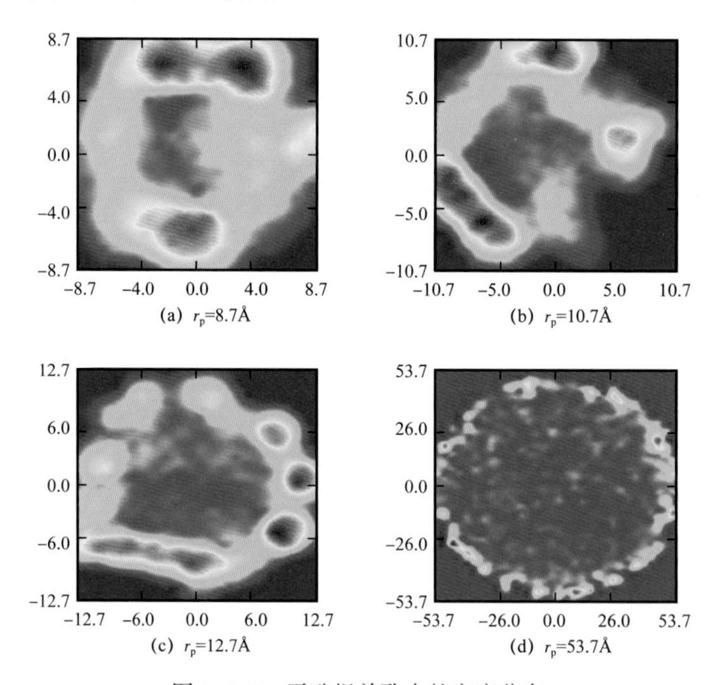

图 3-1-7 干酪根单孔中的密度分布

单孔干酪根中甲烷吸附量随压力升高而增加、随温度升高下降，模拟至压力上限 38MPa 时，甲烷仍为单层吸附，吸附层厚度为 0.3～0.5nm，吸附关系符合兰格缪尔吸附模型。此外孔隙的吸附特性受尺度效应影响，孔隙越小，单位表面积上的吸附量越大，兰格缪尔压力越小，气体越容易吸附。尺度效应产生的原因是孔隙曲率引起了势能叠加。受限于计算量，本研究只进行到 6nm 孔隙，进一步分析知孔径小于 20nm 时曲率均会对吸附特征产生显著影响。

二、页岩气扩散特征

页岩气藏属于特低渗透致密气藏，流体在页岩中流动时会偏离达西定律，出现低速非达西流，目前对于页岩储层气体渗流和扩散机理研究较少，认识上一直存在着分歧，开展相关研究意义重大。在此基础上开展了室内模拟页岩气衰竭开采实验方法，研究页岩气衰竭开采规律，确定流速、压力随时间变化规律，优化合理配产或合理生产压差。

1. 气体单相低速渗流实验

针对龙马溪组页岩富含有机质等特点，采用稳态法流程，研究压力、温度及气体类型对流动的影响特征，对非线性特征进行了机理分析。实验过程中严格控制岩心两端压差，岩心最大压差不超过 0.8MPa，压力梯度不超过 0.2MPa/cm。

1）不同孔隙压力下的低速渗流特征

根据甲烷在页岩中的低速渗流实验数据，不同回压下的流量 Q 与压力平方差梯度（$p_1^2-p_2^2$）/L 关系以及不同回压下的渗透率 K 与孔隙压力 p_m 关系如图 3-1-8 和图 3-1-9 所示。从图 3-1-8 和图 3-1-9 中可以看出，同一块页岩岩心在不同回压下的渗流曲线特征不同，随测试回压增加，气体滑脱效应减弱，表明页岩中产生气体滑脱效应的必要条件是在低孔隙压力情况下。

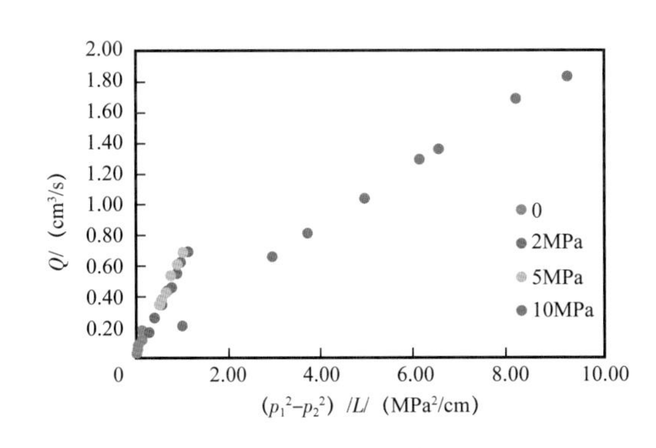

图 3-1-8 流量 Q 与（$p_1^2-p_2^2$）/L 关系曲线

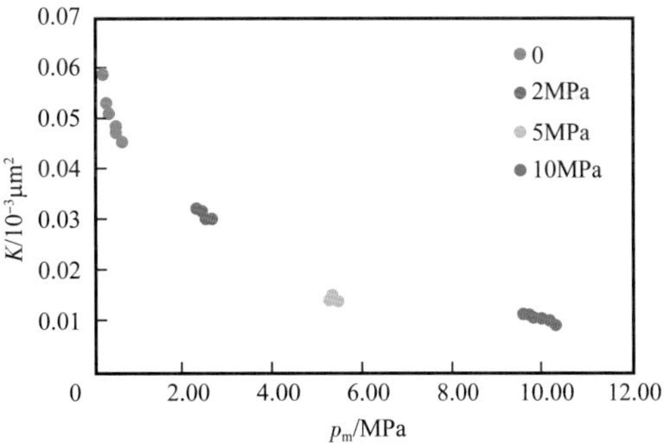

图 3-1-9 渗透率 K 随孔隙压力 p_m 变化曲线

2）不同渗透率页岩的滑脱效应对比

对于不同渗透率级别的 4 块页岩，克氏回归曲线不同（图 3-1-10），主要体现为拟合直线的斜率和截距不同，即表明滑脱效应不同。随着页岩渗透率减小，甲烷滑脱效应越明显，滑脱因子增大（图 3-1-11）；而随着回压增大，滑脱因子随渗透率的变化幅度明显减弱。因此，对于渗透率极低的页岩基质，需要准确评价页岩气滑脱效应以及对产能的影响。

3）页岩中的低速渗流滑脱效应对气井产能的影响

综合分析页岩气藏单相气体低速渗流实验结果可知，页岩气渗流是一个在非均质性极强的富含有机质的多孔介质中的多尺度传质过程。如果孔隙尺寸越小、渗透率越低，气体压力越小，气体滑脱效应就越显著。

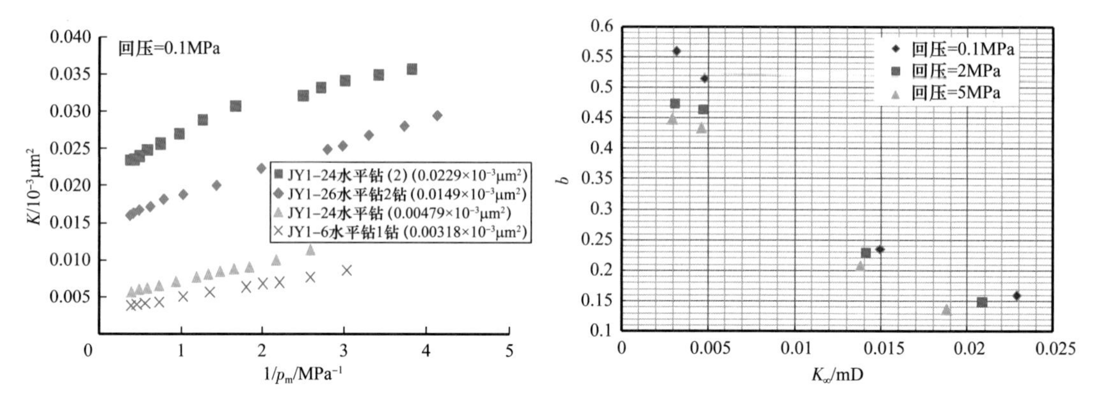

图 3-1-10 不同渗透率页岩克氏回归曲线

图 3-1-11 滑脱因子 b 与克氏渗透率 K_∞

推导得到滑脱效应对渗透率贡献率的计算式：

$$\text{滑脱效应对渗透率贡献率}=\frac{K_\infty(b/p_m)}{K_g}\times 100\% \tag{3-1-1}$$

式中 K_g——岩心气测渗透率，mD；

K_∞——克氏渗透率，mD。

通过式（3-1-1）可得到滑脱效应对渗透率贡献率与孔隙压力、岩心渗透率级别的关系，如图 3-1-12 所示。可以看出：（1）孔隙尺度越小，渗透率越低，滑脱效应对渗透率贡献程度越大；（2）孔隙压力越低，滑脱效应对渗透率贡献程度越大。例如，当孔隙压力低于 5MPa，且渗透率低于 0.00318mD 时，滑脱效应对渗透率的贡献程度高于 10%。

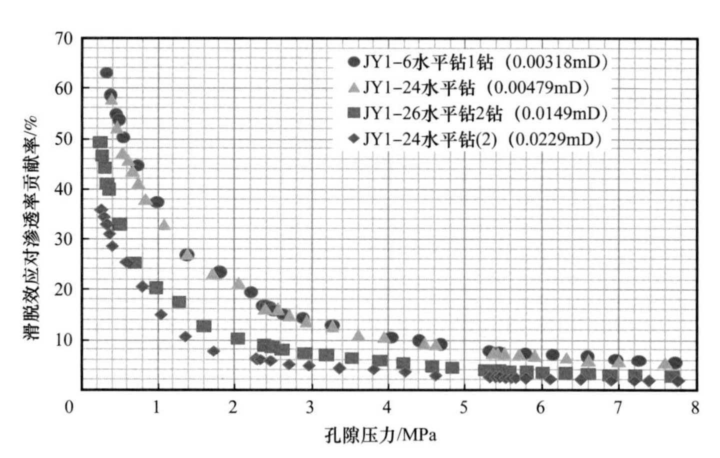

图 3-1-12 不同渗透率级别页岩的滑脱效应对渗透率贡献率与孔隙压力关系

2. 气体扩散实验

扩散作用是天然气在地下运移散失的重要机制，扩散系数是衡量天然气扩散能力大小的重要物理量之一。通过改进实验设备，开展模拟储层条件下的页岩扩散系数测定实验，研究不同类型页岩在不同孔隙压力条件下的扩散特征。

甲烷有效扩散系数随孔隙压力的增加而明显降低（图 3–1–13）。分析原因，一方面，孔隙压力增加，气体的分子自由程降低，扩散能力降低；另一方面，孔隙压力增加，甲烷在孔隙壁面上的吸附量也会显著增加，进而导致孔隙通道的有效直径减小，最终使气体扩散速率变慢，通过拟合孔隙压力和有效扩散系数的关系，发现甲烷有效扩散系数与孔隙压力间呈现幂函数关系。不同孔隙压力下扩散系数实验结果表明，龙马溪组井下页岩中的有效扩散系数介于（8.549～65.144）$\times10^{-7}$cm^2/s。

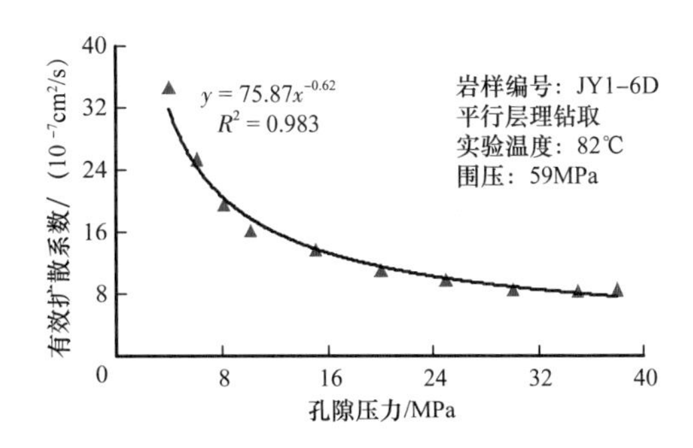

图 3–1–13 甲烷扩散系数随孔隙压力变化曲线

3. 衰竭开采过程中多机制流动实验

应用研制的地层条件下长岩心页岩衰竭开采装置，建立室内模拟页岩气衰竭开采方式（定产、定压生产方式）的实验方法，研究页岩气衰竭开采规律，确定流速、压力随时间变化规律，分析采出程度影响因素、合理开采速度、递减期的递减参数等，优化合理配产或合理生产压差，评价增压开采的潜力，指导页岩气藏开发技术政策的制定，为评价页岩气可采储量、采收率等提出技术支撑。

结果表明，稳产期和最终的采出程度与渗透率呈较强的正相关性（图 3–1–14），稳产期采出程度在相同流速下随渗透率增加而增加。渗透率是关键因素，渗透率越大，采出程度越大。当废弃流速 Q 为 0.3mL/min 时结束实验，此时岩心两端存在残余压力梯度，实验数据表明（图 3–1–15 和图 3–1–16），页岩渗透率越低，气体流动需要更大压力梯度，地层中残余气就越多。同常规气开采规律一样，岩心渗透率参数是决定气体采出程度大小的关键因素。

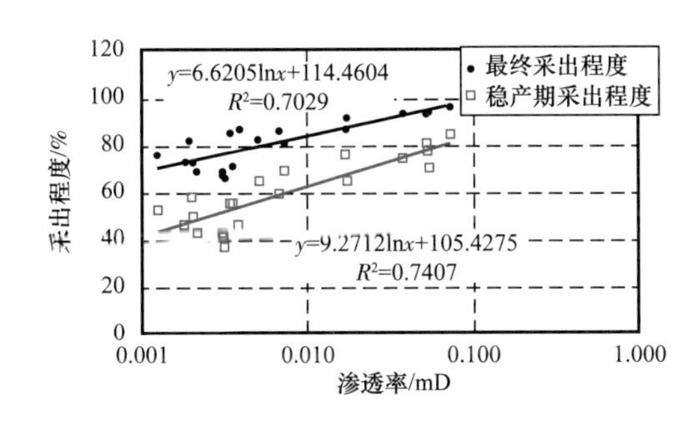

图 3–1–14 定产衰竭开采稳产和最终采出程度与渗透率关系

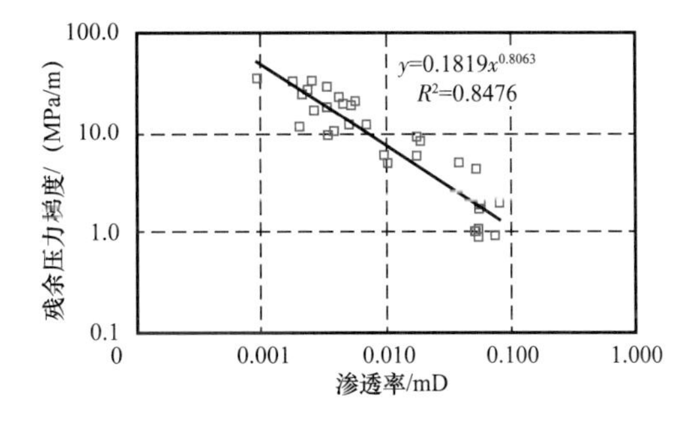

图 3–1–15 残余压力梯度与渗透率关系

应用研制的全直径岩心高压衰竭开发模拟实验装置，开展模拟储层条件下定压衰竭开采过程中页岩气的产气规律，实验结果如图 3–1–17 所示。根据涪陵龙马溪组衰竭开采模拟实验数据，依据吸附原理及物质平衡理论，对产出气中游离气及解吸气进行劈分，页岩气降压开采过程中产出气以游离气为主，解吸产气量随着压力降低而逐渐增大，解吸气在开发后期的贡献较大。地层压力不超过 12MPa 时，页岩气开始大量解吸。井底压力达到 7.5MPa 时，吸附气产量占累计产气量的 11.2%，在增压（压力 1.2MPa）开采时可达到累计产气量的 21.6%。

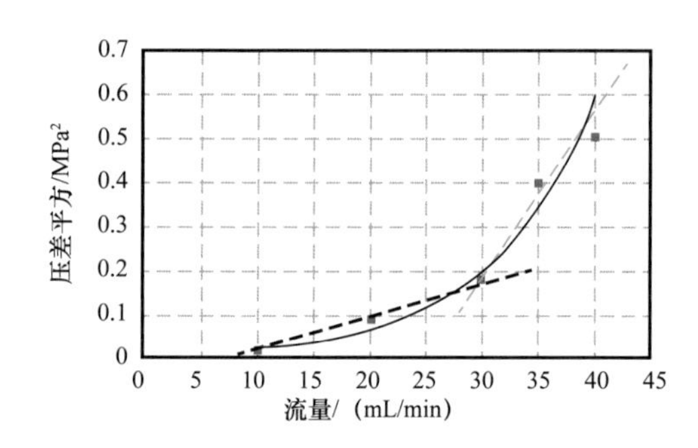

图 3-1-16　气体流速与压差平方的关系

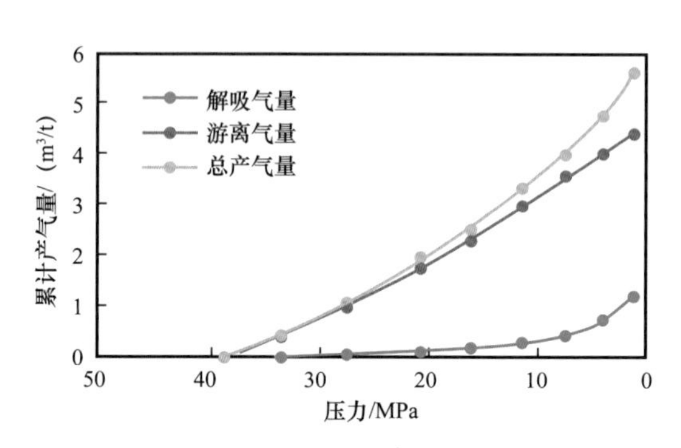

图 3-1-17　全直径开采模拟实验中游离气及解吸气劈分

三、页岩储层应力敏感特征

页岩储层具有孔隙—裂缝的双重介质特点，为研究页岩渗透率在不同应力条件的变化情况，本项目采用围压实验方法，开展了模拟不同孔隙压力条件的页岩储层应力敏感实验，研究页岩渗透率与有效应力的变化关系，评价不同类型页岩应力敏感性特征，回归了渗透率与应力变化的表达式，总结了涪陵龙马溪组页岩储层应力敏感特征。

本次实验主要采用干燥高纯氮气作为实验流体，实验温度保持恒温。保持岩样入口压力不变，围压从低到高依次增加到地层压力，而后从高到低依次降至初始压力，测定压力不断变化过程中气体流过岩样的量，计算岩样渗透率，以评价岩样渗透率的应力敏感性。根据 20MPa 有效应力下页岩渗透率大小对页岩进行分类，分为基质页岩、含微裂缝页岩、天然裂缝页岩、铺砂裂缝页岩共四类。

1. 基质页岩应力敏感

基质页岩（不含微裂缝）样品主要是平桥、白马区块采用线切割方法获得，该区域物性比焦石坝主体区要差。从页岩有效应力变化时渗透率、无量纲渗透率变化曲线来看（图 3-1-18 和图 3-1-19），基质页岩渗透率随有效应力的增加而呈现明显降低现象，无量纲渗透率降低到 0.5 以下，在有效应力降低时页岩渗透率逐渐恢复，但恢复程度相当小，无量纲渗透率恢复小于 0.1；中偏弱敏感的页岩渗透率下降缓慢，最终无量纲渗透率大于 0.4；强敏感的页岩渗透率下降速度要快一点，最终无量纲渗透率小于 0.2。

2. 裂缝页岩应力敏感特征

1）含微裂缝页岩应力敏感

页岩渗透率介于 0.001～0.05mD 的含微裂缝页岩，肉眼看不见微裂缝，只能在显微镜下观察微裂缝的形态特征，微裂缝有层理缝、贴理缝等。裂缝对渗透率的贡献占主要作用，因此，页岩渗透率受有效应力影响大，有效应力越大，微裂缝闭合，渗透率降低程度越大（图 3-1-20）。

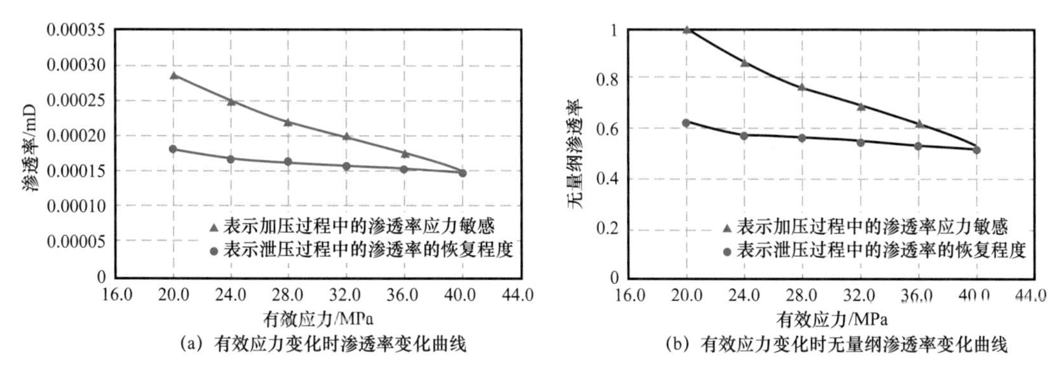

(a) 有效应力变化时渗透率变化曲线 (b) 有效应力变化时无量纲渗透率变化曲线

图 3-1-18 基质页岩有效应力变化时渗透率、无量纲渗透率变化曲线（中偏弱敏感）

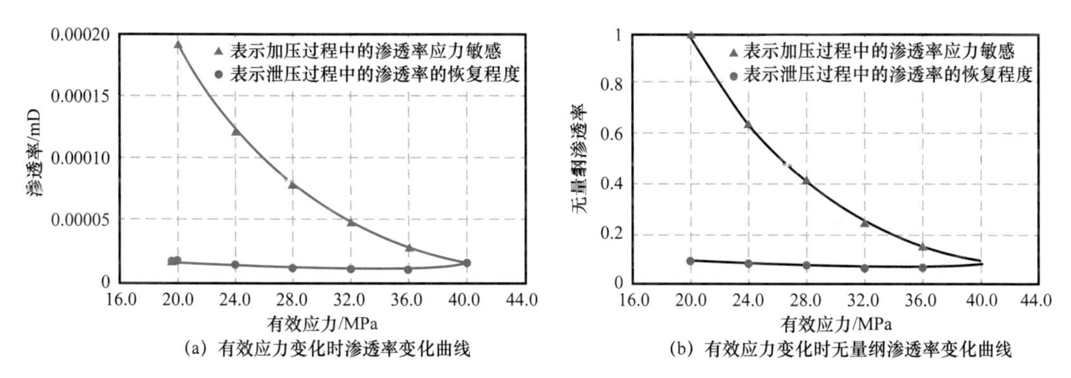

(a) 有效应力变化时渗透率变化曲线 (b) 有效应力变化时无量纲渗透率变化曲线

图 3-1-19 基质页岩有效应力变化时渗透率、无量纲渗透率变化曲线（强敏感）

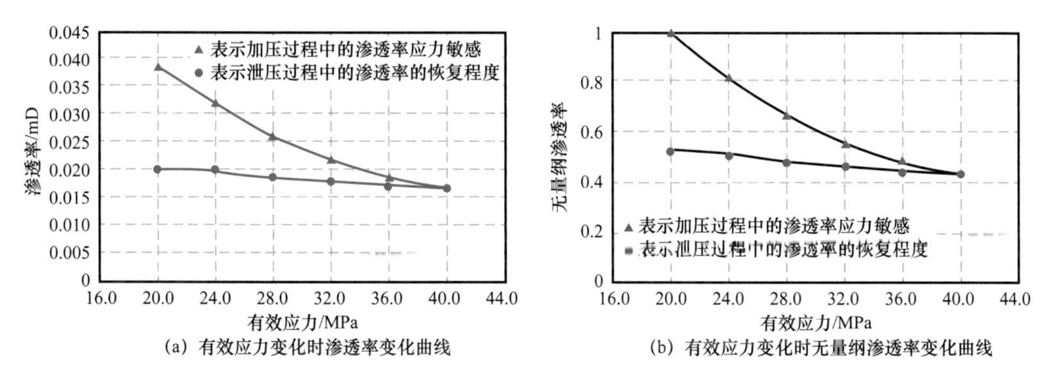

(a) 有效应力变化时渗透率变化曲线 (b) 有效应力变化时无量纲渗透率变化曲线

图 3-1-20 含微裂缝页岩有效应力变化时渗透率、无量纲渗透率变化曲线（中偏强敏感）

含微裂缝页岩有效应力变化时渗透率、无量纲渗透率变化曲线看出（图 3-1-20 和图 3-1-21），随有效应力的增加，微裂缝页岩渗透率呈现明显降低现象，无量纲渗透率降低到时 0.5 以下，在有效应力降低过程中页岩渗透率逐渐恢复，但恢复程度相当小，无量纲渗透率恢复小于 0.2；中偏强敏感的页岩渗透率下降缓慢，最终无量纲渗透率大于 0.4；强敏感的页岩渗透率下降速度快，最终无量纲渗透率小于 0.3。

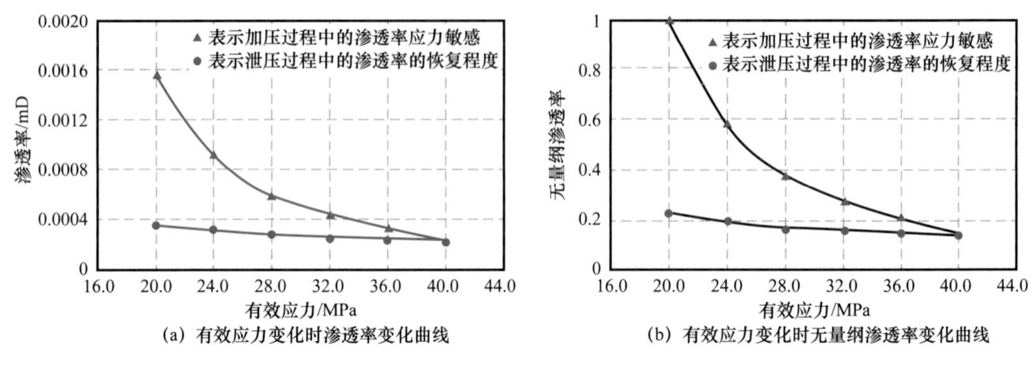

(a) 有效应力变化时渗透率变化曲线　(b) 有效应力变化时无量纲渗透率变化曲线

图 3-1-21　含微裂缝页岩有效应力变化时渗透率、无量纲渗透率变化曲线（强敏感）

2）天然裂缝页岩应力敏感

如图 3-1-22 所示为裂缝页岩有效应力变化时渗透率、无量纲渗透率变化曲线，从曲线可看出，随有效应力增加，渗透率快速递减，表现出强应力敏感特性；应力恢复时渗透率增加，恢复率要高，无量纲渗透率恢复 0.2，相比其他岩心恢复最大；虽然裂缝页岩表现强敏感，但有效应力 40MPa 时渗透率还是较高（大于 0.01mD），此物性条件气体的渗透能力还是很强，物性的变化几乎不影响产量。

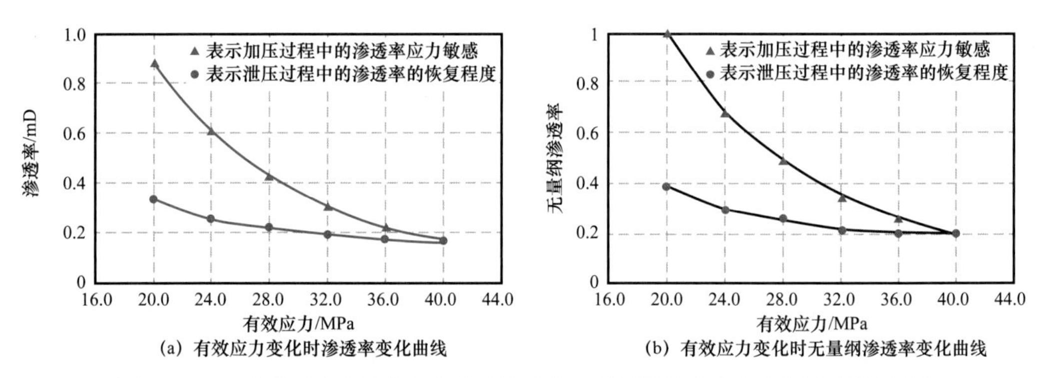

(a) 有效应力变化时渗透率变化曲线　(b) 有效应力变化时无量纲渗透率变化曲线

图 3-1-22　裂缝页岩有效应力变化时渗透率、无量纲渗透率变化曲线（强敏感）

3）铺砂裂缝页岩

选择裂缝岩心 5 块，模拟地层压裂造缝加砂，比较加砂前后的渗透率变化，分析铺砂裂缝的应力敏感特征，如图 3-1-23 所示。从实验结果来看，图 3-1-23 中 76# 岩心加砂后渗透率明显高于充砂前渗透率；随有效应力增加，页岩渗透率都降低，降低趋势一致；从无量纲渗透率对比发现，加砂前无量纲渗透率降低幅度要大，加砂后无量纲渗透率降低幅度要小。有的岩心加砂后渗透率增加幅度大，有的增幅小，加砂前后渗透率比值与加砂量没有相关性；岩心压开加砂后裂缝渗透性明显变好，在有效应力 55MPa 下岩心加砂后渗透率增加倍数最小为 13，最大达到 1267。

裂缝岩心渗透率较大，即使发生应力敏感，高有效应力下岩心渗透率也较大；而加砂后，岩心渗透率更大，发生应力敏感程度减弱，高有效应力下岩心渗透率一样更大。

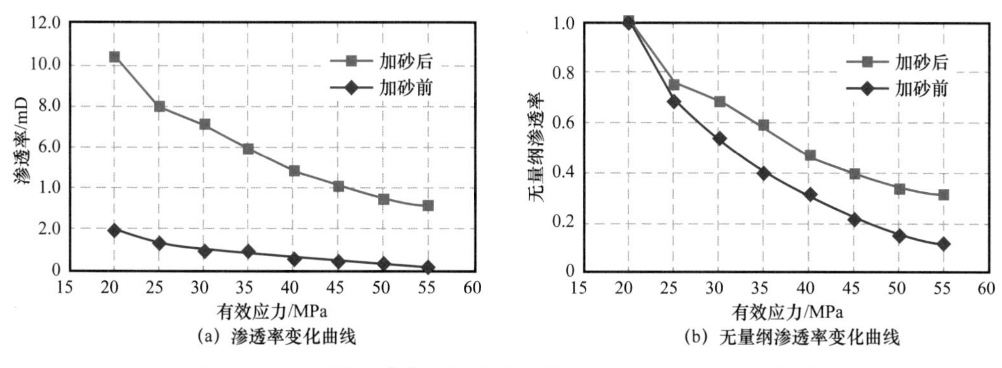

(a) 渗透率变化曲线　　(b) 无量纲渗透率变化曲线

图 3-1-23　页岩 76# 样品加砂前后渗透率、无量纲渗透率曲线

3. 应力敏感模型回归和敏感程度评价

用渗透率模量 m 来表征渗透率应力敏感程度，更具有代表性，该系数能够表征应力变化过程中的渗透率变化特点，其表达式如下

$$m=-\frac{1}{K}\frac{\mathrm{d}K}{\mathrm{d}\sigma} \tag{3-1-2}$$

式中 σ——有效应力，MPa；

K——有效应力 σ 时渗透率，mD；

m——应力敏感系数，MPa^{-1}。

通过积分，可得渗透率随有效应力变化的指数表达式：

$$K=K_0\mathrm{e}^{m(\sigma_0-\sigma)} \tag{3-1-3}$$

式中 K_0——初始渗透率，mD；

σ_0——有效应力，MPa。

因此，用指数方程定量表征渗透率变化规律，方程中应力敏感系数定性评价敏感强弱。根据应力敏感系数的变化范围，再结合岩心伤害率的评价标准，制定了页岩应力敏感性评价标准。当应力敏感系数不超过 0.018 时为弱应力敏感，应力敏感系数大于 0.018 且不小于 0.035 时为中等偏弱应力敏感，应为敏感系数在 0.035 和 0.060 之间时为中等偏强应力敏感，应力敏感系数大于 0.06 时为强应力敏感。

按页岩应力敏感评价新标准，从基质、含微裂缝页岩、微裂缝 3 类样品的应力敏感性评价结果来看（表 3-1-1），37 块基质岩心样品中有 25 块样品（占比 68%）呈强应力敏感，10 块样品（占比 27%）呈中偏强敏感；79 块基质样品中有 60 块样品（占比 76%）呈强应力敏感，19 块样品（占比 24%）呈中偏强敏感；31 块裂缝岩心样品中有 15 块样品（占比 48%）呈强应力敏感，16 块样品（占比 52%）呈中偏强敏感。按照应力敏感系数对实验结果进行统计分析，基质岩心的应力敏感系数最大，37 块岩心平均为 0.073，铺砂裂缝岩心最小，平均为 0.033，相差了将近 2 倍。微裂缝岩心应力敏感系数与基质岩心十分接近，而裂缝岩心应力敏感系数明显低于基质岩心、微裂缝岩心，表现出相对较弱的敏感程度。铺砂后裂缝岩心的应力敏感系数最小，体现了支撑剂对应力敏感伤害的抵抗作用，伤害程度也取决于支撑剂的性能。

表 3-1-1 页岩应力敏感性评价结果（按照应力敏感系数 m 统计）

岩样类型	基质	微裂缝岩心		裂缝岩心	铺砂岩心	
渗透率范围 /mD	<0.001	0.001～0.01	0.01～0.05	>0.05	铺砂前>0.1	铺砂后>10
块数	37	32	47	31	4	4
最小 m	0.019	0.044	0.042	0.035	0.058	0.032
最大 m	0.187	0.097	0.110	0.099	0.067	0.034
平均 m	0.073	0.070	0.074	0.061	0.061	0.033

四、复杂介质耦合流动数学模型

页岩气赋存状态多种多样，除极少量溶解状态的天然气以外，大部分以吸附状态赋存于岩石颗粒和有机质表面，或以游离状态赋存于孔隙和裂缝之中。页岩储集空间复杂，具有多尺度特征，存在纳微米孔隙、微裂隙和裂缝等。页岩多尺度孔隙介质结构和多储集方式特性使得页岩中气体的运移机制非常复杂，不同于常规致密低渗气藏，包括解吸、扩散、孔隙渗流、微裂缝渗流、压裂缝流—固耦合渗流等多种形式，气体在致密页岩多孔介质中的运移是多重机制共同作用的结果。目前国内外对页岩气储集层多场耦合非线性流动规律开展了初步研究，取得一些成果和认识，但仍处于初级阶段。

1. 页岩多尺度流动机制

研究认为，页岩气在储层中的运移既有分子布朗运动、吸附解吸机制、扩散机制，又有滑移流动和达西流动。他们从微观到宏观上提出了不同尺度介质下页岩储层中气体的流动状态。

页岩气藏复杂的孔隙结构决定了页岩气特殊的渗流方式，同时页岩储层孔隙结构的多尺度性使得页岩储层中气体的产出方式也具有多尺度性，从分子尺度到宏观尺度都有页岩气流动的发生。开发过程中，页岩气从气藏流入生产井筒大致可分为四个阶段：（1）在压降作用下，基质表面吸附的页岩气发生解吸，进入基质孔隙系统；（2）解吸的吸附气与基质孔隙系统内原本存在的游离气混合，共同在基质孔隙系统内流动；（3）在浓度差和压力差的共同作用下，基质岩块中的气体由基质岩块渗流、扩散进入裂缝系统；（4）在地层流动势影响下，裂缝系统内气体流入生产井筒。

页岩气在多孔介质中的运移机制取决于气体分子运动自由程和多孔介质孔隙半径的比值，一般采用气体分子运动自由程与多孔介质孔隙直径的比值 Knudsen 数（克努森数）Kn 来判定流体在多孔介质中的运移传输机制。

$$Kn = \frac{\lambda}{r} \tag{3-1-4}$$

式中 Kn——克努森数；

λ——分子平均自由程，m；

r——孔隙半径，m。

根据 Knudsen 数的大小，可以将气体在多孔介质中的运移模式划分为四类：达西流、滑脱流、过渡流、自由分子流。划分标准见表 3-1-2。

表 3-1-2 努森数 Kn 与孔隙气体流态划分（Javadpour，2003）

Kn 范围	$Kn<0.001$	$0.001<Kn<0.1$	$0.1<Kn<10$	$Kn>10$
气体流态	达西流	滑脱流	过渡流	自由分子流（克努森扩散）

在涪陵龙马溪组页岩储层温度条件下（85℃）计算不同孔径、不同压力情况下 Kn（图 3-1-24），计算结果表明，涪陵气田页岩气在地层温度和地层压力条件下，大于 1μm 的孔径中为达西流，100nm～1μm 孔径中主要是达西流，存在滑脱，20～100nm 孔径中以滑脱流为主，在 1～20nm 孔径中处于滑脱及过渡流，低压小于 1nm 孔径中以扩散为主。

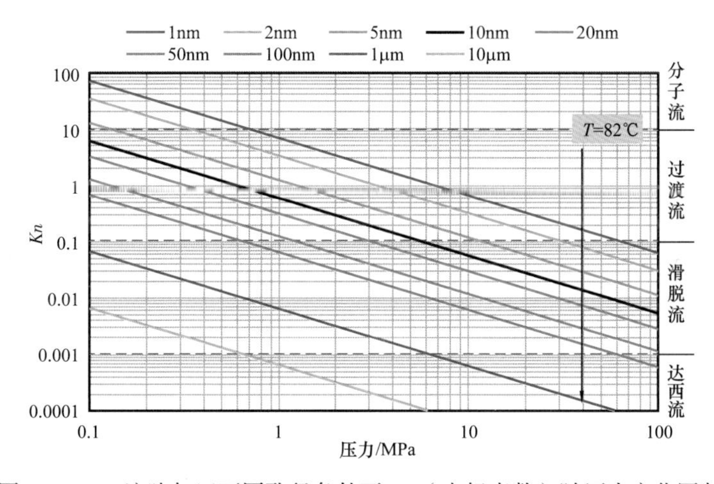

图 3-1-24 涪陵气田不同孔径条件下 Kn（克努森数）随压力变化图版

2. 双孔介质页岩气藏多尺度渗流数学模型

考虑页岩气藏特殊赋存方式及流动机理，建立考虑吸附气解吸扩散、双孔介质耦合的页岩气藏基本渗流微分方程。

假设基质块形状为球形，基质中页岩气的流动为压力差和浓度差所引起的非稳态渗流和非稳态扩散，并考虑基质中吸附气解吸的影响，可得到基质系统的渗流微分方程如下：

$$\frac{1}{r_m^2}\frac{\partial}{\partial r_m}\left(r_m^2\rho_m v_m\right)=\frac{\partial\left(\rho_m\phi_m\right)}{\partial t}+\rho_{sc}\frac{\partial}{\partial t}\left(\frac{V_L p_m}{p_L+p_m}\right) \qquad (3-1-5)$$

式中 ρ_{sc}——标况下气体密度，kg/m³；

ρ_m——基质中气体密度，kg/m³；

v_m——气体流动速度，m/h；

ϕ_m——基质系统孔隙度；

p_m——基质系统压力，MPa；

t——时间，h；

r_m——球形基质块半径，m；

V_L——页岩等温吸附兰格缪尔体积，m^3/t；

p_L——页岩等温吸附兰格缪尔压力，MPa。

式（3-1-5）中等号右端第二项代表当压力降低时，基质中吸附态页岩气解吸的影响。式（3-1-5）中的气体流动速度 v_m 为压力差和浓度差共同作用下的气体总速度，根据 Ertekin 等的研究，压力场和浓度场为两个平行的动力学场，由压力差和浓度差所引起的气体速度可以相互叠加。其中，压力差所引起的气体渗流可用达西定律描述，浓度差所引起的气体扩散可以用 Fick 扩散定律描述，则式（3-1-5）中的气体流动速度 v_m 可写成如下形式：

$$v_m = v_m^p + v_m^c \tag{3-1-6}$$

式中 v_m^p——由压力差所引起的气体流动速度，m/h；

v_m^c——由浓度差所引起的气体流动速度，m/h。

如前所述，由压力差所引起的气体速度可由 Darcy 定律获得

$$v_m^p = \frac{3.6K_m}{\mu}\frac{\partial p_m}{\partial r_m} \tag{3-1-7}$$

由浓度差所引起的气体速度可由 Fick 扩散定律获得

$$v_m^c = \frac{D}{\rho_m}\frac{\partial p_m}{\partial r_m} \tag{3-1-8}$$

可得到：

$$\frac{1}{r_m^2}\frac{\partial}{\partial r_m}\left[3.6r_m^2K_m\frac{p_m}{\mu Z}\left(1+\frac{b_m}{p_m}\right)\frac{\partial p_m}{\partial r_m}\right] = \frac{\phi_m p_m}{Z}\left\{c_{gm} + \frac{\rho_{sc}}{\rho_m\phi_m}\frac{V_L p_L}{\left(p_L+p_m\right)}\right\}\frac{\partial p_m}{\partial t} \tag{3-1-9}$$

其中

$$b_m = \frac{Dc_{gm}\mu p_m}{3.6K_m}$$

可采用类似于 Klinkenberg 研究气体滑脱效应时的方法，定义页岩基质的视渗透率 K_m^a 如下：

$$K_m^a = K_m\left(1+\frac{b_m}{p_m}\right) \tag{3-1-10}$$

定义考虑渗透率变化的拟压力 ψ 为

$$\psi = \int_{p_{\mathrm{ref}}}^{p} \frac{2p}{\mu Z} K(p) \mathrm{d}p \tag{3-1-11}$$

定义考虑渗透率变化的拟时间 t_{ca} 为

$$t_{\mathrm{ca}} = \int_0^t \frac{1}{\mu c_{\mathrm{t}} K(p)} \mathrm{d}t \tag{3-1-12}$$

式中　$K(p)$——滑脱效应、应力敏感效应引起的渗透率变化；

K_{m}——基质渗透率，mD；

μ——天然气黏度，mPa·s；

Z——天然气偏差系数；

D——天然气在页岩基质多孔介质中的扩散系数，$\mathrm{m^2/s}$；

b_{m}——滑脱系数，$\mathrm{MPa^{-1}}$；

c_{gm}——基质压力下天然气压缩系数，$\mathrm{MPa^{-1}}$；

ρ_{sc}——天然气在标准状况下的密度，$\mathrm{kg/m^3}$；

ϕ——总孔隙度；

$K(p)$——渗透率随压力变化函数。

则式（3-1-9）可以整理为

$$\frac{1}{r_{\mathrm{m}}^2} \frac{\partial}{\partial r_{\mathrm{m}}} \left(r_{\mathrm{m}}^2 \frac{\partial \psi_{\mathrm{m}}}{\partial r_{\mathrm{m}}} \right) = \frac{\phi_{\mathrm{m}} \mu_{\mathrm{i}} c_{\mathrm{tmi}}}{3.6 K_{\mathrm{m}}} \frac{\partial \psi_{\mathrm{m}}}{\partial t_{\mathrm{ca}}} \tag{3-1-13}$$

式（3-1-13）即为综合考虑解吸、非稳态扩散和非稳态渗流多重机制作用的基质系统微分方程。

基质系统的初始条件为

$$\psi_{\mathrm{m}}(r_{\mathrm{m}}, 0) = \psi_{\mathrm{i}} \tag{3-1-14}$$

在基质与裂缝交界面处，基质球体表面的压力应该与裂缝系统中压力相等，可得到基质系统外边界条件为

$$\psi_{\mathrm{m}} \Big|_{r_{\mathrm{m}}=R} = \psi_{\mathrm{f}} \tag{3-1-15}$$

3. 裂缝系统渗流微分方程

假设页岩气在裂缝中的流动为达西渗流，基质中页岩气向裂缝同时进行非稳态窜流和非稳态扩散，再结合质量守恒定律，可得到裂缝系统的渗流微分方程如下：

$$\frac{\partial^2 \psi_{\mathrm{f}}}{\partial x^2} + \frac{\partial^2 \psi_{\mathrm{f}}}{\partial y^2} + \frac{\partial}{\partial z} \left(\frac{K_{\mathrm{fv}}}{K_{\mathrm{fh}}} \frac{\partial \psi_{\mathrm{f}}}{\partial z} \right) - \frac{K_{\mathrm{m}}}{K_{\mathrm{fh}}} \frac{3}{R} \frac{\partial \psi_{\mathrm{m}}}{\partial r_{\mathrm{m}}} \Bigg|_{r_{\mathrm{m}}=R} = \frac{\phi_{\mathrm{f}} \mu_{\mathrm{i}} c_{\mathrm{gfi}}}{3.6 K_{\mathrm{fh}}} \frac{\partial \psi_{\mathrm{f}}}{\partial t_{\mathrm{ca}}} \tag{3-1-16}$$

式中，下标 f 表示裂缝系统；h 表示水平方向；v 表示垂直方向；i 表示初始状态。R 表示球形基质块半径，m。

式（3-1-16）左端第四项代表基质中页岩气向裂缝系统不稳态窜流和不稳态扩散的影响。

第二节　页岩气井产能评价及动态分析技术

页岩气藏具有多尺度孔隙介质、多相态流体赋存的地质特征，开发过程中气体在多尺度孔缝中的解吸、扩散及耦合流动机理异常复杂，常规方法难以准确评价页岩气井产能及开发动态。国外在页岩气气井产能评价及产量递减分析方法方面取得了一定成果，但气井产能评价和开发动态分析方法还不成熟，另外，由于国内页岩气井生产方式与国外存在差异，国外的动态分析方法不完全适用于国内。因此，在深入研究页岩气非线性流动机理、涪陵页岩气压裂水平井试气和生产动态的基础上，建立了页岩气多段压裂水平井产能评价、动态分析、可采储量评价新方法，发展了页岩气水平井开采数值模拟技术，总结了涪陵页岩气井不同生产阶段的生产规律，为涪陵页岩气实现高效开发奠定了基础。

一、页岩气压裂水平井产能评价方法及应用

在页岩气压裂水平井产能评价方面，目前国内外主要采用三线性流或五线性流方法及产量递减分析方法来评价，这些方法的主要特点：在渗流机理方面，不考虑基质纳米孔内非稳态扩散效应的影响；在产能评价方面，不考虑主裂缝参数之间的差异，假设主裂缝等长等间距，实际上压裂水平井产气剖面测试显示，由于段间压裂改造不均匀，产气贡献差异大。

针对页岩气复杂的渗流机理以及多段压裂水平井渗流特征，通过对涪陵页岩气井生产动态数据的分析，建立了非均匀压裂水平井非稳态产能评价解析方法、压裂水平井初始产能评价方法，以及不同生产阶段和生产方式下的经验产能预测方法，形成了涪陵海相页岩气井不同生产阶段产能评价及预测技术方法。

1. 页岩气非均匀压裂水平井非稳态产能预测方法

在页岩气压裂水平井产能评价方面，目前国内外主要采用三线性流或五线性流方法来评价，这些方法不考虑主裂缝参数之间的差异，假设主裂缝等长等间距。微地震监测和产气剖面测试显示段间改造不均匀，产气贡献差异大，存在二八现象，均匀裂缝假设与实际差异较大。

考虑吸附气解吸、非稳态扩散和渗透率应力敏感影响，建立矩形封闭双孔介质页岩气藏内非均匀压裂水平井非稳态产能评价方法，基于产气剖面测试资料和生产历史拟合解释了 JY-C1HF 井非均匀裂缝参数，预测产能。

1）产能评价数学模型

（1）物理模型。

假设页岩气压裂水平井位于矩形封闭气藏内，水平井水平段与边界平行，各压裂裂

缝不等长、不等距。水平段近似无限导流，主裂缝有限导流。不同裂缝参数（裂缝半长、导流能力）可以不相同。

（2）双孔介质页岩气藏综合渗流微分方程。

在建立页岩气非均匀压裂水平井渗流数学模型之前，需要首先建立考虑页岩气特殊赋存及渗流机理的页岩气藏综合渗流微分方程。在求解前，定义如下无量纲变量。

无量纲时间：$t_{\mathrm{D}}=\dfrac{3.6K_{\mathrm{fh}}t}{\mu_{\mathrm{i}}\phi c_{\mathrm{ti}}L^2}$

无量纲拟压力：$\psi_{\mathrm{fD}}=\dfrac{Kh}{0.01273q_{\mathrm{sc}}T}\left(\psi_{\mathrm{i}}-\psi\right)$

裂缝储容比：$\omega=\phi_{\mathrm{f}}c_{\mathrm{gfi}}\Big/\left(\phi_{\mathrm{m}}c_{\mathrm{gmi}}+\phi_{\mathrm{f}}c_{\mathrm{gfi}}\right)$

窜流系数：$\lambda=15K_{\mathrm{m}}/K_{\mathrm{fh}}L^2/R^2$

基质系统无量纲半径：$r_{\mathrm{mD}}=r/R$

式中，下标 D 表示对应物理量的无量纲定义；T 表示储层温度，$T=273.15+t_0$，其中 t_0 为储层温度，℃；q_{sc} 表示产气量，$10^4\mathrm{m}^3/\mathrm{d}$；$L$ 表示无量纲定义中使用的参考长度，m；r 表示球形坐标位置，m。

将无量纲定义及初始条件、边界条件代入式（3–1–13），可以求得基质的解为

$$\bar{\psi}_{\mathrm{mD}}=\mathrm{sh}\left[r_{\mathrm{mD}}\sqrt{\frac{15\left(1-\omega\right)u}{\lambda}}\right]\Bigg/\left[r_{\mathrm{mD}}\,\mathrm{sh}\left(\sqrt{\frac{15\left(1-\omega\right)u}{\lambda}}\right)\right]\bar{\psi}_{\mathrm{fD}}\Big|_{r_{\mathrm{mD}}=1} \tag{3-2-1}$$

式中，u——拉氏变换的拉氏变量。

从式（3–2–1）中可看出，基质中压力与裂缝系统压力有关，需要联立裂缝系统渗流微分方程进行求解。

对裂缝系统渗流微分方程式（3–1–16）进行无量纲化，可得到

$$\frac{\partial^2\psi_{\mathrm{fD}}}{\partial x_{\mathrm{D}}^2}+\frac{\partial^2\psi_{\mathrm{fD}}}{\partial y_{\mathrm{D}}^2}+\frac{\partial^2\psi_{\mathrm{fD}}}{\partial z_{\mathrm{D}}^2}=\omega\frac{\partial\psi_{\mathrm{fD}}}{\partial t_{\mathrm{D}}}+\frac{\lambda}{5}\frac{\partial\psi_{\mathrm{mD}}}{\partial r_{\mathrm{mD}}}\Bigg|_{r_{\mathrm{mD}}=1} \tag{3-2-2}$$

上述无量纲变化中所涉及的无量纲变量定义如下：

$$x_{\mathrm{D}}=x/L$$

$$y_{\mathrm{D}}=y/L$$

$$z_{\mathrm{D}}=z/L\sqrt{K_{\mathrm{fh}}/K_{\mathrm{fv}}}$$

利用基质系统压力和裂缝系统压力的关系，对裂缝系统渗流微分方程进行化简，可以得到页岩气藏最终的综合微分方程。

首先对裂缝系统无量纲渗流微分方程式（3–2–2）进行基于 t_{D} 的 Laplace 变换，可得

$$\frac{\partial^2\bar{\psi}_{\mathrm{fD}}}{\partial x_{\mathrm{D}}^2}+\frac{\partial^2\bar{\psi}_{\mathrm{fD}}}{\partial y_{\mathrm{D}}^2}+\frac{\partial^2\bar{\psi}_{\mathrm{fD}}}{\partial z_{\mathrm{D}}^2}=\omega u\bar{\psi}_{\mathrm{fD}}+\frac{\lambda}{5}\frac{\partial\bar{\psi}_{\mathrm{mD}}}{\partial r_{\mathrm{mD}}}\bigg|_{r_{\mathrm{mD}}=1} \tag{3-2-3}$$

式中 ω——裂缝储容比，分数；

u——拉氏变量。

针对双重介质，滑脱系数是基质、裂缝系统宏观渗透率的表观修正，即基质和裂缝系统的拟压力定义相同。根据已求得了$\bar{\psi}_{\mathrm{mD}}$的表达式，故可对其进行求导后代入式（3–2–3）进行求解，可得

$$\frac{\partial^2\bar{\psi}_{\mathrm{fD}}}{\partial x_{\mathrm{D}}^2}+\frac{\partial^2\bar{\psi}_{\mathrm{fD}}}{\partial y_{\mathrm{D}}^2}+\frac{\partial^2\bar{\psi}_{\mathrm{fD}}}{\partial z_{\mathrm{D}}^2}=\left(\omega u+\frac{\lambda}{5}\left\{\sqrt{\frac{15(1-\omega)u}{\lambda}}\coth\left[\sqrt{\frac{15(1-\omega)u}{\lambda}}\right]-1\right\}\right)\bar{\psi}_{\mathrm{fD}} \tag{3-2-4}$$

令

$$f(u)=\begin{cases}u\left[\omega+\dfrac{\lambda(1-\omega)}{\lambda+(1-\omega)u}\right] & \text{拟稳态}\\ \omega u+\dfrac{\lambda}{5}\left\{\sqrt{\dfrac{15(1-\omega)u}{\lambda}}\coth\left[\sqrt{\dfrac{15(1-\omega)u}{\lambda}}\right]-1\right\} & \text{非稳态}\end{cases} \tag{3-2-5}$$

则式（3–2–5）可变为

$$\frac{\partial^2\bar{\psi}_{\mathrm{fD}}}{\partial x_{\mathrm{D}}^2}+\frac{\partial^2\bar{\psi}_{\mathrm{fD}}}{\partial y_{\mathrm{D}}^2}+\frac{\partial^2\bar{\psi}_{\mathrm{fD}}}{\partial z_{\mathrm{D}}^2}=f(u)\bar{\psi}_{\mathrm{fD}} \tag{3-2-6}$$

式（3–2–6）即为考虑基质内吸附气解吸、非稳态扩散及基质—裂缝系统（非稳态/拟稳态）窜流影响建立的三维无限大页岩气藏的综合渗流微分方程。

从模型的推导可以看出，页岩气吸附气解吸的影响主要体现在综合压缩系数里增加了解吸压缩系数项，滑脱（扩散）的影响主要体现在对表观渗透率的影响，通过拟压力和拟时间来考虑应力敏感及滑脱效应对渗透率的影响。

（3）一条有限导流压裂裂缝在矩形封闭边界任意位置压力解。

在双孔介质页岩气藏综合渗流微分方程的基础上，建立并求解一条有限导流裂缝在矩形封闭页岩气藏内任意位置的压力解，然后通过源函数势叠加方法求解非均匀压裂水平井产能评价模型。

将式（3–2–6）应用于矩形封闭气藏内一条均匀流量分布的垂直裂缝，根据试井理论，在矩形封闭边界内一条对称分布的均匀流量的垂直压裂裂缝，在任意位置的拉氏空间压力解为

$$\bar{\psi}_{\mathrm{D}}(x_{\mathrm{D}},y_{\mathrm{D}},u)=\frac{\pi}{x_{\mathrm{eD}}s}\left(\begin{aligned}&\frac{\cosh\sqrt{f(u)}\tilde{y}_{\mathrm{D1}}+\cosh\sqrt{f(u)}\tilde{y}_{\mathrm{D2}}}{\sqrt{f(u)}\sinh\sqrt{f(u)}y_{\mathrm{eD}}}\\&+\frac{2x_{\mathrm{eD}}}{\pi}\sum_{K=1}^{\infty}\frac{1}{K}\sin K\pi\frac{1}{x_{\mathrm{eD}}}x_{\mathrm{fi,D}}\cos K\pi\frac{x_{\mathrm{wD}}}{x_{\mathrm{eD}}}\cos K\pi\frac{x_{\mathrm{D}}}{x_{\mathrm{eD}}}\frac{\cosh\varepsilon_k\tilde{y}_{\mathrm{D1}}+\cosh\varepsilon_k\tilde{y}_{\mathrm{D2}}}{\varepsilon_k\sinh\varepsilon_k y_{\mathrm{eD}}}\end{aligned}\right)$$

（3–2–7）

其中

$$\varepsilon_k = \sqrt{f(u) + K^2\pi^2/x_{\mathrm{eD}}^2}$$

$$\tilde{y}_{\mathrm{D1}} = y_{\mathrm{eD}} - \left| y_{\mathrm{D}} - y_{\mathrm{wD}} \right|$$

$$\tilde{y}_{\mathrm{D2}} = y_{\mathrm{eD}} - \left(y_{\mathrm{D}} + y_{\mathrm{wD}} \right)$$

式中 X_{e}——模型长度，m；

Y_{e}——模型宽度，m；

X_{w}，Y_{w}——井中心位置，m；

X，Y——模型任意位置对应的 X，Y 坐标，m。

通过式（3-2-7）计算的是单条均匀流量裂缝在定产生产下的井底压力解。根据 Gringarten 等的研究，可以取均匀分布流量裂缝在 $0.732X_{\mathrm{f}}$ 位置处的压力解作为无限导流裂缝情况下的井底压力解。

根据王晓冬等（2015）的研究成果，可以通过引入拉氏空间的有限导流影响函数来考虑裂缝有限导流能力对井底流压计算的影响：

$$\overline{f}\left(u, F_{\mathrm{CD}}\right) = \frac{2\pi}{u}\sum_{n=1}^{\infty}\frac{1}{n^2\pi^2F_{\mathrm{CD}} + 2\sqrt{n^2\pi^2 + u}} + \frac{1}{u}\frac{0.4063\pi}{\pi\left(F_{\mathrm{CD}} + 0.8997\right) + 1.6252u} \qquad (3\text{-}2\text{-}8)$$

式中 F_{CD}——压裂裂缝的无量纲有限导流能力。

对于压裂水平井，随着流体接近水平井井眼位置时，流线会向井筒汇聚，这个汇流效应会产生附加压降，将其称为流线汇聚表皮系数。裂缝中的气流汇聚引起的表皮系数可以通过式（3-2-9）来计算：

$$S_{\mathrm{cv}} = \frac{K_{\mathrm{m}}h}{K_{\mathrm{F}}w_{\mathrm{F}}}\left(\ln\frac{h}{2r_{\mathrm{w}}} - \frac{\pi}{2}\right) \qquad (3\text{-}2\text{-}9)$$

式中 S_{cv}——流线汇聚表皮系数；

K_{m}——储层渗透率，mD；

h——储层厚度，m；

K_{F}——主裂缝渗透率，mD；

w_{F}——主裂缝宽度，m；

r_{w}——井眼半径，m。

通过 Stefhest 数值反演算法可以求出有限导流裂缝在实空间的压力数值解。

（4）矩形封闭边界内非均匀压裂水平井在定产生产下的压力解。

由于川东南深层页岩气压裂水平井初始配产为 $6\times10^4\mathrm{m}^3/\mathrm{d}$ 左右，并且水平段 A、B 靶点高程差一般小于 100m，可以忽略水平段沿程井筒压降对产能的影响。在忽略水平井筒内压降影响的条件下，可以近似认为水平段任意位置的压力等于井底流压，即各个裂缝位置的压力等于井底流压，且各个裂缝的产气量之和等于水平井总产气量。根据压裂水

平井的井底压力和产气量两个内边界条件，由压力叠加原理可以建立系统在定产生产时任意时刻应该满足的方程组为

$$\begin{bmatrix} \psi_{D11}, \psi_{D12}, \cdots, \psi_{D1n}, -1 \\ \psi_{D21}, \psi_{D22}, \cdots, \psi_{D2n}, -1 \\ \vdots \quad \vdots \quad \quad \vdots \quad \vdots \\ \psi_{Dn1}, \psi_{Dn2}, \cdots, \psi_{Dnn}, -1 \\ 1, \quad 1, \quad \cdots, 1, \quad 0 \end{bmatrix} \begin{bmatrix} q_{f1} \\ q_{f2} \\ \vdots \\ q_{fn} \\ p_{wfD} \end{bmatrix} = \begin{bmatrix} 0 \\ 0 \\ \vdots \\ 0 \\ 1 \end{bmatrix} \tag{3-2-10}$$

式中 q_{fi}——第 i 条裂缝的产量分数；

p_{wfD}——无量纲井底压力；

$\psi_{Dij}(t_D)$——第 j 条压裂裂缝以单位产量生产时，在第 i 条裂缝位置处产生的无量纲压降。

$\psi_{Dij}(t_D)$ 可以通过式（3-2-11）来计算：

$$\psi_{Dij}(t_D) = \psi_D(x_{wD}, y_{wD}, x_D, y_D, t_D) + \delta\left(S_{lmt} + S_{cv}\right), \begin{cases} \delta = 1, & i = j \\ \delta = 0, & i \neq j \end{cases} \tag{3-2-11}$$

式中 （x_{wD}，y_{wD}）——第 j 条裂缝的中心位置；

（x_D，y_D）——第 i 条裂缝的压力叠加位置；

S_{lmt}——有限导流引起的变表皮系数，可以通过拉氏空间的式（3-2-8）来计算；

S_{cv}——压裂水平井流线汇聚效应引起的表皮系数，可以由式（3-2-9）来计算。

ψ_D 可以由式（3-2-7）通过 stefhest 数值反演来计算。

2）产能评价及预测应用

非均匀裂缝参数多，根据生产历史拟合反演参数时多解性极强。为了降低拟合参数，在根据页岩气压裂水平井生产历史拟合确定地质和非均匀裂缝参数时，首先需要确定非均匀裂缝形态，即各条裂缝的相对大小。当确定了裂缝形态之后，只要给定裂缝的平均半长或任意一条裂缝的长度，则任何裂缝的长度都可以由裂缝形态计算得到。在历史拟合过程中，可以整体调整裂缝的大小，裂缝形态保持不变。这样的话，在自动历史拟合过程中需要确定的参数个数会大大降低。

有多种方法评价页岩气水平井非均匀裂缝形态。一类是直接测量法，包括：（1）微地震监测；（2）产气剖面测试。另一类是间接评价方法，包括：（1）根据区块的微地震监测资料通过大数据方法来评价；（2）根据压裂施工参数及压力评价。

当确定了裂缝形态后，由初始平均裂缝半长可以计算初始状态下各个裂缝的半长。根据加砂量及半长可以确定对应的无量纲导流能力分布。此时，自动历史拟合优化算法就可以根据当前的地质、非均匀裂缝长度、导流能力，由式（3-2-10）计算页岩气非均匀压裂水平井无量纲解，再根据 Duhumel 原理计算任意时刻的井底流压，根据优化算法决定参数的搜索方向。优化的目标函数为

$$f\left(K,\lambda,\beta_{\mathrm{xf}},\beta_{\mathrm{Fcd}},\cdots\right)=\min\left[\sum_{i=1}^{n}w_i\left(p_{\mathrm{wf},i}-p_{\mathrm{wfcac},i}\right)^2\right]$$

式中 K——渗透率，mD；

λ——窜流系数；

β_{xf}——裂缝半长调整系数；

β_{Fcd}——无量纲导流能力调整系数。

生产历史拟合主要是根据产量拟合井底流压。如果页岩气压裂水平井有产气剖面测试资料，则在历史拟合过程中可以进一步拟合产气剖面，一般通过多次迭代进行拟合，每次完成井底压力史拟合后，根据产气剖面预测方法预测对应的非均匀产气剖面，并与实测产剖进行对比分析，再调整非均匀裂缝参数，直到两者都能达到较好的拟合效果。

以 JY-C1HF 井为例，该井水平段长 1344m，分 16 段 45 簇压裂，于 2013 年 12 月 27 日投入试采。该井于 2014 年 6 月 11—14 日开展了 $20\times10^4\mathrm{m}^3/\mathrm{d}$ 和 $29\times10^4\mathrm{m}^3/\mathrm{d}$ 两个制度下的产气剖面测试。

利用非均匀产气压裂水平井模型，对 JY-C1HF 井生产历史及产气剖面进行了拟合，如图 3-2-1 所示为多段压裂水平井非均匀裂缝半长分布图，如图 3-2-2 所示为生产历史拟合结果，对应的产气剖面拟合情况如图 3-2-3 所示。从图 3-2-3 中可以看出，由拟合模型预测的产气剖面跟实测产气剖面测试结果吻合得较好，表明解释得到的模型可以反映储层改造状况。

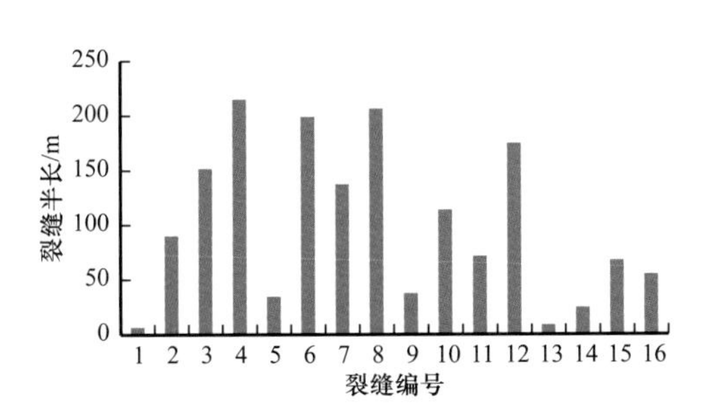

图 3-2-1 JY-C1HF 井拟合裂缝半长（段）

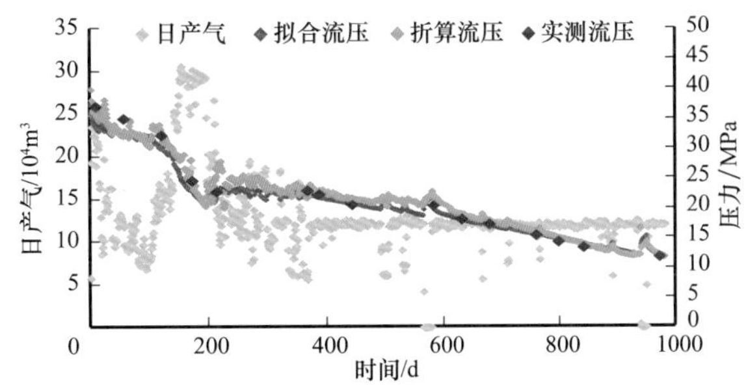

图 3-2-2 JY-C1HF 井压力史拟合结果图

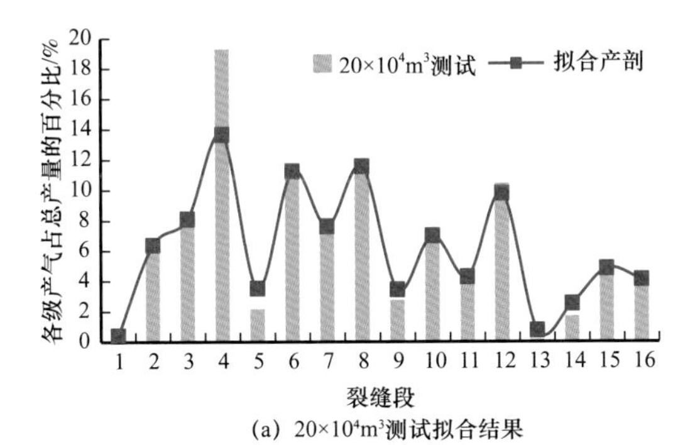

(a) $20\times10^4\mathrm{m}^3$测试拟合结果

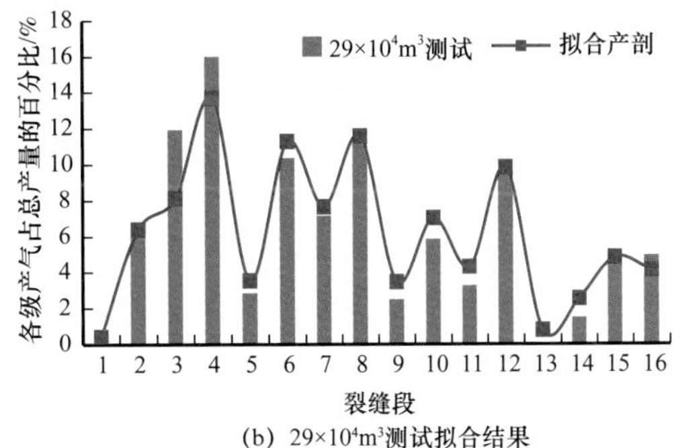

(b) $29\times10^4\mathrm{m}^3$测试拟合结果

图 3-2-3 JY-C1HF 井产气剖面拟合结果（第 180 天）

利用拟合模型进行气井产能预测，目前该井已进入递减，预测 30 年累计产气量为 $2.50\times10^{8}\mathrm{m}^{3}$。

2. 基于产能系数的不稳定线性流产能评价及预测方法研究

在常规油气井产能评价方法适应性分析的基础上，以生产过程中的流态识别为依托，提出了一种新的评价页岩气分段压裂水平井产能参数指标，并应用于涪陵页岩气田产能评价过程中。

1）不稳定线性流方程的建立

基于室内物模和实际生产动态分析，建立平板模型（图 3-2-4），推导出页岩气井不稳定线性流定产解析解产能方程式（3-2-12）、式（3-2-13）来描述处于稳产阶段气井的生产动态过程。

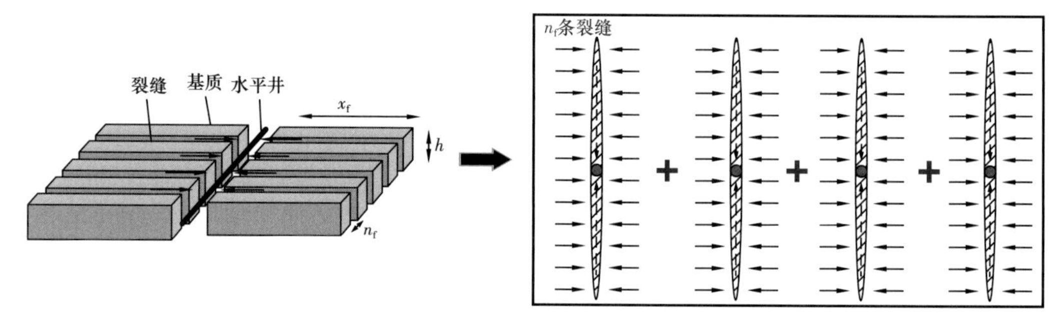

图 3-2-4　页岩气井线性流动模型及分段压裂后单条裂缝示意图

$$\Delta m(p)=m(p_{\mathrm{i}})-m(p_{\mathrm{wf}})=\left(\frac{401Q_{\mathrm{g}}T}{A\sqrt{K}}\sqrt{\frac{1}{\phi\mu c_{\mathrm{t}}}}\right)t^{1/2} \tag{3-2-12}$$

由式（3-2-12）整理得

$$\lg\frac{Q_{\mathrm{g}}}{m(p_{\mathrm{i}})-m(p_{\mathrm{wf}})}=-\frac{1}{2}\lg t+\lg\left(A\sqrt{K}\,\frac{1}{401T}\sqrt{\phi\mu c_{\mathrm{t}}}\right) \tag{3-2-13}$$

其中

$$A=2n_{\mathrm{f}}x_{\mathrm{f}}h$$

式中　A——基质—裂缝接触面积，m^2；

n_{f}——裂缝条数，条；

T——温度，K；

h——地层厚度，m；

x_{f}——裂缝半长，m；

K——基质渗透率，mD；

μ——气体黏度，mPa·s；

ϕ——孔隙度，%；

c_{t}——综合压缩系数，MPa^{-1}；

$m(p_{\mathrm{i}})$——拟地层压力，$\mathrm{MPa}^2/(\mathrm{mPa\cdot s})$；

$m(p_{wf})$——拟井底流压，$MPa^2/(mPa \cdot s)$；

$m(p_i)-m(p_{wf})$——拟生产压力差，$MPa^2/(mPa \cdot s)$；

t——生产天数。

如图3–2–5所示为涪陵页岩气田4口页岩气压裂水平井规整化产量与物质平衡时间双对数曲线，从图中可以看出曲线有明显的长时间的–1/2斜率直线段，表明压裂水平井有长时间的基质线性流阶段。

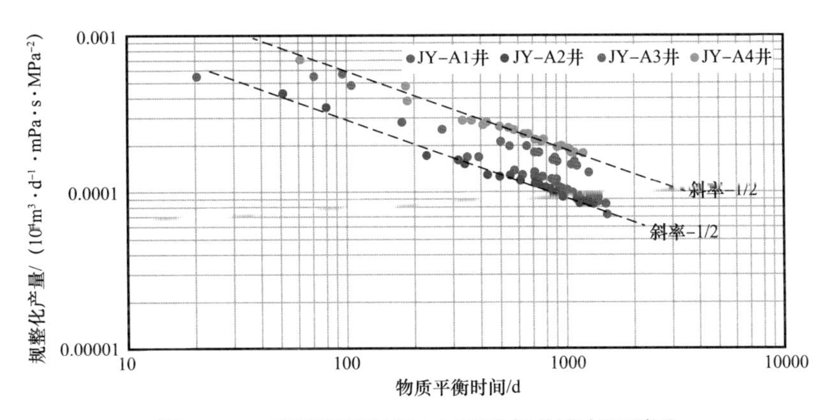

图3–2–5 涪陵页岩气田4口页岩气井流态识别图

2）“页岩气井产能系数”评价页岩气井产能新方法

压裂水平井渗流特征与实际动态研究表明，涪陵页岩气井生产长期处于基质线性流特征，在此阶段不稳定线性流定产条件下解析解方程：

$$m(p_i)-m(p_{wf})=\frac{1}{A\sqrt{k}\dfrac{\sqrt{\phi\mu c_t}}{6.63T}}Q_g\sqrt{t} \qquad (3–2–14)$$

令 $m=A\sqrt{k}\dfrac{\sqrt{\phi\mu c_t}}{6.63T}$，式（3–2–14）可转换为

$$m(p_{wf})=m(p_i)-\frac{1}{m}Q_g\sqrt{t} \qquad (3–2–15)$$

通过式（3–2–15）可知，当页岩气井采用定产方式生产并且处于基质线性流阶段，在直角坐标图板上 $m(p_i)-m(p_{wf})$— $Q_g\sqrt{t}$ 为一条斜率为 $\frac{1}{m}$ 的直线。将 m 称为页岩气井的“产能系数”。在直角坐标图板上 $m(p_i)-m(p_{wf})$— $Q_g\sqrt{t}$ 称为产能评价图版。

$$Q_g=\frac{m(p_i)-m(p_{wf})}{\sqrt{t}}m \qquad (3–2–16)$$

“页岩气井产能系数”能够很好地评价页岩气井动态产能，以涪陵页岩气田4口页岩气分段压裂水平井为例，3A2HF井和3A3HF井以 $6\times10^4m^3/d$ 定产生产，在累计产量相同情况下，3A2HF井压力保持水平略高于3A3HF井，表明3A2HF井较好。3A4HF井和

3A5HF 井以 $12\times10^4m^3/d$ 定产生产，3A5HF 井在累计产量相同情况下，压力保持水平高于 3A4HF 井，表明 3A5HF 井好于 3A4HF 井（图 3-2-6）。利用实测井底流压求取页岩气井产能系数 m，结果为 3A5HF＞3A4HF＞3A2HF＞3A3HF（图 3-2-7），与页岩气井实际生产动态较为吻合。

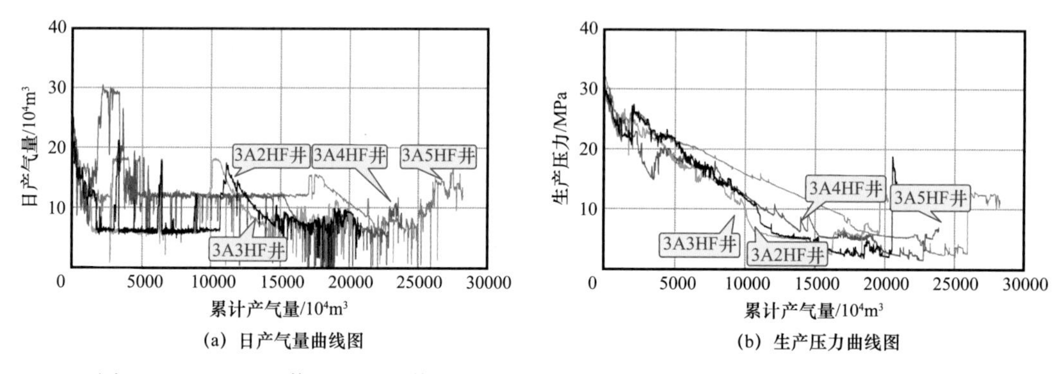

图 3-2-6　3A2HF 井、3A3HF 井、3A4HF 井、3A5HF 井日产气量及生产压力对比图

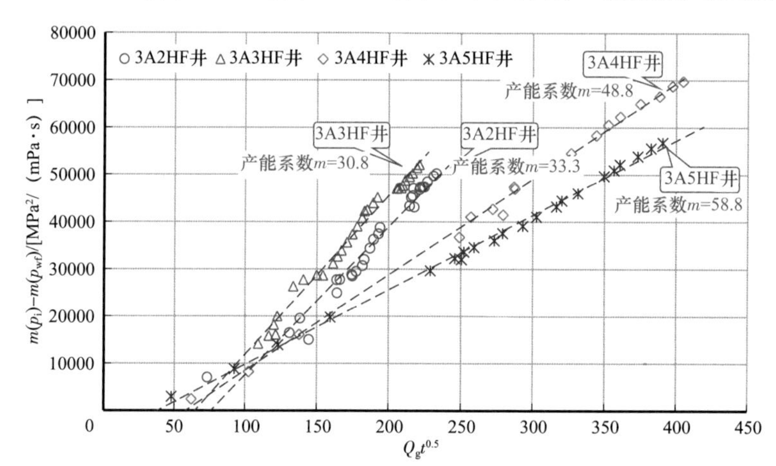

图 3-2-7　3A2HF 井、3A3HF 井、3A4HF 井、3A5HF 井产能评价图版

3. 基于改造地层系数的经验产能评价方法

根据涪陵焦石坝区块页岩气压裂水平井生产数据流动特征分析，主体区页岩气井物质平衡时间与产量规整化拟压力（RNP）在稳产期（3～4 年）内满足线性流关系，可以用线性流公式来预测产量、压力：

$$\frac{\psi(p_i)-\psi(p_{wf})}{q_g}=m\sqrt{t_{mb}}+b \tag{3-2-17}$$

式中　q_g——产气量，$10^4m^3/d$；

$\psi(p_i)$——由初始压力计算的拟压力，$MPa^2/(mPa\cdot s)$；

$\psi(p_{wf})$——由井底压力 p_{wf} 计算的拟压力，$MPa^2/(mPa\cdot s)$；

m——由图 3-2-7 上拟合的地层线性流阶段的直线斜率；

b——直线在 y 轴的截距；

t_{mb}——物质平衡时间，$t_{mb}=G_p(t)/q_g(t)$，其中，$G_p(t)$ 为累产气，10^4m^3，$q_g(t)$ 为日产气量，$10^4m^3/d$。

通过线性流特征线诊断分析及线性段拟合，确定式（3–2–17）中的 m 和 b。斜率 m 越低，反映单位产量下的压降越小。截距 b 主要反映压裂水平井的表皮效应，返排及生产过程中的气液两相流动、流线汇聚、导流能力都会对表皮效应有影响，表皮效应越大，b 值越高。

提出了“改造地层系数”参数综合表征页岩气分段压裂水平井的改造效果，该参数评价方法见式（3–2–18）。该参数团能综合表征页岩气井渗流能力和改造效果，改造地层系数越大，产能越好。

$$A_m\sqrt{K_m}=\frac{27.1522(273.15+t_0)}{m\sqrt{(\phi\mu_g c_t)_i}} \tag{3-2-18}$$

式中 A_m——裂缝总流动面积，m^2，$A_m=n_f X_f h$，其中，n_f 为主裂缝条数；

K_m——基质渗透率，mD；

t_0——储层温度，℃；

i——初始条件下。

基于涪陵页岩气田 250 余口井动态分析评价的改造地层系数和技术可采储量（EUR）交会图分析，建立了基于改造地层系数的 EUR 经验预测方程，可应用 3～6 个月早期生产数据动态分析评价改造地层系数预测页岩气井 EUR，产能预测符合率达到 88% 以上。

改造地层系数经验产能预测方法：$\mathrm{EUR}=0.1443A_m\sqrt{K_m}/1000+0.0903$

4. 涪陵页岩气井初始产能影响因素分析

涪陵一期产建区初始产能在平面上具有“北高南低、中部高东西低”的特点，高产井主要集中在主体区、西区，东区和西南在全区最低。影响气井产能的因素主要包括地质因素和工程完井因素。

一期产建区有机碳含量（TOC）、气测全烃、孔隙度、压力系数、含气饱和度与气井初始产能具有良好的正相关性，含气性高的页岩储层是气井高产的物质基础。

可压性是影响涪陵页岩气井产能的另一主要因素。页岩的可压性受地质因素影响，脆性矿物含量高、泊松比小、杨氏模量高、水平应力差小，容易形成复杂缝网，产量高；气层埋深增加，地应力和破裂压力增大，储层改造难度大，产量低；张性应力区、正向构造区、微裂缝较发育区，曲率平面非均质性较弱，易于压裂改造。

工程完井因素是影响涪陵一期产建区产能的重要因素。气井的产气能力和最终可采储量与压裂液总量、总加砂量之间呈现正相关，与水平段压裂簇数呈正相关性，簇数越多、压裂改造效果越好，气井的 EUR 越高；水平段优质储层穿行率与无阻流量呈正相关关系，水平段穿行位置越靠近③小层下部产能越高。水平井长度、方位对产能有影响，同一区域气井水平段越长产量越高，水平段方位与最小主应力方向夹角小于 30°能获得较好的产能。

根据前期地质开发总体评价，涪陵一期不同区域影响气井产能的主要因素有一定差异，主体区主要受埋深与穿行层位、方位影响，西南区主要是含气性和构造类型、埋深、裂缝发育程度影响，东、西翼主要受断裂及裂缝影响。

二、页岩气井动态分析及可采储量预测方法

目前国内页岩气开发尚处于初步阶段，常规天然气可采储量计算标准和方法是否适用于页岩气分段压裂水平井还有待研究，国外页岩气生产方式与国内存在差异，无成熟经验可借鉴。通过对行业标准、自评估方法、SEC 评估方法等 3 大类 14 种可采储量评价方法适用条件、影响因素进行全面的分析（图 3–2–8），采用各种方法针对焦石坝页岩气井开展了分析。结果表明，焦石坝页岩气井稳产阶段流态处于不稳定线性流阶段，进入产量递减阶段的大多数气井递减时间较短，指数、双曲、调和递减差异不明显，推荐采用生产动态法、不稳定线性流法和不稳定产量分析方法（RTA）作为焦石坝区块可采储量评价方法。

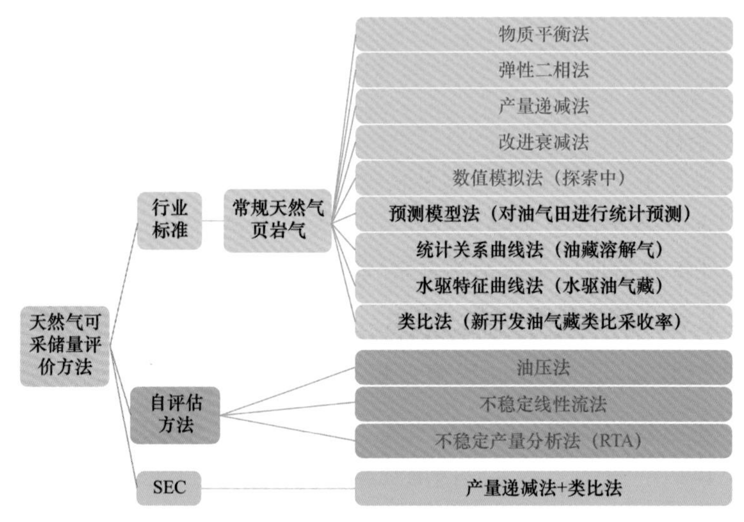

图 3–2–8　天然气可采储量评价方法

1. 生产动态法

1）基本原理

生产动态法包括稳产期累计产量预测和递减期累计产量预测两部分：（1）稳产期累计产量预测，按照目前生产动态特征，确定近期单位井口生产压力下降与累计产量的关系，计算达到外输压力前的累计产量，即为稳产期内累计产量；（2）递减期累计产量预测，根据 RTA 预测的井稳产期累计产量与递减期累计产量有良好的线性关系，根据拟合的关系式，由单井的稳产期可采储量预测递减期产量。两者相加即为单井的技术可采储量。

2）方法应用

（1）稳产期累计产量预测。

以 3A6 井为例，该井无阻流量 $35.8\times10^4m^3/d$，配产 $6\times10^4m^3/d$。选取该井稳定生产

段，日产量 $6\times10^4m^3$，油压 7.6MPa，累计产气量 $5313.5\times10^4m^3$。计算该井单位压降产量 $384\times10^4m^3/MPa$（图 3–2–9），按照压降趋势生产压力降至外输压力 6MPa 时还需要 144 天。稳产期累计产量 $6177.5\times10^4m^3$。

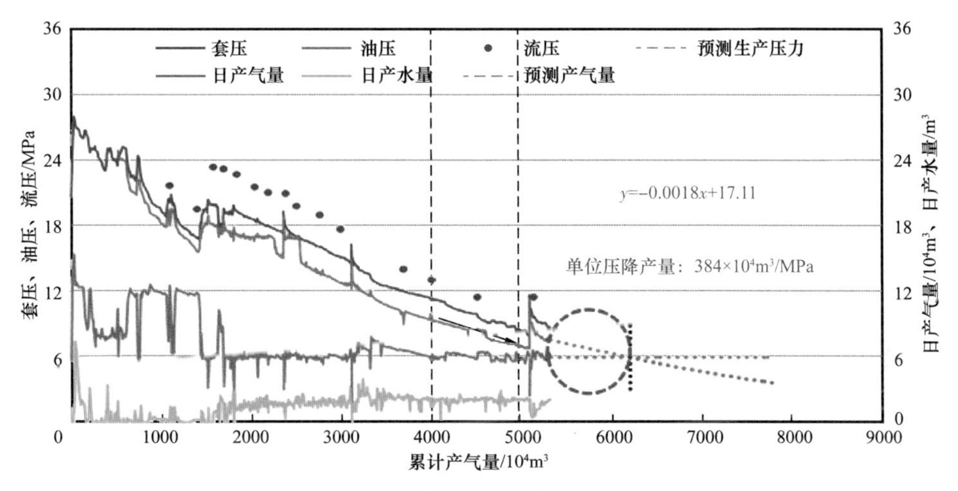

图 3–2–9 3A6 井稳产期累计产量预测图版

（2）递减期累计产量预测。

RTA 预测稳产期累计产量和递减期累计产量有良好线性关系（图 3–2–10），根据相关公式利用单井稳产期累计产量即可预测计算递减期累计产量。

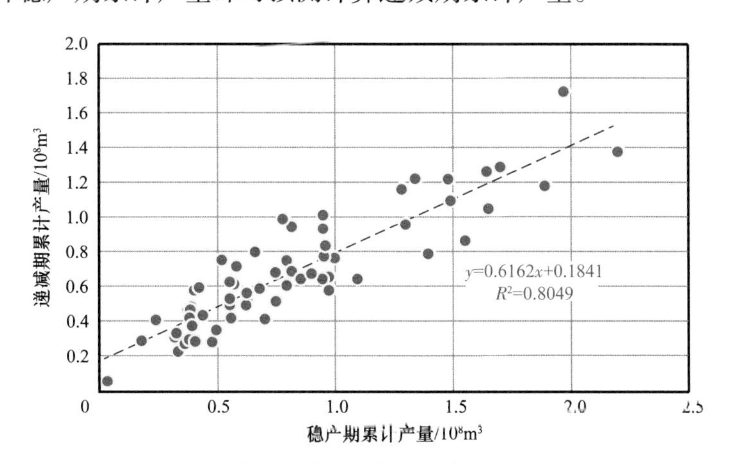

图 3–2–10 RTA 预测稳产期累计产量与递减期累计产量关系图（64 口井）

生产动态法评价可采储量结果的准确性，依赖于气井是否稳定配产生产以及页岩气井生产处于何种生产阶段。对于生产时间较短和频繁调配产两类井，生产动态法预测稳产期可采储量精度较低。

2. 不稳定线性流法

1）基本原理

目前大部分井生产动态表明，气井流态处于不稳定线性流阶段，可以用不稳定线性渗流理论计算产能系数，建立产能系数与可采储量线性关系式，通过对产能系数的计算预测可采储量。

气藏工程理论研究表明，在气井处于不稳定线性流阶段，压力与产量、时间的关系式为

$$\Delta m(p)=m(p_{\mathrm{i}})-m(p_{\mathrm{wf}})=\left(\frac{6.63Q_{\mathrm{g}}T}{hx_{\mathrm{f,tol}}}\sqrt{\frac{1}{K\phi\mu c_{\mathrm{t}}}}\right)t^{0.5} \tag{3-2-19}$$

式（3-2-19）简化为

$$m(p_{\mathrm{wf}})-m(p_{\mathrm{i}})=mQ_{\mathrm{g}}t^{0.5} \tag{3-2-20}$$

当气井处于不稳定线性流阶段时，在直角坐标图上，$m(p_{\mathrm{i}})-m(p_{\mathrm{wf}})$ 与 $Q_{\mathrm{g}}t^{0.5}$ 呈直线关系，直线斜率的倒数为“页岩气井产能系数”。

通过产能评价图版求取斜率 m，m 既包括了地质参数（$\phi\mu c_{\mathrm{t}}$），同时也包含了压裂改造效果参数（$hx_{\mathrm{f,tol}}\sqrt{K}$），其中 $x_{\mathrm{f,\ tol}}$ 为总缝长，h 为地层厚度，K 为压裂后基质渗透率，从而解决了单独求取这些参数的难点（图 3-2-11）。

RTA 预测的 64 口井可采储量与对应计算的产能系数有良好的线性关系，根据拟合的关系式，由单井的产能系数预测单井可采储量（图 3-2-12）。

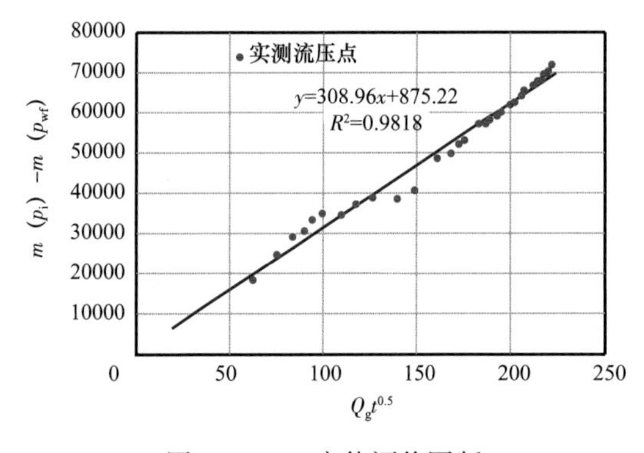

图 3-2-11　产能评价图版

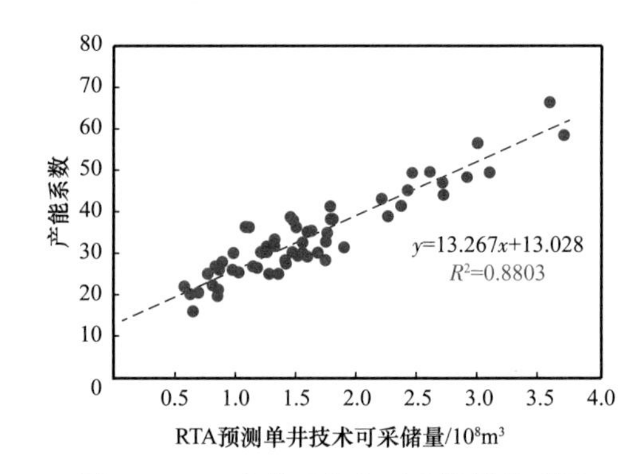

图 3-2-12　产能系数和可采储量关系图

2）方法应用

（1）流态识别。

将单井实际产气量和实测井底流压数据处理，展示在物质平衡实际—规整化产量对数图版上，进行流态识别。

以 3A7 井为例，该井在物质平衡实际—规整化产量对数图版上，生产数据呈现为斜率 −1/2 的线段（图 3-2-13 和图 3-2-14）。

（2）产能系数计算。

在拟压差与配产乘以根号时间的产能评价图版上求取单井产能系数。以 3A7 井为

例，在 $m(p_i)-m(p_{wf})$ 与 $Q_gt^{0.5}$ 的产能评价图版上，直线的斜率为 312.72，产能系数为 31.98（图 3-2-15）。

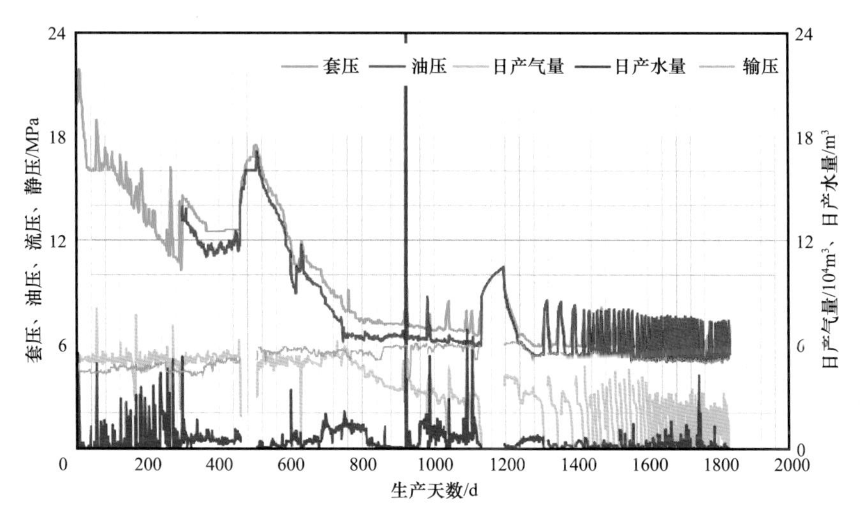

图 3-2-13 3A7 井生产曲线图

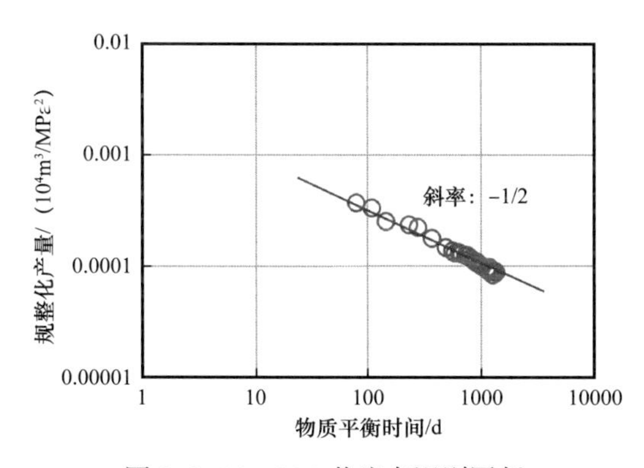

图 3-2-14 3A7 井流态识别图版

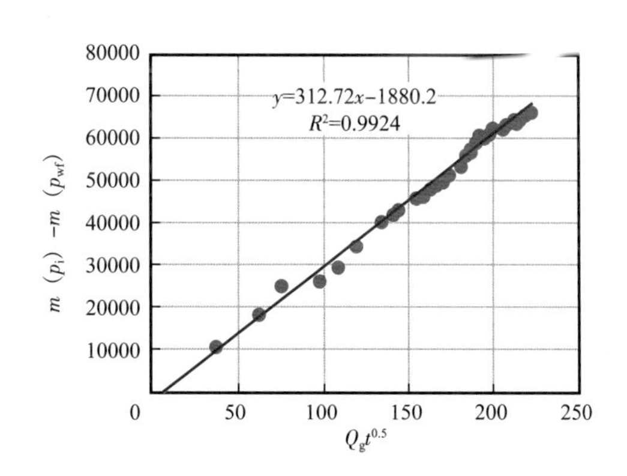

图 3-2-15 3A7 井产能系数评价图版

（3）可采储量计算。

3A7 井产能系数为 31.98，根据可采储量与对应计算的产能系数的拟合的关系式，该井可采储量为 $1.43\times10^8m^3$。

3. 不稳定产量分析法

1）基本原理

Anderson 等在 Bello 模型基础上，提出了页岩气多段压裂水平井动态分析流程（图 3-2-16）：首先通过规整化拟压力与时间的平方根曲线拟合线性段，求得斜率 m 及截距 b，确定页岩储层参数，如表皮系数；如果出现边界控制流，利用流动物质平衡曲线截距确定页岩气孔隙体积（HCPV），并计算裂缝半长（x_f）；最后利用解析模型预测不同配产方案的稳产期及递减期。

2）方法应用

以3A8井为例，该井为一口定产生产井，定产$6\times10^4m^3/d$，初期无阻流量为$19.3\times10^4m^3/d$，主要穿行第③小层，试气井段长1588m，射孔簇数51簇。

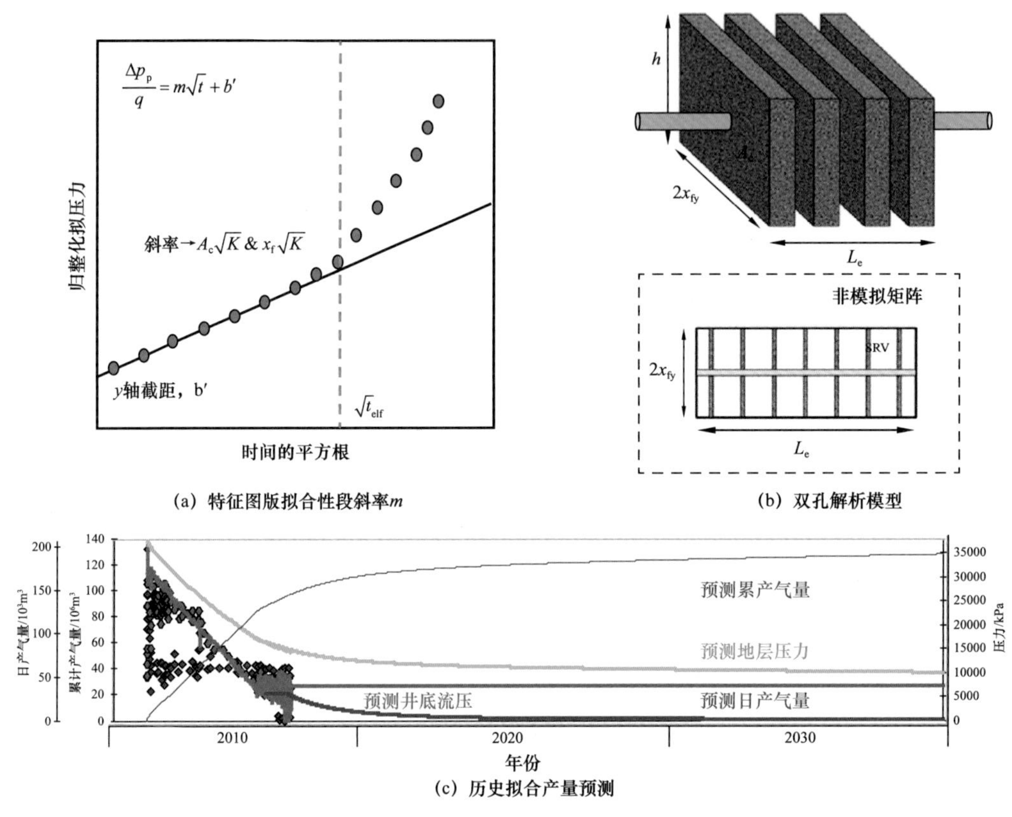

(a) 特征图版拟合性段斜率m (b) 双孔解析模型

(c) 历史拟合产量预测

图3-2-16 RTA软件工作流程

（1）特征曲线确定。

通过规整化拟压力与时间的平方根曲线，并结合流动物质平衡曲线初步确定裂缝半长、基质渗透率等参数（图3-2-17）。

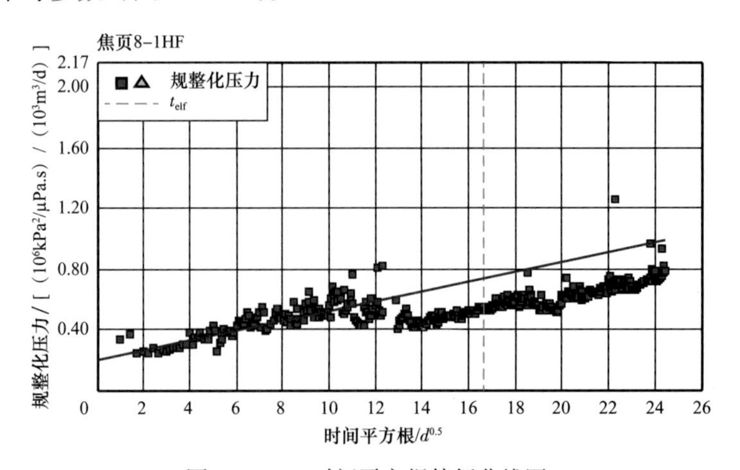

图3-2-17 时间平方根特征曲线图

（2）建立解析模型。

建立双孔复合解析模型，在压力历史拟合匹配的基础上（图 3–2–18），确定区内裂缝渗透率 0.0016mD，裂缝半长 154m，SRV 面积 $0.49km^2$。

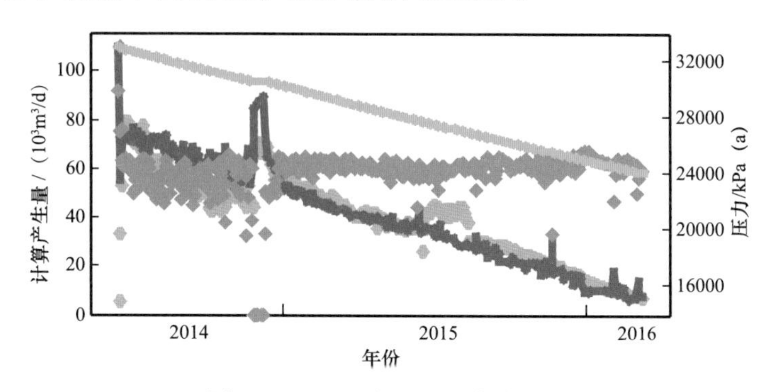

图 3–2–18　压力历史拟合曲线图

（3）产量预测。

废弃压力取脱水站进站压力下限 4.5MPa，对应井口压力 6MPa，折算至井底流压为 7.07MPa。按照初期配产 $6\times10^4m^3/d$ 预测至井底流压 7.07MPa 进入递减期，废弃产量 $0.1\times10^4m^3/d$ 时技术可采储量 $1.36\times10^8m^3$（图 3–2–19）。

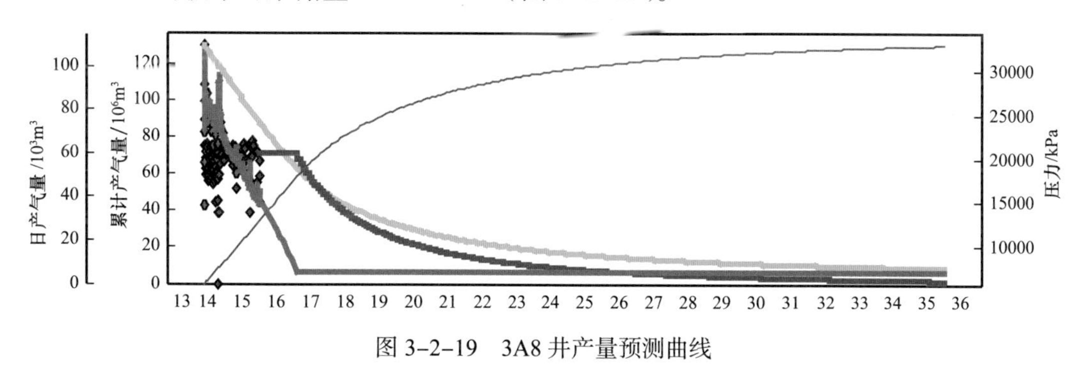

图 3–2–19　3A8 井产量预测曲线

三、涪陵页岩气井不同开发阶段生产规律

1. 页岩气井稳产降压阶段压力—产量符合不稳定线性流规律

从目前涪陵页岩气田投产井的生产动态来看，一期产建区页岩气井定产降压阶段（稳产期，生产时间 5 年内），生产动态数据显示在物质平衡时间与规整化产量图板上均呈现明显的 1/2 直线段，表现为明显的不稳定线性流特征。

焦页 3A9HF 井为涪陵页岩气田第一口投产井，生产时间最长（5 年），该井一直以 $6\times10^4m^3/d$ 定产生产，通过对实测流压和产气数据进行分析，焦页 3A9HF 井生产过程中一直处于基质线性流阶段（特征线斜率为 –1/2，见图 3–2–20），生产数据未捕捉到早期裂缝线性流（特征线斜率为 –1/2）和裂缝—基质线性流（特征线斜率为 –1/4），以上现象说明焦页 3A9HF 井裂缝导流能力较强。

焦页 3A10HF 井是一口放大压差生产的试验井，初期配产 $38\times10^4m^3/d$ 生产 100 天左

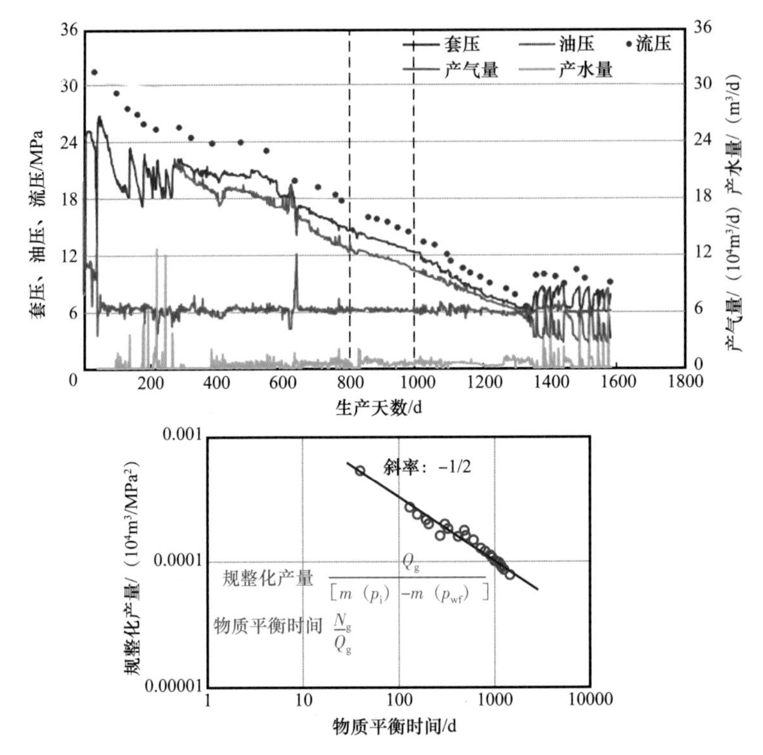

图 3-2-20　焦页 3A9HF 井生产曲线图及流态识别图版

右后采取定井底压力生产。该井生产数据流态诊断图版显示，在生产过程中此井一直处于基质线性流阶段（特征线斜率为 −1/2，见图 3-2-21）。

焦页 3A11HF 井为涪陵页岩气田无阻流量最高井。该井生产过程中频繁调配产，生产数据流态诊断图版显示，此井在生产过程中一直处于基质线性流阶段（特征线斜率为 −1/2，见图 3-2-22）。

通过对涪陵页岩气田一期产建区测定流压 228 口井生产数据分别进行分析发现，所有井均表现出共同的特征，即实测流压和产气量数据在流态诊断图版上都表现为基质线性流阶段（特征线斜率为 −1/2）。

2. 页岩气井定压递减阶段产气量变化符合调和递减

Arps 递减分析是目前油气藏工程用于递减规律研究最常用的方法，Arps 递减分析是基于大量生产数据基础上提出的一种统计学分析方法，其根据递减类型可分为指数递减、双曲递减和调和递减三类。

1）产量递减率的定义

递减率是指单位时间的产量变化率，其表达式为

$$a=-\frac{1}{q}\frac{\mathrm{d}q}{\mathrm{d}t} \qquad (3-2-21)$$

式中　a——产量递减率，mon^{-1} 或 a^{-1}；

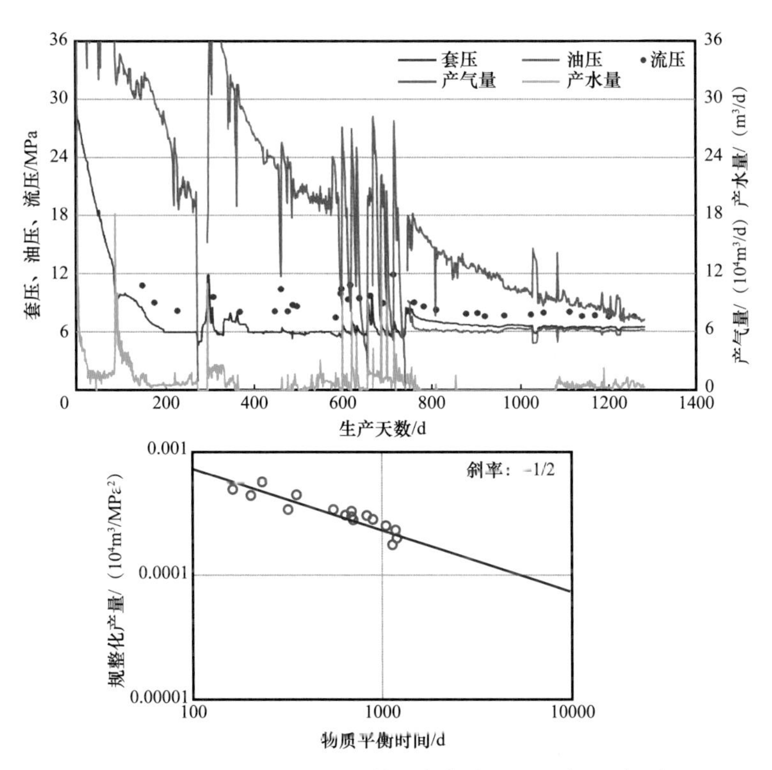

图 3-2-21　焦页 3A10HF 井生产曲线图及流态识别图版

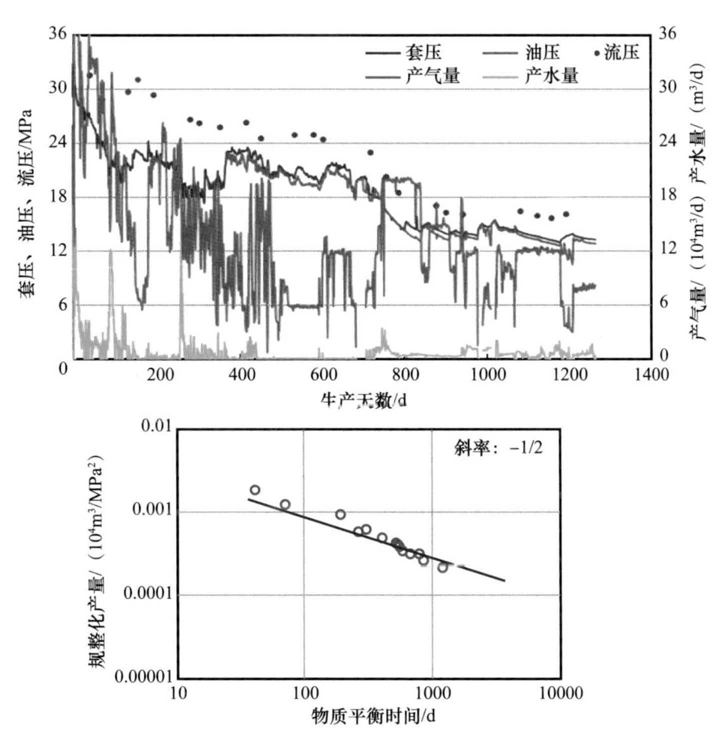

图 3-2-22　焦页 3A11HF 井生产曲线图及流态识别图版

q——产量，气为 $10^4 m^3$/mon 或 $10^8 m^3$/a，油为 t/mon 或 10^4t/a；

t——递减阶段与 q 对应的时间，mon 或 a。

2）产量递减规律的确定

递减指数 n 是判断递减规律的重要指标，递减率通式为

$$a = a_i \left(\frac{q}{q_i} \right)^n \tag{3-2-22a}$$

式中 n——递减指数（若 $n<-1$ 为凸型递减，若 $n=-1$ 为直线递减，若 $n>-1$ 为凹型递减）；

a——产量递减率，mon^{-1} 或 a^{-1}；

a_i——产量初始递减率，mon^{-1} 或 a^{-1}；

q——产量，气为 $10^4 m^3$/mon 或 $10^8 m^3$/a，油为 t/mon 或 10^4t/a；

q_i——在递减期人为选定 $t=0$ 时的初始产量，气为 $10^4 m^3$/mon 或 $10^8 m^3$/a，油为 t/mon 或 10^4t/a。

（1）指数递减，$n=0$，递减率为

$$a = a_i = 常数 \tag{3-2-22b}$$

（2）双曲递减，$0<n<1$，递减率为

$$a = a_i \left(\frac{q}{q_i} \right)^n \tag{3-2-22c}$$

（3）调和递减，$n=1$，递减率为

$$a = a_i q / q_i \tag{3-2-22d}$$

（4）衰竭递减，$n=0.5$，递减率为

$$a = a_i \left(\frac{q}{q_i} \right)^{0.5} \tag{3-2-22e}$$

（5）直线递减，$n=-1$，递减率为

$$a = a_i q_i / q \tag{3-2-22f}$$

3）指数递减分析

产量与时间关系为

$$\int_{q_i}^{q} \frac{1}{q} \mathrm{d}q = -a_i \int_0^t \mathrm{d}t \tag{3-2-23a}$$

$$q = q_i \mathrm{e}^{-a_i t} \tag{3-2-23b}$$

$$\lg q = \lg q_i - \frac{a_i t}{2.3025851} \tag{3-2-23c}$$

产量 q 与累计产量 N_p 关系为

$$N_{\mathrm{p}}=\int_{0}^{t} q \mathrm{d}t \tag{3-2-23d}$$

$$N_{\mathrm{p}}=\frac{q_i-q}{a_i}=\frac{q_i}{a_i}-\frac{1}{a_i}q=\frac{q_i}{a_i}\left(1-\mathrm{e}^{-a_i t}\right) \tag{3-2-23e}$$

$$q=q_i-a_i N_{\mathrm{p}} \tag{3-2-23f}$$

回归方程：设

$$x=q,\ y=N_{\mathrm{p}},\ A=\frac{q_i}{a_i},\ B=-\frac{1}{a_i}，有 \tag{3-2-23g}$$

$$y=A+Bx \tag{3-2-23h}$$

$$a_i=-1/B,\ q_i=-A/B \tag{3-2-23i}$$

4）双曲递减分析

产量与时间关系为

$$\int_{q_i}^{q}\frac{1}{q^{n+1}}\mathrm{d}q=-\frac{a_i}{q_i^n}\int_0^t \mathrm{d}t \tag{3-2-24a}$$

$$q=q_i\left(1+na_i t\right)^{-\frac{1}{n}} \tag{3-2-24b}$$

$$\left(\frac{q_i}{q}\right)^n=1+na_i t \tag{3-2-24c}$$

产量与累计产量关系为

$$N_p=\int_0^t q\mathrm{d}t \tag{3-2-24d}$$

$$N_p=\frac{q_i}{a_i(1-n)}\left[1-\left(\frac{q_i}{q}\right)^{n-1}\right] \tag{3-2-24e}$$

回归方程：

$$\begin{aligned}N_p&=\frac{q_i}{a_i(1-n)}\left[1-\left(\frac{q_i}{q}\right)^{n-1}\right]=\frac{q_i}{a_i(1-n)}\left[1-\left(1+na_i t\right)^{\frac{n-1}{n}}\right]\\&=\frac{q_i}{a_i(1-n)}\left[1-\frac{\left(q_i/q\right)^n}{\left(q_i/q\right)}\right]=\frac{q_i}{a_i(1-n)}-\frac{q_i}{a_i(1-n)}\frac{1+na_i t}{\left(q_i/q\right)}\\&=\frac{q_i}{a_i(1-n)}-\frac{q_i}{a_i(1-n)}\frac{nqt}{(1-n)}\end{aligned} \tag{3-2-24f}$$

设 $x_1=q$，$x_2=qt$，$y=N_{\mathrm{p}}$，$A=\dfrac{q_i}{a_i(1-n)}$，$B=-\dfrac{1}{a_i(1-n)}$，$C=-\dfrac{n}{(1-n)}$，有：

$$y = A + Bx_1 + Cx_2 \tag{3-2-24g}$$

$$\begin{cases} n = \dfrac{C}{C-1} \\ a_i = -\dfrac{1}{B(1-n)} \\ q_i = -A/B \end{cases} \tag{3-2-24h}$$

二元回归方程的求解方法：对于自变量 x_1 与 x_2 的值 x_{1i}，x_{2i}（i=1，2，…，n），y 的值为 y_i（i=1，2，…，n），于是得到 n 个点（x_{1i}，x_{2i}，y_i）（i=1，2，…，n），其回归方程为

$$y = A + Bx_1 + Cx_2 \tag{3-2-24i}$$

B，C 由下列方程组求解：

$$\begin{cases} l_{11}B + l_{12}C = l_{10} \\ l_{21}B + l_{22}C = l_{20} \\ B = \left(l_{10}l_{22} - l_{20}l_{12}\right)/\left(l_{11}l_{22} - l_{21}l_{12}\right) \\ C = \left(l_{10} - l_{11}B\right)/l_{12} \\ A = \overline{y} - B\overline{x_1} - C\overline{x_2} \end{cases} \tag{3-2-24j}$$

其中

$$\begin{cases} \overline{x_1} = \dfrac{1}{n}\sum\limits_{i=1}^{n} x_{1i} \\ \overline{x_2} = \dfrac{1}{n}\sum\limits_{i=1}^{n} x_{2i} \\ \overline{y} = \dfrac{1}{n}\sum\limits_{i=1}^{n} y_i \\ l_{11} = \sum\limits_{i=1}^{n}\left(x_{1i} - \overline{x_1}\right)^2 \\ l_{22} = \sum\limits_{i=1}^{n}\left(x_{2i} - \overline{x_2}\right)^2 \\ l_{12} = l_{21} = \sum\limits_{i=1}^{n}\left(x_{1i} - \overline{x_1}\right)\left(x_{2i} - \overline{x_2}\right) \\ l_{10} = \sum\limits_{i=1}^{n}\left(x_{1i} - \overline{x_1}\right)\left(y_i - \overline{y}\right) \\ l_{20} = \sum\limits_{i=1}^{n}\left(x_{2i} - \overline{x_2}\right)\left(y_i - \overline{y}\right) \end{cases} \tag{3-2-24k}$$

5）调和递减分析

产量与时间关系为

$$\int_{q_i}^{q} \frac{1}{q^2}\mathrm{d}q = -\frac{a_i}{q_i}\int_0^t \mathrm{d}t \tag{3-2-25a}$$

$$q = q_i\left(1 + a_i t\right)^{-1} \tag{3-2-25b}$$

产量与累计产量关系为

$$N_{\mathrm{p}} = \int_0^t q\mathrm{d}t \tag{3-2-25d}$$

$$N_{\mathrm{p}} = \frac{q_i}{a_i}\ln\frac{q_i}{q} = \frac{q_i}{a_i}\ln\left(1 + a_i t\right) \tag{3-2-25e}$$

$$\lg q = \lg q_i - \frac{a_i}{2.3025851 q_i}N_{\mathrm{p}} \tag{3-2-25f}$$

回归方程：设

$$x = \ln q,\ y = N_{\mathrm{p}},\ A = \frac{q_i}{a_i}\ln q_i,\ B = -\frac{q_i}{a_i}，有 \tag{3-2-25g}$$

$$y = A + Bx \tag{3-2-25h}$$

$$a_i = -\frac{1}{B}\mathrm{e}^{-A/B},\ q_i = -\mathrm{e}^{-A/B} \tag{3-2-25i}$$

涪陵页岩气田自2013年开始产建，当气井生产压力降至外输压力时，产量进入递减，递减趋势明显。

3A12井2013年9月29日投入试采阶段，采取大压差生产，连续生产1310天累计产气$2.41\times10^8\mathrm{m}^3$（图3-2-23）。通过对生产数据进行分析，该井递减类型符合调和递减，初始日递减率0.39%（图3-2-24和图3-2-25）。累计产气量为$1.83\times10^8\mathrm{m}^3$时，日递减率为0.22%，同样符合调和递减，用该段生产数据预测可采储量为$3.74\times10^8\mathrm{m}^3$。

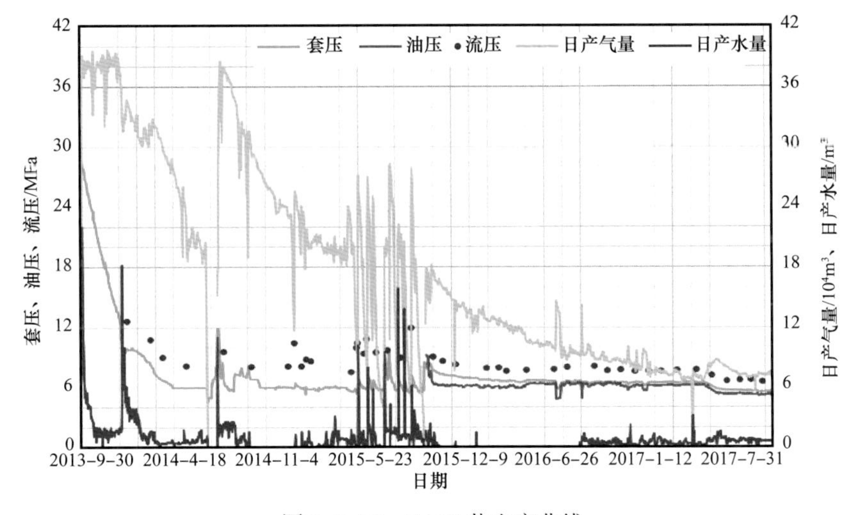

图3-2-23　3A12井生产曲线

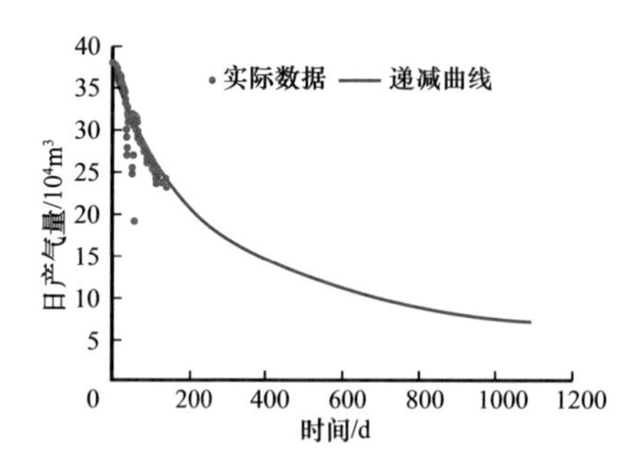

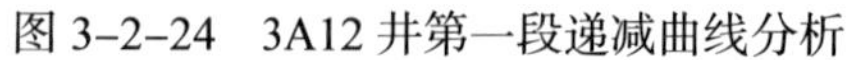
图 3-2-24　3A12 井第一段递减曲线分析

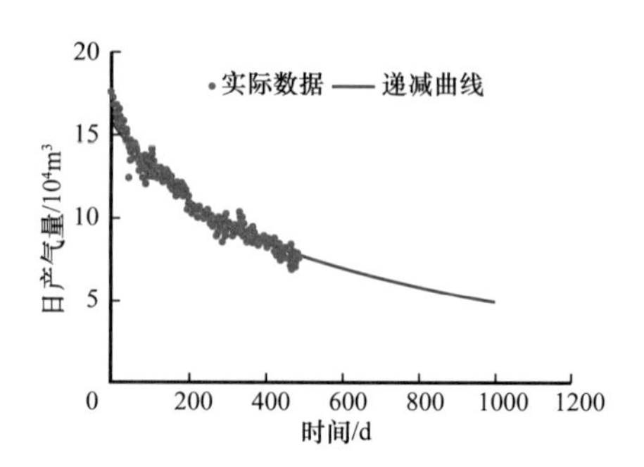

图 3-2-25　3A12 井第二段递减曲线分析

在单井递减特征识别基础上，基于大数据分析技术，对焦石坝分区块定压递减阶段递减指数变化规律进行了研究，明确了初始递减率具有一定的分区特征。分区递减段初始产量为（2.6～8.9）$\times10^4m^3/d$，平均 $6.4\times10^4m^3/d$。测算分区第一年的点对点递减率为 56.1%～66.8%，平均为 60.5%。

四、页岩气开发数值模拟技术

目前国外商业数值模拟软件在处理页岩气数值模拟问题时，考虑页岩气流动机理不完善，不能全面模拟微纳米孔隙扩散效应、吸附气动态解吸等机理；页岩储层裂缝描述及数学建模不完善，在处理裂缝时一般采用等效双重介质模型。本节主要针对页岩气藏地质特点和数模中存在的问题，在前面页岩气流动机理研究成果基础上，建立考虑微纳尺度流动机制及压裂水平井开采特征的页岩气藏数值模拟方法，编制具有自主知识产权的页岩气藏宏观数值模拟器，为涪陵页岩气田开发方案的优选提供技术支持。

1. 基于均化理论的基岩宏观流动数学模型

如何在宏观数学模型中考虑微观流动机制是关键也是难点。对此，本节基于均化理论进行尺度升级。假定气体在非有机质孔隙内仅存在游离气，流动机制考虑黏性流和 Knudsen 扩散；在生产过程中温度保持不变，气体在有机质表面的吸附满足 Langmuir 等温吸附方程；页岩气藏中仅存在单相单组分甲烷气体。进一步假设页岩气藏微观上有机质分布为周期性分布，而均化后的宏观介质则为均质的。按照以上假设首先建立小尺度上数学模型，如式（3-2-26）所示：

$$
\begin{cases}
\left[\gamma\phi_\beta+\beta\dfrac{\left(1-\phi_\beta\right)}{V_{\mathrm{std}}\left(p_{\mathrm{L}}+p_{\mathrm{m}}\right)^2}\right]\dfrac{\partial p_{\mathrm{m}}}{\partial t}-\nabla\cdot\left\{\gamma\left[\dfrac{p_{\mathrm{m}}k_{\mathrm{m},\alpha,\beta}}{\mu_{\mathrm{m}}}\left(\nabla p_{\mathrm{m}}\right)\right]\right\}=0 \\
\gamma=M_{\mathrm{g}}/ZRT \\
p_{\mathrm{m}}\big|_{\mathrm{in}}=p_{\mathrm{i}} \\
p_{\mathrm{m}}\big|_{\mathrm{out}}=p_{\mathrm{i}}+\Delta p \\
\dfrac{\partial p_{\mathrm{m}}}{\partial n}\bigg|_{\mathrm{otherboundary}}=0
\end{cases}
\tag{3-2-26}
$$

式中 β——有机质或无机质的特征参数，当区域是有机质时，$\beta=1$；区域是无机质时，$\beta=0$；

γ——气体的摩尔质量，kg/mol；

R——理想气体常数，为 8.314472$m^3 \cdot Pa/(K \cdot mol)$；

T——温度，K；

Z——气体的压缩因子；

p_i——固定的压力，Pa；

Δp——流动方向的压力差；

ϕ_β——相应区域的孔隙度；

V_{std}——标准状况下的摩尔体积，m^3/mol；

V_L——Langmuir 体积，m^3/kg；

p_L——Langmuir 压力，Pa；

ρ_s——相应区域的骨架密度，kg/m^3；

p_m——页岩基岩压力，Pa；

μ_m——气体黏度，Pa·s；

$k_{m,\alpha,\beta}$——相应区域的视渗透率，$\beta=0$ 时，表示为考虑黏性流、Knudsen 扩散的视渗透率；$\beta=1$ 时，表示为考虑黏性流、Knudsen 扩散及吸附层厚度和表面扩散机制的视渗透率。

页岩气微观流动模型尺度升级过程具体过程如下：（1）明确宏观研究区域和微观特征尺度 L_c 和 l_c，求取尺度缩放因子 $\varepsilon=l_c/L_c$；（2）建立小尺度上的数学模型，确定相适应周期性边界条件；（3）将变量写成尺度因子的渐近级数形式，代入上述数学模型，通过渐进分析方法求得宏观大尺度微分方程及其参数。尺度升级完成后大尺度数学模型如下：

$$\begin{cases} B^*(x,p)\dfrac{\partial p}{\partial t}-\Delta\left[A^*(x,p)(\nabla p)\right]=0 \\ p|_{t=0}=p_0 \\ \dfrac{\partial p}{\partial n}\Big|_{\Gamma_1}=0 \\ p|_{\Gamma_2}=p_w \end{cases} \tag{3-2-27}$$

式中 p_0——气藏初始压力 Pa；

Γ_1——外边界；

Γ_2——内边界，本文假设外边界条件封闭内边界定压；

$B^*(x,p)$，$A^*(x,p)$——计算的等效参数表。

式（3-2-27）表示经过均匀化理论尺度升级后的基岩数学模型。

2. 考虑微观渗流机理的页岩气藏数学模型

假设页岩气藏储层中流体为气、水两相，气相与水相间不存在物质交换。气水两相流动满足质量守恒定律，其数学表达式如下：

$$\frac{\partial\left[\left(\phi\rho_{\beta}S_{\beta}\right)+q_{\mathrm{ads}}\right]}{\partial t}=-\nabla\cdot\left(\rho_{\beta}v_{\beta}\right)+q_{\beta} \tag{3-2-28}$$

式中 β——气相为 g、水相为 w；

ρ——流体密度，$\mathrm{kg/m^3}$；

S——饱和度；

q——生产井引起的源汇项；

q_{ads}——页岩气的吸附量；

v——渗流速度，m/s。

q_{ads} 可由 Langmuir 等温吸附模型计算，具体如下：

$$q_{\mathrm{ads}}=\frac{\rho_{\mathrm{s}}M}{V_{\mathrm{std}}}\cdot\frac{V_{\mathrm{L}}p_{\mathrm{g}}}{p_{\mathrm{L}}+p_{\mathrm{g}}} \tag{3-2-29}$$

式中 ρ_{s}——岩石密度，$\mathrm{kg/m^3}$；

M——气体的摩尔质量，kg/mol；

V_{std}——标准状况下的气体摩尔体积，$\mathrm{m^3/mol}$；

V_{L}——Langmuir 体积 $\mathrm{m^3/kg}$；

p_{L}——Langmuir 压力，Pa。

渗流速度 v 可由气水两相达西定律计算如下：

$$v_{\beta}=-\frac{K_{\beta}K_{\mathrm{r}\beta}}{\mu_{\beta}}\nabla\psi_{\beta} \tag{3-2-30}$$

$$\psi=p-\rho gD \tag{3-2-31}$$

式中 K——绝对渗透率，$\mathrm{m^2}$；

K_{r}——相对渗透率，$\mathrm{m^2}$；

μ——流体黏度，mPa·s；

ψ——流体势，Pa；

D——深度，m。

对于水相，绝对渗透率取基质的固有渗透率；对于气相，绝对渗透率可由考虑 Knudsen 扩散的表观渗透率模型计算如下：

$$K_{\mathrm{g}}=K\left(1+\alpha Kn\right)\left(1+\delta_{\mathrm{m}}\frac{4Kn}{1-bKn}\right) \tag{3-2-32}$$

式中 b——滑移系数，当滑脱流动时，$b=-1$；

Kn——Knudsen 数，定义为气体分子的平均自由程与孔隙半径之比；

δ_{m}——基质系统或裂缝系统，$\delta_{\mathrm{m}}=1$ 表示基质系统，$\delta_{\mathrm{m}}=0$ 表示裂缝系统；

α——稀薄系数。

α 可以由下式进行计算：

$$Kn=\frac{\lambda}{r_{\mathrm{h}}}$$

$$\alpha=\frac{1.358}{1+0.170Kn^{-0.4348}} \quad (3-2-33)$$

式中 λ——气体分子的平均自由程，nm；

r_{h}——气体分子的平均流动半径，nm。

r_{h} 可以由下式进行计算：

$$\lambda=\frac{k_{\mathrm{B}}TZ}{\sqrt{2}\pi d_{\mathrm{m}}^{2}P_{\mathrm{g}}}$$

$$r_{\mathrm{h}}=2\sqrt{2\tau_{0}}\sqrt{\frac{k_{\infty}}{\phi}} \quad (3-2-34)$$

式中 k_{B}——Boltzmann 常数，J/K，取 1.3805×10^{-23}；

T——温度，K；

Z——气体压缩因子；

d_{m}——分子半径，nm；

τ_0，ϕ——多孔介质的迂曲度和孔隙度。

源汇项采用井点的内边界条件进行计算。本文采用标准井模型，只考虑储层向井筒的流动，忽略了井筒内的流体流动，井的生产指数 WI 为

$$WI=\frac{2\pi kh}{\ln\left(r_{\mathrm{e}}/r_{\mathrm{w}}\right)+S} \quad (3-2-35)$$

式中 h——油藏厚度，m；

r_{e}——井网格的等效半径，m；

r_{w}——井筒半径，m；

S——表皮系数。

针对页岩气藏的低渗透、高致密性的储层特征，其应力敏感主要由裂缝控制，即裂缝的导流能力是随地应力变化的。如图 3-2-26 所示中展示了在地应力的作用下，支撑剂透过裂缝面嵌入地层，从而使裂缝的开度变小，导流能力降低的现象。针对裂缝应力敏感效应，对渗透率进行修正为

$$k=k_{0}\mathrm{e}^{-c\left(p-p_{i}\right)} \quad (3-2-36)$$

式中 c——应力敏感系数，Pa^{-1}。

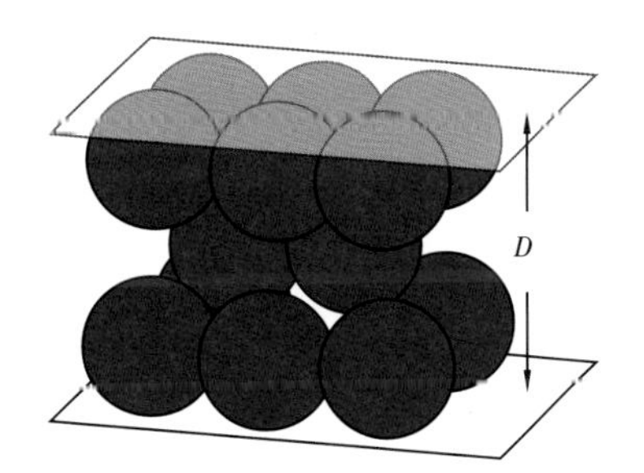

图 3-2-26 支撑剂嵌入地层导致的裂缝闭合示意图

3. 页岩气藏气水两相数学模型离散与求解

（1）采用结构性网格对储层进行正交网格划分，然后，根据水力裂缝与正交网格的

相交信息对水力裂缝进行网格划分，最后，对于压裂改造区域内的微裂缝单元采用改进MINC模型进行嵌套网格划分。二维页岩气藏模型的网格划分示意图如图3-2-27所示，其中，红线和蓝线分别表示水平井和水力裂缝。

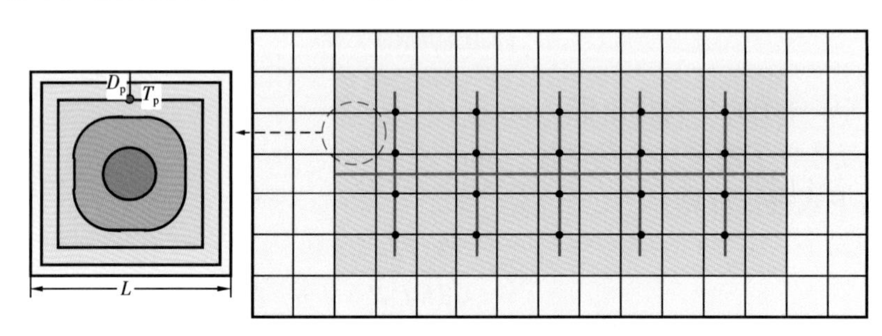

图3-2-27　页岩气藏网格划分示意图

（2）渗流方程离散与求解。

有限体积方法物理意义明确，且能保证局部及整体物质守恒，因此，本文采用该方法对渗流方程进行数值离散。如图3-2-28所示给出了有限体积法单元流动示意图，图中，V为单元体积，A为单元边界面积，d为单元中心到边界的距离，F表示单元边界上的流量。

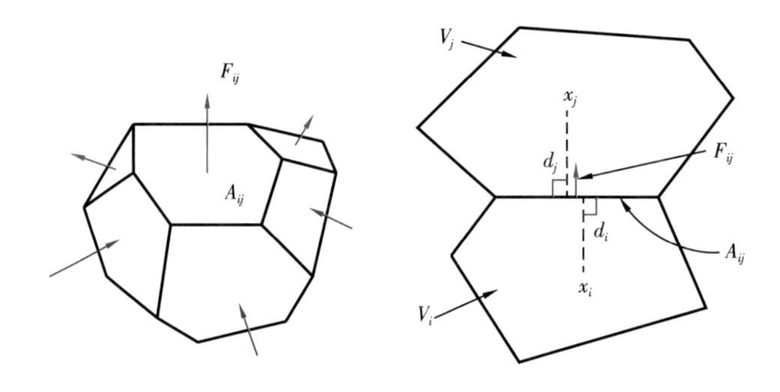

图3-2-28　有限体积法网格单元流动示意图

将达西渗流方程代入到质量守恒方程中，同时对方程中的时间项采用全隐式离散，可以得到以下离散方程。

气相（多组分）

$$\sum_{m\in\eta_n}\left[\left(\rho_o x_i\lambda_o\right)_{nm+\frac{1}{2}}^{t+1}T_{nm}^{t+1}\left(\psi_{om}^{t+1}-\psi_{on}^{t+1}\right)+\left(\rho_g y_i\lambda_g\right)_{nm+\frac{1}{2}}^{t+1}T_{nm}^{t+1}\left(\psi_{gm}^{t+1}-\psi_{gn}^{t+1}\right)\right]$$

$$+\sum_{m\in\eta_n}D_{\mathrm{eff},i}A_{nm}^{t+1}\frac{\left(\rho_g y_i\right)_m^{t+1}-\left(\rho_g y_i\right)_n^{t+1}}{d_n^{t+1}+d_m^{t+1}}+\left(Vq_i\right)_n^{t+1}$$

$$=\frac{\left\{V\left[\phi_L\left(\rho_o S_o x_i+\rho_g S_g y_i\right)+\left(1-\phi_L\right)q_{\mathrm{ads},i}\right]\right\}_n^{t+1}}{\Delta t}$$

$$-\frac{\left\{V\left[\phi_L\left(\rho_o S_o x_i+\rho_g S_g y_i\right)+\left(1-\phi_L\right)q_{\mathrm{ads},i}\right]\right\}_n^{t}}{\Delta t}\quad(3-2-37)$$

水相：

$$\sum_{m\in\eta_n}\left[\left(\rho_{\mathrm{w}}\lambda_{\mathrm{w}}\right)_{nm+\frac{1}{2}}^{t+1}T_{nm}^{t+1}\left(\psi_{\mathrm{w}m}^{t+1}-\psi_{\mathrm{w}n}^{t+1}\right)\right]+\left(Vq_{\mathrm{w}}\right)_n^{t+1}=\frac{\left(V\phi_{\mathrm{L}}\rho_{\mathrm{w}}S_{\mathrm{w}}\right)_n^{t+1}-\left(V\phi_{\mathrm{L}}\rho_{\mathrm{w}}S_{\mathrm{w}}\right)_n^{t}}{\Delta t} \tag{3-2-38}$$

其中

$$\psi=p-\rho gZ$$

式中 λ_β——相流度，其定义为 $\lambda_\beta=(K_{r\beta}/\mu_\beta)$，($\beta$=g，w)；

下标 $nm+1/2$——单元 m 和单元 n 在其交界面上的某种平均，通常相流度取上游迎风加权值，绝对渗透率或者表观渗透率采用调和平均；

ψ——考虑流体压力和重力共同作用的流动势；

上标 t 和 $t+1$——上一个时间步和当前时间步；

d_n 和 d_m——单元 n 和单元 m 到交界面的距离，m；

T——单元间的传导系数。

$t+1$ 时间步时的表达式为

$$T_{nm}^{t+1}=\left(\frac{A_{nm}k_{a,nm+1/2}}{d_n+d_m}\right)^{t+1} \tag{3-2-39}$$

单元间的传导系数是随时间变化的，这是由储层变形导致的，但是由于采用小变形假设，可以忽略储层变形对单元的几何结构的影响，只考虑渗透率变化对传导系数的影响。

（3）模拟软件迭代求解过程。

由于渗流方程离散后为非线性方程组，所以采用 Newton–Raphson 迭代方法进行求解，该方法与全耦合求解一样都具有无条件稳定和收敛的特点，具体的求解过程如图 3-2-29 所示。首先设定气藏尺寸、岩石属性参数、流体属性参数和时间步等迭代参数，然后通过采用 Newton–Raphson 方法进行求解渗流方程、构建雅可比矩阵，通过线性方程的求解得出渗流方程主变量如网格压力与饱和度，最后当质量守恒方程收敛且达到最终模拟时间时，输出最终结果。

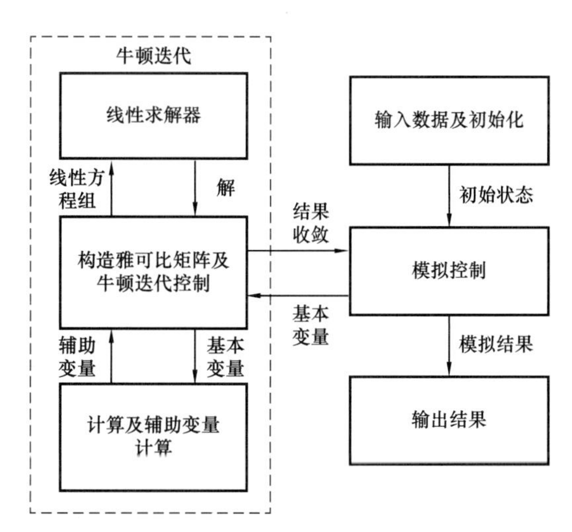

图 3-2-29 模拟软件迭代求解过程示意图

4. 考虑微观渗流机理的气水两相模拟软件

根据上述页岩气藏数值模拟方法，采用 Fortran90 编制相应的模拟软件（EMC_SG），该模拟器包含的模块以及各模块所具有的功能如图 3-2-30 所示。

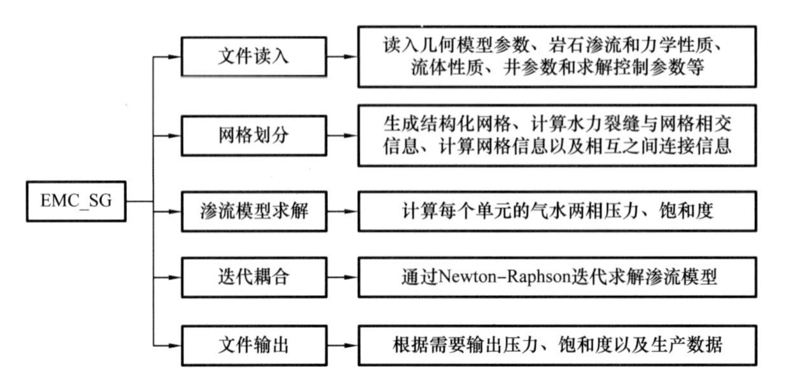

图 3-2-30　EMC_SG 的模块组成及各模块的功能

与国内外现有的页岩气藏模拟软件相比，EMC_SG 具有以下优点：

（1）采用基岩—微裂缝—水力裂缝耦合的数值模拟方法，可以高效准确地模拟页岩气藏中的多尺度孔缝介质；采用嵌入式离散裂缝模型模拟水力裂缝，避免了以裂缝为内边界的非结构网格划分，大大降低了网格划分难度和模型计算量，提高了计算效率，此外，采用改进 MINC 模型能够准确模拟基岩与微裂缝之间的非稳态窜流。

（2）渗流模型充分考虑了页岩气藏中可能存在的特殊流动机理，包括吸附解吸、分子扩散、Knudsen 扩散以及孔隙受限等。

5. 页岩气藏气水两相模拟软件现场应用

采用编制的模拟器对焦页 48 平台井组进行生产历史拟合，具体的地质模型孔隙度分布及模型尺寸如图 3-2-31 所示，网格划分如图 3-2-32 所示。

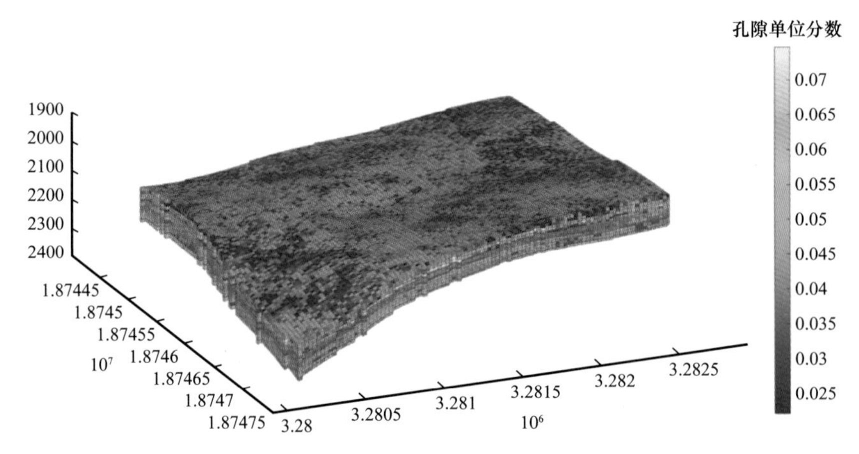

图 3-2-31　模型尺寸及孔隙度分布图

模型主要有基岩单元和中间分布的两列水力压裂裂缝单元，模拟采用的模型参数见表 3-2-1，采用编制好的数值模拟软件对上述地质模型进行数值模拟，绘制了相应的产气量曲线，并与现场实际生产数据进行了拟合以及后续的产能预测，最终的压力分布图如图 3-2-33 所示。压力分布云图表明水力压裂大裂缝较周围基岩压力下降较为明显。

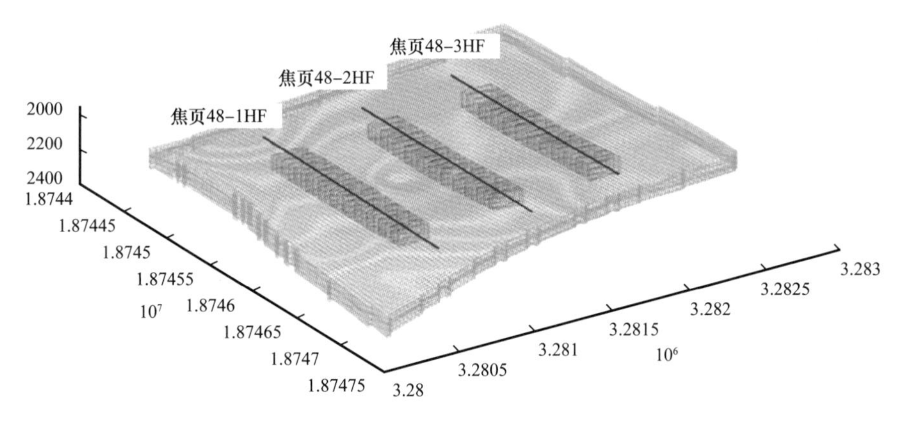

图 3-2-32 实际地质模型基质与裂缝网格示意图

表 3-2-1 页岩气藏模型参数

模型参数	参数值	模型参数	参数值
页岩气藏范围 /m	2600×2600×380	裂缝孔隙度	1
SRV 区域范围 /m	1600×900×40	裂缝开度 /m	0.005
初始油藏压力 /MPa	35	裂缝渗透率 /mD	5000
水平井长度 /m	1500	压裂段数	19
基岩固有渗透率 /mD	5×10^{-5}	段间距 /m	60
井底压力 /MPa	5	每段裂缝条数 / 条	3
油藏温度 /℃	85	每段裂缝间距 /m	5
基岩密度 /（kg/m^3）	2850	裂缝半长 /m	100
Langmuir 体积 /（m^3/t）	2.5	裂缝高度 /m	40
Langmuir 压力 /MPa	6.5	裂缝应力敏感系数 /Pa^{-1}	5×10^{-8}

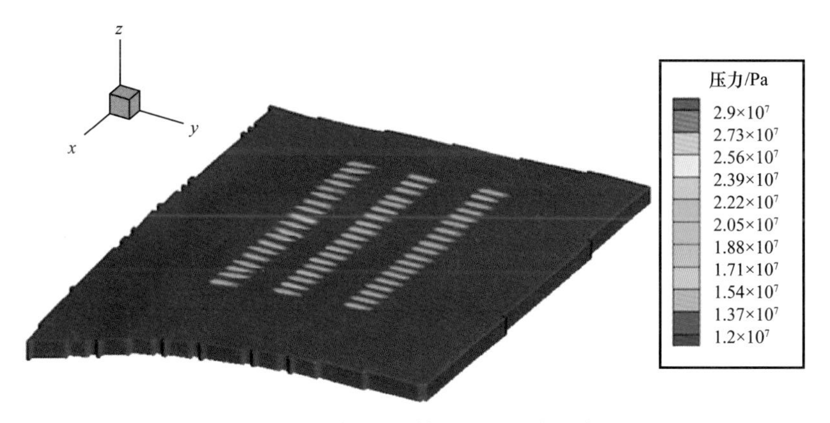

图 3-2-33 焦页 48 井组地层压力分布图

通过不断调整渗透率及流体性质等参数进行了历史拟合，如图 3-2-34 所示为该平台 3 口井的历史拟合结果，结果表明模拟器计算结果与现场数据拟合较为准确，拟合率达到 85.3%，计算结果较为可靠。同时，在与现场数据拟合的基础上，对其进一步进行了后续的产能预测，3 口井可采储量（1.1～1.4）$\times10^8m^3$。

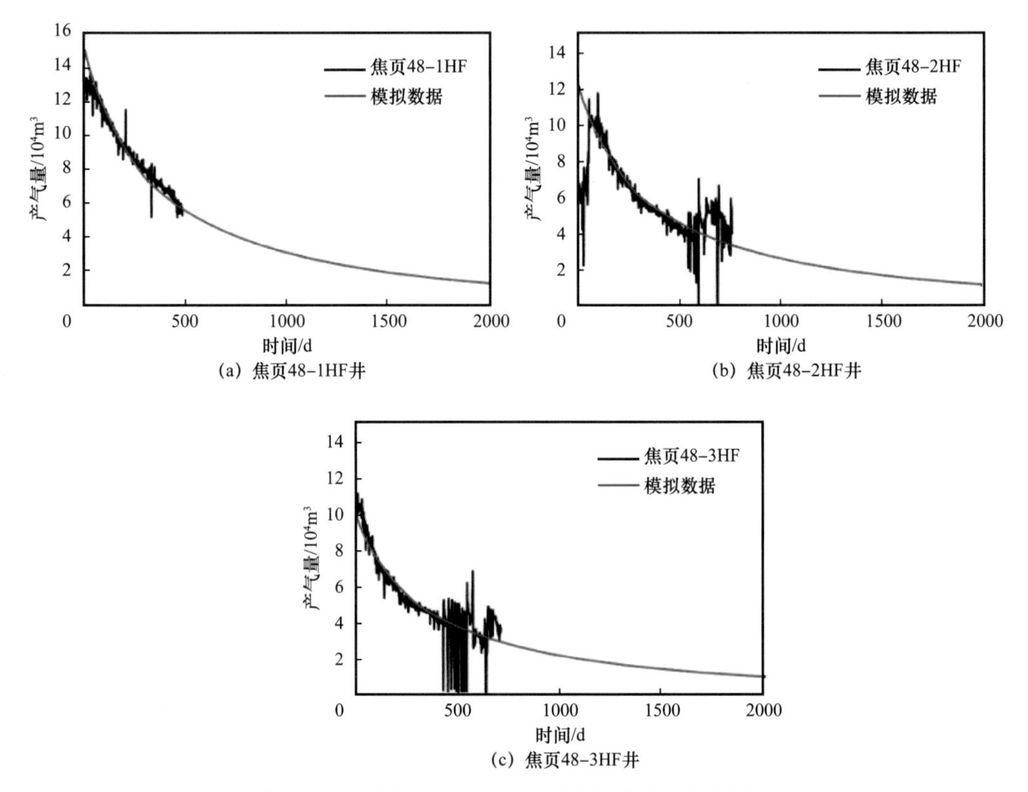

图 3-2-34 焦页 48 平台 3 口井历史拟合产气量曲线

第三节 复杂地质条件下页岩气开发技术政策优化技术

北美地区已开发的页岩气田地质特征、开发技术政策及开发指标差异很大。与北美地区相比，中国页岩气具有地质年代老、埋深大、成熟度高、构造和地貌条件复杂、保存条件差异大等地质特点，同时输气管网、气藏稳产要求、技术经济现状等方面存在较大差异，因此，不能机械照搬国外页岩气开发井网、井距、生产方式等开发技术政策。为了保证涪陵页岩气田的产量规模和生产稳定，针对气田山地地表、气层非均质性强的特点，通过地质评价与产能测试相结合、现场开发试验与产能评价相结合、室内试验与经济评价相结合，以地面平台最优化、地下资源动用最大化为原则，针对不同地质特征，形成了构造稳定区、构造复杂区针对性的开发技术政策，实现了涪陵不同类型页岩气藏的效益开发。

一、构造稳定区页岩气开发技术政策适应性评价

通过开展页岩气井生产动态特征分析、现场开发评价试验结果分析，结合国外页岩气开发经验对构造稳定区焦石坝区块页岩气开发技术政策适应性进行评价，目前认识认为一期产建区开发方式、开发层系、水平段长度及水平段方位能适应一期产建区地质特点，600m 井距偏大，400～500m 井距相对合理（表 3-3-1）。

表 3-3-1 一期产建区开发技术政策适应性评价表

项目	一期方案设计	实施评价结论
开发方式	全部采用水平井大规模压裂、衰竭式开发方式	水平井、大规模压裂平均单井产能是直井自然产能的6000～12000倍
开发层系	采用一套井发层系，选择龙马溪组③号小层中下部作为水平井靶窗	综合评价纵向主要动用①—⑤小层。①—③小层含气量高、脆性指数大，水平井在①—③小层穿行比例与单井初期产能呈正相关。⑥—⑨小层动用尚不充分
水平井长度	采用 1500m 水平段长部署	1500m 水平段井单井初期产能较高，且工程适应性及经济效益较好
井距	采用 600m 井距部署	采用 600m 井距布井基本满足开发需要，井距有进一步优化空间
水平井方位	水平段方位设计与最大水平主应力方向垂直，按南北向设计，最大偏移角度小于 30°	成像测井、井间干扰、微地震监测、弯曲摩阻测试表明人工裂缝方向近东西方向，基本与最大水平主应力方向垂直，且偏移角度小于40°的井均能取得较高产能
布井方式	采用丛式交叉布井，主体均匀布井	既能充分动用地下资源又能充分利用地面资源，且工程适应性较好。构造变化及裂缝发育带可进一步优化
配产方式	采用定产生产方式	涪陵地区页岩气井按采气指示曲线法配产具有一定稳产期，压力下降平稳。室内实验表明，页岩气井存在较明显应力敏感

二、复杂构造区页岩气开发技术政策优化

现场生产实践研究认识表明，页岩气开发技术政策需要针对不同地质条件，考虑裂缝发育特征、构造形态等对产能的影响进行优化。在与一期对比分析基础上，结合二期产建区自身地质和试气特征，优化了穿行层位、布井方式、合理井距、水平段长度、方位等，建立了二期复杂构造区针对性的开发技术政策（图 3-3-1、表 3-3-2）。

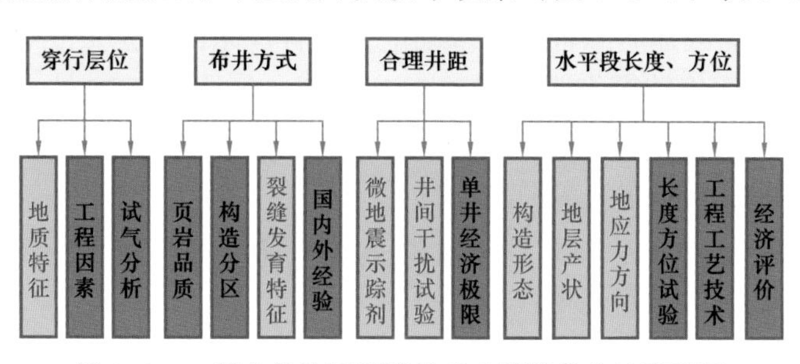

图 3-3-1 复杂构造区开发技术政策优化方法流程图

表 3-3-2 复杂构造区开发技术政策优化技术表

<table>
<tr><th rowspan="2">项目</th><th rowspan="2">一期产建区
（方案）</th><th rowspan="2">构造平缓区</th><th colspan="2">构造复杂区</th><th rowspan="2">与一期
对比</th></tr>
<tr><th>江东区块</th><th>平桥区块</th></tr>
<tr><td>开发方式</td><td>水平井大规模压裂、衰竭式开发方式</td><td>水平井大规模压裂、衰竭式开发方式</td><td colspan="2">水平井大规模压裂、衰竭式开发方式</td><td rowspan="2">与一期一致</td></tr>
<tr><td>配产方式</td><td>采用定产生产方式</td><td>采用定产生产方式</td><td colspan="2">采用定产生产方式</td></tr>
<tr><td>水平井长度</td><td>采用1500m水平段长度部署</td><td>1500m水平段为主</td><td colspan="2">1500m水平段为主，部分地区增加长度</td><td>一期基础上优化</td></tr>
<tr><td>布井方式</td><td>采用丛式交叉布井，主体规则布井</td><td>主体采用规则井网，局部考虑条带状裂缝发育特征布井</td><td colspan="2">根据构造变形特征及裂缝发育特征，差异化布井，水平段方位与条带状裂缝平行区域，距离不小于压裂半缝长</td><td rowspan="4">针对地质条件变化分别优化</td></tr>
<tr><td>井距</td><td>采用600m井距部署</td><td>300～500m井距</td><td colspan="2">300～500m井距，以400～500m为主</td></tr>
<tr><td>水平井方位</td><td>水平段尽量垂直最大主应力方向，产能较高</td><td>水平段方位设计与最大水平主应力方向垂直</td><td colspan="2">综合考虑构造走向与主应力方向，与最小主应力方向夹角小于45°，高程差小于200m</td></tr>
<tr><td>穿行层位</td><td>选择③小层作为水平井靶窗</td><td>水平井靶窗选择在①—③小层中部</td><td>选择①—③小层下部作为水平井靶窗</td><td>水平井靶窗选择在③小层下部</td></tr>
</table>

1. 穿行层位优化

以小层精细描述为核心，以一期产能影响因素为参考，兼顾压裂工程施工，采用“三位一体”的方式，优化了二期页岩气井穿行层位。

焦石坝一期产建区4个分区201口水平井段穿行位置和产能关系图表明，①—③小层穿行长度与单井测试无阻流量呈正相关（图3-3-2），且水平井段穿行位置越靠近38m优质页岩气层段底部无阻流量越高，说明目前优选的穿行层段①—③小层适应性较好，因此水平井轨迹穿行层段选择五峰—龙马溪组①—③小层，且穿行位置要尽可能靠近气层底部。

在焦石坝一期产建区地质综合评价基础上，结合江东区块焦页3A15井五峰—龙马溪组含气页岩地质综合评价结果表明（图3-3-3），①—③小层TOC大于3%，孔隙度大于4%，含气量平均为5.82m^3/t，脆性矿物含量大于60%，为最优质的页岩层段。因此，江东区块选择①—③小层下部作为水平井靶窗。

在焦石坝一期产建区地质综合评价基础上，结合平桥区块焦页3A16井五峰—龙马溪组含气页岩段综合评价结果表明（图3-3-4），①—③小层TOC大于3%，孔隙度大于3%，含气量平均为5.04m^3/t，脆性矿物含量大于70%，为最优质的页岩层段。

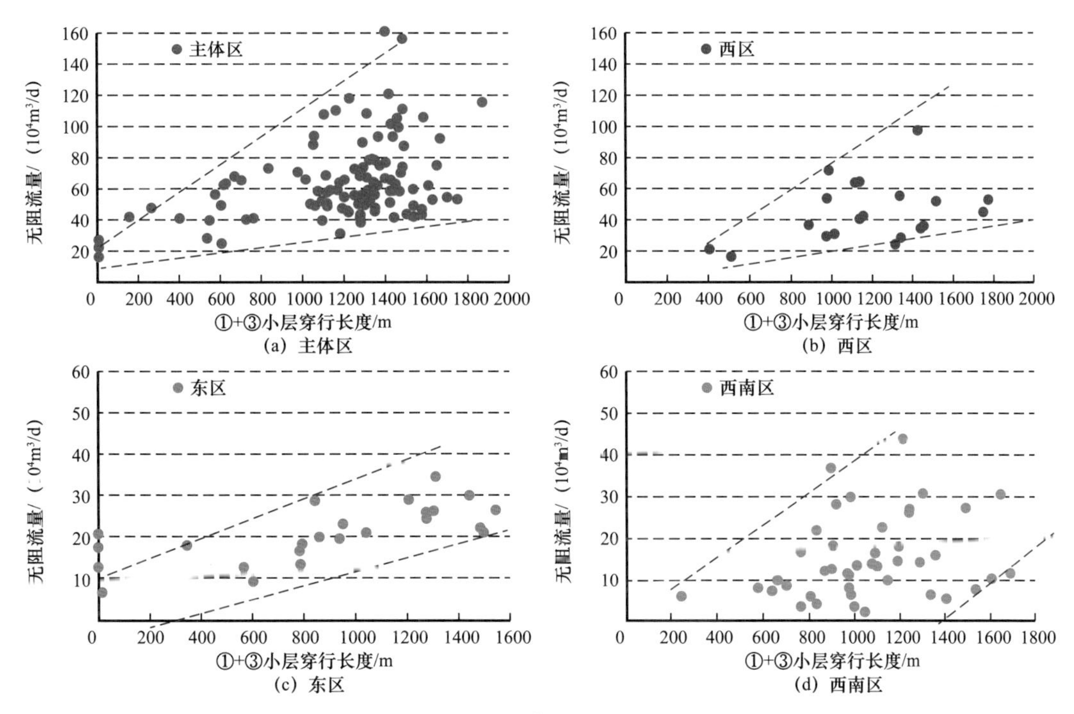

图 3-3-2 单井测试无阻流量与水平段穿行①、③小层长度关系图

地层单元			厚度/m	GR/API 0—500；GR/API 500—0	深度/m	岩性	LLD/Ω·m 1—1000；LLS/Ω·m 1—1000	地化评价			物性评价			页理缝发育分段		可压性评价				含气性评价		地质综合评价	
组	段	小层						TOC-测井/% 0—10	TOC-测井统计/%	地化评价	POR-测井/% 0—10	平均值/%	物性评价	粉砂质纹层发育程度	页理缝发育分段	矿物含量/%（泥 硅 钙 铁）20 40 60 80	脆性含量/% 0—100	平均值/%	脆性评价	总气量平均值/m^3/t	含气量评价	厚度/m	综合评价
龙马溪组	龙二段	浊积砂岩段	41.5		3550																		
	龙一段	⑨	13.5		3560				1.04	Ⅲ类		4.93	Ⅱ类		欠发育段			45.24	Ⅱ类	3.30	Ⅱ类	13.5	Ⅲ类
		⑧	12.6		3570				1.92			5.63			较发育段			50.91	Ⅰ类	4.66		37.6	Ⅱ类
		⑦	11.9		3580				1.92			3.95	Ⅲ类					55.93		3.93			
		⑥	13.1		3590				2.10	Ⅱ类		3.95						56.4		4.09			
		⑤	11.5		3600				2.96			5.10	Ⅱ类		极发育段			59.26		5.64	Ⅰ类	38.68	Ⅰ类
		④	8.7		3610				2.95			4.43						61.64		5.30			
		③	11.7		3620				4.04	Ⅰ类		4.62						68.11		6.61			
		②	1		3630				4.67			4.66						69.52		7.02			
五峰组		①	5.7		3640				3.99			4.53						67.17		6.42			
涧草沟组					3650																		

图 3-3-3 焦页 3A15 井五峰—龙马溪组含气页岩段综合评价柱状图

焦页 3A17HF 产气剖面测试结果表明穿行于③小层的段产气贡献值普遍高于①小层（图 3-3-5）。小层精细描述结果表明平桥区块①小层顶部缺失观音桥段地层，①小层底部涧草沟组裂缝发育程度高于一期主体区，穿③小层下部可向下有效改造①小层。因此，平桥区块水平井应选择③小层下部作为水平井靶窗。

组	段	小层	厚度/m	TOC平均值/%	地化综合评价	孔隙度平均值/%	物性综合评价	可压性平均值/%	可压性综合评价	含气量实测平均值	含气量测井平均值/%	含气性综合评价	地质综合评价厚度/m	地质综合评价
龙马溪组	龙一段	⑨	20.4	1.93	Ⅱ～Ⅲ类	4.2	Ⅱ～Ⅲ类	44.0	Ⅱ类	1.67	3.55	Ⅱ类	76.2	Ⅱ类
		⑧	27.8	1.73		3.9		47.4		1.71	3.27			
		⑦	19.4	1.93		3.2		55.8	Ⅰ类	1.71	3.13			
		⑥	8.6	2.04		3.0		58.1		2.34	3.18			
		⑤	13.7	2.56	Ⅰ～Ⅱ类	3.5	Ⅱ类	59.3		3.12	4.21	Ⅰ～Ⅱ类	35.3	Ⅰ类
		④	6.3	2.83		3.4		63.2		3.67	4.39			
		③	9.2	3.42		3.1		73.0		4.42	5.01			
		②	1.0	4.04		3.5		67.7			5.32			
五峰组		①	5.1	3.82		3.2		69.1		5.53	5.03			
涧草沟组														

图 3-3-4 焦页 3A16 井五峰—龙马溪组含气页岩段综合评价柱状图

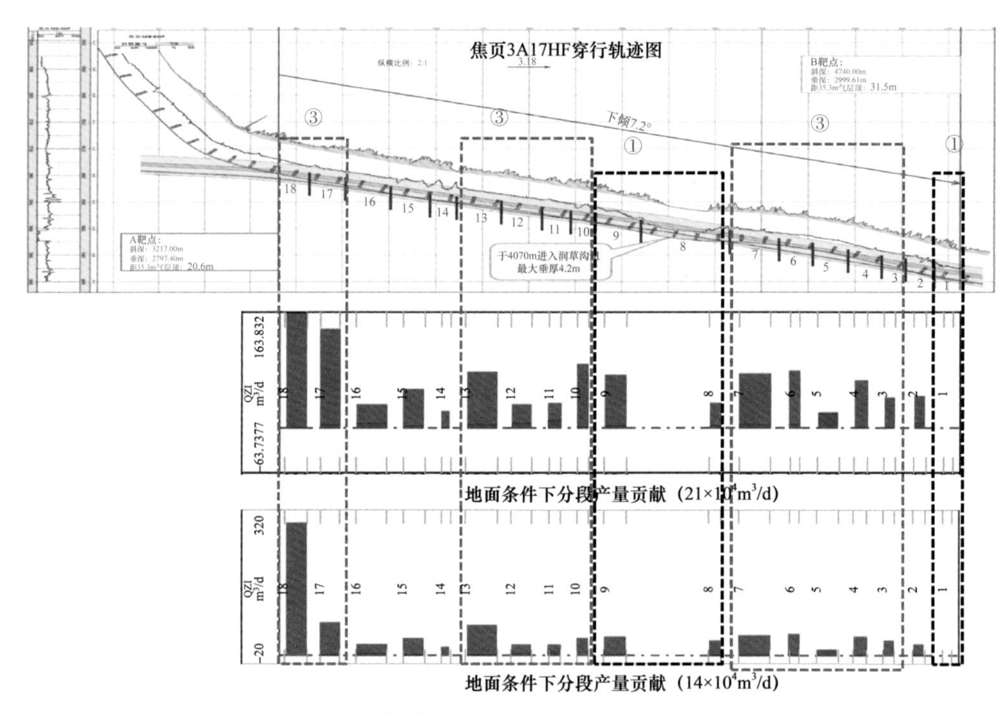

图 3-3-5 焦页 3A17HF 穿行轨迹及产剖对比图

2. 水平段长度优化

以一期水平段长度与试气产能关系为参考，以地面平台面积为约束，兼顾钻井工程施工难易，优化二期页岩气井水平段长度。

一期产建区水平段长度大于1500m后，产能增加不明显，小于1000m产能较低，充分考虑地面平台大小以及地下储量充分动用，部分井长度可以增大，目前1500m左右水平井钻井工程工艺比较成熟。二期产建区平桥和江东区块水平井长度以1500m为主，原则上不小于1000m，依据地面平台情况及储量控制，在部分区域可适当增加水平段长度（图3-3-6）。

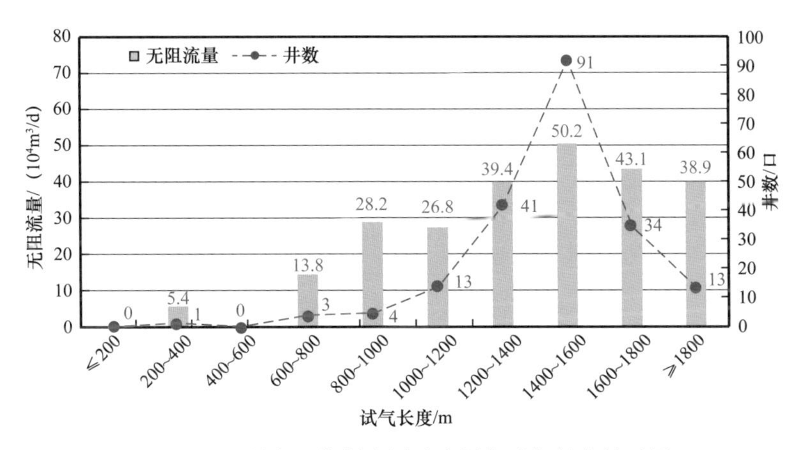

图3-3-6 最大工作制度测试产量与试气长度关系图

3. 井距优化

以经济评价井距为下限，以压后模拟缝长为上限，充分结合一期产建区小井距试验及干扰试井成果，优化二期产建区井距。

针对江东区块不同内部收益率、采收率对应经济极限井距的计算以及压后模拟（图3-3-7和图3-3-8），经济极限井距大于340m，有效压裂裂缝长度为400～600m，井距小于300m存在井间干扰，因此二期产建区江东和平桥区块井距为400～600m。

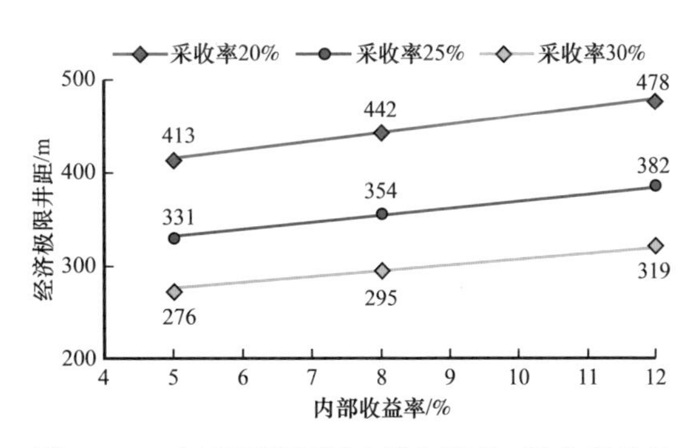

图3-3-7 江东区块不同内部收益率、采收率对应经济极限井距图（单井投资8500万元）

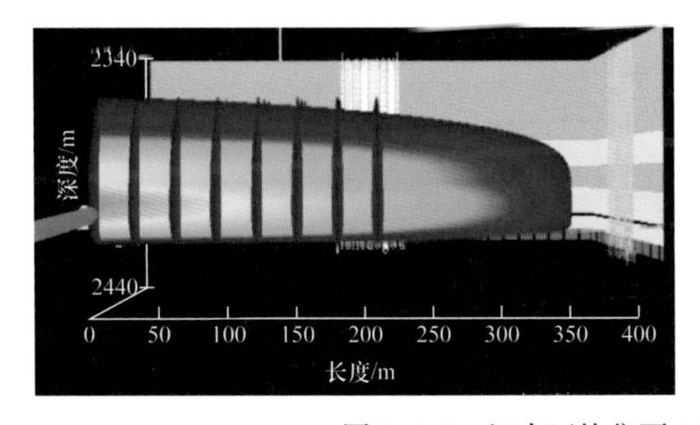

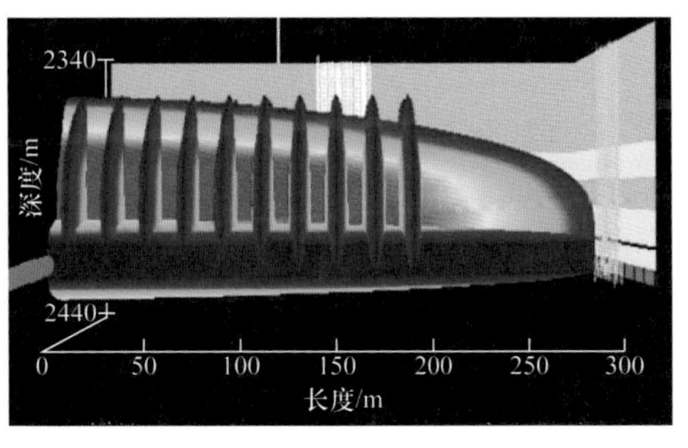

图3-3-8 江东区块焦页3A15HF井压后模拟结果

4. 方位优化

通过力学分析、地质分析、地面分析相结合的方式，优化了二期产建区水平井方位（图 3-3-9）。

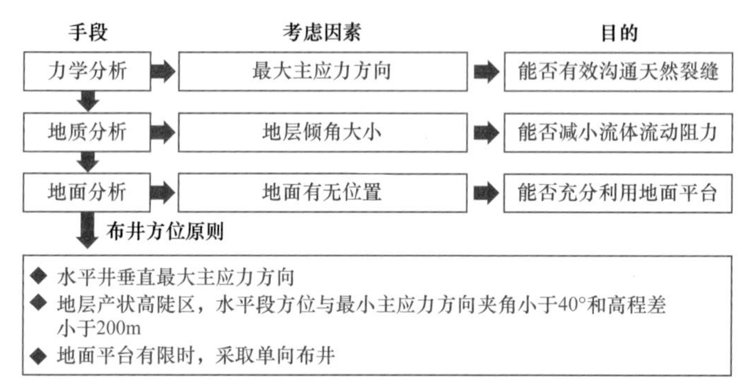

图 3-3-9　江东区块水平井方位优化流程图

江东区块最大主应力方向为近东西向，与一期产建区一致，方案设计水平段方位尽量垂直最大主应力方向，建议江东区块水平井方位以南北向为主。江东区块布井模式尽量选择交叉布井组合模式，在受地面限制地区采用单向布井。

江东区块从北至南地层倾角变化较大，从 1～4 条切线来看（图 3-3-10），江东区块由北到南地层倾角逐渐增大（7.1°增至 24.0°），1500m 水平段高程差逐渐增大（188m 增至 667m）（图 3-3-11 和图 3-3-12）。

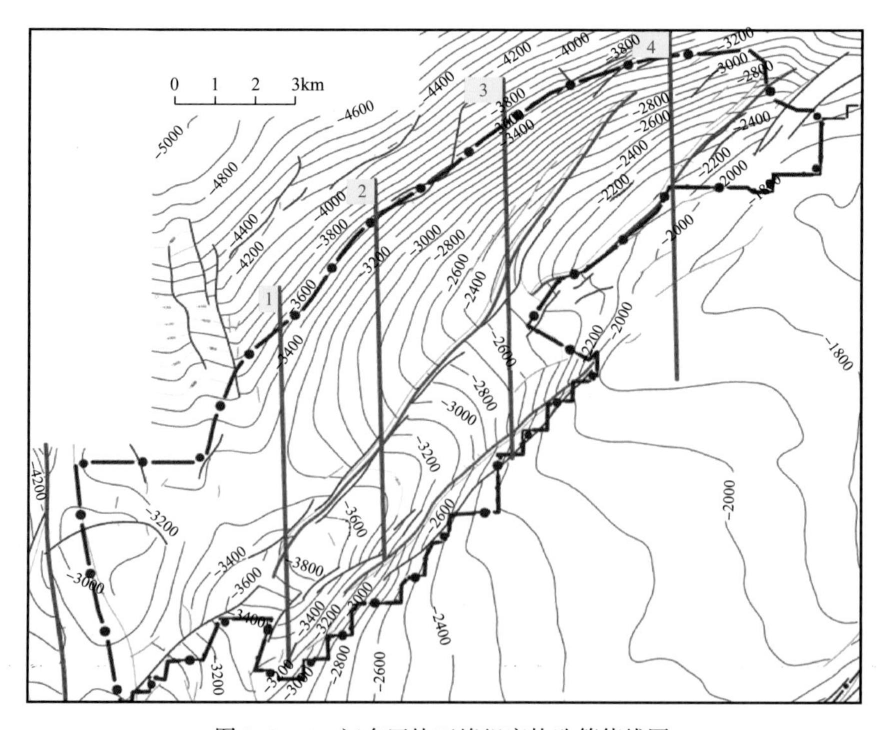

图 3-3-10　江东区块五峰组底构造等值线图

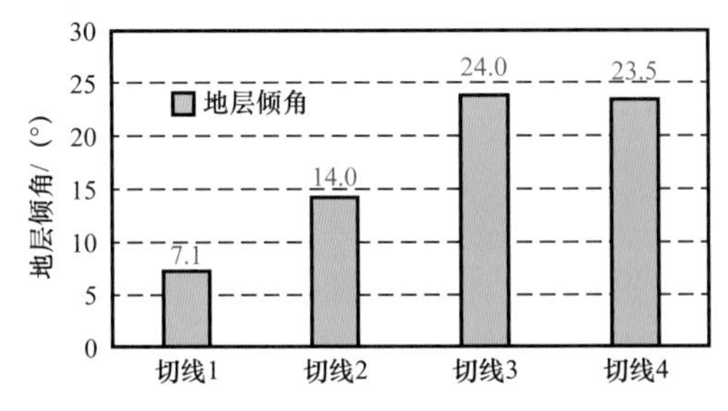

图 3-3-11 江东区块地层倾角统计直方图

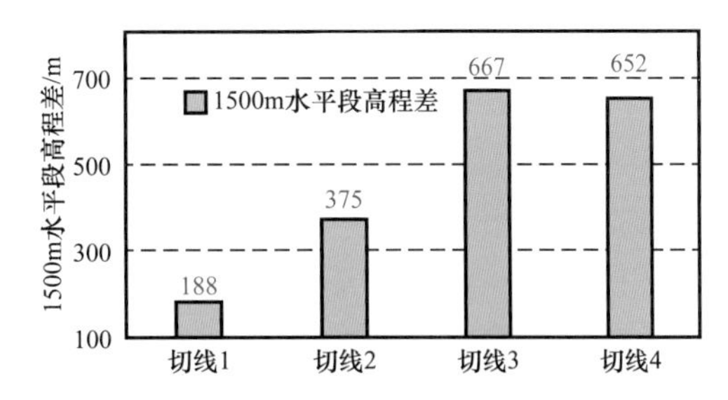

图 3-3-12 江东区块水平段高程差统计直方图

江东北部部分产状高陡区域水平段沿构造走向布井。统计一期产建区已完成试气的201口井高程差与产能关系，水平段上翘井集中在高程差 -100m 以内，下倾井集中在高程差 400m 以内，总体上高程差在 -100～200m 之间产能差异不大，在此之外产能相对较低（图 3-3-13）。一期生产实践也表明，水平段下倾型、高程差较大的井，井筒中由于积液影响，流压差别较大，造成分段生产能力差异大。反之，高程差较小的井井筒中流压差别小，各段生产能力较均一。

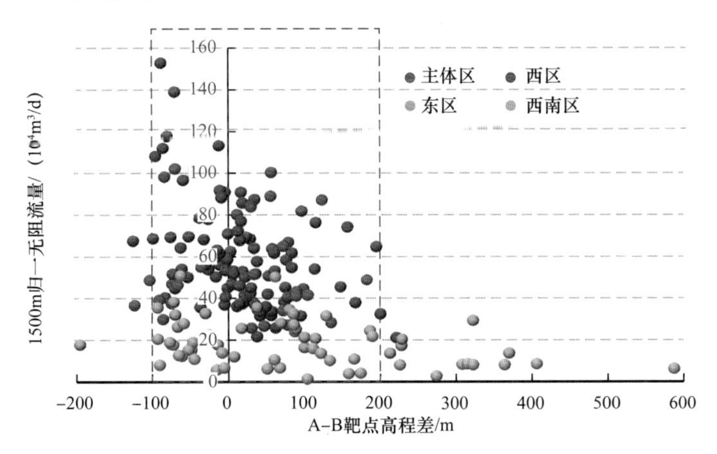

图 3-3-13 一期产建区 A–B 靶点高程差与产能关系图

结合一期产建经验和江东评价井试验综合评价，建议江东区块井位部署，水平井方位以南北向为主，但是在北部地层产状高陡区，水平段方位设计兼顾与最小主应力方向夹角（尽量控制在＜40°以内）和高程差（尽量控制在＜200m 以内）。

平桥区块评价井焦页 3A16HF 井最大主应力方向为北西—南东向，方案设计水平段方位垂直最大主应力方向，按北东—南西向设计水平段轨迹。平桥区块水平段基本都顺构造走向，倾角较小（＜7°，A、B 靶点垂差 ±200m），布井模式尽量选择交叉布井组合模式，在受地面限制地区采用单向布井。

5. 井位优化调整方法

1）二期优选区块细分区

一期开发经验表明，产建区内部的地质条件存在差异会严重影响产能。在不断落实二期构造地质特征的基础上，通过构造变形描述、含气性定量表征、可压性定量表征等三个方面的研究，进一步开展江东、平桥区块细分区工作。

江东区块：综合构造变形、含气性、可压性分区评价结果，将江东区块细分为6大区、10小区。江东综合细分区结果与单井测试产量匹配好，明确了主控因素，对生产有较好的指导作用。

平桥区块：综合构造变形、含气性、可压性评价结果，将平桥区块细分为4大区、7小区。平桥综合分区评价结果与单井测试产量匹配好，分区评价结果进一步指导了井位优化部署。

2）二期井位部署优化调整技术体系

（1）方位优化。

根据江东区块构造特征，结合动态跟踪，认为南北向部署存在水平井垂差大、钻井施工困难等问题。例如：江东区块北部水平段垂差大，构造低部位压裂段含水高，影响产气效果；某井井轨迹为“U”形轨迹，钻井难度大。基于压裂、生产、钻井等多方面综合权衡，对江东区块北2区、北4区井位方向进行优化，取得了较好的效果，并认识到在地层产状高陡区，井位部署要兼顾水平段方位与最小主应力方向夹角小于40°和高程差小于200m。

（2）井数优化。

根据平台不断优化调整井位，将江东区块某平台原部署15口井优化调整为14口，既保证了储量、钻井可行，又提高了经济效益。在平桥区块新增深层评价3口井，滚动评价2口，完善井网3口井。新增动用储量$47.8\times10^8m^3$，预计新建产能$1.64\times10^8m^3$。

（3）动用储量优化。

北3区东部构造较复杂，倾角变化大，东部发育3条小断层，裂缝以北东向高角度构造缝为主，最大水平主应力方向呈北东东向，由于水平井与裂缝逼近角大于60°对压裂影响较小，综合考虑钻井可行性和可压性进行井位优化调整，提高储量动用程度。

（4）井位优化技术体系。

考虑钻井可行性、压裂效果、生产效果，综合储量动用情况及经济效益，对各项参数考虑权衡，分区、分井制定了优化调整原则。在一期经验基础上，根据二期产建区地质特征，跟踪钻井试气效果，结合平台变化，进一步优化了井位部署原则（表3-3-3）。

表3-3-3　二期产建区井位部署优化

考虑因素	参数	一期产建区	二期区块
压裂效果	水平井方位	与*S*最小主应力夹角＜20°	与*S*最小主应力夹角＜40°
	裂缝条带		平行时＞300m，逼近角＞45°
	距边界断层	＞300m	＞200m
	穿行层位	③小层	江东①—③小层，平桥③小层下部
生产效果	靶点垂差		＜200m

续表

考虑因素	参数	一期产建区	二期区块
钻井风险	井轨迹倾角	上倾＜8°，避免正反“U”	上倾＜8°，避免正反“U”
	靶前距	450～1150m	350～1200m
	平台	1台3井及以上	1台3井以上
	资料品质	Ⅰ类	Ⅰ类
	防碰靶	＞30m	＞30m
储量动用、经济性	水平段长	以1500m为主	以1500m为主
	井间距	600m	＞300m

第四章　涪陵页岩气水平井优快钻井技术

针对涪陵地区复杂的地表与地下地质条件，通过技术研发攻关和集成配套，解决了涪陵页岩气示范区产能建设过程中的钻井重大工程技术难题，形成了涪陵山地条件下页岩气丛式水平井组优快钻井技术系列，实现了关键钻井提速工具、钻井液体系及页岩气水平井固井技术的全面国产化，为建成安全环保、优质高效的涪陵国家级页岩气示范区提供了技术支撑和保障，引领了中国页岩气钻井技术进步。

通过建立原始地层孔隙压力及考虑压裂干扰的地层压力求取方法，结合前期井身结构评估，综合地层岩性等因素，开展了井身结构优化设计研究，基于井眼轨道设计方法，建立以最短时间、最少进尺为目标函数的井眼轨道优选模型，形成了页岩气水平井优快钻井优化设计技术；通过已钻井钻头使用效果评估，结合地层因素，研发了系列化高效钻头，开发了涡轮式水力振荡器、射流冲击器等配套工具，开展了“一趟钻”技术攻关，大幅提高机械钻速和钻井效率，形成了页岩气钻井提速技术；根据不同构造地层特点，优选导向工具，建立了地质工程一体化平台，优化钻具组合，形成了全过程井眼轨迹控制技术；研发了国产高密度油基钻井液，满足高压区钻井要求；研制了低成本低油水比油基钻井液体系，进一步降低了钻井液成本；开发了国产高性能水基钻井液，为钻井液降本提供了新的途径；研发了高性能弹韧性水泥浆体系，优化长水平段固井工艺，提高固井质量，减少环空带压情况，形成了页岩气高效固井技术。

第一节　页岩气水平井钻井优化设计技术

一、地层压力求取技术

1. 原始地层孔隙压力求取技术

地层压力预测主要有等效深度法、Eaton 法、有效应力比法、有效应力法等。对于页岩而言，优选出了 Eaton 法进行孔隙压力计算，主要是因为声波测井测量的是弹性波在地层中的传播时间，声波时差主要反映岩性、压实程度和孔隙度，除了含气层的声波时差显示高值或出现周波跳跃外，它受井径、温度及地层水矿化度变化的影响比其他测井方法小得多，所以采用该方法计算地层原始孔隙压力比较有效。可以进一步表示为

$$p_{\mathrm{p}}=\sigma_{\mathrm{v}}-\left(\sigma_{\mathrm{v}}-\sigma_{\mathrm{w}}\right)\left(\frac{\Delta t_{\mathrm{n}}}{t}\right)^{C} \tag{4-1-1}$$

式中　σ_{v}——上覆岩石压力，MPa；

σ_W——静液压力，MPa；

Δt_n——正常压实曲线声波时差，μs/m；

Δt——实测点曲线声波时差，μs/m；

C——压缩系数。

经过计算比较其压缩系数 C 取 3.0。

结合实际测试得到的页岩气地层孔隙压力值和测井资料，得到了 Eton 法计算模型中的有关系数。分别建立了焦页 1 井、焦页 11-4HF 井、焦页 38-2HF 井、焦页 102 井等 30 多口井的页岩气地层孔隙压力剖面。形成了龙马溪组地层孔隙压力的横向分布特征，其中西区地层压力系数一般大于 1.3，为高压地层区，局部偏低；西南区及东区地层压力一般小于 1.3，构造挤压致压力释放，主体外围南部大断裂和西部大断裂附近为常压带。采用 Eton 法求取的结果与 JY11-4 井和 JY64-1 井的压裂前测试结果相比，预测精度达 89%。

2. 考虑压裂干扰的地层压力求取方法

基于能量耗散原理，页岩地层相近的黏土矿物成分下，页岩破裂状态是较为接近的，即一定范围内的页岩压裂后的破碎形态及渗透率也较为接近，容纳的压裂液有限，导致液量的大小直接影响 SRV 体积，当然是在地层含水率接近的情况下，才表现为相似页岩地层中，不同液量压裂后，孔隙压力测试值非常接近。

因而可以确定钻井过程中孔隙压力与动态渗透率变化 K'' 有关：

$$p_{pd} = f\left(\sigma_v, v_p, K''\right) \tag{4-1-2}$$

基于有效应力原理，考虑裂缝系统的存在对有效应力的降低作用，建立了以下的预测模型：

$$p_{pd} = \sigma_v - \left[\left(A \times e^{bv_p/v_s} + C \times e^{du}\right) - E \times e^{bv_p/v_s} \times e^{fK''}\right] \tag{4-1-3}$$

式中 A，b，C，d，E，f——系数，与地区有关；

v_p——纵波速度，km/s；

v_s——横波速度，km/s；

u——泊松比；

K''——动态渗透率变化。

$E \times e^{bv_p/v_s} \times e^{fK''}$ 即代表了裂缝系统对有效应力的降低效果。

涪陵焦石坝地区钻遇天然裂缝带时：

$$p_{pd} = \sigma_v - \left[\left(225 \times e^{-1.3v_p/v_s} + 81 \times e^{-2.6u}\right)/2 - e^{-1.3v_p/v_s} \times e^{(-K_m/K)}\right] \tag{4-1-4}$$

式中 K_m——天然地层渗透率，D；

K——完整地层基质渗透率（根据区域地层特征决定），D。

压裂作业后：

$$p_{\mathrm{pd}}=\sigma_{\mathrm{v}}-\left[\left(225\times \mathrm{e}^{-1.3v_{\mathrm{p}}/v_{\mathrm{s}}}+81\times \mathrm{e}^{-2.6u}\right)/2-3\times \mathrm{e}^{-1.3v_{\mathrm{p}}/v_{\mathrm{s}}}\times \mathrm{e}^{\left(0.001K_{\mathrm{c}}/K_{\mathrm{m}}\right)}\right] \quad (4\text{-}1\text{-}5)$$

式中　K_c——为压裂后等效渗透率（根据区域地层特征决定），D。

如图 4-1-1 所示为焦页 27-1HF 井在钻井过程中及压裂作业后的地层孔隙压力分析结果，表明钻井过程中孔隙压力在 1.1～1.3g/cm^3，受地层裂缝的影响局部略大于地层原始压力，而压裂作业后，孔隙压力进一步提升至 1.4～1.6g/cm^3，与主体区块对孔隙压力的认识一致。鉴于压裂规模分析认为压裂区域未发生波及及贯通，在加密井钻进时，钻井液的密度可以按照考虑钻遇裂缝时的地层压力上限 1.3g/cm^3 进行设计。

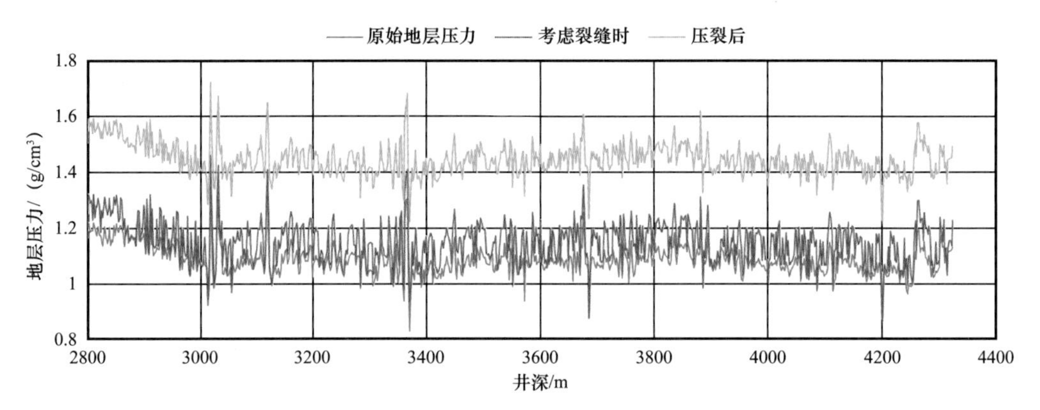

图 4-1-1　焦页 27-1HF 井不同工况下的地层孔隙压力计算

二、井身结构优化设计

1. 井身结构优化设计依据

涪陵地区钻井地质环境因素描述研究表明，目的层龙马溪组底部页岩气层为高压层，压裂改造后测算压力系数为 1.41～1.55，实钻测井资料测算压力系数为 1.25～1.30；目的层之上的地层为正常压力地层，压力预测曲线如图 4-1-2 所示。志留系之上地层比较稳定，志留系井段的坍塌压力与漏失压力的区间较小，容易出现塌漏同层的复杂情况，会带来井下复杂问题。

2. 井身结构设计的地质因素

（1）地层可钻性。焦石坝区块地层出露老、岩石硬度大、可钻性差，钻头跳钻严重，机械钻速慢。焦页 1 井开孔 660.4mm 钻头，井段 10～33.33m，纯钻 40.5h，平均机械钻速为 0.58m/h。

（2）浅表地层情况。工区为喀斯特地貌溶洞、暗河发育，呈不规则分布，钻探过程漏失严重，环保压力大。

（3）地下水资源。嘉陵江组中下部地层为区域水层，水层属于低压地层，钻井过程中易遭受伤害。

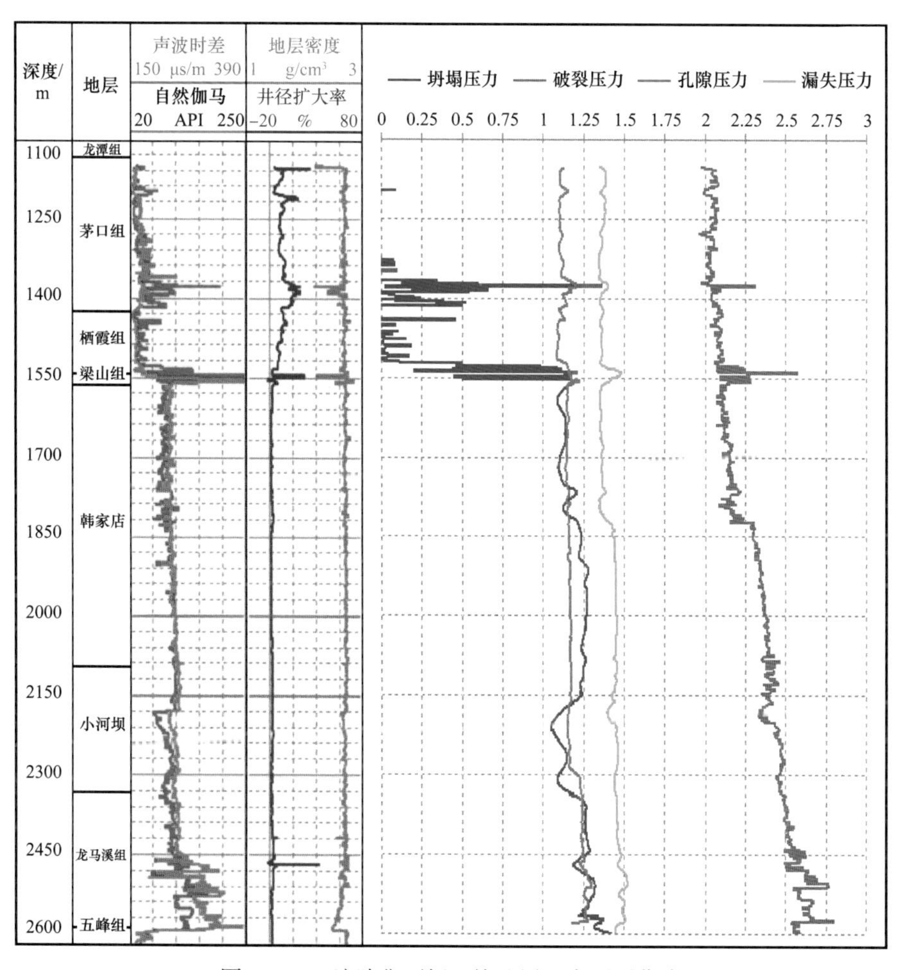

图 4-1-2 涪陵焦石坝区块地层压力预测曲线

（4）浅层气。二叠系长兴组、茅口组、栖霞组在局部地区存在浅层气，浅气层如果处理不当，易导致溢流事件。

（5）井漏。志留系韩家店、小河坝、龙马溪组地层承压能力低，易发生井漏。

（6）井壁垮塌。志留系地层坍塌压力较高，如果钻井液抑制性差、密度偏低会发生井壁垮塌，导致井下复杂。

3. 必封点的确定

综合分析本地区地质条件（表 4-1-1）和工程要求，必封点优选为：

（1）第 1 个必封点为浅表溶洞（暗河），导管应对其进行封隔；

（2）第 2 个必封点为浅表地下水源层，表层套管应将其封隔，以保护浅表地下水资源，三叠系、二叠系存在漏层与浅层气，表层套管应在揭开浅层气之前下入；

（3）第 3 个必封点为龙马溪组页岩气层之上的易漏、易垮塌地层，页岩气顶部存在一套标志性砂“浊积砂岩”，钻至或穿“浊积砂岩”后应及时下技术套管对上部的易漏、易垮塌地层进行封隔。

表 4-1-1 钻遇地层地质条件综合提示

钻遇地层		
系	组	地质条件
三叠系	嘉陵江组	溶洞、区域水层、易漏
	飞仙关组	局部顶部水层、易漏
二叠系	长兴组	含气层，局部浅层气，局部 H_2S、易漏
	龙潭组	含气层
	茅口组	含气层，局部浅层气、易漏
	栖霞组	含气层
	梁山组	含气层
石炭系	黄龙组	
志留系	韩家店组	易塌、易漏
	小河坝组	易漏
	龙马溪组	气层，易塌、易漏
奥陶系	五峰组	局部顶部水层

4. 页岩气完井方式对井身结构的要求

从焦石坝已钻井来看，均需要进行大型水力压裂，分段级数较多（15～22），排量大（12～16m^3/min）、施工压力高（焦页 7-2HF 第 11 段井口压力最高达 93.8MPa）。

通过完井方式对比分析，从完井、储层压裂改造及从气井寿命和安全生产方面考虑，结合开发试验井区的实际特点，综合考虑，采用 139.7mm 套管射孔完井方式。

5. 前期井身结构方案评价

以页岩气水平井的井身结构设计理论与方案为基础，针对涪陵页岩气田的地表环境、地质条件和页岩气储层特征，确立了“导管 + 三开次”的水平井井身结构方案，经过焦石坝区块一期产建区的优化与实践，进一步完善了焦石坝区块“导管 + 三开次”井身结构主体设计方案。到焦石坝区块一期产建后期针对南部地表出露地层为雷口坡及以上地层平台，又研发了“深导管 + 三开次”和“二层导管 + 三开次”井身结构方案作为补充，见表 4-1-2。

涪陵页岩气田现行的井身结构方案，充分考虑了涪陵山地条件下安全钻井和环境保护的要求，实现了安全、高效成井，为后续江东、平桥复杂构造新区的开发奠定了基础。

表 4-1-2 涪陵页岩气田现行井身结构方案统计

井身结构	方案一	方案二	方案三
导管	609.6/473.1mm×（50～60）m	609.6/473.1mm×（80～200）m	914.4/720mm×（30～50）m 609.6/473.1mm×（300～400）m
表层套管	406.4/339.7mm 封嘉陵江组地层		
技术套管	311.2/244.5mm 封龙马溪“浊积砂”之上地层		
生产套管	215.9/139.7mm		
适应范围	焦石坝北区、中区及南区部分平台	焦石坝南区部分平台	焦石坝南区部分平台

6. 井身结构优化方案

以“导管 + 三开”井身结构方案为基础，结合平台的地质特点、地层压力变化情况，开展个性化的井身结构方案优化。

1）“导管 + 二开”井身结构

焦石坝区块 60% 以上平台开孔层位是嘉陵江组。嘉陵江组地层岩性为石灰岩，地层成岩性好、井壁稳定，且在焦石坝、江东、平桥等区块嘉陵江组地层均未钻遇气层，开展井身结构优化。扩建平台出露层位为嘉陵江组且厚度小于 400m，且无垮塌、漏失情况，则采用去表套、加深导管的方案；新建平台首口井采用“导管 + 三开”结构，后续部署则根据第一口井的情况，如嘉陵江组无漏失则调整为“导管 + 二开”结构，如图 4-1-3 所示。

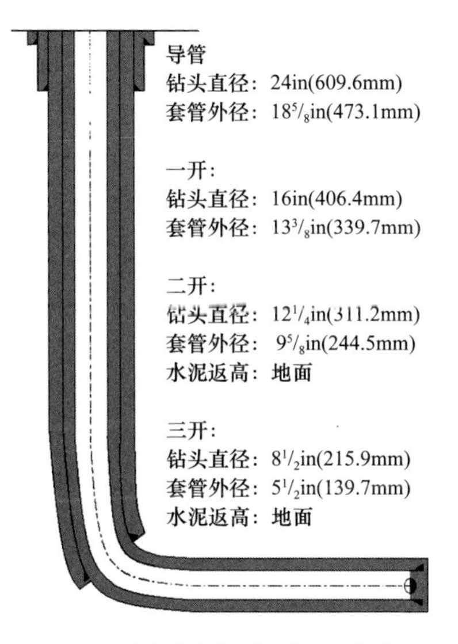

(a) 优化前：“导管+三开次”

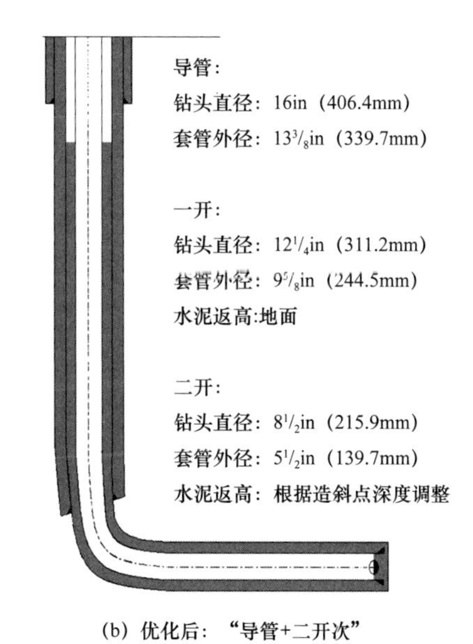

(b) 优化后：“导管+二开次”

图 4-1-3 优化形成的“导管 + 二开”井身结构方案

2）技术套管下深优化

以地层孔隙压力、坍塌压力以及岩石可钻性特征为基础，将技术套管下深由原来进入“浊积砂”优化到进入韩家店组或小河坝组地层（图 4–1–4），减少二开进尺和技术套管用量，降低周期和成本。

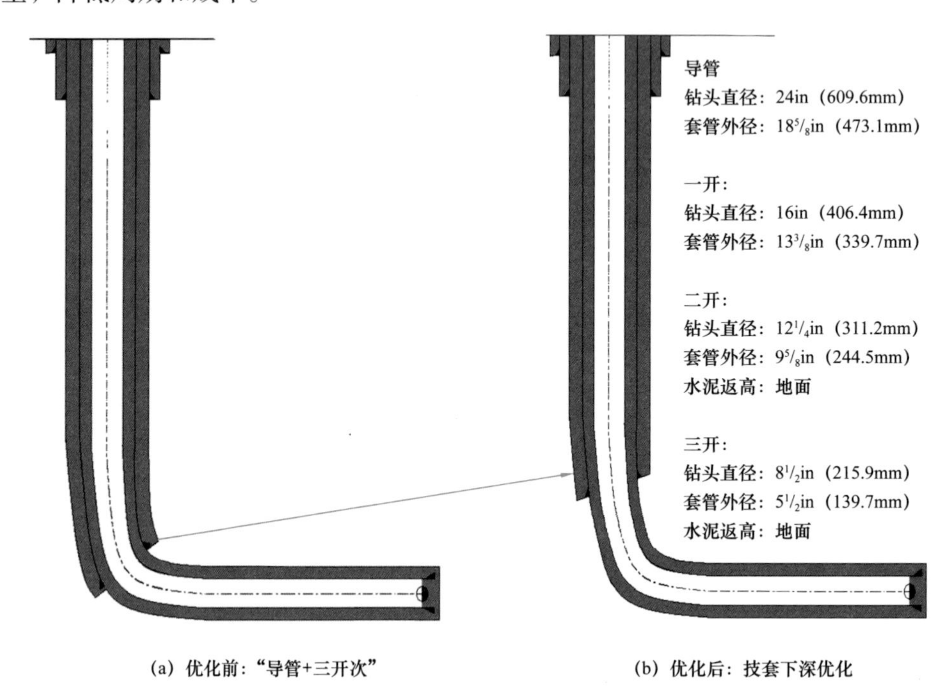

(a) 优化前：“导管+三开次”　　(b) 优化后：技套下深优化

图 4–1–4　技术套管技术下深优化方案

三、变曲率井眼轨道设计方法

三维水平井轨道设计模型主要有：三维 5 段制轨道、五点 6 段制轨道、斜面 6 段制轨道和双二维轨道。

1. 三维 5 段制轨道设计模型

三维 5 段制轨道将三维水平井轨道分为“直井段—增斜段—稳斜段—增斜扭方位段—调整段—水平段”五段进行设计，设计模型使用斜面圆弧法。圆柱螺线轨道井眼轨道示意图如图 4–1–5 所示，OA 为直井段，A 点为造斜点；AB 为增斜段，为铅垂面圆弧；BC 为稳斜段；CD 为增斜扭方位段，为斜面圆弧；DT 为调整段，可以无此段；TT′ 为水平段，T 点为 A 靶点，T′ 为 B 靶点。

2. 三维 6 段制轨道设计模型

五点 6 段制轨道将三维水平井轨道分为“直井段—增斜段—稳斜段—稳斜扭方位段—稳斜段—增斜段—水平段”六段进行设计，设计模型使用圆柱螺线法。设计思路为将常规三维 5 段制轨道中增斜扭方位的第二圆弧段分解为稳斜扭方位井段与铅垂面上的增斜井段，将三维井眼轨道分为水平投影与垂直剖面进行设计，按照各段坐标增量与靶点坐标相等的原则建立完整的三维轨道设计模型，须知条件为造斜点坐标、靶点坐标、造斜率及入靶井斜角与方位角。五点6段制轨道示意图如图4-1-6所示。

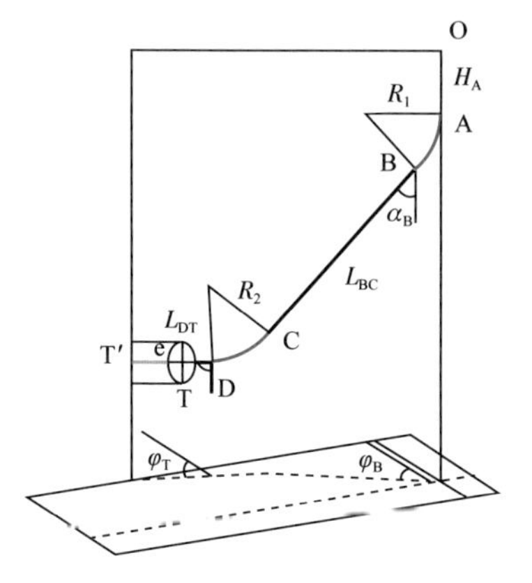

图4-1-5 三维5段制轨道示意图

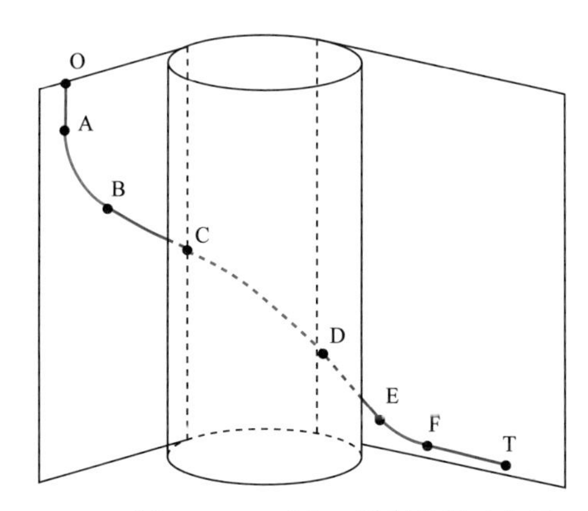

图4-1-6 五点6段制轨道示意图

OA为直井段，A点为造斜点；AB为第一增斜段，采用二维圆柱螺线进行设计；BC为稳斜段；CD为稳斜扭方位段，采用圆柱螺线进行设计，此段保持井斜不变全力进行扭方位作业；DE为第二稳斜段；EF为第二增斜段，采用二维圆柱螺线进行设计，此时方位角已调整好只需调整井斜角即可顺利中靶；FT为水平段，T点为靶点。

3. 双二维轨道设计模型

双二维轨道将三维水平井轨道分为“直井段—增斜段—稳斜段—降斜段—调整段—增斜段—水平段”两个二维平面的轨道进行设计。双二维轨道具有以下优点：(1)在垂直剖面1内浅层地层造斜，预增斜处理，增大降斜后直井段与邻井的间距，从而降低相邻井相碰的风险；(2)双二维井眼轨道在垂直剖面1和2内方位都不发生改变，可降低弯外壳螺杆钻具轨迹控制难度；(3)双二维井眼轨道在降斜后进入垂直剖面2，直接在易钻的龙马溪组地层调整方位增斜，可避免常规三维水平井扭方位的作业，进一步降低轨迹控制难度并且增大水平井与储层的接触面积。但是，双二维水平井在相同工况下与常规三维水平井相比摩阻扭矩要大一些。与常规三维5段制轨道不同的是，双二维轨道设计在2个相交的铅垂面中，每个铅垂面中分别为一段二维轨迹，如图4-1-7所示。首先在空间直角坐标系O-*XYZ*中建立两个相交的铅垂面ABCD和BDEF，其中ABCD称为第1铅垂面，BDEF称第2铅垂面。I为井口，J和K分别为第一靶点和第二靶点，M为第1铅垂面中与第2铅垂面中的交点，ϕ为2个平面之间的夹角。

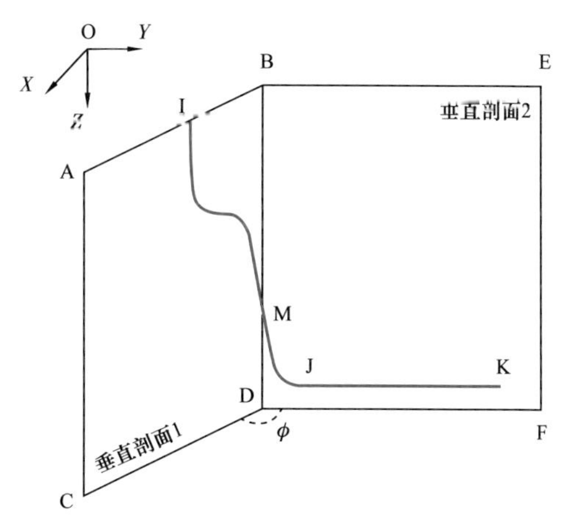

图4-1-7 双二维轨道示意图

4. 三维水平井轨道优化方法

三维水平井轨道优化方法主要分为：以钻进时间最短优化和以轨道长度最短优化两种方法。

1）以钻进时间最短进行优化

（1）总体思路。

钻井周期中纯钻进时间在钻井周期中占比高且稳定，占比高达 25%～55%，最能体现钻进效率的时间。而且，对轨道剖面形状敏感，剖面不同，钻穿各层的井段长度和钻进方式会不同，钻进时间将不同。还有易于计算且误差相对较小的特点，根据已钻井机械钻速统计规律和设计井就可计算。因此，选择纯钻进时间为目标函数之一，对设计轨道进行优选。

（2）涪陵页岩气井整体平均机械钻速统计。

为了计算设计轨道的纯钻进时间，需要对应情况下的机械钻速。根据同区块已钻井资料，分别从所穿过的地层、钻头尺寸、钻头类型及钻进方式四种条件下进行机械钻速的统计，得到对应条件下的机械钻速均值。

（3）设计轨道钻进时间预测方法。

设计轨道钻进时间预测方法为：① 根据给定的约束条件设计轨道；② 根据每个分段的垂深、曲率等确定层组、开次和钻进方式等；③ 检索、计算每个分段对应的机械钻速；④ 计算分段钻进时间，并累加得到总钻进时间。

$$T_i = S_i / v_i \tag{4-1-6}$$

$$T = \sum_{i=1}^{n} T_i \tag{4-1-7}$$

式中 T_i——第 i 段钻进时间，min；

S_i——第 i 段钻进距离，m；

v_i——第 i 段钻进速度，m/min；

T——总钻进时间，min。

2）以轨道长度最短进行优化

（1）目标函数。

轨道设计模型的求解基于假设已知稳斜角 α_B 和造斜方位角 ϕ_B 的值，因此可将所有可能的组合都代入轨道设计模型中依次进行设计，井斜角 α_B 取值范围为 0°～90°，方位角 ϕ_B 取值范围为 0°～360°，然后在所有的设计结果中选出满足整段轨道长度最短结果。

为使计算简化，取井斜角 α_B 的初始值 α_{B1}，取值间隔为 k_α；取方位角 ϕ_B 的初始值 ϕ_{B1}，取值间隔为 k_ϕ，则有 α_B 和 ϕ_B 的取值集合为：

$$\alpha_B = \left\{ \alpha_{Bi} \mid \alpha_{Bi} = \alpha_{B1} + (i-1)k_\alpha, i = 1, 2\cdots \right\} \tag{4-1-8}$$

$$\phi_{\mathrm{B}}=\left\{\phi_{\mathrm{B}j} \mid \phi_{\mathrm{B}j}=\phi_{\mathrm{B1}}+(j-1)k_{\phi},\ j=1,2\cdots\right\} \tag{4-1-9}$$

其中，$\alpha_{\mathrm{B}i} \in \left[0, \frac{\pi}{2}\right]$，$\phi_{\mathrm{B}i} \in [0, 2\pi)$，$k_{\alpha}$ 和 k_{ϕ} 满足设计精度要求。

依次将稳斜角和造斜方位角的所有组合（$\alpha_{\mathrm{B}i}$，$\alpha_{\mathrm{B}j}$）分别代入轨道设计模型进行求解，最终再从所有的轨道设计结果中筛选出最优轨道即可。本文以轨道长度最短为优化目的，因此最终筛选出轨道总长度最短的轨道。

（2）优选步骤。

① 扫描稳斜角和造斜方位角所有可能的组合，将每个组合分别代入计算；

② 在带入稳斜角和造斜方位角后，整段轨道即被确定，计算各井段长度；

③ 储存满足要求的轨道，舍弃不满足要求的轨道；

④ 筛选出整段轨道长度最短的轨道，即为最终的设计轨道。

3）算例分析

以焦页 10-S3HF 井为例，说明涪陵页岩气井工厂三维水平井轨道优化设计过程，其中以轨道长度最短进行轨道预选。

（1）基本数据。

① 井口坐标：纵（X）3290703.9　　横（Y）18751377.7。

② A 靶坐标：纵（X）3289890.0　　横（Y）18751100.0。

③ C 靶坐标：纵（X）3288881.0　　横（Y）18751100.0。

④ B 靶坐标：纵（X）3287890.0　　横（Y）18751100.0。

⑤ 设计井深：A 靶点垂深 2263m，C 靶点垂深 2273m，B 靶点垂深 2244m；设计定向点 800.00m。

（2）轨道类型及设计参数确定。

根据基本数据可知，焦页 10-S3HF 井为三维水平井，设计方位为 180°，靶点垂距、靶前距与偏移距分别为 1463m、813.9m 和 277.7m。根据涪陵页岩气井工厂三维水平井轨道设计指引图可知，该井应该设计为斜面六段制轨道。

因此，通过分析可确定：焦页 10-S3HF 井为三维轨道方式，轨道类型为斜面六段制轨道，稳斜轨道形式采用直线段设计，不要求避开在 ϕ311mm 井眼中扭方位。造斜点深度范围围绕在 800m 左右，因此选用 800～1200m，增斜中靶前井斜角选为 80°，增斜中靶前稳斜调整段选为 0，第一增斜段造斜率 4.5°/30m，稳（增）斜扭方位段造斜率 4.5°/30m，第二增斜段（增斜中靶段）造斜率 4.5°/30m，连靶狗腿度 4°/30m。为了现场使用方便，优选轨道方式选用轨道长度最短。

（3）轨道优化设计结果。

通过本方法优化设计后，使用轨道优化设计及摩阻扭矩计算软件进行计算，计算结果如图 4-1-8 所示。

数据显示 分点数据 垂直剖面图 水平投影图

	关键点	井深/m	井斜/(°)	方位/(°)	垂深/m	南北/m	东西/m	水平长度/m	水平位移/m	闭合方位/(°)	井眼曲率/(°/30m)	工具面/(°)	井斜变化率/(°/30m)	方位变化率/(°/30m)
1	0点	0.00	0.00	0.00	0.00	0.00	0.00	0.00	0.00	0.00	0.00	0.00	0.00	0.00
2	A点	800.00	0.00	206.27	800.00	0.00	0.00	0.00	0.00	0.00	0.00	0.00	0.00	0.00
3	B点	967.47	25.12	206.27	962.16	-32.40	-15.99	36.13	36.13	206.27	4.50	0.00	4.50	0.00
4	C点	2162.62	25.12	206.27	2044.26	-487.39	-240.52	543.51	543.51	206.27	0.00	0.00	0.00	0.00
5	D点	2524.19	80.00	180.00	2257.79	-757.61	-277.70	830.59	806.90	200.13	4.80	-12.82	4.68	-1.08
6	T1	2580.78	89.43	180.00	2263.00	-813.90	-277.70	886.88	859.97	198.84	5.00	0.00	5.00	0.00
7	T2	3589.83	89.43	180.00	2273.00	-1822.90	-277.70	1895.88	1843.93	188.66	0.00	0.00	0.00	0.00
8	K	3606.80	91.70	180.00	2272.83	-1839.87	-277.70	1912.85	1860.71	188.58	4.00	180.00	-4.00	0.00
9	T3	4581.26	91.70	180.00	2244.00	-2813.90	-277.70	2886.88	2827.57	185.64	0.00	0.00	0.00	0.00

图 4-1-8 焦页 10-S3HF 井关键点设计结果

第二节 页岩气钻井提速技术

一、新型钻头研发与优选

1. 雷口坡组—嘉陵江组大尺寸及定向 PDC 钻头研制

涪陵页岩气田雷口坡组—嘉陵江组主要以石灰岩为主，岩性硬，井眼尺寸 ϕ609.6mm 或 ϕ406.4mm，导眼或一开直井段；由于井浅且井眼尺寸大，跳钻或蹩跳严重，钻头易损坏。

造斜点通常在茅口组中部，井眼尺寸 ϕ311.2mm，研制适合茅口组中部以下井段连续造斜和扭方位的 PDC 定向钻头，是提高定向速度的关键。

1）前期钻头磨损分析

上部地层跳钻严重，出井钻头表现出的主要失效形式为断齿。

2）大尺寸钻头技术要求分析

（1）ϕ609.6mm 钻头技术要求分析。

根据前期雷口坡组 ϕ609.6mm 钻头使用及失效情况分析，地层含砾石，且跳钻明显，严重制约钻头进尺。

钻头技术要求：

① 攻击性强，以提高机械钻速和钻头进尺为首要目标；

② 抗震性强，大钻压、高转速钻进时跳钻现象不明显；

③ 侧切力小，大钻压、高转速钻进时不发生井斜。

钻头优化设计方案：

① 底部形状优化。采用较强攻击线型；采用深内锥设计，保证钻头内锥吃入，限制钻头横向摆动；增大鼻肩部圆弧半径，保证鼻肩部布齿密度，增强鼻部齿抗跳钻能力；规径长度增加，增强规径部位稳定性。

② 布齿优化。运用 AMCCO 力学软件分析，借助江钻力学评价平台评价，如图 4-2-1 所示；采用 16mm 异性复合片，斧形齿和三棱齿相比平面齿，具有更高的切削效率。而三棱齿由于自带后倾角，拥有更强的抗崩能力。使用斧形齿与三棱齿混合切削，

提升攻击性的同时，也能提升钻头的抗崩性能，如图 4–2–2 所示；采用 3 个主刀翼螺旋式布齿，进一步提升钻头的稳定性，提升破岩能力。复合片采用中等后倾角设计理念，使钻头具有较强的吃入能力的同时保证使用寿命。在钻头鼻部肩部复合片受力较大的地方，同轨布置二排锥球齿，提升鼻肩部抗冲击能力，布置三排复合片，提升钻头穿越砾石层的使用寿命。

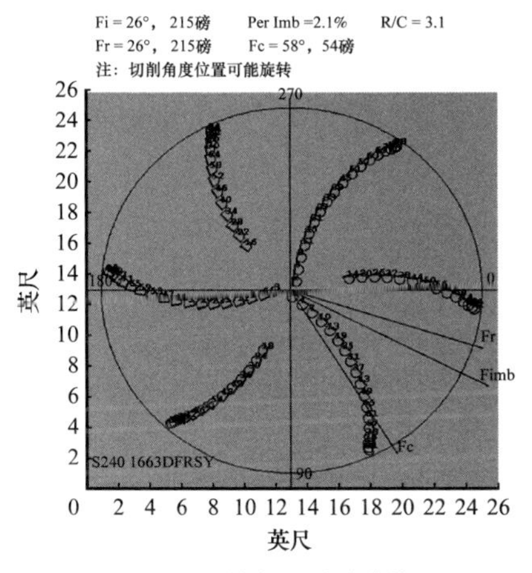

(a) 钻头不平衡力计算

(b) 布齿设计

图 4–2–1 ϕ609.6mm PDC 钻头不平衡力计算与布齿设计

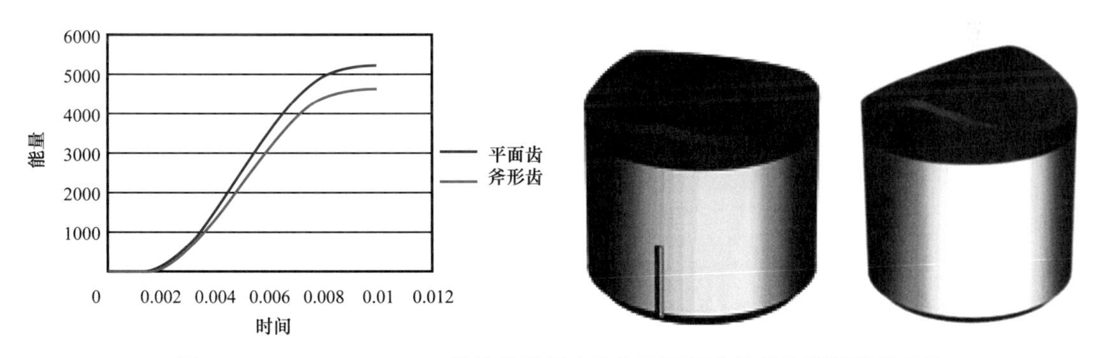

图 4–2–2 ϕ609.6 PDCmm 钻头异性复合片与平面复合片单位消耗能量对比

③ 水力优化。采用主刀翼 3 喷嘴，副刀翼 2 喷嘴水力布置，保证鼻肩部水力冲洗效果；采用较浅的排屑槽设计，保证射流喷射速度。

④ 钻头强化特征优化。采用 DOC 内锥限制吃深技术，使钻头整体吃入深度受到限制，提升钻头穿越夹层时复合片寿命。采用 LMM 限制横向移动技术，通过控制钻头修边齿的露齿高，减少钻头的横向震动，减小复合片所受到冲击破坏，以提高钻头稳定性。

（2）ϕ406.4mm 钻头技术要求分析。

雷口坡组下部、嘉陵江组以石灰岩为主，地层较硬，破岩扭矩大，扭矩波动大，憋跳严重。

钻头技术要求：

① 攻击性强，以提高机械钻速和钻头进尺为首要目标。

② 抗震性强，大钻压、高转速钻进时跳钻现象不明显。

③ 侧切力小。大钻压、高转速钻进时不发生井斜。

钻头优化设计方案：

① 击碎线优化。采用强攻击线型，提高钻头攻击性和机械钻速；采用深内锥设计，保证钻头内锥吃入，限制钻头横向摆动；增大鼻肩部圆弧半径，保证鼻肩部布齿密度，增强鼻部齿抗跳钻能力。

② 布齿优化。采用16mm进口抗冲击性复合片，3个主刀翼螺旋式布齿，进一步提升钻头的稳定性，提升破岩能力。复合片采用小后倾角设计理念，使钻头具有较强的吃入能力。在钻头鼻部肩部复合片受力较大的地方，同轨布置二排锥球齿，提升鼻肩部抗冲击能力和吃入能力。运用AMCCO力学软件进行分析布齿功力图，针对性优化切削齿倾角及高低差等关键参数，提高钻头切削元件受力均衡性，防止钻头因个别齿受力过大早期失效，进一步提高钻头稳定性和寿命，如图4-2-3所示。

(a) 钻头布齿

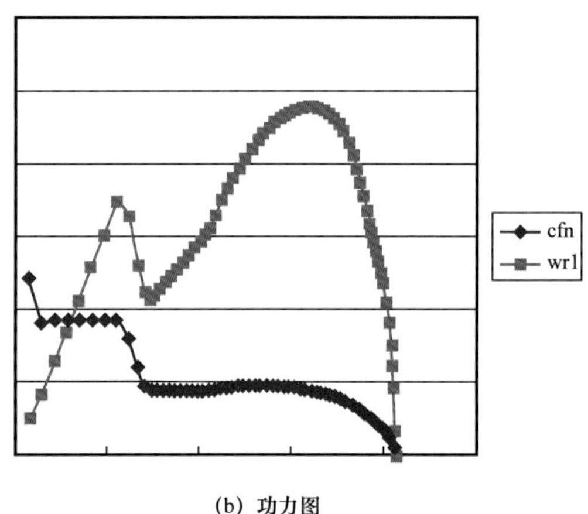

(b) 功力图

图4-2-3 ϕ406.4mm钻头布齿及功力图

③ 水力优化。通过仿真水力分析，对钻头水力设计开展优化和验证。通过流道结构及喷嘴组合优化强化水力效果，提升钻头携砂、清洗、冷却等能力。

2. 茅口组中下部—韩家店组上部定向PDC钻头研制

茅口组中下部—黄龙组为白云岩和石灰岩，夹层多；韩家店组顶部，厚度100m，为砂泥岩，研磨性强。

1）前期钻头定向应用分析

茅口组中下部—韩家店组顶部夹层多，定向工具面不稳，易跑偏，且托压严重。统计部分井位茅口至韩家店组PDC钻头使用数据，平均进尺401.91m，平均机械钻速8.70m/h，使用至后期定向托压严重，从出井钝钻头分析来看，钻头肩部、规径及保径部分磨损或崩齿严重，钻头无侧切能力，造成定向效果较差。

2）定向钻头技术要求分析

二开茅口—韩家店组层钻遇层位为：茅口组、栖霞组、梁山组、黄龙组、韩家店组顶部，主要岩性为石灰岩、泥质灰岩、炭质泥岩、灰绿色泥岩及粉砂质泥岩。结合邻井实钻经验分析，茅口组—韩家店组上部主要有以下几个方面的工程问题：

（1）栖霞组底部灰岩泥质含量重，PDC 复合片吃入能力差，影响机械钻速；

（2）从实钻经验总结得知，部分井位梁山组或黄龙组层位地层岩性含硅质或黄铁矿夹层，可钻性极差，PDC 易崩齿；

（3）韩家店组顶部（通常约厚 200m）灰绿色泥岩夹粉砂质泥岩及泥质粉砂岩，研磨性强，PDC 复合片容易磨损失效，制约单只钻头进尺。

茅口组下部—韩家店组顶部 ϕ311.2mm 定向 PDC 钻头技术要求：

（1）攻击性适中，机械钻速较高；

（2）抗震性好，钻头工作状态平衡，工具面稳定；

（3）稳定性好，抗扭能力强，工具面稳定；

（4）抗研磨性强，硬夹层钻进不崩齿，提高进尺；

（5）侧切力强，能连续定向增斜。

钻头优化设计方案：

（1）底部形状优化。采用适中内锥设计，保证钻头稳斜能力；优化鼻部肩部圆弧，提高钻头在石灰岩的适应性。

（2）布齿优化。采用 16mm 进口耐磨复合片，较小后倾角，使钻头具有较强的吃入能力；规径二排减震齿，提升钻头稳定性；鼻部，肩部双排齿，提升穿越夹层能力，如图 4-2-4 所示。

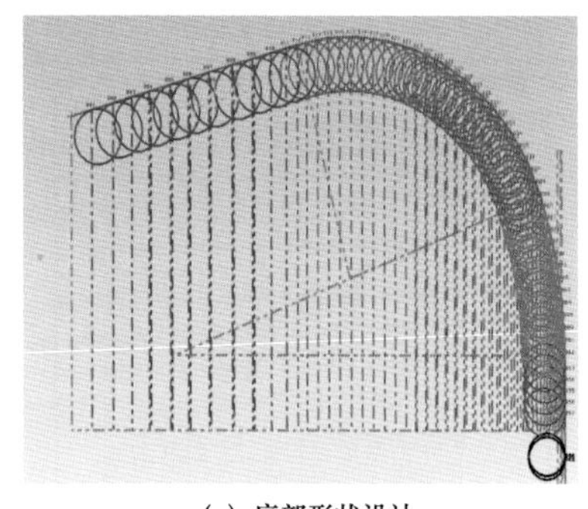

(a) 底部形状设计

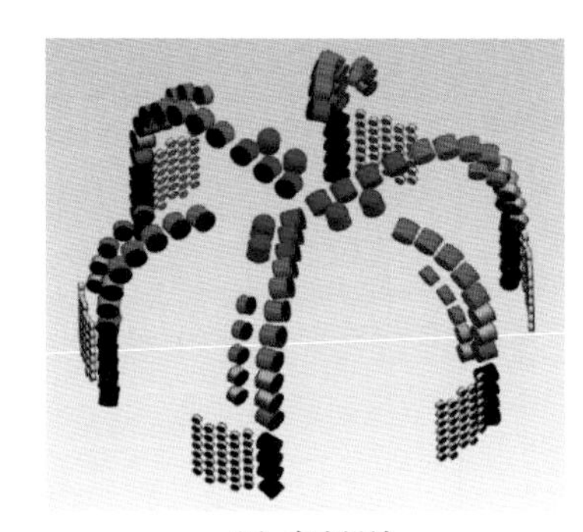

(b) 布齿设计

(c) 钻头外观

图 4-2-4 ϕ311.2mmKSD1663DFRT 定向 PDC 钻头

针对以上工程问题，研发了 12 1/4KSD1663DFRT 钻头。

3）定向钻头现场应用评价

针对性开发的 311.2mm KSD1663DFRT 定向 PDC 钻头，采用短保径及斧型齿设计，提高钻头的定向操控性，统计部分井位使用数据，平均进尺 489.77m，机械钻速 10m/h，进尺和机械钻速指标较前期分别提高 21.86% 和 14.94%。

3. 韩家店组—龙马溪组定向 PDC 钻头研制

韩家店组、小河坝组及龙马溪组上段主要以泥岩和页岩为主，地层可钻性较好，主要是稳斜段、扭方位段和增斜段。

1）前期钻头定向应用分析

因井眼轨迹设计，韩家店底部至小河坝需增井斜和扭方位，定向施工困难，托压严重，效率低，严重影响机械钻速。韩家店组—龙马溪组 PDC 钻头使用数据：平均进尺 644.29m，平均机械钻速 9.64m/h，使用至后期定向托压严重。从出井钝钻头分析来看，钻头规径及保径部分易磨小，钻头无侧切能力，定向效果较差。

2）定向钻头技术要求分析

韩家店组—龙马溪组地层软硬交错，整个层段薄层互层较多，岩性变化频繁，前期 PDC 钻头使用存在的技术问题：

（1）PDC 钻头复合受到的冲击作用强，复合片易崩碎，钻头损坏较快。

（2）且该层段定向斜率高，常规 PDC 定向可操控性差、机速慢等问题。

针对二开定向工具面不稳定、机械钻速低难题，提出韩家店组—龙马溪组 ϕ311.2mm 定向 PDC 钻头技术要求：攻击性强，机械钻速高；抗震性，稳定性，侧切力强，大井斜情况下能连续扭方位和增斜。

钻头优化设计方案：

（1）布齿优化。采用 13mm 进口抗冲高性能复合片，提升穿越夹层的抗崩能力；采用大齿间距设计，提高机械钻速；通过力平衡分析软件，优化钻头布齿结构，不平衡力最优（$<$1.0%），进一步提升钻头的稳定性，改善切削齿受力情况，达到平稳切削。在钻头鼻部肩部复合片受力较大的地方，同轨布置二排减震齿，提升钻头稳定性，如图 4-2-5 所示。

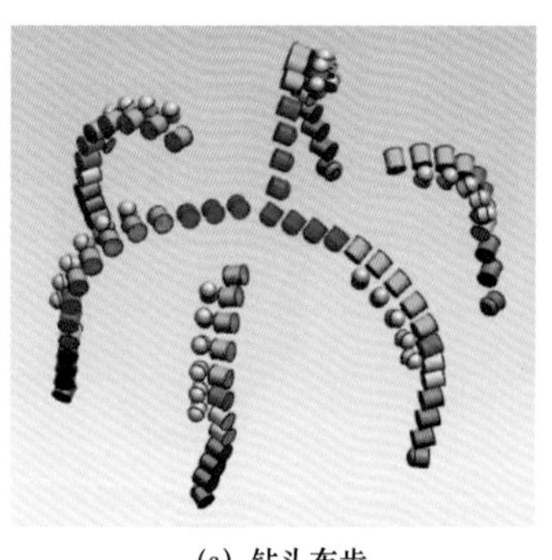

(a) 钻头布齿

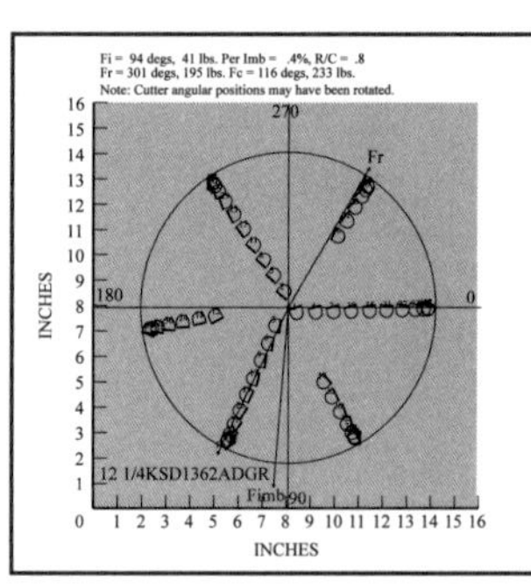

(b) 不平衡力

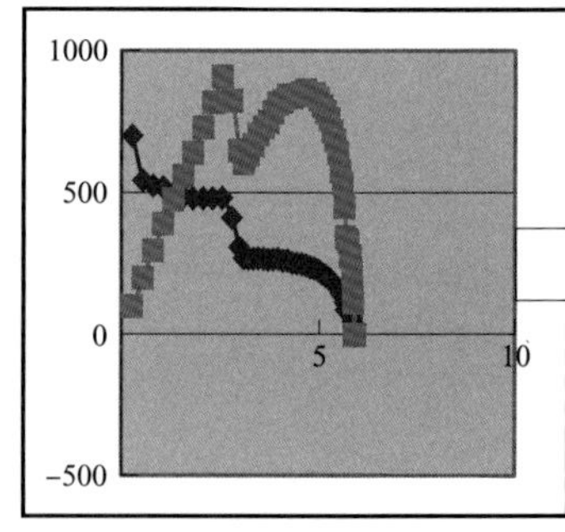

(c) 钻头功力图

图 4-2-5 ϕ311.2mm KSD1362ADGR 布齿方案

（2）钻头结构优化。通过钻头结构创新，运用超短一体式钻头加工工艺技术，采用钢体一体式结构，缩短钻头保径到螺杆扶正器之间的距离，定向工具面稳定，从而提高了钻头的造斜能力（图 4-2-6），并优化开发了 $12^1/_4$KSD1362ADGR 等超短一体式钢体系列 PDC 钻头（图 4-2-7）。

3）定向钻头现场应用评价

该层段主要进行定向增井斜和扭方位，且韩家店上部少量含砂岩，研磨性强。该层段采用 $12^1/_4$in KSD1362ADGR 超短一体式定向钻头，定向施工效率高，提速效果显著。其中最高机械钻速高达 17.96m/h，平均机械钻速 14.79m/h，较前期机械钻速提高 53.42%。

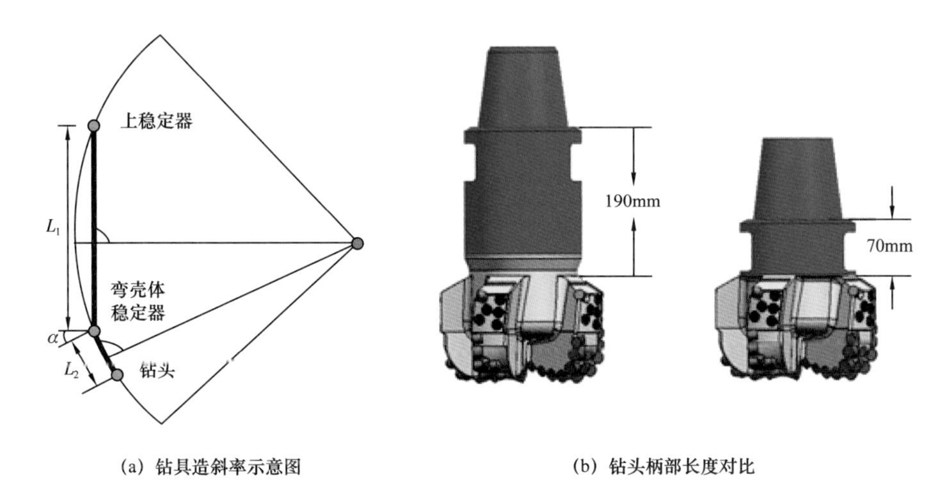

(a) 钻具造斜率示意图　　(b) 钻头柄部长度对比

图 4-2-6　钻具造斜率示意图及钻头柄部长度对比

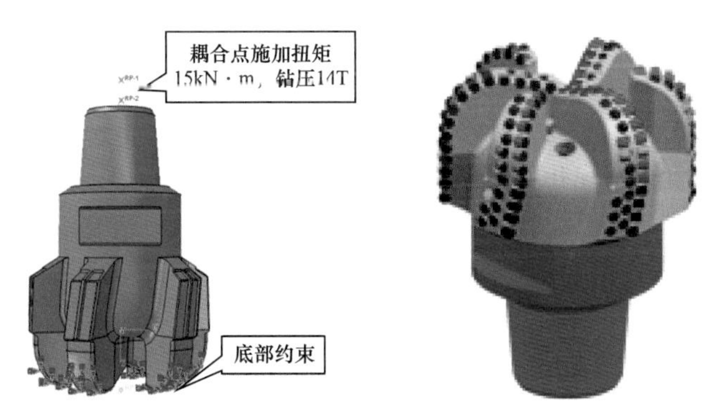

图 4-2-7　ϕ311.2mm KSD1362ADGR 结构强度分析

4. 龙马溪组—五峰组定向钻头研制

1）前期钻头定向应用分析

（1）浊积砂造斜段。

由于龙马溪组浊积砂岩层段地层可钻性极差，地层岩性主要以灰色泥岩、碳质泥岩为主，地层抗压强度 119.08MPa，不均质系数 0.18，属于中等强度地层，研磨性较高，非均质性强。常规 PDC 无法适应该层段施工作业，前期针对井段主要采用牙轮钻头钻进。龙马溪浊积砂层段研磨性强，PDC 钻头磨损严重，进尺少，前期主要使用牙轮钻头钻进，机械钻速低，定向速度慢。

（2）龙马溪—五峰组水平段。

水平段需要根据导向情况频繁进行轨迹调整，钻头定向主要依靠肩部齿切削，起出钝钻头失效主要为保径磨小、规径崩齿，肩部齿磨损，造成定向施工困难，机械钻速低。

2）定向钻头技术要求分析

三开钻遇龙马溪组、五峰组，以大套灰黑色页岩、碳质页岩及灰黑色泥岩、碳质泥岩为主。钻头失效以断齿、环磨、崩片和磨损为主，优化设计 215.9KPM1642ART 混合钻头和 215.9KMD1652ADGR、215.9KSD1652FRTY 定向 PDC 钻头。

（1）215.9KPM1642ART 混合钻头。

为减轻 PDC 钻头的鼻部和肩部的切削任务，减少鼻部和肩部切削齿的破碎或磨损，提高切削效率，采用混合切削结构。

混合钻头同时包含牙轮和 PDC 刀翼，牙轮切削齿只存在于 PDC 钻头的鼻部和肩部，牙轮切削齿与 PDC 钻头的鼻部和肩部的切削齿共同切削位于 PDC 钻头的鼻部和肩部的岩石。

（2）215.9KMD1652ADGR 高耐磨 PDC 钻头。

三开钻遇龙马溪组、五峰组。岩性以大套灰黑色页岩、碳质页岩及灰黑色泥岩、碳质泥岩为主。水平段较长，易形成岩屑床，卡钻风险大，稳斜难度大，轨迹不易控制。钻头失效以断齿、环磨、崩片和磨损为主，该井段水平段较长，钻头稳斜较难，钻头进尺慢、机速低。针对以上工程难点优化设计了 8 1/2 KMD1652ADGR 定向 PDC 钻头。

（3）215.9 KSD1652FRTY 先锋高抗磨 PDC 钻头。

新设计 215.9KSD1652FRTY 先锋 PDC 钻头，在保证 215.9KMD1652ADGR 攻击性的基础上，采用“斧型齿 + 锥形齿”混合破岩技术，提高钻头抗冲击能力；内锥布置孕镶齿，提高钻头耐磨性能；优化内锥倾角，提高钻头定向工具面稳定性。该钻头配合 7 头 172mm×1.25° 耐油基等壁厚螺杆可有效解决五峰组难钻地层钻头进尺少问题。

3）定向钻头现场应用评价

（1）浊积砂定向段。

三开造斜段定向工作量大，且浊积砂岩层段研磨性强，岩性较硬，可钻性差，常规 PDC 定向易托压，钻遇浊积砂岩行程进尺短。江钻 215.9KPM1642ART 混合钻头已成为三开造斜段标准配置，使用率 100%。平均进尺 600m 以上，可实现三开造斜段一趟钻优快钻进，单趟进尺最高达 808m，机械钻速 13.93m/h。

（2）水平段五峰组。

五峰组地层含硅质，钻头易崩齿失效。江钻结合地层特点已开发专门针对五峰组地层的高效 PDC 钻头，平均进尺 1000m 以上，提速效果显著，其中五峰组单趟进尺最高达 1881m，机械钻速 12.38m/h。平均机械钻速 10.33m/h。

二、钻井提速工具研发

1. 涡轮式水力振荡器工具

水力振荡器工具由压力脉冲发生系统和振动发生系统组成，如图 4-2-8 所示。压力脉冲发生系统依靠涡轮驱动阀盘转动，周期性地改变工具流道过流面积，产生压力脉冲。振动发生系统是一个碟簧与液压联合作用的振动工具，压力脉冲发生系统产生的脉动压力作用在心轴驱动活塞上，心轴便会产生轴向振动，带动钻柱产生轴向蠕动，降低钻柱摩阻，改善钻压传递，可大幅提高水平井滑动钻进钻井速度。

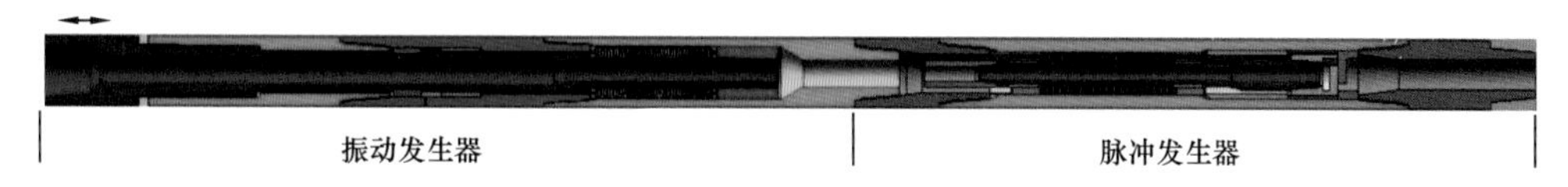

图 4-2-8 涡轮式水力振荡器结构原理示意图

脉冲发生系统结构原理如图 4-2-9 所示，包括由上接头 1、外筒 2、定子压帽 3、上调整套 4 和 5、扶正轴承动圈 6 和定圈 7、空心转轴 8、涡轮定子 9、涡轮转子 10、压套 11、动阀盘 12、下调整套 13、定阀盘 14、下接头 15 组成，依靠多级涡轮驱动空心、转轴 8 转动，带动动阀盘转动改变流体的过流面积，产生振动发生系统需要的压力脉冲。

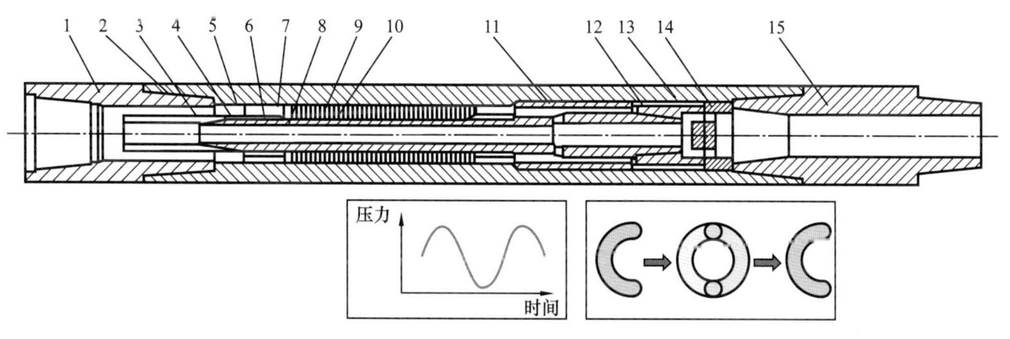

图 4-2-9 脉冲发生系统结构原理图

振动发生系统结构原理如图 4-2-10 所示，主要由振动心轴 1、花键外筒 2、呼吸外筒 3、行程挡瓦 4、呼吸喷嘴 5、浮动活塞 6、碟簧组 8、活塞 9、碟簧外筒 10、螺钉 11、“O” 形密封圈 12、导向环 13、格莱圈 14、螺钉 15、斯特封 16、格莱圈 17、导向环 18、挡圈 19、“O” 形密封圈 20、“O” 形密封圈 21、斯特封 22 等组成。1 和 2 之间花键连接，2、3、10 之间通过螺纹连接，振动心轴 1 的运动行程由行程挡瓦 4 与花键外筒 2 之间的间隙确定，上部钻具的扭矩通过 1 与 2 之间的矩形花键传递到下部钻具；行程挡瓦 4 还具有防掉功能，以避免心轴 4 与下部钻具脱开。为了提高密封件及碟簧寿命，活塞 9 与浮动活塞 5 之间形成的密封腔内部充润滑油。呼吸外筒 3 上装有呼吸喷嘴 5，以适应心轴往复运动产生的内部腔体容积变化。

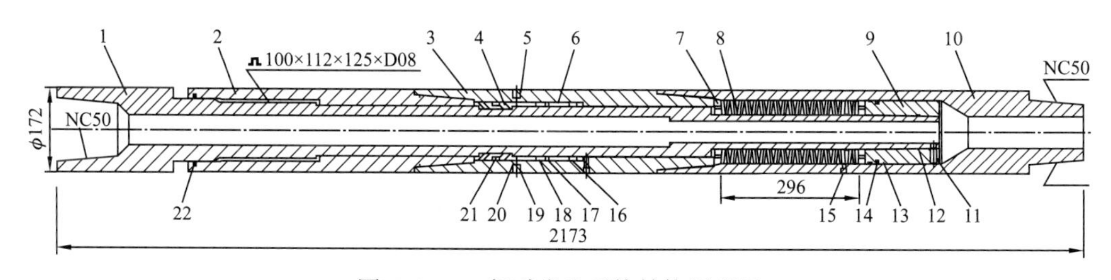

图 4-2-10 振动发生系统结构原理图

1）主要结构技术参数

（1）适用井径：215.9mm。（2）工具外径：172mm。（3）工具总长：3780mm。（4）适用排量：25～32L/s。（5）设计工作压降：1～3MPa。（6）振动频率：20～30Hz。

2）碟簧组设计

本工具振动系统中选用碟簧为40片尺寸为125mm×71mm×6.0mm无支撑面的Mubea蝶型弹簧，材料为50CrV4，采用导向杆装配，由20个叠合组合弹簧组组成的对合组合弹簧组，每个叠合组合由2片单片弹簧组成。设计弹簧组最小变形为10mm（预压变形），最大变形为20mm（最大工作行程为10mm时），该碟簧组预压载荷为24447N，承受的最大工作载荷46589N。

3）涡轮定转子设计

涡轮式水力振荡器发生系统动阀盘的转动依靠涡轮转子驱动，涡轮定子使钻井液具有一定的方向和速度进入涡轮转子，涡轮转子就使钻井液的水力能量转变为主轴和动阀盘的转动机械能。综合考虑水力推力对动阀盘的适当压持作用，以及脉冲频率在20～30Hz范围的要求，按照涡轮叶片设计的基本理论和方法、驱动级数为10级的要求，优化设计了一种的涡轮定转子，其理论设计特性参数见表4-2-1。

表4-2-1 涡轮定转子组合的理论特性参数

排量/（L/s）	空转转速/（r/min）	制动扭矩/（N·m）			工作压降/MPa		
		γ=1.2	γ=1.4	γ=1.6	γ=1.2	γ=1.4	γ=1.6
10	1583	30	36	41	0.16	0.19	0.21
11	1741	37	43	49	0.19	0.22	0.25
12	1900	44	51	59	0.23	0.27	0.30
13	2058	52	60	69	0.27	0.31	0.36

4）现场应用

该工具在焦页18-2HF井进行了现场试验，见表4-2-2。

表4-2-2 焦页18-3HF井涡轮式水力振荡器工具试验井段与邻井对比表

井号	钻头型号	钻井方式	钻进井段/m	地层	进尺/m	钻时/h	钻速/m/h	效果/%
焦页18-3HF	MDSI516	PDC+1°弯螺杆+降摩减阻工具	2970～3705	龙马溪组	735	65.6	11.20	0
焦页18-2HF		PDC+1°弯螺杆	2927～3622		735	93.4	7.87	+42.3

三开ϕ215.9m井眼龙马溪组2970.47～3705.53m定向水平井段，地层为龙马溪组，岩性为灰黑色碳质页岩，钻头为MDSI516PDC钻头，总进尺735m，振荡器工具工作时间85h，纯钻时65.6h，平均机械钻速11.2m/h，与同一井队在同一平台完成的焦页18-2HF

井同比机械钻速提高 42.3%；使用过程中工具面稳定，钻压传递平稳，定向过程中未发生严重托压现象。

2. 射流冲击器研发

针对涪陵页岩气田二开 311.2mm 大尺寸井眼茅口组机械钻速低、茅口组到龙马溪组定向井段托压严重的技术难题，在前期 ϕ178mm 射流冲击器应用研究的基础上，通过 ϕ228mm 射流冲击器结构参数优化、台架性能测试、现场施工工艺优化，形成了 ϕ228mm 射流冲击器直井段提速方案和定向段防托压两套技术方案，并在近期在涪陵钻井区块二开钻进井段进行了试验应用，ϕ228mm 射流冲击器主要参数见表 4-2-3。

表 4-2-3 ϕ228mm 射流冲击器主要参数

序号	主要参数	参数值	备注
1	适用井眼直径 /mm	311.2	
2	冲击器外径 /mm	228.6	
3	冲击器长度 /mm	2793	
4	上接头螺纹类型	630	
5	下接头螺纹类型	630	
6	适用排量 /（L/s）	35～60	
7	工具压降 /MPa	2～4	
8	抗拉压 /t	287	
9	抗扭 /（kN·m）	17500	

ϕ228mm 旋转冲击器现场应用工具 7 套共计 11 井次。见表 4-2-4。

表 4-2-4 ϕ228mm 旋转冲击器现场应用情况

使用井号	起止井深 /m	地层	进尺 /m	纯钻 /h	起钻原因	钻速 /（m/h）
焦页 81-7HF 井	1520～1769.81	茅口组	249.81	29.1	钻时慢	8.6
	1769.81～1810.27	茅口栖霞	40.46	7.3	返铁屑	5.54
	1932.45～2000.75	栖霞、梁山	68.3	5.2	MWD 无信号	13.13
	2000.75～2229.99	栖霞韩家店	229.24	36.2	钻时慢	6.33
	2229.99～2439.33	韩家店、小河坝	209.34	20	钻时慢	10.47
焦页 81-6HF 井	2370.29～2497.26	韩家店	126.97	20.8	钻头泥包	6.19
	2497.26～2639.89	韩家店、小河坝	142.63	17.9		7.97

续表

使用井号	起止井深 /m	地层	进尺 /m	纯钻 /h	起钻原因	钻速 /（m/h）
焦页 81-6HF 井	2639.89～2784	小河坝、龙马溪	144.11	21.1	钻头泥包	6.83
焦页 81-5HF 井	1824～1985	栖霞、梁山、韩家店	161	33	钻时慢	4.88
	1985～2244	韩家店	259	48	钻时慢	5.40
	2612～2726	韩家店、小河坝	114	24	压降高钻时慢	4.75

3. “一趟钻”钻井技术

1）一开一趟钻技术方案优化

（1）钻井方式：复合钻井。

（2）钻头选型：优选 16in KS1662SGAR。

（3）钻具组合：ϕ406.4mmPDC+ϕ244mm1.25° 螺杆 +731×830+ϕ402mm 扶正器 + 831×730+731×630+ 浮阀 +ϕ203.2mm 无磁钻铤 + 无磁悬挂 +ϕ203.2mm 无磁钻铤 + ϕ203.2mm 钻铤 ×2 根 +631×410+ϕ127mm 加重 ×27 根 +ϕ127mm 钻杆。

该钻具组合具有较强的定向纠斜能力，同时由于钻具组合中加入较大尺寸的扶正器和一定数量的钻铤，使该组合兼具较强的稳斜能力，定向纠斜完后，可直接进行复合钻进，不需更换钻具组合，从而达到一趟钻钻完进尺的目标。

（4）钻井介质：清水。

（5）重点措施：防斜控斜，每钻进 80～100m 测斜监控；清水钻防卡，排量不低于 65L/S。

2）二开一趟钻技术方案优化

（1）钻头与螺杆优选，见表 4-2-5。

表 4-2-5 二开分段钻头与螺杆选型

钻头型号	数量	螺杆型号	数量	地层
KM1653DAR/ KMD1663DRT	1	7LZ244mm0.5°/228.6mm1.25°	1	飞仙关、长兴、龙潭
HJT637GK	1	7LZ216mm1.25°	2	龙潭组、茅口组中上部
KMD1663DFRT	1			茅口下部—韩家店
KSD1362ADGR	1			韩家店、龙马溪组

（2）重点控制措施。

① 直井段防碰：每钻进 80～100m 测斜监控，直接下入 MWD，使用 228.6mm×1.25° 螺杆，随时进行调整。

② 钻井液性能优化：栖霞组以前使用清水钻进，钻井液推广应用钙钾基体系，同时强化钻井液的防漏堵漏性能。

③ 定向方案优化：优化剖面设计，合理选择定向点，定向施工避开龙潭组、茅口组、梁山组、黄龙组等可钻性差的地层。

④ 钻井参数优化：根据地层特性调整钻井参数，飞仙关长兴组等可钻性好的地层强化钻压，转速；龙潭组、黄龙组等地层弱化参数，保护钻头，延长钻头寿命。

3）三开一趟钻技术方案优化

（1）造斜段技术方案。

① 轨迹优化设计：分段剖面优化设计，确保着陆，留有调整余量。

② 钻具组合优化：ϕ215.9mm PDC+ϕ172mm×1.25° 单弯螺杆 + 浮阀 +ϕ127mm 无磁承压钻杆 +LWD 短节（411×410）+ϕ127mm 无磁承压钻杆 +ϕ127mm 加重钻杆 ×9 根[最大造斜率与轨迹匹配，达到（0.16°～0.25°）/m]。

③ 钻头选择：KPM1642ART 混合钻头。

④ 卡准浊积砂地层井深，及时调整轨迹。

（2）水平段技术方案。

① 钻具组合：ϕ215.9mmPDC+ϕ172mm×1.25° 螺杆 + 浮阀 +ϕ210mm 扶正器 +ϕ127mm 无磁承压钻杆 +LWD 短节 +ϕ127mm 无磁承压钻杆 +ϕ127mm 加重钻杆 ×9 根 +ϕ127mm 斜坡钻杆 ×2 根 + 水力振荡器。

② 钻头选型：KSD1652AGR（上部气层）/KSD1652ADGR。

③ 螺杆选型：7 头抗高温耐油基螺杆。

④ 减阻工具：使用欠尺寸低摩阻扶正器和低压差水力振荡器。

⑤ 轨迹控制：轨迹平滑，避免频繁进出五峰组。

⑥ 钻井液性能：关键是确保油包水乳状液的稳定性和维持体系的活度平衡。

基于等寿命理念的水平井一趟钻技术，2019—2020 年在焦石坝区块老区开发调整井全面推广应用。其中 2019 年完成水平井 67 口，一开“一趟钻”100%，二开四趟钻占比 41.2%，三开二趟钻占 16.5%，16 口井完成水平段一趟钻，占比 23%。2020 年（1—11 月）完成水平井 101 口，一开基本实现一趟钻，二开四趟钻占比 45%；三开二趟钻占 42%，37 口井完成水平段一趟钻，占比 37%。与往年相比，水平段一趟钻覆盖率大幅提高。

第三节　页岩气水平井轨迹控制技术

一、礁石坝区块井眼轨迹控制技术

1. 井眼轨迹控制技术难点

（1）定向井段和水平段进尺占全井总进尺的 70% 以上。ϕ311.2mm 造斜井段及裸眼井段长，地层易漏、夹层多、研磨性强，定向难度大。

（2）三维水平井井口与A、B靶方位连线不在一条直线上，跨度大，存在大井眼长稳斜段和大幅度扭方位井段，井眼轨迹设计相对复杂，控制难度大，二开后期摩阻扭矩大，定向“托压”，施工困难。

（3）水平段控制精度要求高，水平段分别在龙马溪组底部和五峰组两个层位穿行（图4-3-1）。龙马溪主力气层厚度38m，但要求在底部垂厚10m左右范围穿行，五峰组相对较薄，垂厚只有5～8m。由于该区块地层局部复杂，标志层、目的层及地层倾角不明确，现场地质判断困难，几何导向技术控制井眼轨迹难度大。

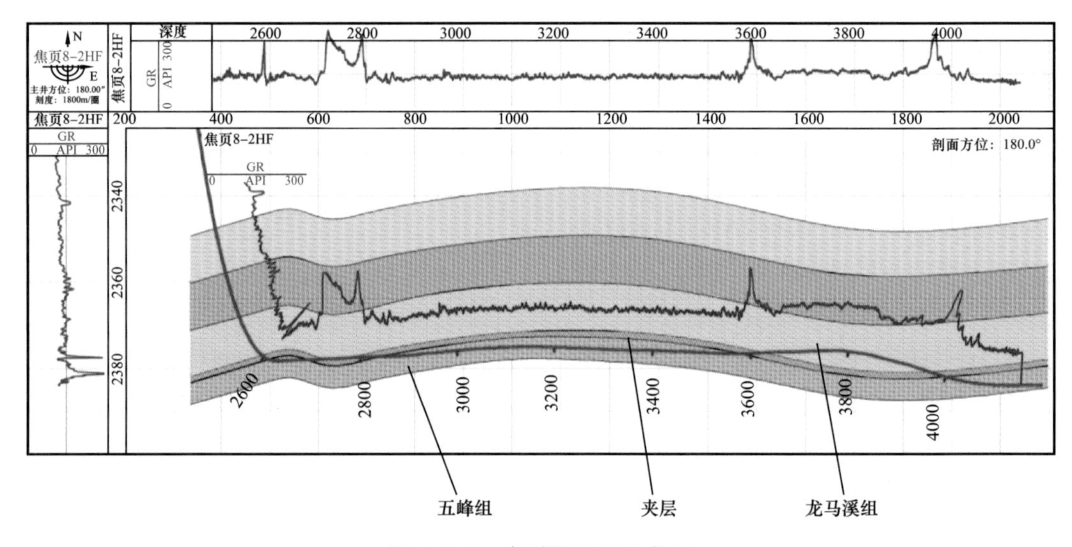

图4-3-1 水平段地层示意图

（4）水平段长1500～3000m，水平位移大，随着井深和水平位移的延伸，井眼清洁、携砂困难，重力效应突出，摩阻扭矩不断增加，滑动钻进钻压传递困难。

（5）同台井及各平台井之间防碰要求较高（图4-3-2）。页岩气水平井布井方式为同台多井，一个平台平均布3～6口井，井位分布密集，各井间需要绕障防碰。

2. 井眼轨迹控制方案

1）直井段轨迹控制

焦石坝地区地层为海相地层，可钻性差。因此直井段钻进时，可采用塔式钟摆钻具，增加大尺寸钻铤数量和扶正器，加大钻具底部刚性，减缓增斜趋势。并且在进入韩家店组后，进行加密测斜，随时监控易斜地层的井斜变化趋势，必要时，提前下入定向仪器进行纠偏，避免因直井段井斜过大导致后期定向工作量加大，影响轨迹质量及后期完井作业施工。在适合PDC钻进的层段，如飞仙关、韩家店组，可采用PDC+小度数螺杆+欠尺寸扶正器钻具组合，在起到防斜作用的同时，提高机械钻速。这两种钻具稳斜效果都比较理想，具体采用何种钻具，应根据现场地质情况进行合理选择。

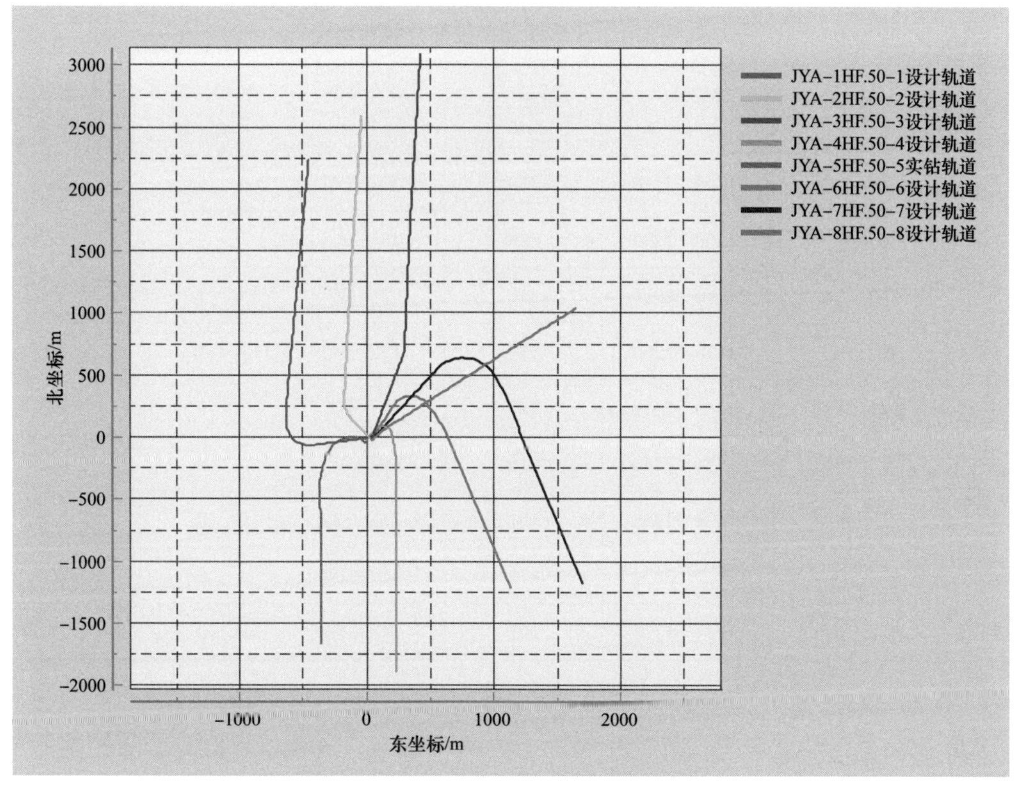

图 4-3-2 焦页 50 平台水平投影防碰图

2）长稳斜段轨迹控制

ϕ311.2mm 井眼长稳斜段一直是涪陵焦石坝页岩气水平井，同时也是国内定向技术方面的难题。

焦页 9-1HF 井和焦页 5-1HF 井是两口最先开钻的三维水平井，在长稳斜井段分别起下钻 5 次和 3 次，先后更换了多套钻具组合，效果都不明显，极大影响了钻井时效和行程钻速。并且由于稳斜效果不好，定向纠斜频繁，造成后期摩阻扭矩非常大。研究表明：单弯双稳导向钻具近钻头稳定器到上稳定器的距离及上稳定器的直径、螺杆钻具弯度大小的变化，都对复合钻进增斜力有一定的影响。结合这两口井的实践经验，及时总结分析，不断优化完善，目前已总结出了一套比较成熟的适合 ϕ311.2mm 大井眼长稳斜段的钻具组合：PDC 钻头 + 单弯螺杆 + 短钻铤 + 欠尺寸扶正器 + 浮阀 + 无磁钻挺 ×1+LWD 组件 + 加重钻杆。

该钻具采用单弯螺杆 + 欠尺寸扶正器，并且在螺杆与欠尺寸扶正器之间设置了一根短钻铤。在实际施工中，复合钻平均增斜率（0.01°～0.02°）/m，比较稳定，非常符合井眼剖面中井斜微增的要求。

通过钻具组合优化，与第一口大三维井焦页 9-1HF 井相比，大井眼长稳斜段的稳斜效果有了明显改善，目前每口井基本只使用 1～2 套钻具组合即可钻完长稳斜段，大幅度减少了钻具组合的调整次数及起下钻次数，行程钻速有了明显提高（表 4-3-1）。

表 4-3-1 三维井稳斜段部分效果对比

序号	井号	稳斜井段 / m	稳斜进尺 / m	对应井斜 / (°)	稳斜钻具调整次数	行程钻速 / m/h
1	焦页 9-1	1340～2120	780	23.1～41	5	2.96
2	焦页 5-1	1300～2330	1030	15～36.5	3	3.66
3	焦页 7-3	1240～2050	810	21～37	1	3.93
4	焦页 6-3	1530～2260	730	23.5～42	1	4.35
5	焦页 11-1	1366～2118	752	23～41.1	0	6.8
6	焦页 10-3	1524～2140	616	19～37	0	8.83
7	焦页 8-1	1434～1995	561	25.9～39	0	6.38
8	焦页 30-3	1217～2034	817	18～37.9	0	8.6
9	焦页 10-1	1134～1735	601	21～37.9	0	11.4

3）着陆控制

着陆控制是指从造斜井段开始钻至油层内的靶窗这一过程。增斜是着陆控制的主要特征，进靶控制是着陆控制的关键和结果。靶点垂深和工具造斜率的不确定性，是影响水平井着陆最重要的两个因素。在实际施工中，要将工具造斜率看成是不确定的，然后按工具最大造斜率和最小造斜率分别预测井底数据和待钻井眼轨道，得出两种方案完成后的井眼轨迹的可能变化范围，依次分析找到合理施工方案，同时要提高测量盲区内已钻井眼的预测精度，尽可能减小或消除工具造斜率不确定性给水平井待钻井眼轨迹带来的影响。最大和最小造斜率对应的轨道是两个最极端的情况，若能保证这两条轨道能中靶，则所有可能的轨道都可以中靶。

4）水平段轨迹控制

水平段轨迹控制是指进靶之后在给定靶窗内钻出整个水平段的过程。

目前总结出了一套适合涪陵区块页岩气长水平段穿行的钻具组合：PDC 钻头 + 小度数单弯螺杆 + 欠尺寸扶正器 + 倒装钻具。但由于每口井的地质情况不同，稳斜效果肯定也有所变化。实钻过程中，可以通过每口井水平段的稳斜效果进行钻具组合的微调，适当调整扶正器尺寸及螺杆度数。长水平段穿行时采取以复合钻进为主、滑动钻进为辅、坚持“勤调微调”的原则，合理调整滑动钻进与复合钻进的比例，以控制或减缓井斜的变化趋势。

该钻具组合稳斜效果明显，复合钻平均增斜率只有（0°～0.01°）/m，在保证井眼轨迹平滑、在减少定向纠斜工作量的同时，提高了机械钻速，因此这种钻具组合可以作为涪陵地区长水平段穿行的首选。在此基础上，创造了多项技术指标：焦页 13-2HF 井创水平段日进尺 415m 区块纪录；焦页 11-2HF 井一只钻头、一根螺杆、一趟钻钻完 1418.62m

水平段，纯钻时间 84h，机械钻速 16.88m/h，行程时间 5.54 天，行程钻速 256.06m/d，创水平段机械钻速、行程钻速最快区块纪录；焦页 5-2HF 井一只钻头、一根螺杆、一趟钻钻完 1530m 水平段，纯钻时间 96.78h，机械钻速 15.81m/h。

3. 工具仪器

1）井下动力工具（螺杆）

不同井眼尺寸采用的螺杆型号不同，合适的螺杆会对井眼轨迹控制、造斜率、井下摩阻扭矩、机械钻速等方面带来较大影响。

（1）ϕ311.2mm 井眼定向段：采用水基钻井液单弯螺杆，外径 ϕ216mm、三瓣不对称式直扶 ϕ307～308mm、螺杆弯曲度数 1.25°；

（2）ϕ215.9mm 井眼增斜段：采用耐油基单弯螺杆，外径 ϕ172mm、三瓣不对称式直扶 ϕ211～212mm、螺杆弯曲度数 1.25°；

（3）ϕ215.9mm 井眼水平段：采用耐油基单弯螺杆，外径 ϕ172mm、三瓣不对称式直扶 ϕ211～212mm、螺杆弯曲度数 0.75°～1°；

2）随钻测量仪器

综合性能优异的随钻仪器是水平井定向施工的基础。目前水平井普遍采用依靠钻井液脉冲进行传输信号的 MWD/LWD，即无线传输的随钻测斜仪，它允许在定向钻进和转盘钻进两种工况下工作。但是由于信号靠钻井液脉冲来进行传输，工程参数传输相对较慢，为了提高定向精度，就必须选用传输速率高的无线随钻仪器，因水平位移大，还要考虑仪器信号前期较弱、后期衰减的问题。并且由于水平段机械钻速非常快，现场确定层位很大程度上要依靠随钻伽马曲线，因此必须要求随钻仪器有较快的传输速率。综合以上因素，建议选用涡轮发电随钻地质导向仪进行随钻监测。该型仪器工具面传输只需要 9～13s，并且适合各种井深和排量，故障率极低，井下工作时间长，安全性高（无电池），完全满足涪陵地区水平井施工需求。

不同井眼尺寸所适用的仪器型号不同，不同型号的随钻仪器所要求的钻井泵排量也不同。根据现场实际及仪器特点，确定了不同井眼所使用的不同型号随钻仪器所要求的钻井泵排量范围。

二、江东、平桥复杂构造区块井眼轨迹控制技术

涪陵页岩气田二期江东、平桥区块地质构造复杂，钻井地质特征与一期焦石坝区块存在较大差异，主要体现在：（1）上部地层造斜能力强；（2）小河坝地层含砂量高，可钻性极差；（3）目的层埋藏加深；（4）目的层倾角变化较大。

1. 井眼轨迹控制技术难点

（1）上部地层易斜，丛式水平井防碰难度大。

二期区块上部直井段地层嘉陵江、飞仙关及茅口组存在造斜能力强的特点，最大造斜率达到 6°/100m。同时由于靶点垂深的加深，直井段增加，对于井口距离为 10m 左右的丛式水平井而言，井斜造成的井眼防碰风险较一期大为增加。

图 4-3-3　钻井小河坝地层的 PDC 钻头

（2）小河坝地层含砂量高，PDC 钻头极易磨损，造成定向困难。

平桥区块小河坝地层含砂量极高，PDC 钻头易发生早期磨损，甚至形成如图 4-3-3 所示的环形槽，钻头磨损后形成小井眼，定向托压明显，且易发生卡钻。对于大三维水平井而言，小河坝地层属于扭方位的主要井段，PDC 钻头的适应性差极大影响了井眼轨迹控制的精度和效率。

（3）储层埋藏加深，各开次裸眼井段增加，摩阻扭矩大。

一期焦石坝区块储层埋深为 2758.98m，据二期已钻井统计，埋深已达到 3323.98m，增加 20.45%，储层埋深的增加造成 ϕ311.2mm 井眼和 ϕ215.9mm 井眼裸眼段长度均大幅增加。二期 ϕ311.2mm 井眼深度平均达到 3186.31m，增加 15.32%，最深达到 4115m（创页岩气水平井纪录）；ϕ215.9mm 井眼深度平均达到 5160.13m，增加 11.4%。

随着裸眼段长的增加，井眼摩阻扭矩显著增大，焦页 90-4HF 井中完通井时，下放摩阻 30t，上提摩阻达到 50t，需开泵倒划才能顺利上提钻具。

（4）井震矛盾突出。

地震剖面显示水平段走向平缓，实钻水平段地层倾角变化大，造成轨迹调整频繁，钻进后期摩阻扭矩大，定向易托压甚至卡钻。如地震图显示水平段倾角 0.1°（图 4-3-4），但在实钻过程中，倾角大幅度变化（图 4-3-5），井眼轨迹不断调整以保证优质储层钻遇率，最终形成波浪形轨迹。在水平段钻进后期，滑动钻进摩阻达到 20t，同比水平段轨迹平缓的井，摩阻增加约 43%，轨迹调整极其困难。

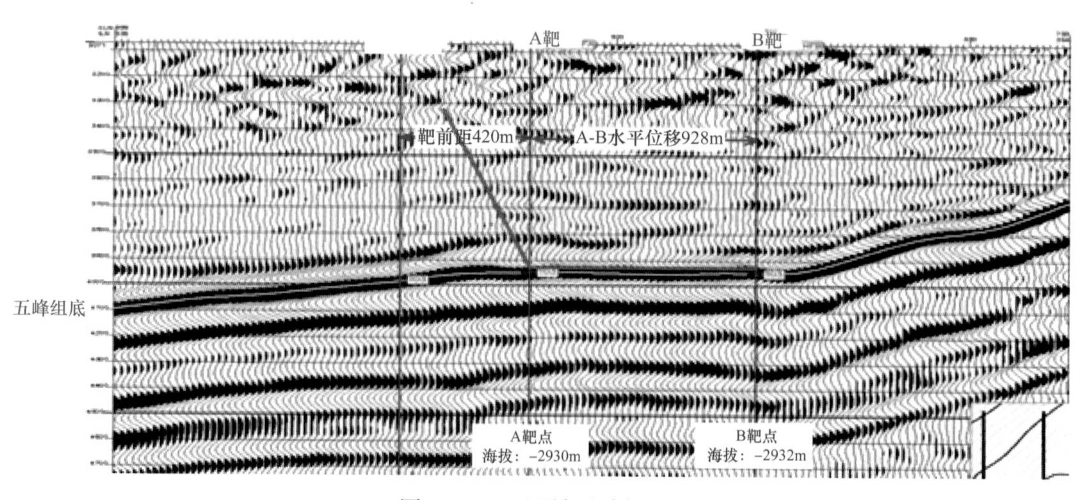

图 4-3-4　地震解释剖面图

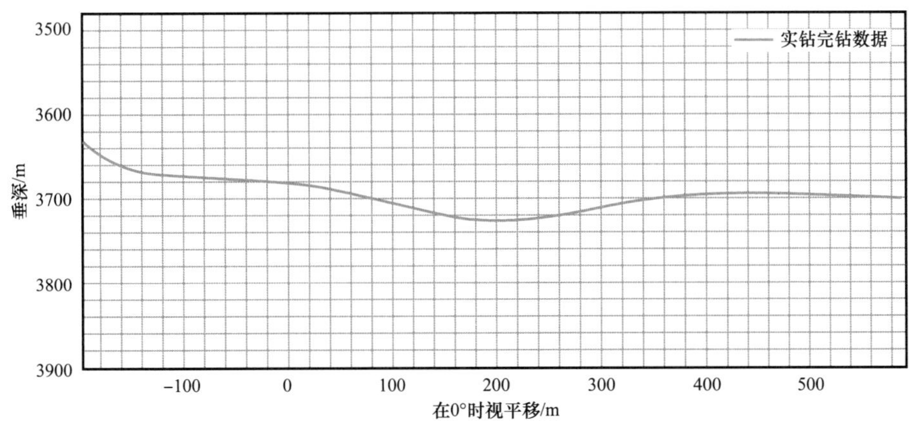

图 4-3-5 实钻水平段轨迹图

2. 井眼轨迹控制技术

1）长直井段易斜地层防碰技术

（1）优选钻具组合和钻井参数，确保防斜打直。

使用大尺寸钻铤的塔式钻具组合，同时使用 9in 无磁钻铤，相比一期产建，减少了测量盲区。实钻效果证明，上述钻具组合在优化钻井参数的基础上对控制井斜有比较好的效果。

（2）制定了井眼防碰控制流程，遵循“及时测斜，防碰扫描，趋势防碰”的防碰理念。

在改变防碰理念的同时，严格执行“三个 1”措施，即 1 个测点、1 次扫描、1 步措施。易斜地层加密测斜，对测斜数据及时进行防碰扫描，按最不理想轨迹趋势预测下部轨迹，确定两井距离是否有拉近趋势。根据轨迹趋势制定下部钻进措施，通过控制钻井参数，加密测斜来加强直井段的轨迹控制，出现逐渐靠近趋势时，及时进行绕障施工。

2）优化三维水平井轨道剖面

（1）优选剖面类型。

针对圆弧形、五点六段制、双二维和变曲率剖面进行对比分析，以优选出适合长水平段钻进的最优剖面类型。四种不同剖面类型摩阻扭矩分析见表 4 3 2。

表 4-3-2 不同剖面的摩阻扭矩值对比

剖面类型	滑动钻进摩阻 / t	起钻摩阻 / t	下钻摩阻 / t	旋转钻进扭矩 / kN·m
圆弧形	36.49	34.03	34.15	27.32
五点六段制	38.27	29.96	35.49	26.20
双二维井	42.16	42.90	39.72	29.58
变曲率	38.82	30.39	35.55	26.21

对四种类型剖面设计在各工况下摩阻扭矩值进行模拟计算，通过对比可以得出：五点六段制剖面设计方法虽然在滑动钻进摩阻和下钻摩阻略大于圆弧形设计剖面，但在起钻摩阻和旋转钻进扭矩上小于其他三种剖面设计方法，因此优选使用五点六段制剖面。

（2）优选造斜点。

以焦页某井为例，设计造斜点井深 1400m，针对 1000m、1200m、1400m 三种不同造斜点所形成的剖面进行摩阻扭矩分析，结果见表 4–3–3。

表 4–3–3　不同造斜点深度的摩阻扭矩值对比

造斜点深度	滑动钻进摩阻 / t	起钻摩阻 / t	下钻摩阻 / t	旋转钻进扭矩 / kN · m
造斜点 1000m	38.51	29.64	36.20	26.09
造斜点 1200m	38.32	29.96	35.49	26.20
造斜点 1400m	39.01	30.94	35.75	26.36

对三种造斜点深度在各工况下摩阻扭矩值进行模拟计算，通过对比可以得出：造斜点 1200m 在起钻摩阻和旋转钻进扭矩稍大于造斜点 1000m，但在滑动钻进摩阻和下钻摩阻远小于其他两种造斜点深度，同时考虑到可钻性较差的龙潭组地层垂深为 1040～1135m，为避开该地层定向，优选造斜点井深为 1200m。

（3）优选造斜率。

优选长水平段水平井的造斜率也是轨道设计的重点，造斜率太高，钻具与井壁的接触力增大，必然导致摩阻和扭矩的增加，但造斜率过低，又会使井眼长度增加，不利于现场施工。针对涪陵页岩气水平井，由于 ϕ215.9mm 井眼造斜率受靶点垂深的控制，主要对 ϕ311.2mm 井眼进行造斜率优选，以三种造斜率进行剖面设计和摩阻分析结果表明，以 0.13°/m 的造斜率进行 ϕ311.2mm 井眼剖面设计，摩阻最小，同时也满足设计造斜率略小于工具实际造斜率（0.15°/m）的要求。

3）优选大井眼扭方位和小河坝地层定向工具

（1）超短保径 PDC 和开槽螺杆钻具的应用。

超短保径 PDC 是在常规的 KSD1663DRT 钻头基础上改进而来，最显著的特点在于保径部分长度大大缩短，由常规的 18cm 缩短为 12cm。超短保径 PDC 和螺杆钻具配合使用，具备以下优点。

① 可有效缓解大三维水平井扭方位托压问题。

焦页 184–4HF 井作为典型的大三维水平井，使用新型工具后，扭方位 48.4°，基本完成了设计的二开扭方位工作量，定向前期无托压现象，后期由于地层含砂，钻头磨损后出现定向托压现象。

② 相比牙轮钻头，钻速更高，有利于钻井提速。

超短保径 PDC 机械钻速达到 7.8m/h，牙轮钻头则只有 1.5m/h 左右。同比牙轮钻头提高 420%，同时 PDC 钻头的使用寿命和安全性较高。

（2）混合钻头的应用。

针对小河坝地层含砂量高、PDC 钻头磨损后定向困难的特点，试验并推广应用了混合型钻头，该类型钻头具备以下特点：

① 结合了 PDC 钻头与牙轮钻头优点，具有很好的抗磨性，单只钻头使用时间远高于牙轮钻头，但相比牙轮钻头，大幅度节省了起下钻更换钻头时间；

② 能够解决解定向托压难题，定向施工性能近似牙轮钻头；

③ 机械钻速相比 PDC 钻头虽略显劣势，但是牙轮钻头的 2～3 倍。

混合钻头的应用效果表明，该钻头对解决小河坝地层定向扭方位困难的难题具有较好的效果。

4）近钻头地质导向仪器和旋转导向工具应用

（1）近钻头地质导向仪器的应用。

相比常规 LWD 仪器，近钻头地质导向仪器具有比较突出的优点包括伽马零长短、测量参数多等，具体如下。

① 近钻头伽马测量零长仅为 0.86m，通过对比，其可靠性高（图 4-3-6），能够及时反映钻头附近地层特性，为地质导向人员判断层位和调整轨迹提供依据。通过及时发现地层变化（图 4-3-7），从而尽早地调整后期施工轨迹，保证了轨迹的平滑和目的层钻遇率。

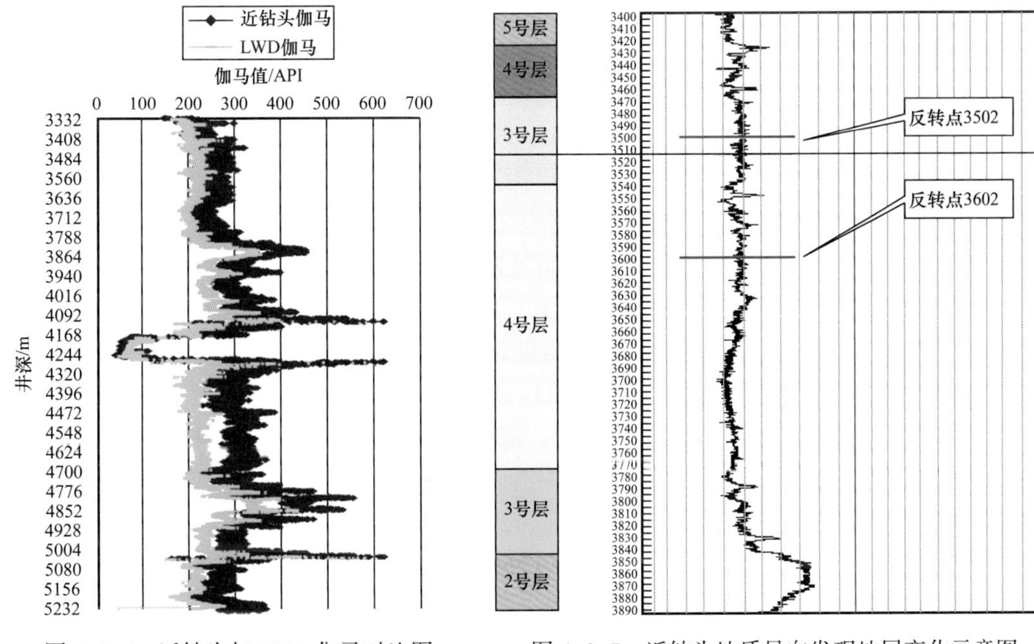

图 4-3-6 近钻头与 LWD 伽马对比图 图 4-3-7 近钻头地质导向发现地层变化示意图

② 近钻头测量参数除自然伽马外，还包括井斜、井下温度和转速。通过近钻头井斜可实时判断定向效果，通过转速值可判断螺杆转速是否正常，通过井下温度的测量可以为后期固井作业提供依据。

（2）旋转导向工具的应用。

针对长水平段水平井存在的摩阻扭矩大的问题，旋转导向工具由于其本身特点，可以在旋转钻进过程中实现轨迹的调整，避免了滑动钻进由于摩阻大产生的托压现象。通过多口井的应用效果证明，该工具具备以下优点：

① 常规钻具复合钻进钻时与旋转导向钻时基本持平；

② 常规钻具滑动钻进钻时远高于旋转导向，尤其是进入扭方位后期，摩阻大造成钻时高，托压时需反复上提钻具，影响时效；

③ 旋转导向钻进平稳度远高于常规钻具钻进，有利于延长钻具、钻头的寿命，稳定的产生岩屑速度有利于环空携岩。

第四节 页岩气钻井液技术

一、高密度油基钻井液

1. 高温高密度油基钻井液体系的研发

涪陵二期江东、平桥区块由于构造复杂，部分平台裂缝发育，页岩气储层坍塌压力相对偏高，导致使用油基钻井液的密度高，其中平桥区块 80% 的井所使用的油基钻井液密度范围均在 1.60～1.80g/cm^3。

在涪陵页岩气田在一期的基础上，室内对油基钻井液的主要处理剂进行了优选，并通过现场的实际应用逐步摸索形成了适合二期钻探施工的高密度油基钻井液技术。

配方优化：主乳化剂由一期的 HIEMUL 改进为适用于高密度主乳化剂 HIEMUL–B，辅乳化剂由一期的 HICOAT 改进为适用于高密度的辅乳化剂 HICOAT–B，改进后的乳化剂配比由原来的主乳化剂与辅乳化剂之比为 2∶1 调整为 4∶1 加入，新乳化剂的使用能够在保持良好的油基钻井液性能情况下，满足钻井施工过程中提高密度的要求。

通过乳化剂配伍性实验数据见表 4–4–1，可以看出，老浆原体系中的乳化剂，加重至 1.8g/cm^3 之后，黏切均较高，且破乳电压略低；从新乳化剂配比来看，黏切均较老乳化剂要好，在比例为 4∶1 的情况下，其黏切值达到最佳，破乳电压也最好。以室内实验为基础，优选高密度油基钻井液主、辅乳化剂，降滤失剂和封堵剂。重点考虑了体系的稳定性、抗温性、封堵性和抑制能力，最终优化配方如下：柴油 +2.4%～3.2%HIEMUL–B 主乳化剂 +0.6%～0.8%HICOAT–B 辅乳化剂 +2% 氧化钙 +0.3%～1.0% 有机土 +3% 降滤失剂 +1%～3% 封堵剂 +1%～2% 超细钙 +26%～40% 氯化钙水溶液 + 重晶石，油水比 80∶20，密度根据需要加重至所需密度。

2. 油基钻井液随钻与专用堵漏技术强化

为降低油基钻井液随钻消耗和使用成本，采用刚性 SMSD–1、柔性 SMRPA 及纤维类 SMFibre–O 等随钻封堵材料，油基钻井液消耗量控制在 8m^3/100m 以下。同时，针对漏速超 5m^3/h，采用以耐油材料、油膨胀材料、纤维类等为主的广谱封堵技术与以耐油微膨胀固结材料为核心的油基固结封堵技术，实现油基钻井液漏失的快速封堵。

表 4-4-1 乳化剂配伍实验数据

乳化剂配比	密度 / g/cm³	状态	PV/ mPa·s	YP/ Pa	Φ_6/Φ_3	E_S/ V	FL_{HTHP}/ mL
2.0%HIEMUL+1.0%HICOAT	1.80	滚前	53	12	12/11	500	
		滚后	55	13	13/12	520	2.0
3.2% 新主乳 +0.8% 新辅乳	1.80	滚前	32	8.5	9/8	720	
		滚后	33	9	10/9	940	2.2
3.0% 新主乳 +1.0% 新辅乳	1.80	滚前	38	7	7/6	540	
		滚后	39	8	9/8	690	2.8
2.0% 新主乳 +2.0% 新辅乳	1.80	滚前	40	8	6/5	421	
		滚后	48	7.5	7/6	590	3.2

注：实验条件，120℃热滚 16h，50℃测试流变性。

二、低油水比油基钻井液

低油水比油基钻井液多侧重各种性能的评价以便对低油水比油基钻井液体系的进一步完善，主要包括：（1）有效控制体系滤失量；（2）体系沉降稳定性评价；（3）抑制性能评价；（4）井壁稳定性及防漏堵漏性能评价，防止发生井喷等重大事故。

1. 低油水比油基钻井液处理剂优选

低油水比油基钻井液体系研究技术主要集中在乳化剂和降失水剂方面。

1）乳化剂的优选

基本配方：0# 柴油 + 主乳化剂 + 辅乳化剂 +1.5% 储备碱 +1.0% 有机土 +1.0% 增黏剂 +3.0% 降滤失剂。油水比为 65/35，依据密度需要加入重晶石（下述性能密度为 1.50g/cm³）。

实验条件：90℃老化 16h 后，50℃测试相关性能，实验结果见表 4-4-2。

表 4-4-2 乳化剂配比对性能的影响

乳化剂加量 / %	状态	AV/ mPa·s	PV/ mPa·s	YP/ Pa	Φ_6/Φ_3	E_S/ V	FL_{HTHP}/ mL
2.0% 主乳 +0.5% 辅乳	滚前	32	26	6	6/5	315	
	滚后	36	28	8	8/7	464	2.6
2.4% 主乳 +0.6% 辅乳	滚前	33.5	27	6.5	7/6	389	
	滚后	42.5	29	12.5	12/11	686	2.0

续表

乳化剂加量 /%	状态	AV/mPa·s	PV/mPa·s	YP/Pa	Φ_6/Φ_3	E_S/V	FL_{HTHP}/mL
2.8% 主乳 +0.7% 辅乳	滚前	34	27	7	7/6	402	
	滚后	45.5	32	13.5	14/12	659	2.2
3.2% 主乳 +0.8% 辅乳	滚前	36	29	7	8/7	497	
	滚后	50	34	16	15/14	700	2.8

实验结果表明，随着乳化剂配比的变化，体系的流变性也随之变化，乳化剂配比选择 2.4% 主乳化剂和 0.6% 辅乳化剂为最佳配比。

2）降滤失剂的优选

基本配方：260mL 柴油 +2.4% 主乳化剂 +0.6% 辅乳化剂 +1.5% 碱度调节剂 LIM+1.0% 有机土 + 降滤失剂 +140ml 26% 氯化钙水溶液 + 重晶石（密度为 1.35g/cm^3）。油水比为 65/35。

实验条件：90℃热滚 16h，50℃测性能。实验结果见表 4–4–3。

从表 4–4–3 实验结果可以看出，在相同的加量下，使用 HIFLO–L 降失水剂和 HITROL 液体沥青复配后，该低油水比油基钻井液体系的流变性和高温高压失水均具有良好的效果，尤其是降滤失作用明显，这是因为 HIFLO–L 属于一种腐殖酸类降滤失剂，而这种降滤失剂含有多种官能团的阴离子型大分子腐植酸钠吸附在黏土颗粒表面形成吸附水化层，同时提高了黏土颗粒的电动电位，因而增大了颗粒聚结的机械阻力和静电斥力，提高了钻井液的聚集稳定性，使其中的黏土颗粒保持多级分散状态，并有相对较多的细颗粒，所以能形成致密的滤饼。

表 4–4–3 降失水剂的筛选

降滤失剂	状态	AV/mPa·s	PV/mPa·s	YP/Pa	Φ_6/Φ_3	E_S/V	FL_{HTHP}/mL
空白	滚前	25	20	5	5/4	318	
	滚后	34.5	24	10.5	10/8	426	7.6
3%HITFLO–L	滚前	30	23	7	6/5	380	
	滚后	39	28	11	11/9	453	3.8
3%HIROL	滚前	27	22	5	4/3	330	
	滚后	36	25	11	9/8	463	3.4
3%FL–1	滚前	48	40	8	5/4	318	
	滚后	79.5	56	23.5	15/13	426	2.4

续表

降滤失剂	状态	AV/mPa·s	PV/mPa·s	YP/Pa	Φ_6/Φ_3	E_S/V	FL_{HTHP}/mL
3%HIFLO	滚前	45	36	9	8/7	320	
	滚后	50	40	10	13/12	464	2.6
3%HIFLO-L+1%HITROL	滚前	34	27	7	7/6	362	
	滚后	42	30	12	11/9	598	1.8

3）降滤失剂加量变化

降滤失剂加量的多少可以改变钻井液体系的高温高压滤失量，并可以同时改善滤饼的质量，为了优选出合适的降滤失剂加量，最大限度地调节这种低油水比油基钻井液体系的滤失性能，对降滤失剂进行了加量优化评价。

从表 4-4-4 数据可以看出：随着 HIFLO-L 加量逐渐增大，体系的稳定性在逐渐变好且滤失量逐渐降低，综合成本考虑，推荐使用 HIFLO-L 的加量为 3%，即降滤失剂为：1.0% 液体降滤失剂 HITROL+3.0% 液体沥青 HIFLO-L，在使用该降滤失剂组合后，实验所研究的低油水比油基钻井液的流变性和稳定性不仅不会受影响，且其降滤失效果也达到了要求。

表 4-4-4 HIFLO-L 加量对体系流变性的影响

HIFLO-L 加量 / %	状态	AV/mPa·s	PV/mPa·s	YP/Pa	Φ_6/Φ_3	E_S/V	FL_{HTHP}（90℃）/mL
0	滚前	28	24	4	4/3.5	160	
	滚后	33	25	8	8/7	583	4.2
2	滚前	28	25	3	4/3	283	
	滚后	34	26	8	8/7	564	2.8
3	滚前	29	25	4	4/3.5	408	
	滚后	36	27	9	9/8	545	2.6
4	滚前	31	26	5	5/4	435	
	滚后	38	30	8	9/8	538	2.4

4）有机土的优选

在油基钻井液中，有机土是钻井液中的最基本的亲油胶体，有机土既可以提高体系黏度和切力，又能降低体系的滤失量，因此有机土是油基钻井液中不可缺少的添加剂。

基本配方：260mL 柴油 +2.4% 主乳化剂 +0.6% 辅乳化剂 +1.5% 碱度调节剂 LIM+有机土 +1.0% 液体降滤失剂 +3.0% 液体沥青 +140mL 26% 氯化钙水溶液 + 重晶石（密

度 1.3g/cm³）；油水比为 65/35。实验条件：90℃热滚 16h，50℃测性能。

室内对多种有机土进行了筛选评价，其结果见表 4-4-5。分析：对比之下，MOGEL 具有较好的流变性和破乳电压。

表 4-4-5 有机土类型筛选

有机土	状态	AV/mPa·s	PV/mPa·s	YP/Pa	Φ_6/Φ_3	E_S/V	FL_{HTHP}（90℃）/mL
1.0%BS38	滚前	50	31	19	19/17	65	
	滚后	43.5	28	15.5	14/13	456	3.1
1.0%OT120	滚前	37	27	10	8/7	97	
	滚后	42	29	13	13/11	431	3.3
1.0%FT27	滚前	35	27	8	8/7	317	
	滚后	44	30	14	17/15	513	3.1
1.0%OS2	滚前	43	30	13	12/11	359	
	滚后	51	33	18	18/16	373	2.8
1.0%MOGEL	滚前	38	27	11	14/13	447	
	滚后	38	29	9	12/10	608	2.6
1.0%ST-S	滚前	26.5	22	4.5	4/3	212	
	滚后	35	25	10	9/8	317	2.7

室内对有机土加量变化进行了评价，结果见表 4-4-6。

表 4-4-6 有机土加量变化对钻井液性能影响

有机土 MOGEL 加量 /%	状态	AV/mPa·s	PV/mPa·s	YP/Pa	Φ_6/Φ_3	E_S/V	FL_{HTHP}（90℃）/mL
0.6	滚前	29	24	5	4/3	450	
	滚后	36	27	9	9/8	458	3.4
0.8	滚前	30	25	5	5/4	217	
	滚后	35	26	9	9/8	347	3.0
1.0	滚前	35.5	28	7.5	6/5	298	
	滚后	39.5	28	12.5	11/9	421	2.4
1.2	滚前	38.5	30	8.5	7/6	308	
	滚后	42	30	12	12/10	434	2.4

从表 4-4-6 的数据可以看出，有机土 MOGEL 具有较好的增黏效果，加量越高，体系破乳电压越高，高温高压失水越低，建议加量为 1% 左右。

5）储备碱的优选

碱度调节剂在钻井液中主要用于调节钻井液的 pH 值以及控制钻井液中 Ca^{2+} 的浓度，而钻井液的 pH 值很大程度上取决于该地层的环境，因此碱性调节剂加量的优选对该钻井液体系至关重要。

表 4-4-7 储备碱加量变化影响评价

储备碱加量	状态	AV/mPa·s	PV/mPa·s	YP/Pa	Φ_6/Φ_3	E_S/V
0.5%CaO	滚前	31	26	5	5/4	356
	滚后	36	28	8	8/7	322
1.0%CaO	滚前	31	26	5	5/4	385
	滚后	35	27	8	8/7	357
1.5%CaO	滚前	33	28	5	6/5	443
	滚后	37	28	9	9/8	481
2.0%CaO	滚前	32.5	26	6.5	6/5	410
	滚后	38	29	9	10/9	457

基本配方：260mL 柴油 +2.4% 主乳化剂 +0.6% 辅乳化剂 + 碱度调节剂 LIM+1.0% 有机土 +1.0% 液体降滤失剂 +3.0% 液体沥青 +140mL 26% 氯化钙水溶液 + 重晶石（密度为 1.35g/cm^3）；油水比为 65∶35。

实验条件：90℃热滚 16h，50℃测性能。

从评价的结果（表 4-4-7）可以看出，储备碱的加入会增加钻井液的黏度，推荐 LIM 的加量在 1.5% 左右，以兼顾塑性黏度和切力的需要。

2. 低油水比油基钻井液体系构建

通过各处理剂加量变化评价，优化出低油水比油基钻井液配方为：260mL 0# 柴油 +2.4%HIEMUL 主乳化剂 +0.6%HICOAT 辅乳化剂 +1.5%LIM 碱度调节剂 +1.0%MOGEL 有机土 +1.0%HITROL 降滤失剂 +3.0%HIFLO-L 液体沥青 +140mL 盐水（浓度为 26%$CaCl_2$ 水溶液）+ 重晶石。油水比为 65∶35。

3. 低油水比油基钻井液体系性能评价

实验条件：90℃热滚 16h，50℃测性能。

1）不同密度低油水比钻井液性能评价

保证低油水比油基钻井液不同密度条件下的悬浮稳定性及合理的流变性能，是钻井液现场应用和钻井液性能调节的基础，为此通过室内实验评价了不同密度下低油水比油基钻井液的性能。

室内对钻井液密度进行了评价，结果见表4-4-8。

表4-4-8 密度变化对钻井液性能影响

密度/g/cm^3	状态	AV/mPa·s	PV/mPa·s	YP/Pa	Φ_6/Φ_3	E_S/V	FL_{HTHP}（90℃）/mL
1.25	滚前	28.5	23	5.5	5/4	207	
	滚后	35	26	9	9/8	477	2.8
1.35	滚前	30	25	5	5/4	262	
	滚后	39	29	10	10/9	493	2.6
1.45	滚前	34.5	27	7.5	6/5	292	
	滚后	44.5	32	12.5	11/10	554	2.4
1.55	滚前	40	32	8	7/6	270	
	滚后	50	36	14	13/11	468	2.4
1.8	滚前	36	32	4	5/4	705	
	滚后	42	34	8	8/7	887	2.4
2.0	滚前	52.5	46	5.5	5/4	341	
	滚后	64	50	14	10/8	554	2.8

2）油水比对钻井液性能影响

油水比降低后，水相增加，体系黏度增加，老化后黏切增长更明显，且破乳电压也在降低，经过油水比变化实验，同时考虑到成本问题，发现低油水比油基钻井液体系更实用，应用前景更广。由表4-4-9得出：65/35和60/40为较优配比。

表4-4-9 油水比变化影响评价

油水比	状态	AV/mPa·s	PV/mPa·s	YP/Pa	Φ_6/Φ_3	E_S/V	FL_{HTHP}（90℃）/mL
70/30	滚前	31	22	9	8/7	441	
	滚后	36	25	11	10/9	579	2.6
65/35	滚前	26	21	5	4/3	397	
	滚后	34	24	10	12/11	443	2.2

续表

油水比	状态	AV/mPa·s	PV/mPa·s	YP/Pa	Φ_6/Φ_3	E_S/V	FL_{HTHP}（90℃）/mL
60/40	滚前	32	25	7	6/5	356	
	滚后	43	29	14	14/13	410	2.0
55/45	滚前	41	32	9	7/6	182	
	滚后	52	37	15	16/14	336	2.3

3）抗温性评价

评价了温度对该油基钻井液体系的影响，实验结果见表 4-4-10。

表 4-4-10 温度对钻井液性能评价

温度/℃	状态	AV/mPa·s	PV/mPa·s	YP/Pa	Φ_6/Φ_3	E_S/V	FL_{HTHP}（90℃）/mL
80	滚前	21	19	2	2/1	362	
	滚后	21.5	19	2.5	3/2.5	395	2.4
100	滚前	21	19	2	2/1	362	
	滚后	28	24	4	4/3.5	431	3.0
120	滚前	21	19	2	2/1	362	
	滚后	33.5	28.5	5	4.5/3	486	4.8
140	滚前	21	19	2	2/1	362	
	滚后	38	32	6	6/5	510	7.2

实验结果表明，随着实验温度的升高，所配置的低油水比油基钻井液体系的电稳定性逐渐升高，黏度有轻微增长，但总体流变状态较好。

4）抑制性能评价

根据从现场取出的钻屑对其进行抑制性能评价，首先将其粉碎成 6～10 目。干燥后，计算滚动回收率以评价页岩气油基钻井液体系的抑制性能，实验结果见表 4-4-11。

表 4-4-11 抑制性能评价

体系	状态	AV/mPa·s	PV/mPa·s	YP/Pa	Φ_6/Φ_3	$G_{10''}/G_{10'}$	E_S/V	回收率/%
油基	滚前	43	34	9	11/10		542	
	滚后	52	38	14	15/14	9/17	678	98.4

从表4-4-11的实验结果可以看出，该低油水比油基钻井液体系的滚动回收率达到了98.4%，对页岩具有良好的抑制性能，可以满足页岩钻井抗塌陷的要求。

5）抗污染性评价

岩屑、泥页岩地层中的土相、高矿化度盐水在钻井过程中均会影响钻井液的组成和性能。对此室内将对其抗污染性进行评价。实验条件：90℃热滚16h，50℃测性能，高温高压失水测试条件为90℃ ×30min×500psi，实验结果见表4-4-12和表4-4-13。

表4-4-12 页岩钻屑侵污对油基钻井液性能的影响

页岩钻屑含量/%	状态	AV/mPa·s	PV/mPa·s	YP/Pa	Φ_6/Φ_3	E_S/V	FL_{HTHP}（90℃）/mL
0	滚前	31	25	6	5/4	221	
	滚后	38	28	10	9/8	507	2.9
5	滚前	32.5	27	5.5	5/4	239	
	滚后	39.5	29	10.5	10/9	494	3.0
10	滚前	34.5	28	6.5	6/5	234	
	滚后	43	31	12	11/10	485	2.7
15	滚前	36	29	7	6/5	248	
	滚后	46	33	13	12/10	463	2.8

表4-4-13 钻屑侵污性能评价

体系	状态	AV/mPa·s	PV/mPa·s	YP/Pa	Φ_6/Φ_3	E_S/V	FL_{HTHP}/mL
空白	老化前	28	21	7	7/6	513	
	90℃ ×16h	34	24	10	10/9	627	2.0（90℃）
5%龙马溪钻屑	90℃ ×16h	30	23	7	7/6	479	2.6（90℃）
8%龙马溪钻屑	90℃ ×16h	33	24	9	10/9	537	2.4（90℃）
8%龙马溪钻屑	100℃ ×40h	31	23	8	9/8	560	2.0（100℃）
8%龙马溪钻屑	110℃ ×40h	32	24	8	8/7	637	2.0（110℃）
8%龙马溪钻屑	120℃ ×40h	33	24	9	9/8	668	2.4（120℃）

从以上数据可以看出：经地层钻屑侵污后，流变性较稳定，随着老化温度升高，老化时间延长，流变性能仍然可控。采用该低油水比油基钻井液体系钻进时，可以很好地控制钻井液在受到地层污染后体系性能的变化。

6）沉降稳定性评价

从表4-4-14可以看出，实验研究的低油水比油基钻井液体系在密度变化的情况下上下层密度相差不大，具有良好的沉降稳定性，基本上不沉降，说明在钻井过程中使用该低油水比油基钻井液能够维持较稳定的性能。

表 4-4-14 油基钻井液沉降稳定性

老化温度 /℃	钻井液密度 /（g/cm³）	上层密度 /（g/cm³）	下层密度 /（g/cm³）
30	1.70	1.68	1.72
60	1.70	1.68	1.72
90	1.70	1.68	1.72
120	1.70	1.69	1.71
150	1.70	1.69	1.71
160	1.70	1.69	1.71

4. 与常规体系性能对比评价

室内按低油水比体系配方配制油基钻井液，与常规 80/20 油水比体系性能进行了对比，结果见表 4-4-15。

表 4-4-15 油基钻井液性能对比评价

钻井液	状态	AV/mPa·s	PV/mPa·s	YP/Pa	Φ_6/Φ_3	E_S/V	FL_{HTHP}/mL
65/35 油水比	滚前	28	21	7	7/6	513	
	滚后	34	24	10	10/9	627	2.0
60/40 油水比	滚前	34.5	30	4.5	4/3	592	
	滚后	40	31	9	8.5/7.5	620	1.6
80/20 油水比	滚前	28	22	6	6/5	518	
	滚后	31	22	9	9/8	742	2.6
焦页 64-7 1.41g/cm³	滚前						
	滚后	44	32	12	7/6	987	2.8

可以看出低油水比体系老化前后流变性能变化不大，而且破乳电压均大于 400V，且高温高压失水量均不大于 3.0mL，与常规 80/20 油水比体系性能相差不大，能够满足现场页岩气钻井的要求。

三、JHGWY-1 页岩地层高性能水基钻井液

1. 水基钻井液体系构建思路

根据涪陵区块页岩气页岩区块储层分析，页岩微纳米孔隙和裂缝发育，涪陵区块页

岩气地层基本不含蒙皂石，与其他区块龙马溪组有差异的是含有伊 / 蒙混层，增加了页岩硬塑性，黏土矿物表面水化是引起页岩地层井壁失稳的主要原因，且钻井液滤液的进入促使微裂缝开裂、扩展、分叉，直至层里面发生宏观性破坏，因此基于微纳米尺度和宏观页岩井壁失稳机理分析，提出多元协同、及时强封堵与强抑制相协同理论，提出页岩地层高效水基钻井液体系的研究思路如图 4-4-1 和图 4-4-2 所示。

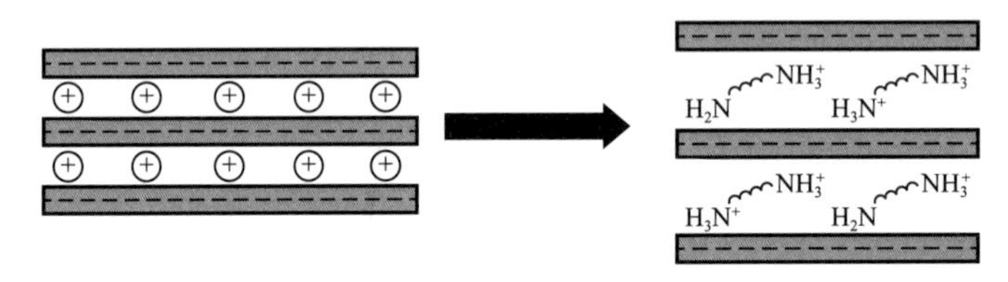

图 4-4-1　胺插入黏土层间示意图（有效地抑制页岩表面水化和渗透水化）

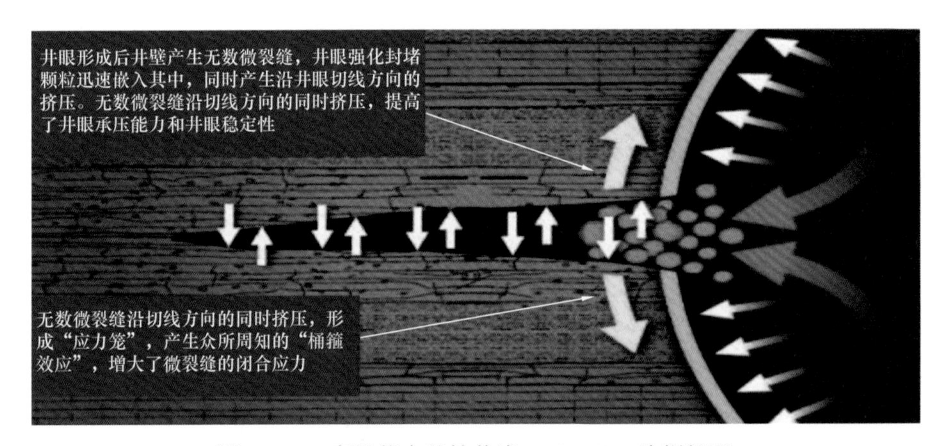

图 4-4-2　高性能水基钻井液 JHGWY-1 防塌机理

（1）加入自主研发的粒级配封堵剂与微纳米封堵剂结合，瞬时封堵封固。页岩微纳米孔隙发育，为了减少毛细管自吸造成页岩裂缝扩大进而井壁掉块坍塌问题，应做到微纳米封堵封固剂及时进入微裂缝，阻止钻井液液柱压力传递，做好滤饼形成过程中的硬封堵、软封堵及粒子级配，强化井壁稳定。

（2）强效抑制页岩表面水化，降低页岩表面自由能，端胺基聚醚与 KCl 结合，有效抑制页岩表面水化，有效减缓水相对页岩强度弱化的影响，保持页岩地层稳定。

（3）长效润滑防卡，在定向和水平段，加入自主研发的植物油酰胺极压减摩剂，植物油酰胺极压减摩剂有良好的减摩润滑性，其他润滑剂相辅相成，形成长效润滑机制，有效减低在定向和水平段多轨迹钻井造成的高摩阻高扭矩，满足水平段施工需求。

2. 水基钻井液体系

利用及时强封堵、多元协同稳定井壁水基钻井液防塌防漏技术对策，以及在定向、减阻以及抗邻井压裂影响等要求，通过对核心处理剂封堵剂、抑制剂、润滑剂等核心处理剂的研选，构建了 JHGWY-1 页岩地层高效水基钻井液体系。

基本配方：2%～3.5% 土 +0.1%～0.2%NaOH+6%～8% 复合抑制剂 +5%～8% 复合

封堵剂 +7%～8% 降滤失剂 +5%～7% 润滑剂 +0.5%～1% 聚胺。

室内实验表明，该体系表现出较好的封堵、抑制、润滑、流变及抗污染等性能。

3. 钻井液体系性能评价

1）JHGWY-1 体系流变性能评价

从表 4-4-16 可以看出，在密度 1.38～2.03g/cm^3 范围内，该体系流变性良好，具有较低的滤失量和较强的封堵性。对于强分散地层也有优秀的抑制性能。

表 4-4-16 JHGWY-1 钻井液性能

配方	密度 / g/cm^3	FL/ mL	pH 值	AV/ mPa·s	PV/ mPa·s	YP/ Pa	YP/ PV	极压润滑系数	切力	
									10s	10min
①	1.38	3.2	10	20	17.5	2.5	0.14	0.1099	0.5	1
②	1.60	2.8	10	33	27	6	0.22	0.1058	1.5	2
③	1.80	2.4	12	38	33	5	0.15	0.1163	2	4
④	2.03	2.2	11	53.5	45	8.5	0.19	0.1169	1	3

2）JHGWY-1 体系抑制性能评价

使用涪陵工区龙马溪露头页岩，采用页岩滚动回收实验评价体系的抑制性。

实验数据表明（表 4-4-17），高效水基钻井液的膨胀率只有 0.6%，几乎与油基钻井液相当。测试结果还表明，高效水基钻井液抑制岩屑分散的能力与油基钻井液基本接近，说明该体系具有类似油基的强抑制性，有利于井壁稳定。

表 4-4-17 JHGWY-1 体系抑制性能评价

钻井液	8h 膨胀率 %			页岩滚动回收率 / %
	标准岩样高度 / mm	膨胀高度 / mm	膨胀率 / %	
清水	10.00	4.75	47.5	68.0
钾基聚合物钻井液	10.00	1.19	11.9	88.7
高效水基	10.00	0.06	0.6	98.0
高效水基（页岩浸泡 48h 后再测试）	10.00	0.08	0.8	97.3
油基钻井液	10.00	0	0	99.0

3）JHGWY-1 体系封堵性能评价

钾基聚合物钻井液和高性能水基钻井液均在 50℃条件下热滚 2h，用 FA 型无渗透滤失量测定仪测试，对比在 20～40 目石英砂床中的漏失和渗入情况（表 4-4-18）。

表 4-4-18 JHGWY-1 体系封堵性能评价

钻井液	砂床厚度 / cm	加压前渗入厚度 / cm	加压（100psi）后渗入厚度 /cm
钾基聚合物钻井液	17.8	3.2	全部漏失
高性能水基钻井液	17.8	0.5	加压 100psi 后渗入 1.2cm 后不再渗入，且稳压 30min 后仍然不漏

可以看出，在压差作用下，复合封堵材料（刚性粒子 + 塑性粒子）能较均匀、坚韧地填充于岩石层理间。实验表明常规水基钻井液，其没有强的封堵能力，而高性能水基体系确实具有很好的封堵能力，在近井壁便能快速形成封堵带，有利于及时阻止钻井液进一步渗入，阻止钻井液液柱压力向地层孔隙传递，提高钻井液有效支撑井壁性能，有利于井壁稳定。实验结果表明，采用复合封堵比单一封堵能获得更好的封堵效果；优选的封堵剂不仅具有较好的封堵能力，同时具有很好的降滤失效果。

从图 4-4-3 可看出，通过引入细钙（提供刚性粒子）和封堵抑制剂（提供塑性变形粒子）进行复配，同时使其在钻井液内具有适度的级配和分散状态，在钻井液发生极少量滤失时迅速形成致密、柔韧的滤饼，填充、封堵钻开新井眼所形成的微裂缝，很短时间内即可阻止液相的侵入，实现钻井液的快速封堵性和强封堵性。体系中核心纳米封堵剂的粒径范围主要在 60～800nm，可实现对页岩纳米裂缝孔隙的有效封堵。

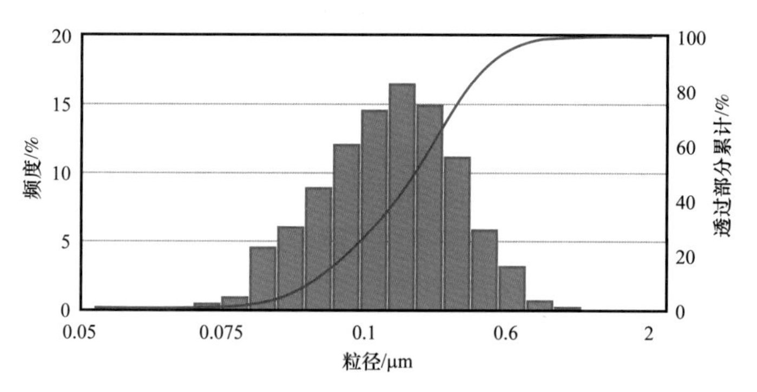

图 4-4-3 纳米封堵剂粒径分布图

4）JHGWY-1 体系润滑性评价

用焦页 ×× 井二开完钻水基转化而成的高性能水基钻井液，从表 4-4-19 看出，其滤饼的黏附系数可控在 0.1 以内，从优控井身轨迹和钻井液润滑性着手，可满足长水平段施工作业的需要。

5）JHGWY-1 体系抗温性能评价

实验条件为分别在 80℃、120℃、150℃老化 16h，50℃测试流变性，测试高温高压失水量条件为 80℃、120℃、150℃，30min，评价其抗温性。

由表 4-4-20 知：JHGWY-1 高效水基钻井液老化后流变性变得更好，性能稳定。沉降稳定性好，样品在实验室静置 7 天上下依然未分层。150℃高温高压下滤失量很低，其滤失量与目前现场油基钻井液的滤失量相当。控制钻井液高温高压下较低的滤失量有利于抑制泥页岩的水化分散，从而有利于井壁稳定。

表 4-4-19 JHGWY-1 体系润滑性评价

钻井液	极压润滑系数	滤饼黏附系数	滑块测试 / (°)
井浆（焦页 ×× 井二开完钻井浆）	8.2	0.1563	10～11
高效水基钻井液	0.18	0.0347	2～3
现场油基	0.12	0.0174	1～2

表 4-4-20 JHGWY-1 体系抗温性能评价

温度	密度 / g/cm^3	FL/ mL	pH 值	AV/ mPa·s	PV/ mPa·s	YP/ Pa	YP/ PV	FL_{HTHP}/ mL	切力	
									10s	10min
常温滚前	1.86	2.4	10	32.5	24	8.5	0.35	/	1.5	3
80℃热滚	1.86	3.1	10	33	27	6	0.22	4.5	2	4
120℃热滚	1.86	2.6	10	38.5	29.5	9	0.31	7.0	3	7
150℃热滚	1.86	1.9	10	21	20.5	0.5	0.02	7.0	0.25	1.25

对 JHGWY-1 高效水基钻井液“三高一低”性能的研究和实验结果可看出，其总体性能接近油基钻井液，高温稳定性好。

6）JHGWY-1 体系抗盐、抗石膏、抗岩屑污染性能评价

对该体系进行盐、石膏、岩屑污染，不同配方下钻井液性能见表 4-4-21。

表 4-4-21 JHGWY-1 体系抗污染评价数据

配方	密度 / g/cm^3	FL/ mL	Cl^- 含量 / mg/L	Ca^{2+} 含量 / mg/L	pH 值	AV/ mPa·s	PV/ mPa·s	YP/ Pa	YP/ PV	切力	
										10s	10min
空白	1.80	3.1	26807.29	200	12	36.5	30	6.5	0.20	3.5	7.0
10%NaCl	1.80	3.6	100527.34		11	26	25	1	0.04	0	4.0
5%NaCl	1.80	2.6	64760.77		12	32.5	29	3.5	0.12	2.5	7.0
15%NaCl	1.81	3.8	149970.38		11	27.5	28	−0.5		0	3.5
1%$CaSO_4$	1.80	3.2		264	12	42.5	36	6.5	0.18	4	9.0
5%$CaSO_4$	1.80	4.3		496	11	52	43	9	0.21	5	13.0
8%$CaSO_4$	1.80	3.4		443	12	49	35	14	0.40	8	20.0

续表

配方	密度 / g/cm^3	FL/ mL	Cl^- 含量 / mg/L	Ca^{2+} 含量 / mg/L	pH 值	AV/ mPa·s	PV/ mPa·s	YP/ Pa	YP/ PV	切力	
										10s	10min
15%$CaSO_4$	1.80	3.0		484	11	56.5	42	14.5	0.35	8	18.0
5% 岩屑	1.83	2.4			11	42	36	6	0.17	5	9.0
8% 岩屑	1.85	2.4			12	57	49	8	0.16	5.5	13.0
10% 岩屑	1.81	2.6			11	82.5	70	12.5	0.18	5	13.0

实验表明，页岩气 JHGWY-1 高效水基钻井液体系在密度为 1.38～2.03g/cm^3 范围内具有良好的流变性，对页岩裂缝孔隙有很好的封堵能力，抑制性强，页岩回收率达到 99%，润滑性能良好，沉降稳定性佳，可抗盐 15% 以上，抗钙 5%，抗 8% 钻屑污染，抗温 150℃。总体性能接近油基钻井液。

4. 钻井液体系现场应用

JHGWY-1 页岩地层高效水基钻井液体系在焦页 18 平台焦页 18-10HF 井、焦页 18-6HF 井、焦页 18-5HF 井三开井段进行应用，焦页 18-10HF 井钻井过程摩阻扭矩如图 4-4-4 所示。

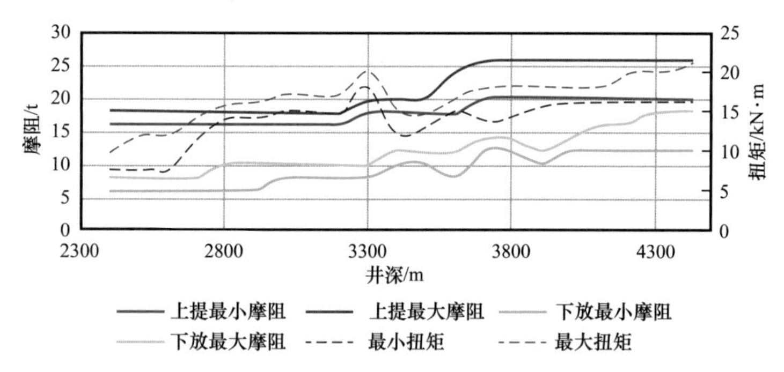

图 4-4-4 焦页 18-10HF 井水平段摩阻扭矩与井深的关系图

从图 4-4-4 中可以看出钻进时摩阻随着井深的增加而增加，3600m 后摩阻趋于平稳基本保持上提 18～26t、下放 10～16t。扭矩保持平稳增加，后期最大 16～18kN·m。

JHGWY-1 页岩地层高效水基钻井液体系与同平台使用油基钻井液井的钻井技术指标对比见表 4-4-22。

现场应用结果表明：高效水基钻井液摩阻扭矩略高于油基钻井液（摩阻 16～20t，扭矩 12～18kN·m），钻井周期基本相当，机械钻速提高 47.6%，地质导向效果及固井质量优于油基钻井液。由此得出：JHGWY-1 页岩地层高效水基钻井液体系可以满足涪陵页岩气田水平段 1500m 水平段（最长 1740m）的安全钻井、测井、下套管固井施工要求，相对于油基钻井液具有环境友好的优势。

表 4-4-22 高效水基钻井液与同平台使用油基钻井液钻井指标对比

井号	三开井段/m	垂深/m	进尺/m	水平段长/m	三开钻井周期/d	机械钻速/m/h	钻井方式	体系
焦页 18-2HF	2647～4440	2769.25	1793	1500	23.54	5.83	常规定向	油基
焦页 18-3HF	2680～4600	2630.7	1920	1530	18.04	8.12	常规定向	油基
焦页 18-4HF	2610～4320	2719.18	1710	1525	28.85	4.36	常规定向	油基
焦页 18-10HF	2360～4434	2911.55	2074	1348	25	9.34	常规定向	水基
焦页 18-5HF	2330～4650	2859.59	2320	1570	20.25	9.73	常规定向	水基
焦页 18-6HF	2300～4610	2723.82	2310	1740	20.66	8.78	常规定向	水基

第五节 页岩气固井技术

一、高性能弹韧性水泥浆

研选多种弹性粒子，分别测试掺入水泥浆后形成弹韧性水泥石的力学性能，包括弹性模量、抗压强度和抗折强度等，评价其对水泥石力学性能的影响，优选可形成高弹韧性水泥石的弹性粒子。

水泥浆体的配比为：100% 水泥 +6% 弹性粒子 +0.5% 防沉降剂 +4% 降失水剂 +0.5% 缓凝剂 +57% 水。弹性粒子的密度较小，为了保持水泥浆的均匀性和稳定性，防止弹性粒子漂浮，加入了 0.5% 的防沉降剂，其粒径为纳米级别的粉体，保水性强，增加水泥浆的稠度，防止水泥颗粒沉降，以及防止弹性粒子漂浮；而且其粒径较小，可填充水泥石的中的小孔隙，细化孔径。水泥浆的液固比保持为 44%，密度为 1.87～1.90g/cm^3。浇筑成型 40mm×40mm×160mm 的试样。水泥浆的养护方式分为两种，一种为高温增压养护釜养护，养护温度为 130℃，养护压力为 21MPa；另一种养护方式为水浴锅养护，养护温度为 90℃。养护 48h 后拆模，利用 MTS 材料力学试验机分别测试水泥石的弹性模量、抗折强度和抗压强度。

1. 弹性模量

测试的各种掺弹性材料水泥石的弹性模量如图 4-5-1 所示，总体上掺入不同弹性粒子后，水泥石的弹性模量均有不同程度的降低，常规水泥石的弹性模量较高。在高于 110℃时，硅粉会大量反应，消耗水泥水化生成的 Ca（OH）$_2$，进而生成低 Ca/Si 比的 CSH 凝胶，填充孔隙，使得水泥石更加密实，水泥石中不再含有大量的 Ca（OH）$_2$。而且在右边水泥石的微观形貌灰度对比可以看出，显示硅粉充分反应生成新的水化产物，结构致密。在荷载作用下水泥石的变形程度更小，因此弹性模量更高。

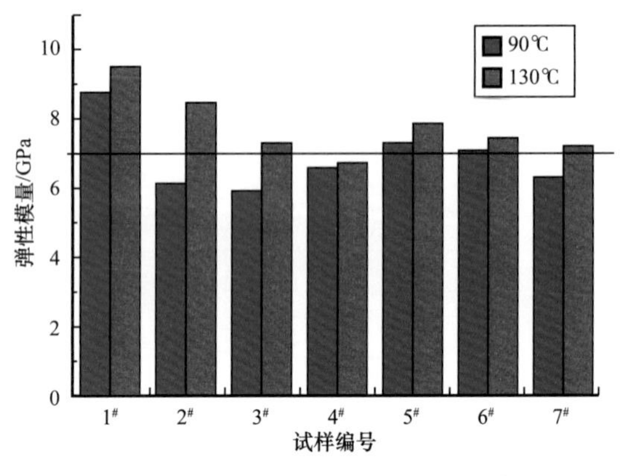

图 4-5-1 弹韧性水泥石的弹性模量

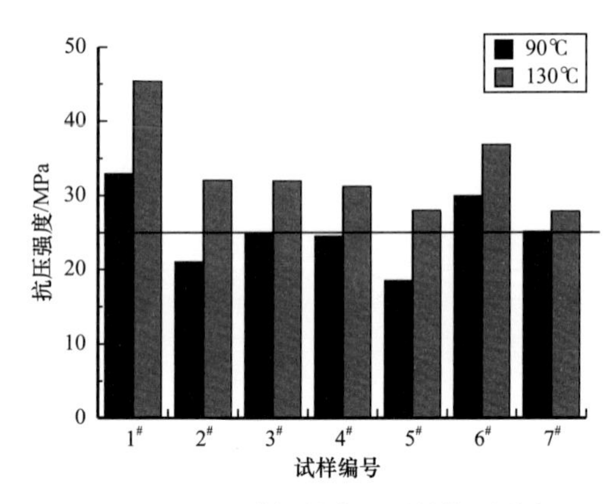

图 4-5-2 弹韧性水泥石的抗压强度

表 4-5-1 是 4# 弹性粒子与 7# 弹性粒子参数的对比。从表 4-5-1 中可以看出，两种的相对密度、硬度和断裂伸长率是相同的，但 4# 弹性粒子的拉伸强度更高，300% 模量也更大。水泥石受力后内部微裂缝开展，扩展到弹性粒子时，弹性粒子与水泥石很好地胶结，使得弹性粒子被拉伸，拉伸强度大可以更好地阻碍微裂缝的扩展；300% 模量大，使得微裂缝扩展较大时，弹性粒子仍具有较大的拉伸应力，桥链裂缝两端的水泥石，增加水泥石受力后的变形能力，提高水泥石的强度。因此，在降低水泥石的弹性模量方面，综合考虑高温环境需求，4# 弹性粒子的效果最好。

表 4-5-1 弹性粒子参数

编号	相对密度	硬度	拉伸强度 / (kg/cm^2)	断裂伸长 /%	300% 模量 /MPa
4#	0.91	75	25	500	4.8
7#	0.91	75	20	500	4

2. 抗压强度

测试的各试样的抗压强度如图 4-5-2 所示，从图中可以看出，总体上掺入不同弹性粒子后，水泥石的抗压强度均有不同程度的降低。常规水泥石的抗压强度较高，130℃养护时达 45MPa，90℃养护的稍低。在高于 110℃时，硅粉才会大量反应，生成低 Ca/Si 比的 CSH 凝胶，填充孔隙，使得水泥石更加密实，水泥石的抗压强度较高。

4# 试样中弹性粒子不仅显著地降低了水泥石的弹性模量，而且还保持较高的抗压强度，130℃时的抗压强度达到 30MPa 以上，形成了高弹韧性水泥石。

3. 抗折强度

测试的各试样的抗折强度如图 4-5-3 所示。常规水泥石在 130℃养护时的抗折强度较高，但 90℃养护时的抗折强度大幅度降低。

对比几种掺弹性粒子水泥石的抗折强度，6# 试样的抗折强度较大，但 6# 试样的弹性模量较高；除 6# 外，4# 试样的抗折强度也较高，综合考虑弹性模量、抗压强度等参数，

4# 弹性粒子对降低弹性模量，保持较高的强度，改善水泥石的脆性和弹韧性，增强水泥石的变形能力。

4. 水泥石的压折比

为了便于比较水泥石的脆性，一般情况下可以用水泥石的抗压强度与抗折强度的比值，即压折比，来表示水泥石的脆性，压折比越小，水泥石的脆性越低，弹韧性越好。计算得各水泥石试样的压折比如图 4–5–4 所示。常规水泥石的脆性较高，特别是 90℃养护时。水泥浆中掺入弹性粒子，凝固形成水泥石的抗压强度和抗折强度均会有所降低。但从压折比上看，弹性粒子对抗折强度影响更小，压折比均有一定程度降低，改善了水泥石的脆性，增加了弹韧性。不同弹性粒子对压折比的影响不同，也就是对改善水泥石的脆性也是不同的。对比几种弹性粒子的压折比，有的弹性粒子在 90℃时对改善水泥石的脆性效果较好，在高温 130℃时的改善效果较差。4# 试样 90℃和 130℃时的压折比均较低，对改善水泥石的脆性效果最好。

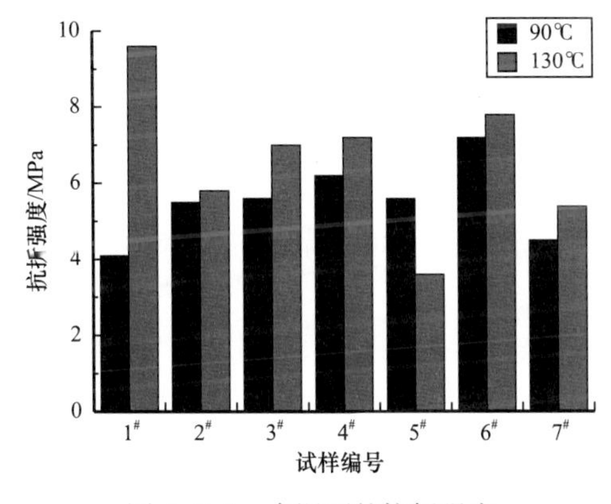

图 4–5–3 水泥石的抗折强度

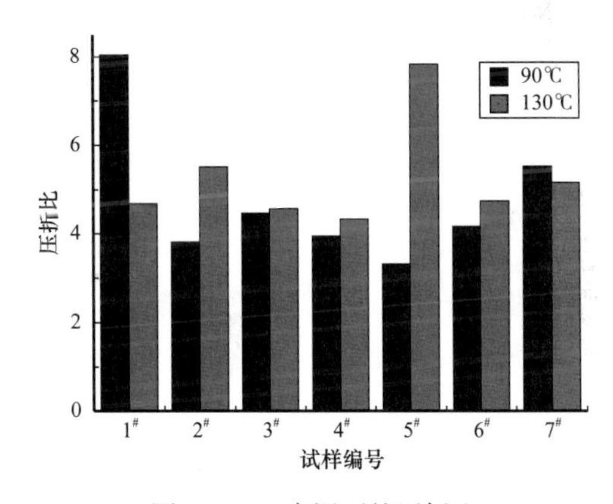

图 4–5–4 水泥石的压折比

综合对比和考虑弹性粒子对水泥石弹性模量、抗压强度、抗折强度以及压折比等性能的影响，4# 试样中的弹性粒子的效果更好，不仅降低了水泥石的弹性模量，而且保持较高的抗压和抗折强度，降低了压折比，改善了水泥石的脆性，增加了水泥石的弹韧性，而且具有较好的耐高温稳定性，形成了高强弹韧性水泥石，可通过水泥环密封性试验评价其改善密封完整性的效果。

5. 弹性粒子降脆增韧的作用机理

弹性粒子加入水泥浆中，其自身不会发生水化反应或与水泥发生化学反应生成新的水化产物，也不会改变水泥的水化产物，其改善水泥石的脆性机理是通过改变水泥石的内部结构、孔隙结构以及外部荷载作用下水泥石内部应力传递方式实现的。

（1）改善内部结构。

水泥颗粒与水发生水化反应，生成的水化产物的体积小于水泥和水的体积之和，所以水泥浆硬化后的体积要收缩。从宏观上水泥石构件或结构体积减小了，甚至与周围的界面间出现了微裂缝。在微观上，导致内部出现孔隙，另外收缩受到约束，内部产生收缩拉应力，拉应力超过水泥石的拉伸强度出现了微裂缝。在水泥浆制备过程中，也会引起气泡等缺陷。因此，水泥石在受到外部荷载前，内部已含有缺陷，包括孔隙和微裂纹。在外部荷载作用下，微裂缝处易引起应力集中，导致裂缝迅速开展，水泥石在变形较小的情况下就发生破坏，水泥石表现为脆性破坏。弹性粒子的掺入，其本身不会收缩，一方面可约束水泥石的收缩，另一方面可以分散收缩引起的应力集中，减少水泥石内部的微裂纹的出现和数量。弹性粒子还可以填充水泥石中的孔隙，使得水泥石更加致密。因此，弹性粒子的掺入减小了水泥石内部在荷载作用之前的缺陷，减小了水泥石因应力集中而导致水泥石裂缝迅速扩展的源头。弹性粒子与微裂纹交叉，微裂纹要继续扩展必须通过弹性粒子，弹性粒子的变形能力很强，伸长率高，因此可约束微裂缝的开展。

（2）约束微裂缝扩展。

任何比水泥石弹性模量低的惰性材料的掺入都会降低水泥石的弹性模量，包括气体的引入。弹性模量是指材料在弹性受力阶段，发生单位变形或应变所需施加的荷载或应力，是材料发生变形难易的物理量。水泥浆中掺入弹性模量低的材料，凝固形成的水泥石受力时，由水泥石中的水化产物和弹性粒子共同承担。在单位面积上，水泥石所占的比例减小，由弹性粒子替代，因此要使得水泥石和弹性粒子的复合体发生变形所需的荷载势必要降低，也就是弹性模量减小了。但重要的是，所需的水泥石的性能是变形能力增加，也就是发生弹性变形的大小增加，而不是发生弹性变形的难易降低。弹性变形难度降低，即弹性模量降低，并不代表弹性变形大小增加。因此，除了降低弹性模量，还需要弹性粒子增加水泥石的变形能力。

水泥石变形能力小，脆性大的原因是应力集中导致裂缝的开展而引起。弹性粒子的掺入，当裂缝开展到弹性粒子时，弹性粒子依靠自身的拉伸强度，阻碍裂缝的先前扩展；即使裂缝通过弹性粒子，其非常高的伸长率，仍可以起到桥链作用；如同纤维在水泥石中的作用，但它们仍有区别，纤维的伸长率很低，抗拉强度非常高，裂缝扩展的结果是纤维被从水泥石中拔出；而弹性粒子的伸长率非常高，其被不断地拉伸，从而约束裂缝的开展，增加水泥石变形能力，如图 4-5-5 所示，裂缝已非常明显，弹性粒子被拉伸成纤维状，没有断裂，依旧链接着两侧的水泥石。

图 4-5-5 弹性粒子阻碍裂缝的扩展

从掺入的各种弹性粒子形成的水泥石测试的弹性模量可以看出，有的降低弹性模量程度较小，有的降低弹性模量的程度较大。有的在降低弹性模量的同时，可以保持水泥石较高的强度，有的则大大损失了水泥石的强度，这主要取决于弹性粒子自身的性能。弹性粒子的拉伸强度越大，伸长率越高，可以更好地限制裂缝的出现和扩展，增加水泥石在荷载作用下的变形能力，保持较高的强度。否则，自身拉伸强度小，伸长率低，起不到限制裂缝开展的作用，或裂缝一旦通过本身即断裂，增强水泥石变形能力的作用有限。

（3）消除应力集中。

上述两个降脆增韧的作用机理是水泥石在受外部荷载之前以及在静力荷载作用下的效果，弹性粒子在冲击荷载如射孔作用下增加水泥石韧性的作用机理主要是降低分散应力集中。

在冲击荷载作用下，对水泥石作用的功以应变能和裂缝的开展两种形式吸收。普通水泥石的变形能力较小，吸收的应变能较少，所以以裂缝迅速开展的形成吸收，导致水泥石的脆性破坏。而水泥石中掺入弹性粒子，一方面弹性粒子有很大的压缩变形，可以吸收较大的冲击功，形成应变能；另一方面，弹性粒子可以约束裂缝的开展，分散应力的集中，使得不能沿着一条裂缝迅速地开展较长来吸收冲击功的作用，而是分散成很多条短小的裂缝，共同消耗掉冲击功，起到缓冲作用。因此，水泥石中的弹性粒子通过吸收应变能，消除应力集中，实现降脆增韧的效果。

二、长水平段固井工艺技术

涪陵页岩气井固井技术难点：（1）水平段采用油基钻井液，造成井壁及套管清洗困难，影响胶结质量；（2）套管居中度难以保证，水泥浆析水在水平段上部形成水道，影响固井质量；（3）地层压力承压能力低，钻井过程中井漏频繁，固井时易出现漏失导致返高不够；（4）环空间隙相对较小，裸眼段长，施工过程井底压力较高，存在井漏的风险；（5）页岩气大型压裂与分段压裂均对固井胶结质量提出了较高的要求，在满足生产井段水泥环胶结质量良好的前提下，要求水泥石具有较好的弹性、韧性及耐久性；（6）由于生产套管封固段钻井液密度 1.3～1.5g/cm^3，地层承压能力普遍低于 1.55g/cm^3，为了防漏领浆采用低密度水泥浆作为领浆，领浆、隔离液与钻井液之间的密度差小，不利于水泥浆与前置液顶替钻井液；（7）对水泥环长期密封性要求高，特别是后期压裂、开采等作业容易使水泥环密封失效导致环空带压。

1. 提高顶替效率和固井技术

经研究表明，影响固井顶替效率的因素主要包括以下 6 个方面：（1）套管在井内的居中度；（2）活动套管；（3）水泥浆与钻井液的性能；（4）液体在环空的流动状态；（5）紊流时液体流过封隔层位所经历的时间；（6）前置液技术。

1）套管居中技术

合理下入扶正器可有效保证套管居中。利用软件合理设计扶正器下入方式，经计算，表层套管和技术套管采用常规弹性扶正器，技术套管底部500m井段采用弹性与刚性扶正器交替安放；生产套管采用整体式弹性双弓扶正器与刚性树脂扶正器交替安放，生产套管扶正器安放要求为：

（1）浮鞋或浮箍上方3～5m，安装定位环以便固定扶正器；

（2）水平井段，每1根套管加一个扶正器，采用弹性双弓扶正器和刚性树脂旋流扶正器交替安放；

（3）与技术套管底部300m重叠部分，每根套管安放一个弹性双弓扶正器，井口以下200m，每根套管安放一个弹性双弓扶正器；

（4）技术套管鞋～A点井段，每2根套管加1个刚性树脂旋流扶正器；

（5）其他井段每5根套管安放一个弹性扶正器。

2）活动套管

上下活动套管吨位适当的情况下，上下活动套管柱使井壁和套管近壁层的钻井液处于剪切和流动状态，破坏了钻井液的胶凝结构和触变特性，提高了水泥浆顶替效果。上下活动套管建议距离为4.5～6m，时间为顶替水泥浆全过程。

3）增加套管在井眼中的浮力效应。

在大斜度和水平井段，由于重力作用的作用，套管容易偏心导致出现贴壁现象，影响顶替效率和胶结质量。因此，替浆过程中，在大斜度和水平井段替入密度低的液体，如页岩气井使用的KCl溶液或清水，尽量提高环空钻井液与套管内该段流体的密度差，增加其浮力有助于提高套管居中，从而提高环空顶替效率。

4）改善钻井液性能，提高偏心环空顶替效率

设计的原则是，只要井下条件允许，优先选用紊流施工，一般推荐紊流接触时间为6～8min。

5）多级冲洗工艺

采用四级冲洗工艺提高井壁和套管壁的清洁度，清除井壁与套管壁的油膜，提高第一、第二界面的胶结强度：两段清油型冲洗液 + 悬浮型隔离液 + 稀水泥浆，一段冲洗液为膨润土浆加入15%～20%QYJ，二段冲洗液为清水加入15%～20%QYJ，主要用于将钻井液稀释，并将残留在井壁和套管壁油膜进行润湿、乳化剥离；悬浮型隔离液将剩余油膜进一步清洗，并有效携带出井筒；稀水泥浆是现场施工中将设计水泥浆密度低0.2～0.3g/cm^{3}进行混配并注入井内，利用稀水泥浆高冲刷效果以及较强的悬浮能力做最后一级的清洗，最终达到高效清油的目的。模拟示意图如图4-5-6所示。

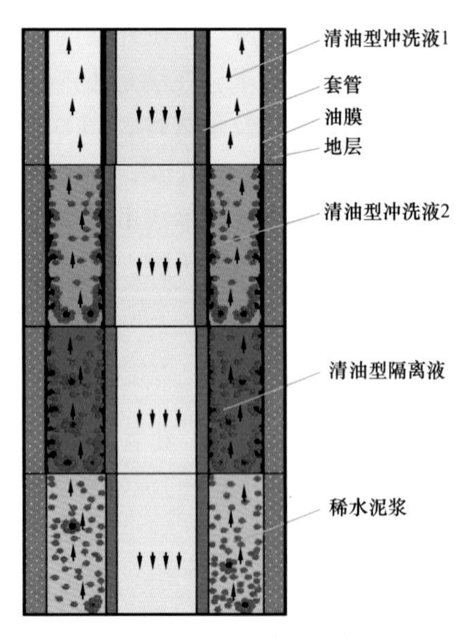

图4-5-6 四级冲洗示意图

所研制的清油型冲洗隔离液具有良好的流变性，即具有紊流临界返速低和钻井液与水泥浆之间的密度

值，这样就可以减少因密度差过大而在低返速下的不良影响，冲洗液 + 隔离液总体设计量应以紊流接触时间 10min 计算而确定，从而保证将环空中的滤饼沉积的岩屑床窄边的钻井液充分带走，达到满意的顶替效果。

总结具体如下：(1) 固井前泥浆性能调整一致，泵入和返出密度均匀，无沉砂。(2) 为保证套管居中度，要优化扶正器，保证套管居中度不低于 67%，提高水泥浆的顶替效率。依据钻井工程设计，鉴于页岩气井水平段相对较长，所以水平段选择适合长水平段井的整体式刚性扶正器（恢复力大于 4000N），相比于水平段，造斜段侧向力较大，所以斜井段选择树脂旋流扶正器；根据软件模拟结果，水平井段每根套管安放一只扶正器，造斜段每两根套管安放一只刚性扶正器，直井段每三根套管一只刚性扶正器。(3) 采用驱油型化学前置液液，增加表面活性剂的浓度，达到对界面有良好的化学冲洗及水润湿效果；选用悬浮能力强、沉降稳定性好的加重隔离液，隔离钻井液与水泥浆，提高水泥与套管及井壁的胶结强度。(4) 采用高效驱油前置液体系，加大前置液使用量，一般要求不低于 $1200m^3$，保证井眼清洗效果。(5) 利用固井设计软件进行辅助计算，保证井内压力平衡和优选施工参数，利于井内施工安全和提高顶替效率。(6) 套管下到设计井深后，采用大排量循环洗井三周以上，彻底清洁井底沉砂，保证井眼干净，循环结束后要尽快转入注水泥固井施工。(7) 固井注、替浆排量为 1.6～$2.2m^3/min$，保证环空水泥浆上返速度不低于 1.2m/s。

2. 预应力固井技术

预应力固井技术在涪陵页岩气井生产套管固井的应用主要体现在以下几个方面。

(1) 降低套管内替浆液柱压力，增加套管内外压差。目前涪陵地区页岩气井普遍采用清水顶替，已经达到较好的效果，后期还应该继续做好相关工作，该方法对浮箍和浮鞋的密封性能要求较高。

(2) 环空憋压。针对涪陵地区页岩气井的现状，一般要求憋压 15～18MPa，条件具备的情况可以憋压 18～22MPa。由于页岩气井生产套管封固段水平段地层承压能力较低，憋压可以采用逐级憋压的方式，具体操作方式为：固完井后先憋压 3～5MPa，根据地层吃入量确定是否继续接着憋压；如果地层单次憋入量不超过 $0.5m^3$，则等 1～2h 再憋压；以此类推，直到憋压值达到设计要求为止，总的憋入量不超过 $5m^3$（或者根据尾浆上返高度确定）。针对页岩气井容易漏失导致憋压困难，固井前应该提前做好以下几个方面工作：

① 井队应清楚上层套管鞋处的地层承压情况，为憋压做准备，要求做好静态承压工作；

② 水泥浆领、尾浆都要求加入纤维，既有利于防漏又利于提高水泥石的抗冲击能力；

③ 水泥浆尾浆的量必须上返至重叠段 200m 以上（约 $5m^3$），保证即使多次憋压在重叠段也有常规密度水泥浆；

④ 严格控制水泥浆尾浆稠化时间，优选外加剂，特别是优选缓凝剂，保证水泥石具有早起的胶凝强度；

⑤ 采用清水（或低密度钻井液）替浆，保证套管内外液柱压力压差 12～18MPa。

3. 复杂井固井工艺技术

复杂井主要有：（1）恶性井漏，地层承压能力低，压力窗口较窄；（2）长水平段持续井漏，漏点多；（3）气层活跃，溢流气侵；（4）漏失、气侵溢流伴生；（5）井眼轨迹多次强行增斜、降斜，钻井轨迹复杂。

1）固井设计方案优化

计算完井环空当量密度：$D_{当}=(D_1 \times H_1+D_2 \times H_2)\div(H_1+H_2)$，保证压稳不漏。设计固井浆体环空当量密度：$D_{设}=D_{当}+(0.10\sim0.35)$（g/cm³），确保压稳不漏。

式中 D_1，D_2——领浆、尾浆密度，g/cm³；

H_1，H_2——领浆、尾浆液柱高度，m。

设计水泥浆稠化时间，提高水泥浆防窜性能。领浆：T_1= 施工时间 +（150～200）（min）。尾浆：T_2= 施工时间 +（90～120）（min）。

保证前置液冲洗效率——紊流顶替时段塞最小排量计算。计算过程中按非牛顿流体计算紊流冲刷所需的临界流速与排量。其中临界雷诺数为2100。井眼直径为D_0=21.59cm，套管外径为D_i=13.97cm。

将各项参数代入上述公式计算得出临界流速及临界排量，结果见表4-5-2。

表4-5-2 固井段塞临界排量及流速计算

段塞	密度 / g/cm³	Φ_{600}/Φ_{300}	Φ_{200}/Φ_{100}	Φ_6/Φ_3	n	K/ Pa·s^n	临界流速 / m/s	临界排量 / L/s
清洗液	1.30	15/8	6/3	1/1	0.91	0.01	0.164083	3.491964
冲洗液	1.30	12/7	5/3	1/0.5	0.78	0.03	0.29814	6.344928
领浆	1.40～1.50	108/58	37/22	4/2	0.88	0.12	1.268125	26.98787
尾浆	1.85～1.88	287/178	143/90	10/5	0.63	1.80	3.078182	65.509
泥浆	1.40	72/40	29/17	4/3	0.85	0.10	0.95256	20.2721

综合以上计算认为，清洗液与冲洗液达到紊流所需排量较低，易达到紊流。

2）高强度高稳定性的低密度水泥浆体系优化

针对地层承压能力低，压力窗口窄的情况，需要降低固井环空当量密度，使用低密度水泥浆体系进行固井，采用低密度水泥与新型低密度减轻材料配置水泥浆体系，提高水泥浆的密度稳定性，保证入井前后水泥浆密度基本稳定，精确控制入井水泥浆密度，确保压稳、防漏。

由表4-5-2可见经过合理的颗粒级配，即使是1.25g/cm³密度的水泥浆也具有较好的性能，能够满足现场固井需要。

3）清洗液体系优化

通过不断的现场应用分析，和室内实验研究发现，采用复合粒径加重剂配置的清洗液无论稳定性和清洗效率都要高于单一粒径加重剂配置的清洗液。

室内采用下述实验程序对 VERSACLEAR 的油基滤饼清除效果进行评价：

（1）将配制好的油基钻井液按高温高压失水方法压制成滤饼；

（2）用橡皮筋将滤饼固定在六速旋转黏度计的外筒上；

（3）将配制好的清洗液装入杯中，打开黏度计开关，在 300r/min 固定转速下旋转 7min 时间，取出后，查看滤饼清洗效果。

清洗效率通过下述公式计算清洗效率

$$A=\frac{G_1-G_2}{G_1-G_0}\times 100\% \tag{4-5-1}$$

式中 A——清洗效率，%；

G_0——转筒和滤纸质量，g；

G_1——压滤饼后转筒和滤纸的质量，g；

G_2——清洗后转筒和滤纸的质量，g。

室内对不同加重方式的清洗液的清洗效率进行了评价，实验结果见表 4-5-3。

表 4-5-3 清洗液清洗效率

清洗液	G_0/g	G_1/g	G_2/g	清洗率 /%
复合粒径加重	143.61	155.02	144.20	94.8
单一粒径加重	145.74	150.40	146.08	92.7
未加重	146.00	155.40	146.10	98.9

通过表 4-5-3 所示结果可见，未加重清洗液的清洗效率最好，可达 98.9%，加重后清洗液的清洗效率略有降低；其次采用复合粒径加重剂加重清洗液的油基泥浆滤饼清洗效率要好于单一粒径加重剂清洗液。

4）各种具备堵漏功能的固井浆体开发

通过统计分析，焦石区块复杂井在固井施工过程中漏失的液体，基本上都是固井前置液和水泥浆的领浆。所以针对完钻井眼承压能力不足的井，固井设计浆体配方时，可以增加其一定防漏功能，来保证固井质量。

（1）优化堵漏功能的前置液。

前置液的主要组成是润湿反转剂以及冲洗液，能够有效地清洗井壁，剥离油基钻井液滤饼，并将井壁由油润湿转变为水润湿，有利于后续的固井作业，提高固井胶结质量。本实验主要通过评价不同粒径重晶石复配，针对高渗透地层的封堵效果。

实验条件：常温 3.5MPa，200mL 前置液的滤失量，结果见表 4-5-4。

实验配方：20% 前置液（1.30g/cm^3）360g+100 目硅粉 +1200 目铁矿粉 +600 目重晶石粉（3 种目数加重料不同比例配制 7 个样品）。

表 4-5-4　不同加重剂比例下前置液滤失成膜性能

重晶石样品号	时间 /s	备注
1#	23	未形成滤饼
2#	25	未形成滤饼
3#	78	形成具有一定结构力的滤饼
4#	30min 滤失 34mL	滤饼薄且质地较软
5#	21	未形成滤饼
6#	36	滤饼质地较软
7#	30	滤饼质地较软，沉降稳定性不好

通过室内试验，6# 样效果较好，其配方为：20% 前置液（1.30g/cm³）360g+100 目硅粉 21g+1200 目铁矿粉 21g+600 目重晶石粉 126g，即 1∶1∶6 比例配制加重前置液，可以对渗透性地层以及有微小裂缝有一定封堵效果。

（2）优化堵漏功能的水泥浆体系。

针对持续井漏的复杂井，一方面需要降低水泥浆密度，另一方面需在固井浆体中加入一定量的堵漏纤维材料提高水泥浆的堵漏效果。

纤维的加量直接影响纤维网的致密性。从理论上说，单位面积上纤维的数量越多形成的网结构就越致密。但在实际操作中，纤维加量并不能越多越好，因为过多的纤维会严重影响水泥浆的流变性能，增大泵压，使水泥浆失去泵送能力。

室内研究：在保证水泥浆良好流变性能的基础上，对碳纤维加量与水泥浆的漏失控制性能的关系进行了填沙管试验研究，实验结果见表 4-5-5。

表 4-5-5　纤维在不同加量下的堵漏试验结果

纤维加量 /%	滤失水泥 /mL	滤饼厚度 /mm	封堵效果
0	300	无	未堵住
0.2	7	3	部分堵住
0.4	2	14	完全堵住
0.6	2	30	完全堵住

从以上试验数据可以得出，一般情况下，随着纤维加量的增加，水泥浆的漏失得到控制程度现象越明显，堵漏效果越好。这是由于随着纤维加量增加，水泥石中纤维密度增加，有效“架桥”纤维数量增加，效果变好。但当纤维加入量大于 0.5% 时水泥浆的动切力增大，实际现场使用中泵压增加。所以现场纤维加量控制在 0.3% 较为合适。

5）固井施工工艺技术改进

（1）针对井底出现漏层、断层或破碎，发生较大漏失的复杂井，改变套管管串结构，使用固井工具封隔漏层，采用“漏点顶部注水泥固井工艺”进行固井施工，可以解决底部漏失严重的问题。

（2）针对大斜度井，裸眼段垂深落差较大的复杂井，固井设计时，增大低密度水泥浆用量，进一步降低井底当量密度，也是较为有效的防漏手段。

（3）针对不断出现的复杂井固井，页岩气水平井的“大排量清洗、大排量注替”技术需要优化，在保证基本清洗油膜效果的前提下，适当降低施工排量来降低漏失量。

第五章　页岩气压裂技术

页岩气为产自极低孔渗富有机质页岩地层系统中的非常规油气，是典型的自生自储、大面积连续聚集性气藏。随着世界对非常规油气的认识和工程技术的进步，尤其是大型、多级水力压裂和水平井技术的发展，推动了页岩气勘探开发的进程，由此所带来的全球性页岩气革命热潮正在改变市场对于未来油气资源供需格局的预期，能源战略上呈现多元化。中国页岩气资源十分丰富，2010 年以来，在四川及其周缘的建南、涪陵、彭水、丁山等页岩气区块先后开展了页岩气水平井压裂先导性试验。2012 年 11 月，在涪陵焦石坝地区部署的焦页 1HF 井针对龙马溪组页岩气进行勘探评价，获日产气 $20.3 \times 10^4 m^3$，实现了海相页岩气勘探重大突破。

涪陵页岩气地处山地环境，埋藏更深、构造多变、岩石矿物及裂缝发育情况更为复杂，无法直接复制国外技术，因此，中国页岩气压裂技术必须走自主化发展道路。压裂技术作为页岩气开发关键技术之一，必须走低成本、国产化、自主化的道路，建立可推广应用的、适用于中国地面地下条件的技术体系和规范，形成示范效应，对降低国内页岩气开发成本、提高技术水平具有重大的意义。

本章在分析物探、地质、测井、测试资料的基础上，采用分析与建模、多学科交叉与集成、理论与现场相结合等技术方法，揭示了不同埋深下页岩压裂裂缝形态及成缝机制，为参数优化设计奠定理论基础，形成了页岩气水平井分区分层差异化缝网压裂技术，提升了措施成功率和有效率，自主研发形成了增效降本压裂配套技术，实现了关键材料和工具国产化，构建了压裂施工动态分析调控和压后评估技术，实现了裂缝定量化实时诊断。解决南方海相复杂构造页岩气井压裂重大工程技术难题。确保涪陵页岩气田百亿方产能如期建成，积累了成功经验，为国内页岩气商业开发利用提供了重要借鉴。

第一节　复杂页岩压裂裂缝延伸规律及机理研究

一、页岩压裂物理模拟系统与方法

页岩气储层水力压裂是利用大型压裂设备和先进工艺，采用一定特性的压裂液，对储层进行压裂改造，以扩大压裂缝和天然裂缝通道，产生大规模的网状裂缝，增加水平井筒与气层的接触渗流面积，从而提高储层的产气量，而其中网状裂缝的形成与评价是压裂成功的关键。室内大型水力压裂物理模拟试验可真实地再现水力压裂过程，并对裂缝形态进行观测，是研究水力压裂裂缝扩展过程和网状裂缝形成机理的最有效方法。

通过室内大型水力压裂物理模拟试验系统，对页岩进行了水力压裂模拟试验，实时监测了水力裂缝的扩展过程，并根据压裂缝的空间展布形态，分析了页岩气储层水力裂缝的复杂延伸规律。

根据室内水力压裂物理模拟试验分析的要求，水力压裂模拟试验系统必须具备大尺寸真三轴加载和伺服泵压控制系统。此外，为准确评价水力压裂效果，必须建立适用于室内水力压裂的裂缝实时监测系统。目前，声发射是一种监测材料损伤、破裂过程的先进技术，与微地震监测原理相同，可满足室内物理模拟试验过程中的裂缝实时监测要求。因此，室内大型水力压裂模拟系统中引进了声发射空间实时监测定位系统，以便对压裂效果进行评价。

综上所述，室内大型水力压裂物理模拟试验系统主要由岩土工程真三轴伺服加载系统、伺服泵压控制系统和 Disp 声发射空间定位监测系统等构成，如图 5-1-1 所示为该试验系统进行水力压裂物理模拟时的技术路线（郭印同等，2014）。

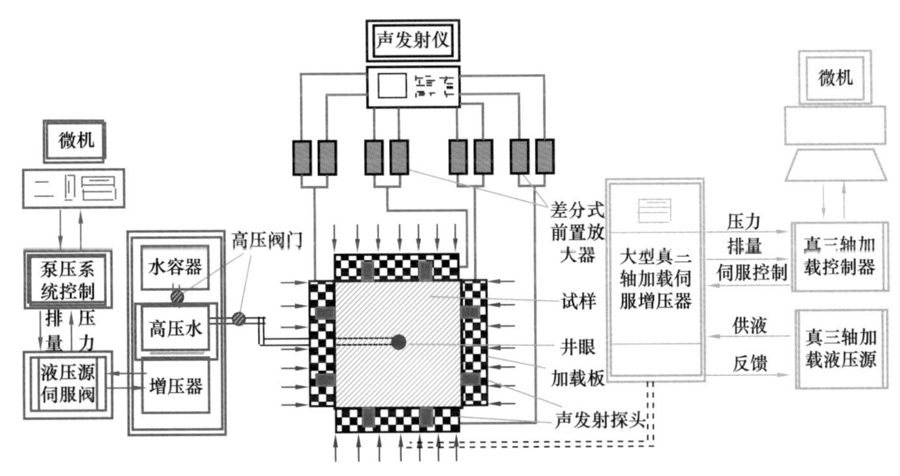

图 5-1-1 室内真三轴水力压裂物理模拟试验路线图

1. 真三轴物理模型试验机

大型岩土工程模型试验机是三向加载电液伺服模型试验装置，可进行大比例尺平面应力应变模型试验、地下地表工程三维试验及软岩试样力学特性研究，同时还具有真三轴仪、剪切流变仪等设备功能。模型试验机由加载主机、电液伺服控制系统和检测系统组成，主要部分如图 5-1-2 所示。

图 5-1-2 大型真三轴物理模型试验机

大型岩土工程模型试验机是三向加载电液伺服真三轴模型试验机，与同类设备相比，在以下几个方面具有优越性。

（1）该装置具有真三轴模型试验功能，x（左右向）、y（垂直向）、z（前后向）三个方向均由轴向加载系统独立加压，能更加真实地模拟地下储层三向地应力状态。

（2）该装置所适用的试件尺寸大，最大加载试样尺寸可达 800mm×800mm×800mm，且可以根据所模拟的实际工程情况，选择合适的试件尺寸。试验由计算机自动控制和调节加载大小与加载速度，并自动采集应力、位移等数据。

（3）该装置加载的吨位较大，x，y，z 三个方向所加最大载荷均可达到 3000kN，可以模拟高应力地下工程的真实受力状态，其他类型的模型加载设备加载吨位较小，难模拟工程实际的受力状态。

（4）该装置在试件加压过程中，x，y，z 三个方向通过连接板与传力板以及定向机构等装置，把轴向加载系统的力均匀地传到试件的各个受力面上，较好地解决了以往模型试验采用千斤顶直接加载压力均匀性偏差较大，采用柔性囊加载行程偏小、强度偏低的技术难题。

（5）放入模型试验机的试样同一受力方向两个面同时加载，在加载过程中试样的中心位置通过程序控制可以保持不变，有效避免了试样偏心受力和弯矩的产生。

完成了真三轴物理模型试验机加载板改造，满足 300mm×300mm×300mm，300mm×300mm×600mm 试样开展水力压裂试验的要求，在加载板端面预制 12 个 ϕ25mm 的声发射探头放置孔，根据实际声发射三维定位效果调整声发射探头位置，如图 5-1-3 所示为试样加载板组装图。

图 5-1-3　真三轴物理模拟试验机加载板改造与组装示意图

2. 水力压裂伺服泵压系统

现场油气井水力压裂一般按照单位时间内的压裂液泵注量来作为压裂强度指标。因此，本课题模拟水力压裂泵注压裂部分，需要精确控制水力压裂液泵入排量，为此引入伺服泵压控制装置，升级了水力压裂泵压系统，主要技术参数如下：

（1）增压活塞采用非对称 T 形活塞，活塞直径 150mm，活塞杆直径 70mm，活塞行程 210mm（±105mm）。

（2）设计最高输出压力为 100MPa，配备 100MPa 压力传感器一个，分辨率 0.05MPa，测量精度 1%。

（3）增压器有效容积为 800mL，配备 210mm 位移传感器一个，分辨率 0.04mm（折合成体积分辨率为 0.15mL），精度 1%。

（4）增压器密封采用超高压密封圈，油缸密封采用 HK150、HS250 和 HA326 密封组件，以保证密封的高可靠性、长使用寿命和低摩擦力。

（5）手动控制阀门、油管、管接头、三通等均可承受 100MPa 内的泵注压力，保证了试验系统工作的高可靠性和长使用寿命。

（6）采用高灵敏度电液伺服阀，伺服阀额定流量 9L/min，3dB 带宽为 100Hz，且进油口和回油口都配备蓄能器，以提高系统动态响应，并保证伺服阀的工作稳定性。

该水力压裂系统具有程序控制器，既可以恒定的排量泵注液体，也可按预先设定的泵注程序进行，试验过程中利用数据采集系统记录泵压、排量等参数。泵注加压系统结构和控制系统如图 5-1-4 所示，压裂试验中一般采用定排量控制，即位移控制模式，本次压裂模拟试验通常采用 0.5mL/s、1mL/s 和 1.5mL/s 的定排量水力压裂，系统的设计完全达到了试验要求。

3. 声发射三维定位监测系统

材料内部快速释放能量产生瞬态弹性波的现象称为声发射。声发射是一种常见的物理现象，大多数材料变形和断裂时有声发射发生，但许多材料的声发射信号强度很弱，需要借助灵敏的电子仪器才能检测出来。用仪器探测、记录、分析声发射信号和利用声发射信号推断声发射源的技术称为声发射技术。声发射检测原理如图 5-1-5 所示，从声发射源发射的弹性波最终传播到达材料的表面，引起可以用声发射传感器探测的表面位移，这些探测器将材料的机械振动转化为电信号，然后再被放大、处理和记录，最后对采集到的声发射信号进行分析处理，了解材料产生声发射的机制。岩石、陶瓷等非金属在微裂纹开裂和宏观开裂会产生大量声发射信号，因此其裂纹开裂和扩展是声发射源的一种。

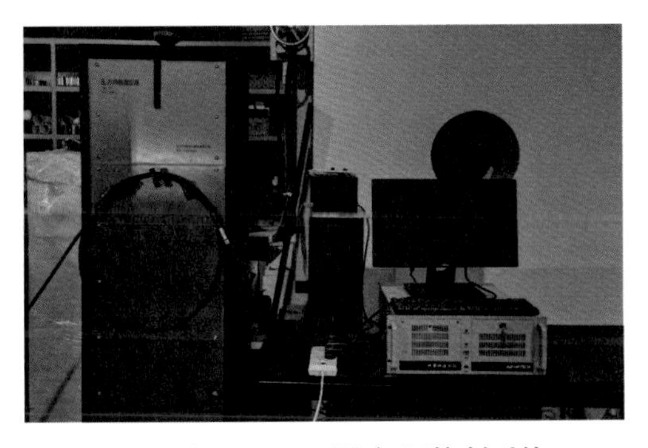

图 5-1-4　泵注加压控制系统

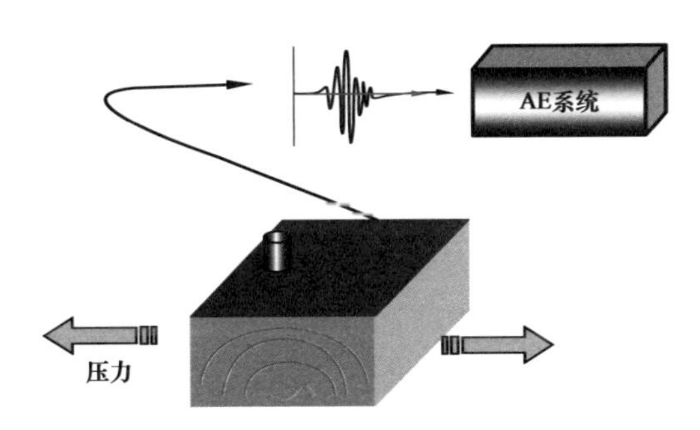

图 5-1-5　声发射检测原理图

声发射检测方法在许多方面不同于其他常规无损检测方法，其优点主要表现为：

（1）声发射是一种动态检验方法，声发射探测到的能量来自被测试物体本身，而不是像超声或射线探伤方法一样由无损检测仪器提供；

（2）在一次试验过程中，声发射检验能够整体探测和评价整个结构中活性缺陷的状态；

（3）可提供活性缺陷随载荷、时间、温度等外变量而变化的实时或连续信息，因而适用于损伤破裂的实时检测、预报等。

如果声发射事件信号是断续的，且在时间上可以分开，那么这种信号就称为突发型声发射信号。裂纹扩展、断铅信号等都是突发型声发射信号。在声发射信号处理过程中，撞击是指超过门槛并使某一个通道获取数据的任何信号，它反映了声发射活动的总量和频度，常用于声发射活动性评价；事件是指同一个撞击被多个通道同时检测到并能进行定位。当用两个或多个传感器进行声发射检测时，能够用时差定位的方法定出声发射源的位置，这是声发射技术的基本功能之一。线性定位用于长的高压气瓶及管线；平面定位用于各种立式 / 卧式容器；球面定位用于球形压力容器；三维定位则用于混凝土结构、岩石等损伤破裂区域的实时检测。下面主要对声发射定位的基本原理进行解释。

DISP 声发射测试系统广泛应用于岩石及岩体声发射监测、金属材料检测、航空航天材料检测、压力容器检测、桥梁和管道检测等领域。DISP 声发射测试系统由声发射卡、声发射主机系统、声发射传感器、声发射前置放大器、声发射处理软件五部分组成。声发射处理软件可在 WINDOWS 环境下进行实时的声发射采集、外参量输入。采集及分析软件包主要包括前端数字滤波、图解滤波，AE 特征提取、报警输出，各种定位功能，二维、三维图形显示功能，多参数分析、相关分析、聚类分析，波形处理及相关分析（FFT 分析等），Hit 数据线形显示、统计及重放功能等。试验系统及软件界面如图 5-1-6 所示。

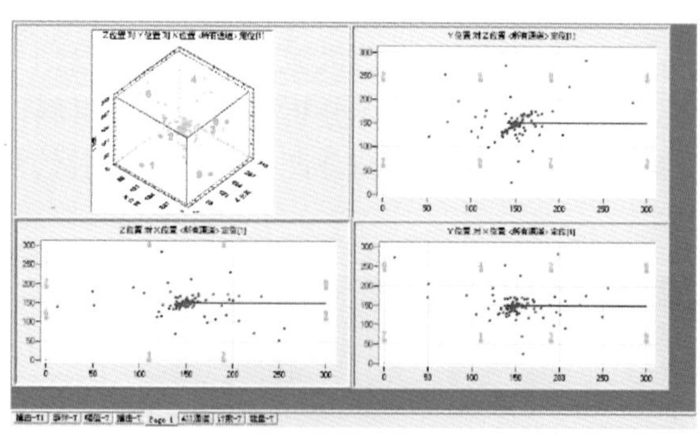

图 5-1-6　DISP 声发射测试系统与三维定位监测界面图

该系统可以完成常规三轴压缩试验全过程声发射监测，单轴压缩试验全过程声发射监测，真三轴试验全过程声发射监测，岩体声发射监测。采用了其三维定位监测功能来监测水力压裂缝的萌生、扩展及其裂缝集中区域的定位。

4. 水力压裂物模试验步骤

（1）对试样的 6 个面进行编号，并对各个面进行拍照。

（2）在试样井筒内注入示踪剂，示踪剂为压裂液与红色染料的混合物。

（3）将试样放入加载室，连接水泵的高压软管与试样井筒。

（4）安装试样四周的传力架。

（5）按照监测方案安装声发射探头，并进行测试，确保各通道探头正常工作。

（6）真三轴加载系统开始工作，按照预设的三向应力加载值进行加载，待三向应力达到预设值后，维持5min。

（7）启动伺服泵压系统，按照设定排量向试样内注入压裂液，同步进行声发射数据的采集。

（8）待泵压曲线跌落后，停止注入压裂液，同时停止声发射监测系统。

（9）取出试样，观察试样表面的裂缝分布，对试样的6个面进行拍照，继续沿着裂缝面将试样剖开，对裂缝面的形态以及井壁处裂缝的起裂位置进行观察，并拍照记录。

二、真三轴水力压裂物理模拟试验与压裂裂缝形态表征

1. 压裂试样制备

页岩水力压裂试验设定垂向应力垂直于层理面方向，采用外径ϕ24mm金刚石钻头完成深170mm预制井眼，如图5-1-7（a）所示。割缝套管采用外径20mm，内径15mm高强度钢管，在135～165mm位置，对称切割1.5mm宽的水力通道，底端焊接封闭，上端内置螺纹与水力压裂泵管线密封连接，如图5-1-7（b）所示。在套管割缝位置采用棉纱充填，采用高强度黏结剂将套管与预制井眼封固，第一阶段设定割缝位置与最大水平主应力方向夹角为45°，在一定程度上实现对射孔相位角的模拟，如图5-1-7（c）所示。固化24h后，达到黏结剂的最大强度。

(a) 钻头预置井眼

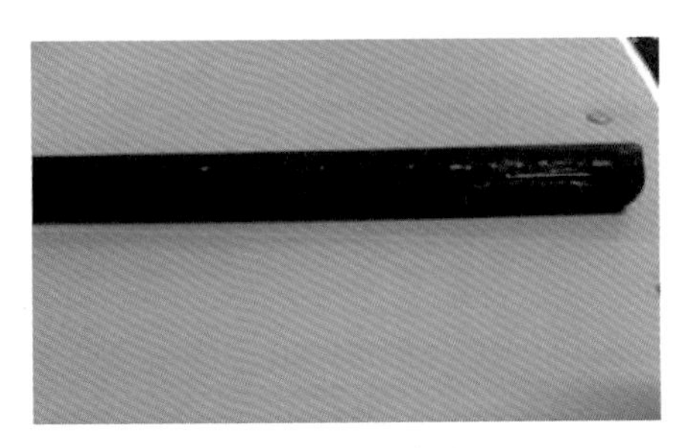

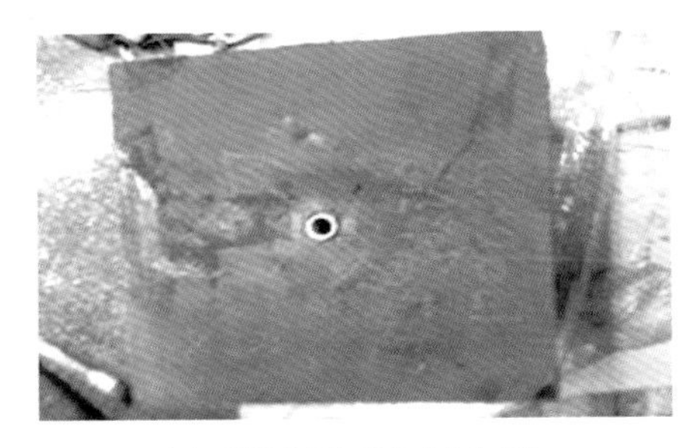

(b) 模拟对称割缝

(c) 割缝方向与应力夹角为45°

图5-1-7 压裂试样前期准备

2. 压裂试验参数设计

控制水力裂缝起裂扩展的7个关键参数如下：

压裂时间 t，井筒半径 r_w，排量 i，裂缝张开模量 $\overline{E}$，断裂韧性 K_I，有效黏度 $\overline{\mu}$，围压 σ_c。其中

$$\overline{E}=E/4\left(1-\nu^2\right)$$

式中 E——弹性模量，GPa；

ν——泊松比。

$$\overline{\mu}=12\mu$$

式中 μ——流体的黏度，mPa·s。

以圆饼形裂缝（Penny-shaped Crack）的扩展为模型，对流体驱动裂缝扩展过程中涉及的控制方程进行无量纲化，得到以下无量纲因数（C. J. De Pater et al.，1994）。

$$\begin{cases} N_t=\dfrac{ti}{r_w^3} \\ N_{K_I}=\dfrac{K_{Ic}^2}{\overline{E}^2 r_w} \\ N_{\overline{E}}=\dfrac{\overline{E}r_w}{i\overline{\mu}} \\ N_{\sigma_c}=\dfrac{\sigma_c}{\overline{E}} \end{cases} \tag{5-1-1}$$

式中 N_t——与时间相关的无量纲因数；

N_K——与断裂相关的无量纲因数；

N_E——与弹模相关的无量纲因数；

$N_{\sigma c}$——与围压相关的无量纲因数；

t——压裂时间，min；

r_w——井筒半径，mm；

i——排量，mL/min；

E——裂缝张开模量 $\overline{E}$ =E/（4–ν^2），GPa；

E——弹性模量，GPa；

ν——泊松比；

K_{Ic}——断裂韧性，MPa·m$^{1/2}$；

$\overline{\mu}$——有效黏度，mPa·s；

μ——流体黏度，mPa·s；

σ_c——围压，MPa。

这4个无量纲因数包括了7个关键压裂参数，形成一个完整的集合，从而实现了现

场施工参数和室内试验参数的对应，是确定试验中各参数取值的依据。经初步估计，试验室内采用低排量和高黏度压裂液组合，可以实现现场压裂中观测到的裂缝的准静态扩展。

通过调研现场施工参数，结合以上推导得出的4个无量纲因数，计算得到室内模型试验的参数，见表5-1-1。

表5-1-1 选定的试验参数

参数	现场	室内模型试验
时间 t/min	90～120	10
井筒半径 r_w/mm	57.50	12.5
排量 i/（mL/min）	12000000	30
弹性模量 E/GPa	25	10
断裂韧性 K_{Ic}/（MPa·m$^{1/2}$）	1	0.16
黏度 μ/（mPa·s）	3	100
围压 σ_c/MPa	50	5

3. 压裂缝形态表征

下面以一块典型压裂试样（YS-1）为例，介绍压裂缝形态的表征过程。该试样的试验参数设置为：垂向应力20MPa，水平最大主应力19.51MPa，水平最小主应力为16.98MPa，水平应力差为2.53MPa，压裂液为蒸馏水，排量为0.5mL/s（侯振坤等，2016）。

如图5-1-8（a）所示为试样YS-1压裂后的照片，沿垂直于井筒末端的平面进行剖切可得图5-1-8（b），可以看出，试样YS-1首先在井筒末端割缝处起裂，形成主裂缝面L_1，L_1沿主应力σ_v方向上向下延伸；随着压裂的进行，向上延伸的L_1不久后停止前进；向下延伸的L_1开启并贯穿微张开的层理面C_2后继续向下扩展，当遭遇层理面C_3时，L_1被C_3俘获，发生转向停止向下扩展，同时，裂缝在C_2中发生转向，形成了贯通C_2的主裂缝面L_2，L_3形成方式与L_2类似。为深入分析YS-1内部裂缝扩展规律，如图5-1-8（c）所示，以闭合层理面C_1、裂缝面L_2及微张开层理面C_2为界，将其划分成A，B，C，D 4部分，如图5-1-9所示，将试样YS-1按此划分方式依次剖开。

如图5-1-9（a）所示，首先沿闭合层理面C_1剖开页岩同时移开A，未见压裂液痕迹，说明C_1未被压裂液开启；如图5-1-9（b）所示，把B向左翻转，发现大量红色示踪剂，此处为裂缝面L_2的形态，L_2为纵向裂缝（平行于井筒，垂直于σ_H）；如图5-1-9（c）所示，沿微张开层理面C_2剖开页岩，C_2上发现大量红色示踪剂，说明C_2被压裂液开启；如图5-1-9（d）所示，沿层理面C_3将该试样剖开，红色示踪剂的存在说明此裂缝面也是层理面被开启所形成的，不同的是压裂液在 C_3 上发生转向，形成了横向裂缝 L_3（垂直与井筒和 σ_h）；如图 5-1-9（e）所示，沿裂缝面 L_3 剖开，发现 L_3 开启但未贯穿层理面 C_4，从而发生转向；最后，图 5-1-9（f）所示，剖开井筒割缝处附近岩块，可见裂缝在井筒割缝处附近起裂，形成一条沿井筒轴线方向的纵向裂缝，裂缝扩展过程中有 3 处弯曲转向，转向 1 和转向 2 有转向垂直最小主应力 σ_h 方向的趋势，转向 3 在遇弱胶结层理面 C_2 时，将其开启。

(a) YS-1压裂后

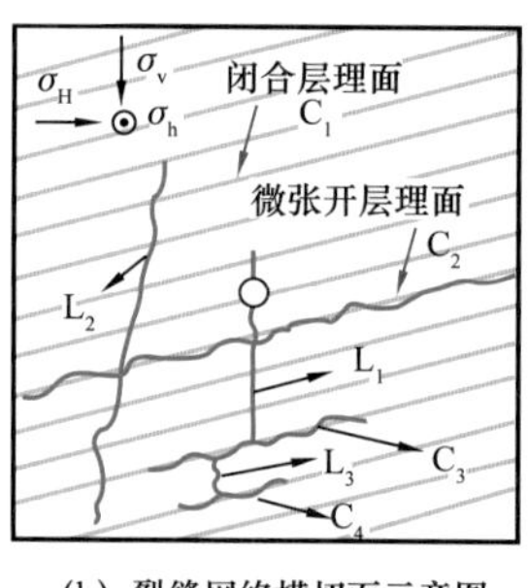

(b) 裂缝网络横切面示意图

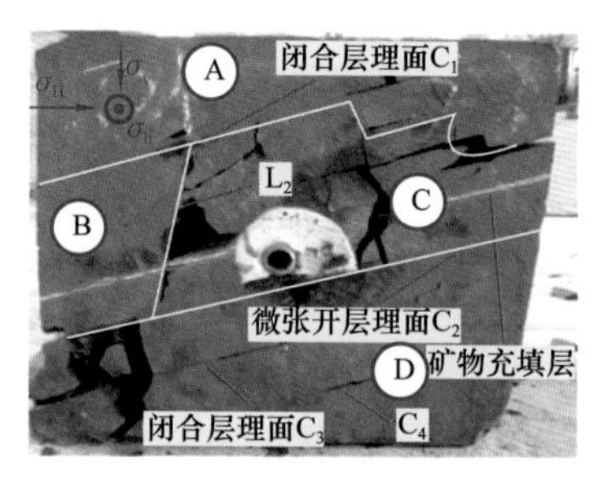

(c) YS-1页岩试样划分图

图 5-1-8 试样 YS-1 裂缝网络横切面示意图

红色线条为水力裂缝网络，绿线为层理面；蓝色标注对应图 5.8 坐标系

(a) 沿闭合层理面C_1剖开

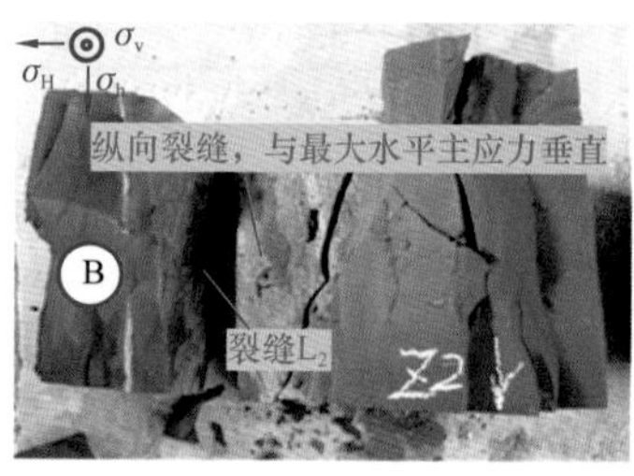

(b) 沿纵向裂缝面L_2剖开

(c) 沿微张开层理面C_2剖开

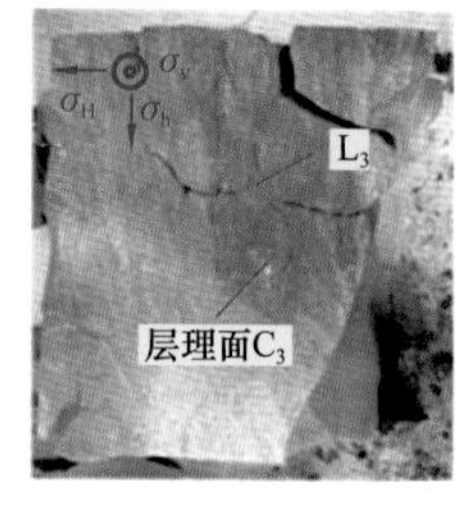

(d) 沿闭合裂缝面C_3剖开

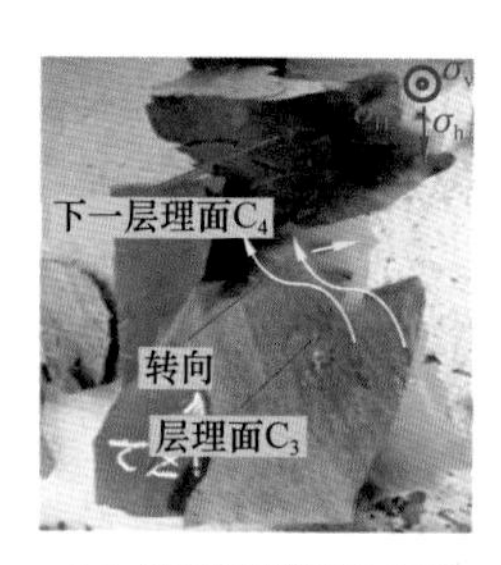

(e) 沿横向裂缝面L_4剖开

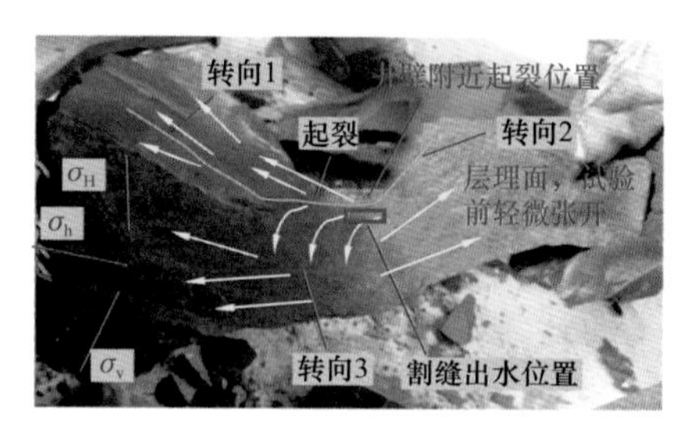

(f) 井壁起裂附近岩块压裂液的流通路径

图 5-1-9 YS-1 试样水力压裂后剖开过程图解

黄色箭头表示压裂液的流通路径；绿色粗线条表示水力裂缝的起裂和转向

裂缝起裂和扩展的动态过程发生在页岩内部，仅靠剖切分析不能确定裂缝扩展和沟通的先后顺序，声发射动态监测系统是一个不错的手段，图 5-1-10 为 YS-1 页岩声发射监测动态效果分析对比图，如图 5-1-10（a）所示为 YS-1 试样声发射监测的正视图，图中的红点表示声发射事件，椭圆表示声发射事件边界，如图 5-1-10（b）所示为

相应的水力压裂裂缝动态扩展过程，图中青色的斜线表示层理面，红色的线表示水力压裂裂缝，中心黑色的圆孔代表井筒；提取水力裂缝扩展过程中不同时刻的声发射定位数据，将其与剖开过程中观察的主要水力裂缝进行对比发现：声发射事件集中区和水力裂缝扩展过程具有对应的关系，它们在页岩试样中的位置大致相同，裂缝起裂时可监测到少量声发射信号，随着压裂的进行，监测到的声发射信号随着时间的增加也逐渐增多，此时裂缝逐渐扩展，新生裂缝数量逐渐增多，直至扩展到试样表面，形成稳定的水力裂缝通道，声发射信号和裂缝动态扩展一一对应，这充分证明了声发射定位系统的可靠性。

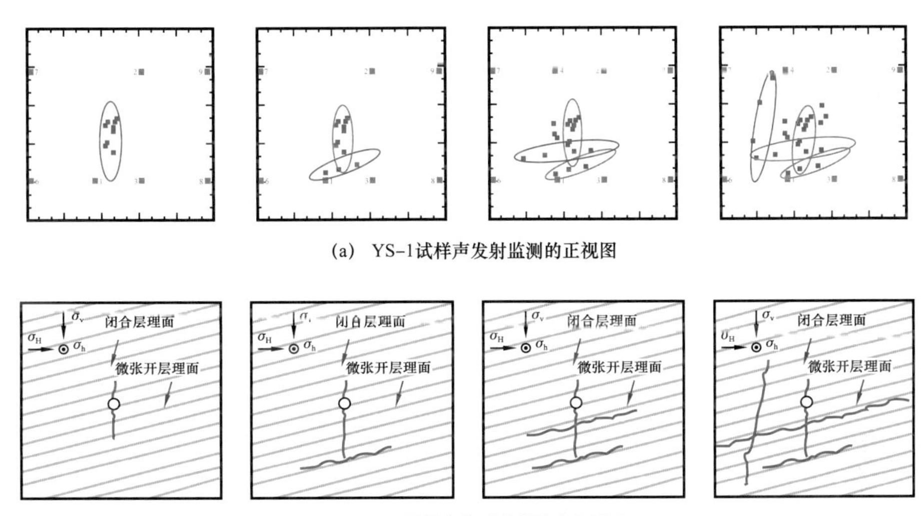

(a) YS-1试样声发射监测的正视图

(b) YS-1试样水力压裂裂缝动态扩展

图 5-1-10 YS-1 试样声发射动态监测效果分析与对比

综上，YS-1 页岩的水力裂缝自井筒割缝处起裂后扩展，井筒附近水力裂缝在扩展过程中发生多次弯曲转向，比较复杂，随后水力裂缝以 L_1 和 L_2 为主线，向上、下扩展，遭遇层理面时或开启（C_3、C_4），或贯穿（C_1），或贯穿并开启（C_2），有部分裂缝在开启的层理面中发生转向形成横向裂缝面（L_2、L_4），以上裂缝既有垂直于层理面的新生水力裂缝，又有水力裂缝沿着弱层理面的扩展，既有纵向裂缝，又有横向裂缝，相互交错形成裂缝网络，最终实现了体积压裂。

三、复杂压裂裂缝形成机理研究

复杂压裂缝的形成受地应力差异系数和排量的影响显著，下面分别阐述各因素对压裂缝复杂度的影响。

1. 地应力差异系数的影响

相同排量，地应力差异系数（水平两向主应力差值与水平最小主应力之比）分别为 0.10，0.15，0.25 条件下露头页岩的压裂缝形态与泵压信息，见表 5-1-2。

表 5-1-2 不同地应力差异系数压裂后信息汇总

试样编号	地应力差异系数	排量 / mL/s	起裂压力 / MPa	泵压曲线	裂缝形态描述
Y-3	0.1	0.5	21.50	泵压随泵注时间快速增加，达到破裂点后，呈锯齿状降低	形成沿最大水平主应力方向水力压裂缝，并沟通天然层理面，天然层理面形成贯通裂缝为复杂网络裂缝
Y-6	0.25	0.5	19.10	泵压随泵注时间快速呈锯齿状增加，泵注时间较长	主压裂缝沟通多层天然层理面，形成复杂的网络裂缝
Y-14	0.15	0.5	20.16	泵压随泵注时间快速增加，达到破裂点后，呈锯齿状降低	最大水平主应力方向水力压裂缝沟通多层弱层理面，形成相互交叉的复杂网络裂缝

由表 5-1-2 物模试验数据分析可知，相同排量、大尺度露头页岩完整性相对较好的条件下，在试验三种地应力差异系数工况下，都能够形成相互交叉的网络裂缝，分析认为其主要取决于岩体本身层理弱面的发育程度。

2. 排量的影响

相同地应力差异系数，排量分别为 0.5mL/s、1.0mL/s、1.5mL/s 条件下露头页岩的压裂缝形态与泵压信息，见表 5-1-3。在相同应力差异系数、大尺度露头页岩完整性相对较好的条件下，对比三种排量工况，较低排量时，主压裂缝在延伸扩展过程中更易沟通天然弱面，形成复杂的网络裂缝。

表 5-1-3 不同排量压裂后信息汇总

试样编号	地应力差异系数	排量 / mL/s	起裂压力 / MPa	泵压曲线	裂缝形态描述
Y-7-1	0.15	0.5	25.0	泵压随泵注时间快速增加，达到破裂点 25.0MPa 后，快速降低到峰值点一半水平	压裂后形成了相互交错的裂缝网络，既有垂直于层理面的新生水力裂缝，又有水力裂缝沿原始弱层理面的扩展，既有纵向裂缝，又有横向裂缝，实现了体积压裂
Y-7-3	0.15	1.0	20.10	随着压裂液不断注入井筒，筒内压力迅速上升至峰值，降落幅度非常微小，泵压持续缓慢增加	井壁起裂处可见与最小水平主应力垂直的裂缝，水力裂缝自垂直于层理面起裂，遇弱胶结层理面时将其压开，形成纵横交错的裂缝网络，实现了体积压裂
Y-7-4	0.15	1.5	19.78	随着压裂液不断注入，泵压快速增加，到峰值点后快速跌落	主压裂缝沟通弱层理面，形成交叉压裂缝

3. 水力裂缝扩展模式总结

水力裂缝在页岩试样中延伸时，主要是垂直层理和沿层理方向扩展，结合压裂试验结果以及同行所做实验结果，可以把水平井水力压裂物理模拟试验裂缝的起裂和延伸模式总结为如图 5-1-11 所示的四种基本模式。

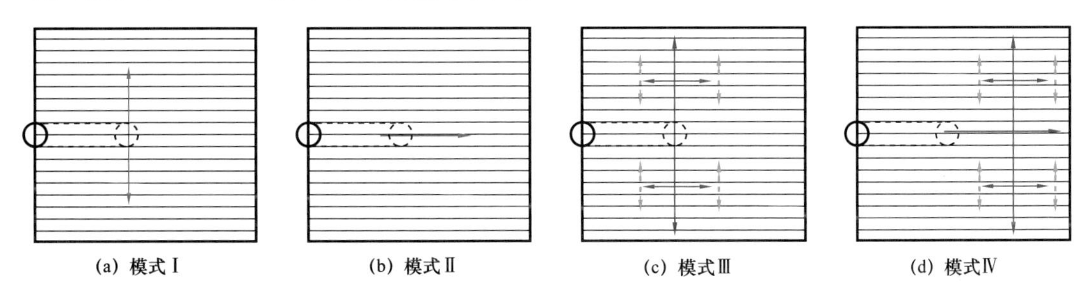

图 5-1-11 页岩竖直井水力裂缝起裂与延伸的四种基本模式

模式Ⅰ：单一纵向裂缝，水力裂缝沿着井筒末端出水口处起裂，由于起裂处层理面胶结强度较高，裂缝只沿着垂直于最小水平主应力扩展，扩展过程中并未沟通层理面，最终形成单一纵向裂缝，此破裂模式多发生在层理黏结强度较高，微裂缝不发育时，该类破坏模式极少，几乎不存在，但在致密砂岩以及剑鞘灰岩试样水力压裂中均有发现。

模式Ⅱ：单一横向裂缝，水力裂缝沿着井筒末端出水口处起裂，由于起裂处层理面胶结强度较低，尽管地层最大主应力垂直于层理面，层理面也会直接开裂，即水力主裂缝沿着垂直最大主应力方向扩展，扩展过程中并未发生转向和沟通其余层理面，最终形成单一横向裂缝。此破裂模式多发生在页岩试样的层理黏结强度较弱或者微裂缝发育时。

模式Ⅲ：井筒末端裂缝网络，水力裂缝自井筒末端出水口处沿垂直于方向起裂并扩展，层理面未开裂，主裂缝扩展过程中遭遇胶结程度较差的层理面或者天然裂缝，或直接贯穿，或贯穿并将其沟通，或被其俘获发生转向，最终形成裂缝网络。此破裂模式多发生出水口处层理胶结强度较高，其余层理面胶结程度适中时。龙马溪组多数页岩试样均发生此类破坏模式，说明龙马溪组页岩适合水力压裂开采，储层体积改造效果较好。

模式Ⅳ：试样后部裂缝网络，水力裂缝沿着井筒末端出水口处起裂，由于起裂处层理面胶结强度较低，层理面直接开裂，尽管地层最大主应力垂直于层理面，水力主裂缝仍然沿着层理面扩展（垂直最大主应力方向），扩展过程中部分压裂液发生转向，转向垂直于水平最小地应力方向，转向的主裂缝在扩展过程中遭遇胶结程度较差的层理面或者天然裂缝，或直接贯穿，或贯穿并将其沟通，或被其俘获发生转向，最终形成裂缝网络。此破裂模式多发生在出水口处层理胶结强度较差，其余层理面胶结程度适中时。大多数页岩试样均发生此类破坏模式，说明龙马溪组页岩适合水力压裂开采，储层体积改造效果较好。

综上，页岩储层裂缝网络的形成实际上是以上不同模式的相互组合，井筒末端出水口的位置、出水口处层理面的强弱以及天然裂缝的多寡、整个试样层理面的胶结程度、天然裂缝的发育程度与裂缝网络的形成密切相关，层理过弱或过强都不利于裂缝网络的形成，层理面胶结程度适中地层最有利于裂缝网络的形成，且地应力的相对大小和方向对裂缝网络的形成有一定控制作用；实际上影响储层体积改造效果的因素众多，主要包括储层的本质属性、压裂施工参数及压裂工艺技术，为最大限度地实现储层体积改造，研究这些因素对水力压裂效果的影响至关重要。

四、复杂压裂裂缝扩展分析模型

裂缝扩展线弹性断裂力学基本理论、天然裂缝与水力裂缝相互作用机制。

1. 裂缝扩展线弹性断裂力学基本理论

1）裂纹扩展形式

裂缝扩展通常可概括为以下 3 种基本形式（图 5-1-12）（Anderson T L，1991）。

（1）Ⅰ型裂纹（张开型）：外力与裂纹面垂直，迫使裂缝面沿法线方向发生张开位移而形成的一种裂纹形式。

（2）Ⅱ型裂纹（剪切型）：外力与裂纹面平行且正交于裂纹前缘，迫使裂缝面发生剪切滑移的一种裂纹形式。

（3）Ⅲ型裂纹（错开型）：外力与裂纹面平行且平行于裂纹前缘，迫使裂缝面发生相互错动的一种裂纹形式。

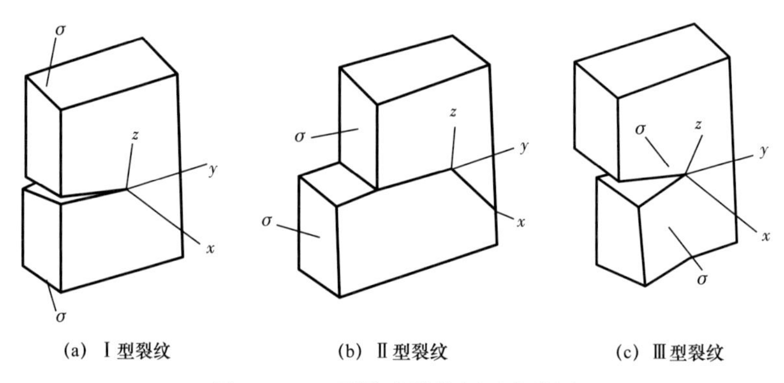

图 5-1-12 裂纹力学特征及分类图

对于真实的受力构件，由于载荷的不对称、裂纹方位的不对称以及材料的非均质等原因，通常会包含多种裂纹扩展形式，一般称为复合型裂纹。研究表明，页岩在水力压裂过程中通常以Ⅰ—Ⅱ型复合裂纹的形式扩展。

2）裂纹尖端区域应力场

页岩储层中发育有大量未充填天然裂缝，由于裂缝端部应力场的奇异性，这些裂缝的存在极大地影响了始地应力场的分布。Westergaard 最早给出了无限域中三种裂缝类型对应的裂尖应力场分布计算公式（李世愚等，2010），裂尖坐标及受力分布如图 5-1-13 所示。

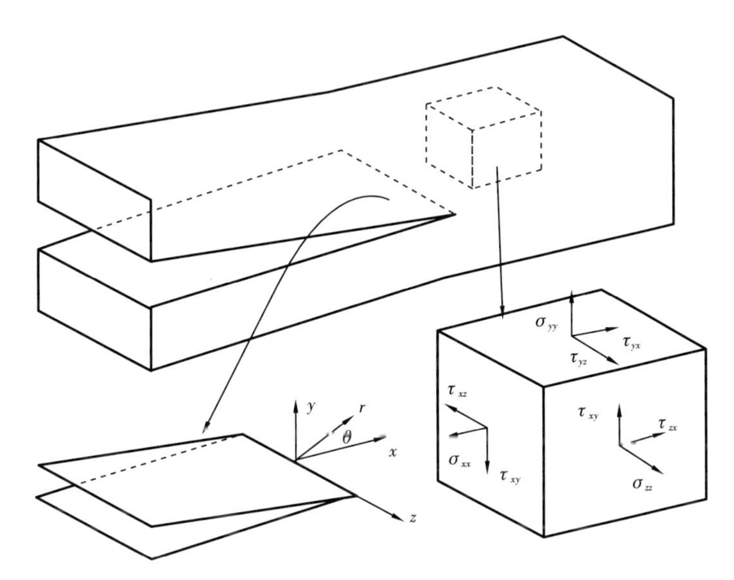

图 5-1-13　裂尖坐标及受力分析示意图

（1）Ⅰ型裂纹：

$$\begin{cases}\sigma_x=\dfrac{K_{\mathrm{I}}}{\sqrt{2\pi r}}\cos\dfrac{\theta}{2}\left(1-\sin\dfrac{\theta}{2}\sin\dfrac{3}{2}\theta\right)\\ \sigma_y=\dfrac{K_{\mathrm{I}}}{\sqrt{2\pi r}}\cos\dfrac{\theta}{2}\left(1+\sin\dfrac{\theta}{2}\sin\dfrac{3}{2}\theta\right)\\ \tau_{xy}=\dfrac{K_{\mathrm{I}}}{\sqrt{2\pi r}}\sin\dfrac{\theta}{2}\cos\dfrac{\theta}{2}\cos\dfrac{3}{2}\theta\end{cases}\tag{5-1-2}$$

（2）Ⅱ型裂纹：

$$\begin{cases}\sigma_x=-\dfrac{K_{\mathrm{II}}}{\sqrt{2\pi r}}\sin\dfrac{\theta}{2}\left(2+\cos\dfrac{\theta}{2}\cos\dfrac{3}{2}\theta\right)\\ \sigma_y=\dfrac{K_{\mathrm{II}}}{\sqrt{2\pi r}}\cos\dfrac{\theta}{2}\sin\dfrac{\theta}{2}\cos\dfrac{3}{2}\theta\\ \tau_{xy}=\dfrac{K_{\mathrm{II}}}{\sqrt{2\pi r}}\cos\dfrac{\theta}{2}\left(1-\sin\dfrac{\theta}{2}\sin\dfrac{3}{2}\theta\right)\end{cases}\tag{5-1-3}$$

（3）Ⅲ型裂纹：

$$\begin{cases}\tau_{xz}=-\dfrac{K_{\mathrm{III}}}{\sqrt{2\pi r}}\sin\dfrac{\theta}{2}\\ \tau_{yz}=\dfrac{K_{\mathrm{III}}}{\sqrt{2\pi r}}\cos\dfrac{\theta}{2}\end{cases}\tag{5-1-4}$$

式中　r——裂缝前缘某一点到裂缝尖端的距离，m；

　　θ——裂缝前缘某一点与裂缝尖端的连线同 x 轴的夹角，(°)；

K_{I}，K_{II}，K_{III}——应力强度因子，$\mathrm{MPa\cdot m^{1/2}}$；

σ_x，σ_y，σ_z——x，y，z 方向正应力，MPa；

τ_{xy}，τ_{yz}，τ_{zx}——剪应力，MPa。

3）复合型裂缝扩展判据

常用的复合型裂缝扩展判据主要有：最大周向应力理论、能量释放率理论（G 判据）以及应变能密度因子理论（S 判据）。对于线弹性断裂力学而言，上述三种判据完全等价。本章主要采用最大周向应力理论进行分析，详细的数学推导过程如下。

由材料力学中一点处单元体任意斜截面上的应力分布公式，可得Ⅰ—Ⅱ型复合裂纹，裂纹尖端附近应力场极坐标表达式为

$$\begin{cases}\sigma_r=\dfrac{1}{2\sqrt{2\pi r}}\left[K_{\mathrm{I}}(3-\cos\theta)\cos\dfrac{\theta}{2}+K_{\mathrm{II}}(3\cos\theta-1)\sin\dfrac{\theta}{2}\right]\\ \sigma_\theta=\dfrac{1}{2\sqrt{2\pi r}}\cos\dfrac{\theta}{2}\left[K_{\mathrm{I}}(1+\cos\theta)-3K_{\mathrm{II}}\sin\theta\right]\\ \tau_{r\theta}=\dfrac{1}{2\sqrt{2\pi r}}\cos\dfrac{\theta}{2}\left[K_{\mathrm{I}}\sin\theta+K_{\mathrm{II}}(3\cos\theta-1)\right]\end{cases} \tag{5-1-5}$$

式中 σ_θ——周向应力，MPa；

σ_r——径向应力，MPa；

$\tau_{r\theta}$——剪应力，MPa。

由式（5-1-5）可以看出，当 $r\to 0$ 时，各应力分量趋于无穷大，这显然是不合理的，通常选取距裂尖一定位置处 $r=r_0$ 的应力状态进行分析。

周向应力 σ_θ 取得极值的条件为

$$\frac{\partial\sigma_\theta}{\partial\theta}=0 \tag{5-1-6}$$

将式（5-1-5）中第二式对 θ 求导，可得

$$\frac{\partial\sigma_\theta}{\partial\theta}=\frac{-3}{4\sqrt{2\pi r}}\cos\frac{\theta}{2}\left[K_{\mathrm{I}}\sin\theta+K_{\mathrm{II}}(3\cos\theta-1)\right] \tag{5-1-7}$$

若令 $\theta=\theta_0$ 时，能使 $\dfrac{\partial\sigma_\theta}{\partial\theta}=0$，则有

$$\cos\frac{\theta_0}{2}\left[K_{\mathrm{I}}\sin\theta_0+K_{\mathrm{II}}(3\cos\theta_0-1)\right]=0 \tag{5-1-8}$$

其中，由 $\cos\dfrac{\theta_0}{2}=0$，得 $\theta_0=\pm\pi$，无实际意义。因此，开裂角 θ_0 决定于方程：

$$K_{\mathrm{I}}\sin\theta_0+K_{\mathrm{II}}(3\cos\theta_0-1)=0 \tag{5-1-9}$$

对式（5-1-9）进行求解可得

$$\theta_0=\begin{cases}2\arctan\dfrac{K_{\mathrm{I}}\pm\sqrt{K_{\mathrm{I}}^2+8K_{\mathrm{II}}^2}}{4K_{\mathrm{II}}} & \left(K_{\mathrm{II}}\neq 0\right)\\ 0 & \left(K_{\mathrm{II}}=0,K_{\mathrm{I}}\neq 0\right)\end{cases} \tag{5-1-10}$$

这样确定完开裂角 θ_0 后，重新代入式（5–1–5）中第二式，即可求得 $r=r_0$ 圆周上的最大周向应力为

$$\left(\sigma_\theta\right)_{\max}=\frac{1}{2\sqrt{2\pi r_0}}\cos\frac{\theta_0}{2}\left[K_{\mathrm{I}}\left(1+\cos\theta_0\right)-3K_{\mathrm{II}}\sin\theta_0\right] \tag{5-1-11}$$

建立相应的断裂准则为

$$\left(\sigma_\theta\right)_{\max}=\left(\sigma_\theta\right)_{\mathrm{C}} \tag{5-1-12}$$

式中 $\left(\sigma_\theta\right)_{\mathrm{C}}$——临界最大周向应力，MPa。

对于Ⅰ型裂纹而言，开裂角 $\theta_0=0$。将 $K_{\mathrm{II}}=0$，$\theta_0=0$，$K_{\mathrm{I}}=K_{\mathrm{IC}}$ 代入式（5–1–11），即可得最大周向应力的临界值（σ_θ）$_c$ 为

$$\left(\sigma_\theta\right)_{\mathrm{c}}=\frac{K_{\mathrm{IC}}}{\sqrt{2\pi r_0}} \tag{5-1-13}$$

将式（5–1–11）与式（5–1–13）代入式（5–1–12），可得

$$\cos\frac{\theta_0}{2}\left(K_{\mathrm{I}}\cos^2\frac{\theta_0}{2}-\frac{3}{2}K_{\mathrm{II}}\sin\theta_0\right)=K_{\mathrm{IC}} \tag{5-1-14}$$

式（5–1–14）即为按照最大周向应力理论建立起来的Ⅰ—Ⅱ复合型裂纹扩展准则。

2. 水力裂缝扩展分析模型

采用位移不连续法（DDM）对水力裂缝逼近天然裂缝过程中，天然裂缝剪切起裂机制进行分析，同时对裂缝干扰判据的预测精度进行验证。

位移不连续法作为一种间接边界元方法，具有建模简单、计算速度快等优点，在裂缝扩展模拟中被广泛采用。裂缝在外载作用下，其上、下表面会发生相对错动，这种错动称为位移不连续，错动的大小称为位移不连续量。

$$D_x=u_x\left(x,0_-\right)-u_x\left(x,0_+\right) \tag{5-1-15}$$

$$D_y=u_y\left(x,0_-\right)-u_y\left(x,0_+\right) \tag{5-1-16}$$

式中 D_x——x 方向位移不连续量，m；
D_y——y 方向位移不连续量，m；
u_x——x 方向位移，m；
u_y——y 方向位移，m。

为了准确刻画天然裂缝的剪切滑移特性，采用 Mohr–Coulomb 节理单元对其进行描

述，如图 5-1-14 所示。

$$\sigma_n = K_n D_n \tag{5-1-17}$$

$$\sigma_s = K_s D_s \tag{5-1-18}$$

式中 σ_n——节理单元局部坐标系下单元正应力，MPa；

σ_s——节理单元局部坐标系下单元剪应力，MPa；

K_n——节理单元法向刚度系数，MPa/m；

K_s——节理单元切向刚度系数，MPa/m；

D_n——节理单元法向位移不连续量，m。

D_s——节理单元切向位移不连续量，m。

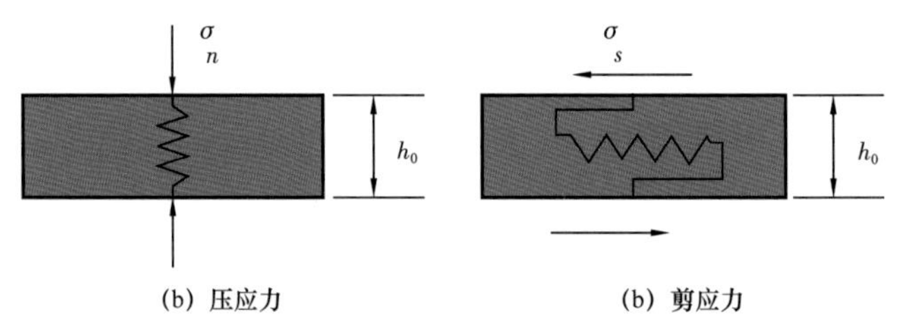

图 5-1-14 节理单元示意图

节理单元应力必须满足如下约束：

$$\pm\left[\left(\sigma_s\right)_{\text{total}}\right]_{\text{yield}} = C + \left(\sigma_n\right)_{\text{total}} \tan\phi \tag{5-1-19}$$

式中 ϕ——内摩擦角，(°)。

由式（5-1-19）可以看出，节理单元的变形具有明显的非线性特征，因此，必须采用增量法对其进行求解，同时为了加快收敛速度，采用 SOR 超松弛迭代算法对方程进行求解。

利用 Visual C++6.0 语言编写了相应的求解程序，对水力裂缝逼近条件下，天然裂缝的剪切滑移机制进行分析，物理模型如图 5-1-15 所示，基本输入参数见表 5-1-4。

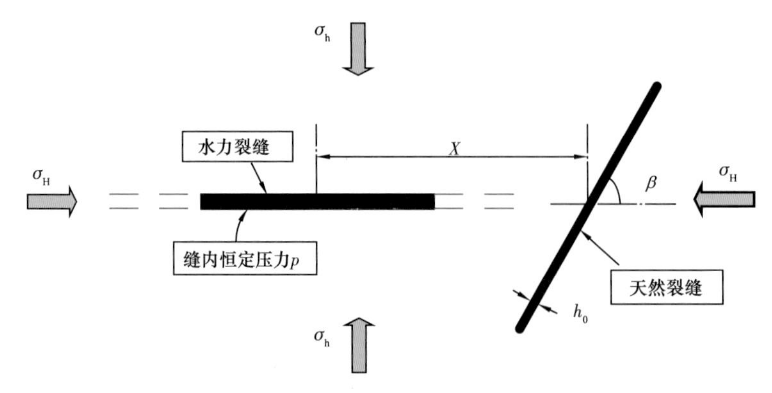

图 5-1-15 天然裂缝与水力裂缝干扰模型

表 5-1-4 基本输入参数

参数名称	参数值	参数名称	参数值
地层弹性模量 /GPa	30.00	泊松比 / 无量纲	0.20
天然裂缝初始缝宽 /m	0.01	岩石抗拉强度 /MPa	0
水力裂缝缝内流体压力 /MPa	24.00	水力裂缝初始缝长 /m	100.00
天然裂缝初始缝长 /m	100.00	水力裂缝与天然裂缝距离 /m	80.00
天然裂缝内聚力 /MPa	0	天然裂缝内摩擦角 /（°）	30.00
最大水平主应力 /MPa	30.00	最小水平主应力 /MPa	20.00
天然裂缝逼近角 /（°）	45.00	单元长度 2a/m	2.00

算例：逼近角 45°，水力裂缝缝内流体压力分别为 24MPa 和 28MPa。

如图 5-1-16 所示为水力裂缝流体压力 24MPa 情况下的模拟结果，由图中可见，水力裂缝与天然裂缝相交时，会诱导天然裂缝一侧发生剪切滑移，这与前人的矿场试验结果具有很好的一致性，同时模拟结果与新判据的预测结果也完全吻合。

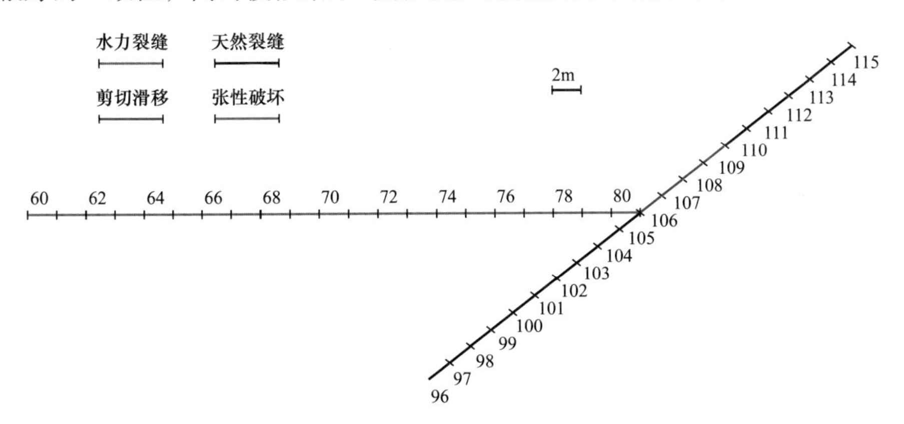

图 5-1-16 天然裂缝与水力裂缝相遇时的破坏形态

如图 5-1-17 和图 5-1-18 所示为水力裂缝逼近条件下天然裂缝壁面应力分布状态，由图中可以看出，在水力裂缝逐步靠近天然裂缝时，会诱导水力裂缝前缘一定范围内的天然裂缝发生剪切破坏，同时相交点附近单元的正应力急剧减小，剪应力也随之剧烈波动。

如图 5-1-19 所示为缝内流体压力 28MPa 时的模拟结果，由图中可以看出，随着水力裂缝缝内流体压力增加，会诱导天然裂缝相交点处部分单元发生张性起裂，同时天然裂缝发生剪切破坏长度也明显增加，可见增加水力裂缝缝内流体压力，有利于形成复杂裂缝。

如图 5-1-20 所示为水力裂缝与天然裂缝相交时天然裂缝壁面应力分布状态，由图中可以看出，随着水力裂缝缝内流体压力的增加，相交点附近单元正应力急剧减小至零，发生张性起裂，同时剪应力的变化也变得更加复杂。

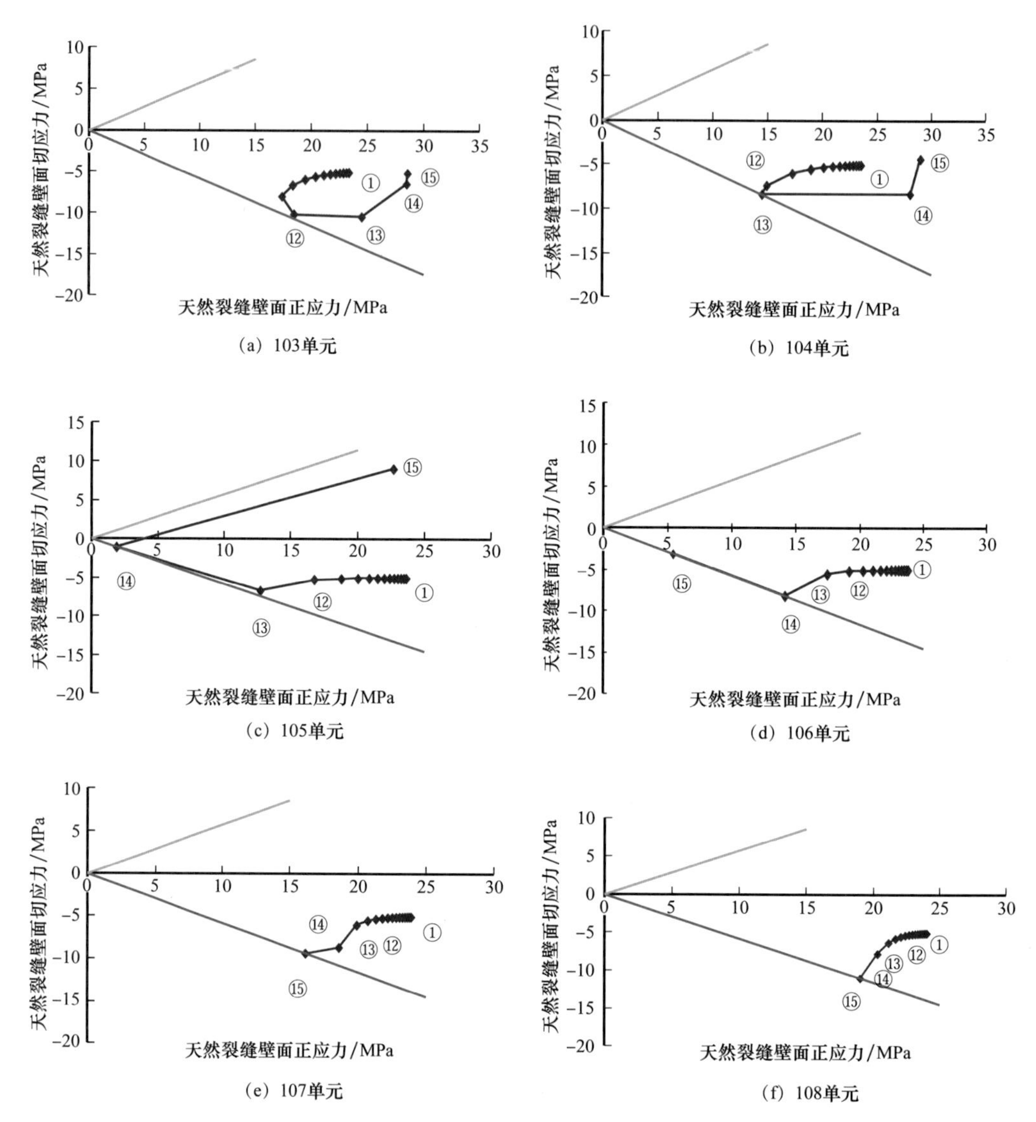

图 5-1-17 水力裂缝逐步逼近天然裂缝时天然裂缝壁面应力分布状态

图中圆圈内数字代表裂缝扩展步数

五、页岩压裂数值模拟研究

页岩气水平井分段多簇缝网压裂数值模拟主要是围绕多簇水力裂缝同时起裂延伸，激活地层中的天然裂缝，并相互交织形成复杂裂缝网络的物理过程开展的数值研究，目的是为了在压裂施工前能够对压裂规模、射孔布簇等工程参数进行优化设计，从而提高页岩气压裂增产效果。水力压裂力学本质上可以概括为 4 个基本力学过程的耦合：页岩本体在流体压力的作用下发生断裂，形成裂缝通道；压裂液在裂缝通道中流动，并传递流体压力到地层深处；流体垂直于壁面的渗流；支撑剂在裂缝内部的运移。针对上述四类力学行为过程，可利用边界元（Boundary Element Method，BEM）、扩展有限元

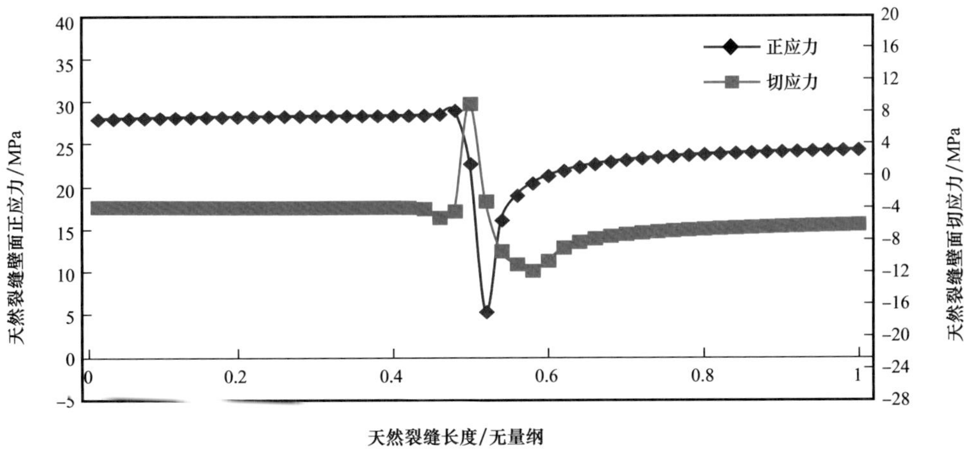

(a) 应力分布

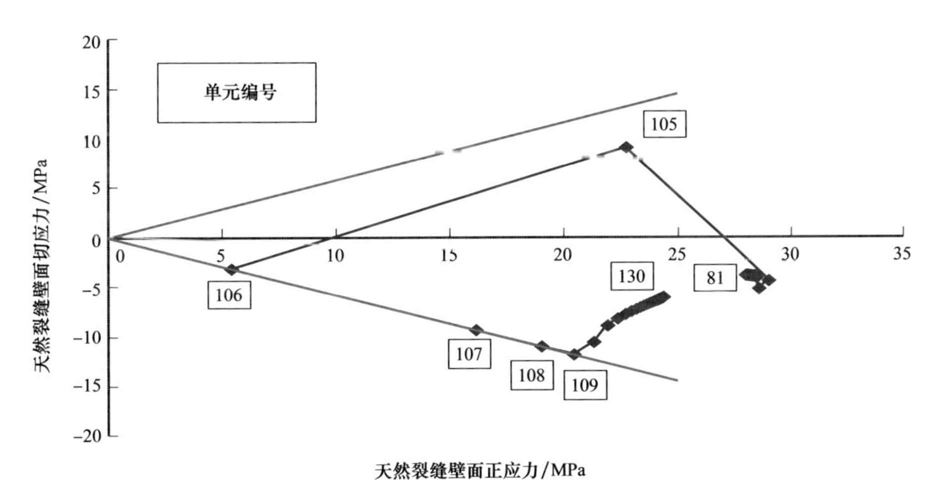

(b) 剪切破坏

图 5-1-18 天然裂缝与水力裂缝相遇时天然裂缝壁面应力分布状态

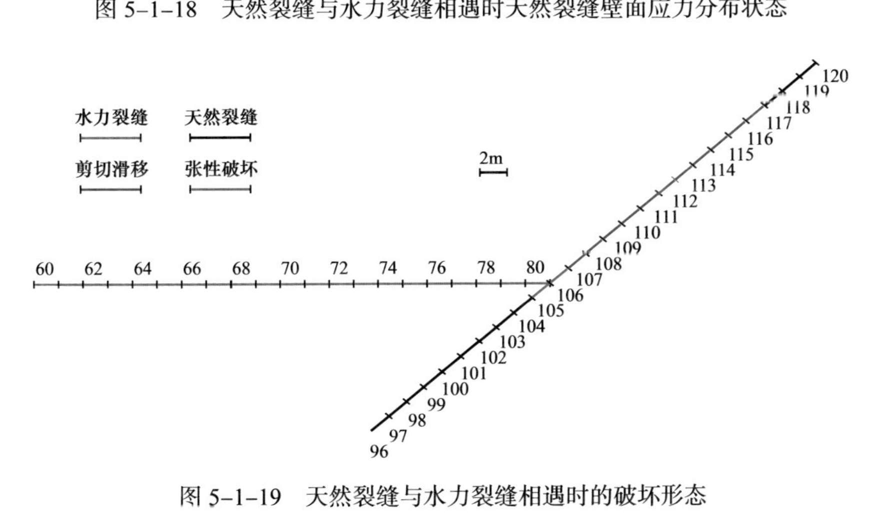

图 5-1-19 天然裂缝与水力裂缝相遇时的破坏形态

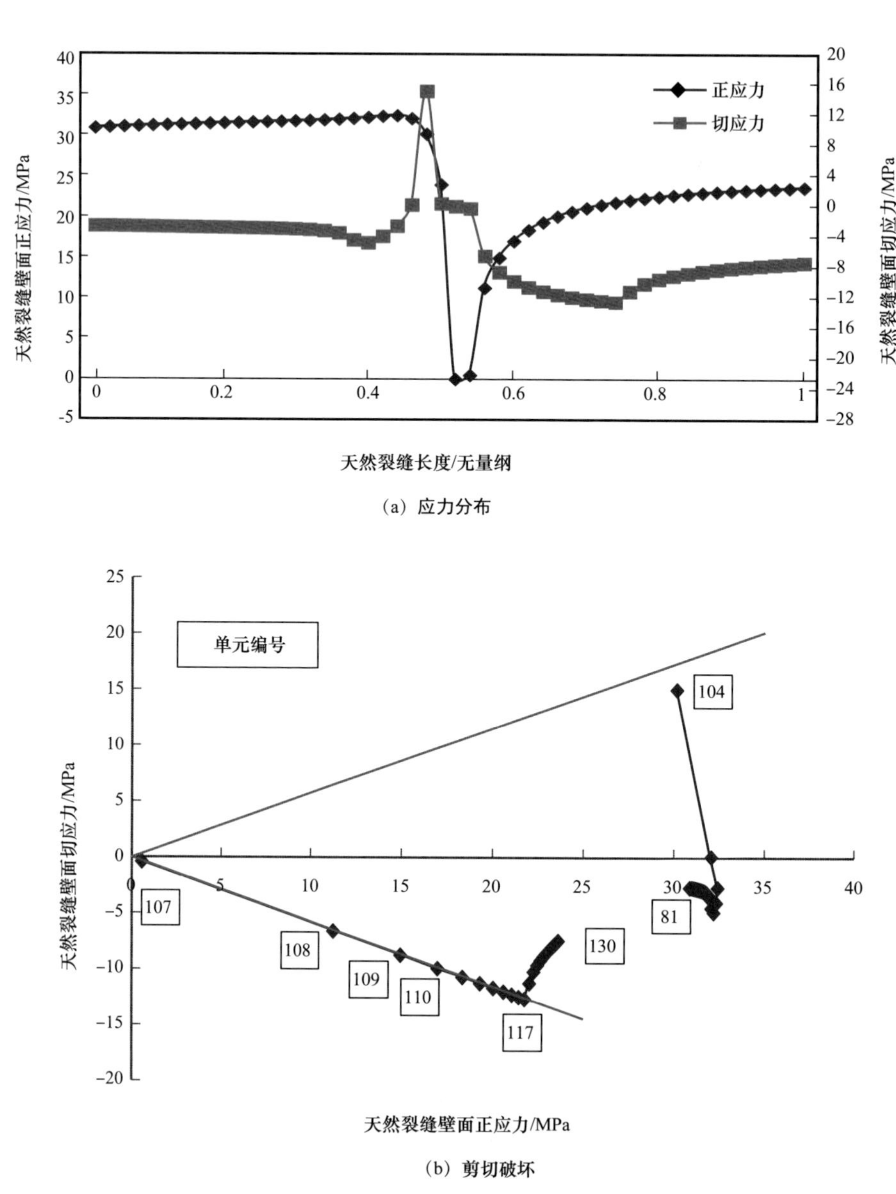

(a) 应力分布

(b) 剪切破坏

图 5-1-20 天然裂缝与水力裂缝相遇时天然裂缝壁面应力分布状态

（Extended Finite Element Method，XFEM）、离散元（Discrete Element Method，DEM）等数值理论计算方法进行模拟计算。

1. 边界元数值方法

边界元法是在定义域的边界上划分单元，用满足控制方程的函数去逼近边界条件。其中，位移不连续法是边界元体系中的一种高效处理裂缝问题的数值方法，其原理是将裂缝划分成若干个位移不连续的单元，建立一个能够满足边界应力或位移的代数方程组，该方程组的解为单元的切向和法向位移，法向位移的物理意义即为裂缝宽度。

早期的多裂缝的模拟是在经典的 KGD、PKN、拟三维裂缝模型基础上，考虑了流体在多裂缝以及井筒中的流动，但是没有考虑多裂缝间的应力干扰和裂缝内的压力耗散。Olson基于二维位移不连续解，模拟多裂缝同时扩展。他假定裂缝扩展速度与裂尖应力强度因子呈比例增长，裂缝内部液压为常压，考虑了等长天然裂缝的随机分布。但忽略了压裂液在裂缝内部的流动，使得这一模型不适合真实情况下的水力压裂。Olson 等指出：相对静液压力系数和逼近角是影响裂缝形态的主要因素。与直井相比水平井中更倾向于形成网状裂缝，水平井中水力裂缝与天然裂缝之间的夹角越大，越易于形成网状裂缝形态。水力裂缝诱导应力可能使得闭合的天然裂缝在水力裂缝到达之前可能张开或滑移。张保卫也采用边界元位移不连续法，模拟水力裂缝在页岩地层中扩展，得到了与 Olson 等相似的模拟结果。他指出，水力裂缝诱导应力场在裂缝尖端附近可以改变主应力的方向，使得水力裂缝并不总是沿着垂直于远场最小水平主应力的方向扩展，而当裂缝沿着天然裂缝扩展一段距离之后，天然裂缝的干扰应力场减小，水力裂缝又逐渐受到远场水平主应力的约束，沿着垂直于最小水平主应力方向扩展。在此基础上，Sesetty 等也采用边界元位移不连续法，但他假定压裂液为牛顿流体，研究了水力裂缝路径、裂缝开度、缝内压力随压裂液注入时间的变化关系。Wu 等将拟三维裂缝宽度方程和二维位移不连续法相结合，建立了一个能够在天然裂缝性地层中模拟多裂缝的拟三维多裂缝力学模型。Wu 等假定压裂液为幂律流体，采用有限差分法求解压裂液的流动，与拟三维多裂缝力学模型相结合，采用 Newton 迭代法和 Picard 迭代法，实现了流体流动和裂缝变形的耦合，以及多裂缝间的应力干扰，采用最大拉应力准则判别裂缝扩展的方向，实现了拟三维多裂缝同步扩展的数值模拟。

实际上，自然界任何裂缝都可以认为是三维的，二维裂缝也只是三维裂缝的特例。近年来，三维断裂力学和边界元三维位移不连续法的发展才使得真三维水力裂缝的模拟得以快速实现。

Yamamoto 等采用有限元研究裂缝内部流体的流动，三维位移不连续法研究岩体的变形，经过耦合求解之后，模拟了全三维水力裂缝扩展，但其局限性在于不能考虑地层之间水平应力的差异。Rungamornrat 等在研究三维水力裂缝非平面扩展时，实现了三维裂缝在空间的扭曲。Adachi 等采用三维位移不连续法与幂律流体流动耦合，在含有多层岩石介质中实现了全三维水力裂缝扩展模拟。与 Yamamoto 等相比，Adachi 等建立的模型可以考虑不同地层间的应力差异性，但是他们所建立的模型的共同特点是只有一个主裂缝，并且忽略了水力裂缝被地层界面所遮挡的可能性。

单条三维水力裂缝的非平面扩展的成功模拟促进了学者对多条三维水力裂缝扩展的数值模拟，目的是为了更加接近水平井分段压裂的实际裂缝情况。Xu 将三维位移不连续法用于模拟水平井多裂缝的扩展。同一压裂段中不同射孔簇压裂液流量的分配实际上是多裂缝应力干扰的结果，但是压裂液在井筒内的压力可近似认为是相等的，并且各个射孔处流量的总和等于泵入到地层中的总流量，这两个条件使得流量分配是一个既复杂而又可以求解的力学问题。

2. 扩展有限元数值方法

扩展有限元是以传统有限元的理论为框架，其核心思想是用扩充带有不连续性质的形函数来代表计算区域内的间断，不连续场的描述完全独立于网格边界，处理断裂问题有较好的优越性。利用扩展有限元，可以方便地模拟裂纹的任意路径，可以克服边界元模拟裂缝增长之后重新划分网格的局限性。盛茂等基于扩展有限元模拟水力压裂，采用最大能量释放率准则确定裂缝是否继续扩展以及扩展方向。曾青冬等考虑裂缝内流体流动和周围岩石应力变形，建立了页岩水力裂缝扩展的数学模型，分别采用有限元和扩展有限元求解裂缝流场和岩石应力场，并通过 Picard 迭代方法耦合求解。Mohammadnejad 等将扩展有限元应用于多孔介质中的水力压裂模拟。

Arash 采用扩展有限元方法模拟了水力裂缝在裂缝性油藏中的扩展行为，但忽略了压裂液沿着裂维壁面的滤失，着重考虑了闭合天然裂缝的内聚力、岩石基质的断裂韧性、天然裂缝的几何形状对水力裂缝扩展路径的影响。系统地研究水力裂缝与天然裂缝交叉前、交叉中、交叉后的天然裂缝的变形规律，以及裂缝形态与缝内压力的关系曲线，并将其与经典的 KGD 模型进行对比。

3. 离散元数值方法

有关水力压裂模拟的研究可以大体分两大类：宏观和细观。宏观类的裂缝模型已经广泛地应用于石油工程水力压裂，裂缝因为缝内流体压力的驱动而发生增长，其相应的数学模型虽然复杂但计算速度快。与之相反，细观类的裂缝模型则是依据描述岩体颗粒与流体的相互作用，以数目巨大的离散单元来描述整个岩体，流体在颗粒或岩块间的流动来表达水力压裂的过程。基于离散元的水力压裂模拟可以在一定程度上反映出岩石在被压裂的过程中发生的情况：是剪切断裂还是张性断裂。其适用于细观尺度上的机理研究。但是，对于油田尺度的水力压裂设计，基于离散元的水力压裂模型需要大量的单元，对计算机要求高，耗时很长，所得结果也并非直观上的水力裂缝。

第二节　海相页岩储层针对性压裂优化设计技术

页岩储层通过水平井分段压裂改造后可以更大程度地沟通未动用的气层，极大地提高油气藏的采出程度，其压裂目标在于实现有效改造体积最大化，同时改造体积内裂缝复杂程度最大化（庞长英等，2012；米克尔丁·埃克诺米德斯，2012）。因此与其密切联系的针对性压裂优化设计技术就显得尤为重要，为了更好地指导现场压裂优化设计与施工，针对焦石坝海相页岩储层具体特点，结合室内裂缝起裂及延伸扩展规律研究成果，应用相关软件开展裂缝参数、施工规模、排量以及泵注程序的优化研究，提出了适应于涪陵页岩气水平井的层次优化压裂改造理念，形成了一套适应于涪陵焦石坝不同区块的水平井缝网压裂参数优化设计思路及方法。

一、焦石坝主体区压裂优化设计技术

根据焦石坝主体区气藏储层平面与纵向不同特征，以前期储层可压性评价为基础，以形成缝网或复杂缝、扩大泄气面积为目标，结合相关研究成果，优化适合气藏的压裂

工艺参数，同时在实施过程中不断筛选、评价适用的压裂液体系和支撑剂体系，并持续改进、完善施工工艺，实现有效控制成本、增加产量的目的。

1. 压裂改造主体思路

页岩压裂目标：有效改造体积最大化，改造体积内裂缝复杂程度最大化。结合地层条件、大型物模试验及起裂扩展计算，涪陵页岩能实现复杂的网络裂缝。针对涪陵页岩主体储层特点，为实现上述目标，应从三个层次对工艺参数进行优化设计：（1）基于裂缝网络波及缝长与井网井距相匹配优化施工液量、加砂量；（2）从横向波及宽度覆盖全水平井筒考虑优化段簇间距、簇数及施工排量；（3）从段内多尺度人工裂缝扩展与支撑考虑优化不同层段压裂液及支撑剂体系、泵注工艺。

如图 5-2-1 所示，同一段内多簇裂缝同时延伸，利用诱导应力使裂缝间相互干扰增大段内改造体积。

如图 5-2-2 所示，在目前井网井距条件下，为保证主裂缝带长度与井距匹配、横向波及宽度覆盖全水平井筒、段内多尺度人工裂缝扩展与支撑，可通过工艺参数优化（分段分簇、施工排量、液体材料、泵注程序等），使水平段改造体积最大化、裂缝延伸扩展复杂化。

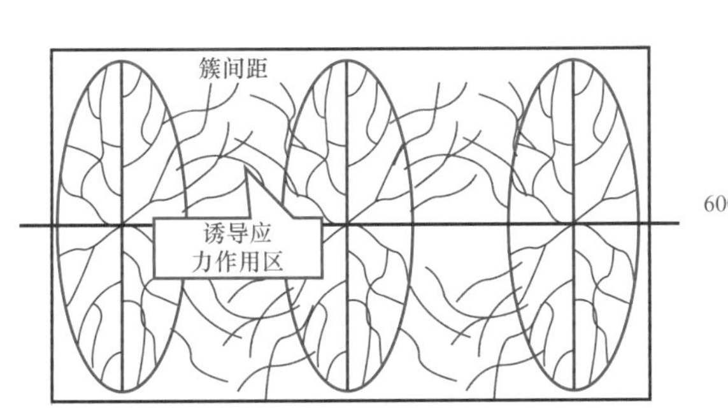

图 5-2-1 缝网覆盖全水平井井筒示意图

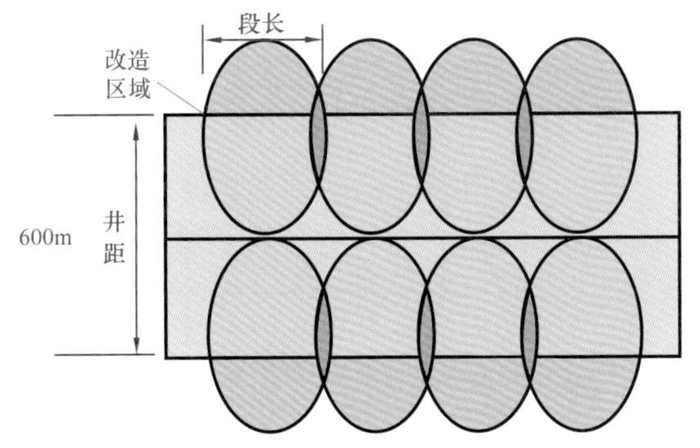

图 5-2-2 平面裂缝展布与井距匹配示意图

综合页岩破裂与裂缝扩展规律、压裂裂缝形态分析可知，采取“混合压裂 + 组合加砂”的方式进行压裂改造。涪陵页岩主体区储层总体上脆性好、地应力差异小，选择减阻水压裂液，可提高裂缝转向、剪切的概率，沟通更多的天然裂缝和页岩层理，增大泄气面积。但减阻水依靠流速携砂，加砂浓度和总体规模受限。支撑剂沉降较快，部分裂缝难形成有效支撑，甚至导致上部裂缝重新闭合。考虑采用黏度相对较高的胶液，扩展裂缝宽度、提高支撑剂浓度和粒径。胶液可降低滤失、促进裂缝延伸，增大改造体积。提高液体在局部应力差异大、泥质含量较高层段的造缝能力，形成主缝，提高裂缝导流能力。采用两种液体组合，利用各自优势，减阻水造复杂网缝、扩大改造体积，胶液造主缝、提高裂缝导流能力。压裂注入初期，裂缝弯曲大、缝宽小，选择低浓度、小粒径支撑剂；再利用中等粒径支撑剂，对裂缝系统形成主要支撑；后期采用压裂液携带高浓度、大粒径支撑剂铺置近井地带主裂缝，为井筒及地层之间泄气通道的建立提供保障该施工方式可实现对不同裂缝系统的有效支撑，也是形成复杂缝网的工艺要求。

纵向上个层段，其物性、天然裂缝发育情况不同，压裂工艺参数需进行针对性优化设计。针对① 号层层理缝极发育及顶部存在观音桥段高应力区等情况，首先利用高黏度胶液延伸主裂缝，使裂缝高度在储层中充分扩展，然后大量注入低黏减阻水延伸所有已压开的层理缝，形成网络裂缝系统，同时有利于施工安全顺利进行；针对③、④ 和⑤ 号层层理缝发育的情况，缝高扩展相对较好，可利用低黏度滑溜水和高排量相结合的办法，增加储层的横向波及体积，从而增加裂缝的复杂度，提高措施效果。

2. 水平井分段、分簇优化

合理分段分簇是保证水平井筒全部动用的基础，多缝存在应力干扰影响，诱导应力分析是段簇间距优化的关键。段内应以充分利用诱导应力，实现多缝均匀延伸、促进裂缝复杂化为目标，段间应以避免段间裂缝干扰、降低施工难度、利于各段缝长延伸为原则。结合五峰—龙马溪组地质参数及诱导应力分析，分析对比了不同小层内井段在不同裂缝间距、净压力条件下的诱导应力变化情况，得到了不同层段段簇间距优化结果，最大程度实现裂缝系统的复杂化及改造体积的最大化。

一般认为在压裂过程中，水力裂缝不断沟通天然裂缝、促进地应力场发生偏转，是形成较为复杂裂缝形态的必要条件。假设在一定有效净压力下，对不同裂缝间距设定下所产生的诱导应力场的变化情况进行模拟分析（唐颖等，2011；侯冰等，2014；黄荣樽，1981）。

模拟条件：净压力 10MPa、裂缝间距 20～200m（图 5-2-3）。

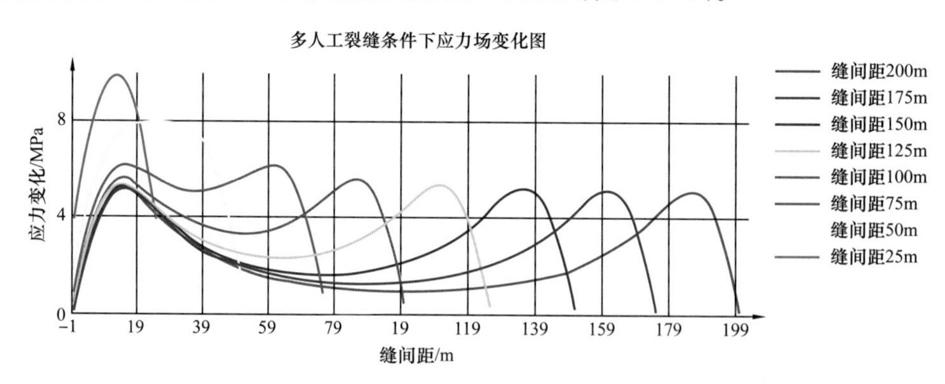

图 5-2-3　相同净压力条件下不同裂缝间距应力场变化图

从模拟结果来看，在一定净压力下，不同裂缝间距所产生的诱导应力场变化主要有三种表现。

（1）当裂缝间距较小时（本例在 20m 左右），两裂缝中间位置处达到诱导应力的最高点，从中间点位置向两侧射孔位置发展，诱导应力逐渐减小，并在射孔位置处达到诱导应力的最小值。

（2）裂缝间距逐渐增大到某一区间时（本例在 50m 左右），诱导应力在两射孔位置中间达到一个高诱导应力平台，诱导应力达到最大值。从该高诱导应力平台向两侧射孔位置发展，诱导应力逐渐减小，并在射孔位置处达到诱导应力的最小值。

（3）裂缝间距较大时（本例裂缝间距大于 70m 后），随着到裂缝壁面距离的增大，两裂缝之间的诱导应力先增大后缓慢减小，在逐渐靠近第二簇裂缝时诱导应力又逐渐增大，但随着裂缝间距的增加，诱导应力快速减小，距离裂缝一定距离后，地应力场未发生改变。

通过以上模拟现象可得到以下两点认识。

（1）合理的裂缝间距设计可在两簇裂缝之间形成较高的诱导应力区，当该区域内诱导应力的大小大于地层原始水平最大、最小主应力的差值，则原地应力将出现应力反转，改变裂缝延伸方向趋势，促使裂缝转向，促进网缝产生。并且诱导应力越大则原始地应力反转越剧烈，所以一般认为两裂缝之间的诱导应力为有益诱导应力，对促进缝网的形成有巨大帮助。

（2）不同裂缝间距，在裂缝中心位置（射孔位置）形成的诱导应力的大小各有不同，一般认为当射孔位置的诱导应力小于原始地层水平最大、最小主应力的差值时，裂缝主体延伸方向不会发生较大改变，将会沿着最大水平主应力方向延伸（垂直于井筒方向），有利于获得较大的缝长，实现较大的改造体积。

根据 38m 优质页岩各小层地质特征差异性，选择不同缝高、裂缝间距、岩石力学及地应力等特征参数，建立不同应力场计算模型，分析评估净压力对诱导应力具体影响。具体结合龙马溪组及五峰组储层具体参数，对多条人工裂缝条件下应力场变化进行分析计算。如图 5-2-4 和图 5-2-5 所示给出了 5MPa、10MPa、15MPa 不同净压力条件下应力值及应力场变化情况，图中横坐标为裂缝间距，纵坐标应力变化值为 x、y 两个方向上的诱导应力差值。

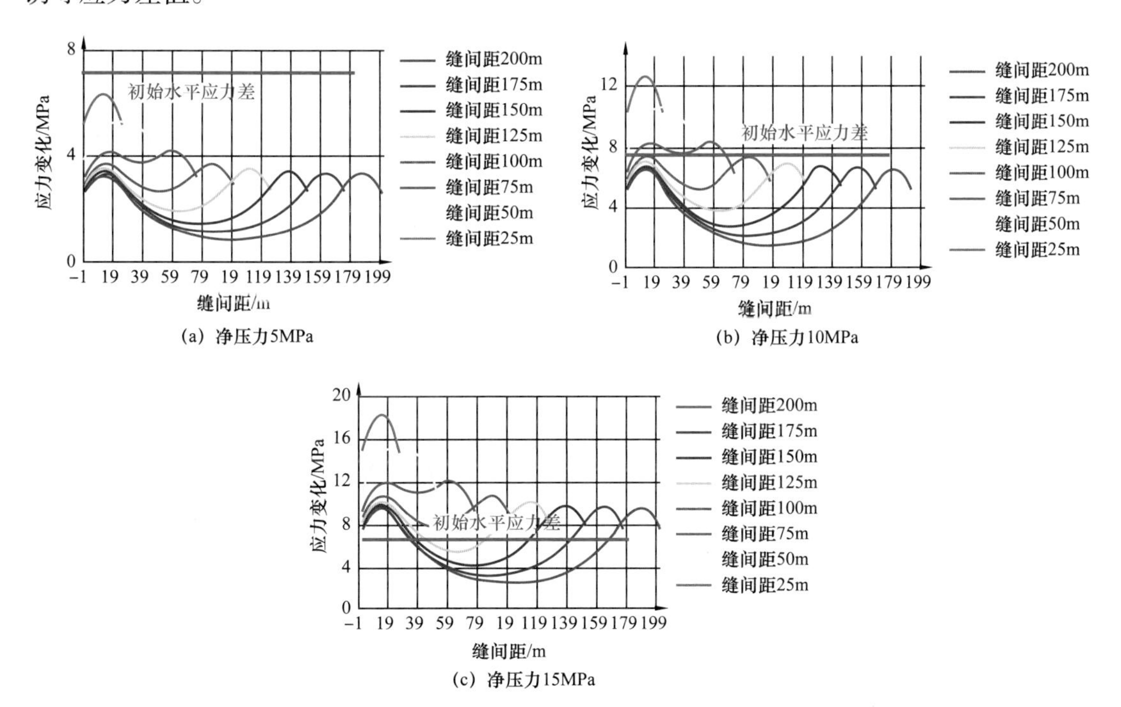

图 5-2-4 不同净压力下诱导应力场变化图（龙马溪组）

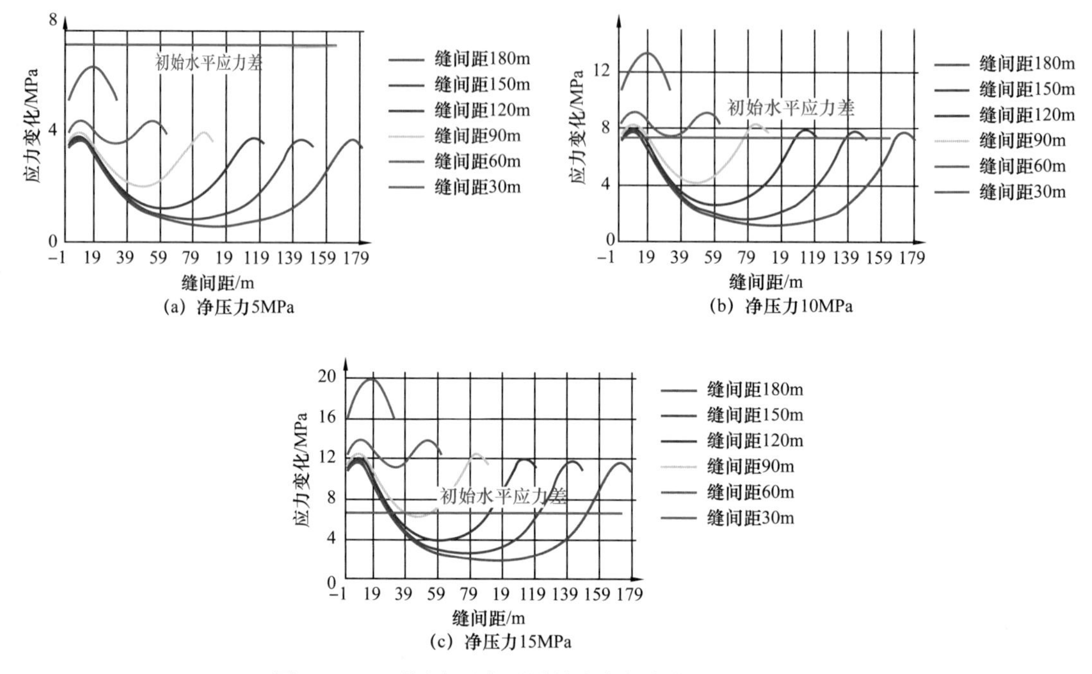

(a) 净压力5MPa (b) 净压力10MPa (c) 净压力15MPa

图 5-2-5 不同净压力下诱导应力场变化图（五峰组）

综合对比龙马溪组、五峰组不同净压力条件下诱导应力场变化结果，认为裂缝延伸过程中裂缝主要沿 X 方向发生转向，净压力越高，裂缝转向半径则越大，设计压裂参数时需保证产生足够的净压力，大于或超过水平应力差。

通过多裂缝应力场模拟，从不同裂缝间距、不同净压力条件下的诱导应力计算分析结果可以得出：龙马溪裂缝间距 20～25m，诱导应力 9.1～12.3MPa；五峰组裂缝间距 30～40m，诱导应力 9.6～12.9MPa，利于在端部附近形成应力干扰，进而促进裂缝延伸发生转向，从而促进裂缝的复杂化。

在压裂设计时，段内应充分利用诱导应力，实现多缝均匀延伸，促进裂缝复杂化。段间应避免段间裂缝干扰，降低施工难度，利于各段缝长延伸。龙马溪内井段，设计段间距 25～30m、簇间距 20～25m；五峰组内井段，设计段间距 35～40m、簇间距 30～35m。

3. 工程甜点及射孔位置优选

页岩气藏工程甜点参数的实质是岩石力学参数，目前针对岩石力学性质的研究方法主要包括两种：一种是岩心实验测定法，该方法数据准确，但取心困难，成本高；另一种是利用常规测井及偶极声波测井、成像测井等资料计算评价岩石力学性质，该方法具有连续性强、地质信息丰富、数据准确等特点，因此，利用测井资料来评价工程甜点参数具有较强的可靠性。

计算岩石力学参数最重要的测井数据即为声波时差数据，它反映了地层抗压、抗剪等特性，为弹性模量、剪切模量及泊松比等岩石力学参数提供重要的基础数据，而在常规测井系列中，大多只测量纵波时差，故提取横波时差是进行岩石力学性质测井评价的重要工作。

分析焦石坝多口井密度 / 纵波时差与横波时差关系曲线，通过数据拟合，得到如下横波时差的关系式：

$$\Delta t_{s} = 62787Z^{2} - 7141.6Z + 299.2 \tag{5-2-1}$$

$$Z = \rho / \Delta t_{p} \tag{5-2-2}$$

式中 Δt_s——横波时差，μs/m；

ρ——测井密度，g/cm^3；

Δt_p——纵波时差，μs/m。

通过拟合的横波计算模型，结合其他测井数据，利用地应力剖面计算软件，可得到涪陵页岩气藏水平井岩石力学参数。依据岩石力学参数与产气剖面对应关系分析，得出如下工程甜点判断准则（表 5-2-1），页岩气分段射孔优化过程中，在参考地质甜点的基础上，需兼顾考虑最小水平主应力、杨氏模量等工程甜点参数，形成“双甜点”压裂优化设计方法（张卫东等，2012）。

表 5-2-1 水平段甜点评判原则表

参数分类	评价参数	评价指标
储层参数	石英含量	＞45%
	黏土含量	＜40%
	密度	＜2.65g/cm^3
岩石力学参数	泊松比	＜0.26
	杨氏模量	＞36GPa
	水平应力差异系数	＜0.25
	综合脆性	＞50%
结构弱面	层理发育状况	层理密度大、胶结适中
	天然裂缝发育情况	斑点状分布

4. 施工排量优化

压裂施工产生的净压力越大，水力裂缝越容易与预想扩展平面产生偏转和扭曲，也更容易沿着地层结构弱面剪切或张开，进而增加裂缝系统复杂程度。缝内净压力与排量是单调递增关系，排量越大，缝内净压力也越大，裂缝形态更为复杂，岩石破坏程度更高，因此采用大排量施工有利于形成复杂缝网。从水力裂缝扩展模型计算结果来看，在高排量的情况下，裂缝宽度大且变化较小，利于促使天然裂缝开启、提高裂缝复杂程度、扩大储层改造体积，进而形成复杂裂缝网络。因此，施工排量的优化需从不同排量与净压力的对应关系入手，同时考虑支撑剂沉降变化与施工压力等多方面影响，综合确定最优施工排量。

净压力模拟：涪陵区块两向应力差为6～8MPa，开启天然裂缝的净压力要大于两向应力差，裂缝才会开启，因此裂缝开启净压力至少为10MPa，为充分开启天然裂缝，促进裂缝复杂化，需尽可能提高排量，提高缝内净压力。对不同射孔簇数条件下缝内净压力进行了模拟计算（表5-2-2），对比分析三簇和两簇射孔条件下净压力值，确定合理施工排量。

表5-2-2 不同射孔簇数排量与净压力关系表

排量/ m^3/min	3簇射孔		2簇射孔		1簇射孔	
	总摩阻/MPa	净压力/MPa	总摩阻/MPa	净压力/MPa	总摩阻/MPa	净压力/MPa
4	7.1	5.2	8.9	6.6	8.5	8.2
6	10.2	6.1	10.6	7.5	11.4	10.1
8	14.5	7.0	15.2	9.2	15.3	12.1
10	19.1	8.5	20.7	10.6	23.5	13.7
12	24.5	10.8	26.1	12.3	27.4	14.4
14	27.3	12.2	29.9	14.1	31.4	15.6

施工排量越大，裂缝内净压力越大。对于页岩储层的压裂改造，采用大排量施工提高缝内净压力有利于形成复杂裂缝网络，当单段3簇射孔排量大于12m³/min、单段2簇射孔排量大于10m³/min的情况下，缝内净压力大于10MPa，可同时满足开启天然裂缝、实现裂缝转向的要求。

从水力裂缝转向扩展模型计算结果分析，排量的大小可以影响水力裂缝转向的形态。由模拟图5-2-6可知，裂缝在高排量（12m³/min）情况下宽度降低较少，裂缝模拟参数能达到工艺需求，而在低排量（4～8m³/min）时裂缝参数明显降低，给压裂支撑剂通过和流体渗流带来较大难度。该现象主要来自大排量对于裂缝内净压力的提升作用以及壁面渗流速度与裂缝扩展速度间的差异。

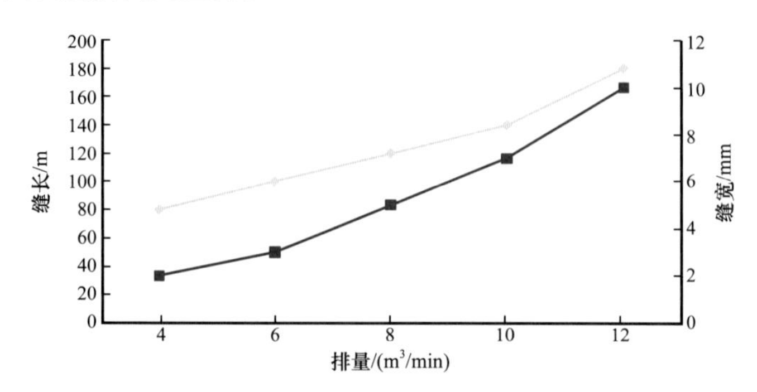

图5-2-6 裂缝参数与不同排量对应关系曲线

因此，压裂页岩气储层时应尽量选择大排量施工，促使天然裂缝开启，压裂液更易携带支撑剂进入远井地带，支撑剂不易在近井地带堆积，可有效降低砂堵风险。因此综合净压力计算结果与水力裂缝扩展模型分析，优化的施工排量应大于 12m^3/min。

5. 压裂规模优化

针对焦石坝区块特点，采用离散裂缝网络（DFN）模拟法对五峰—龙马溪组页岩储层开展压裂规模优化（图 5–2–7），该方法主要基于离散裂缝网络、有限元、扩展有限元、边界元等数学方法对人工裂缝的延伸、人工—天然裂缝交织、缝网形成的过程进行模拟，通过输入压裂液性能、支撑及性能和泵注程序，并确定最终的三维形态。该方法适用于页岩气储层复杂裂缝网络的模拟和优化。

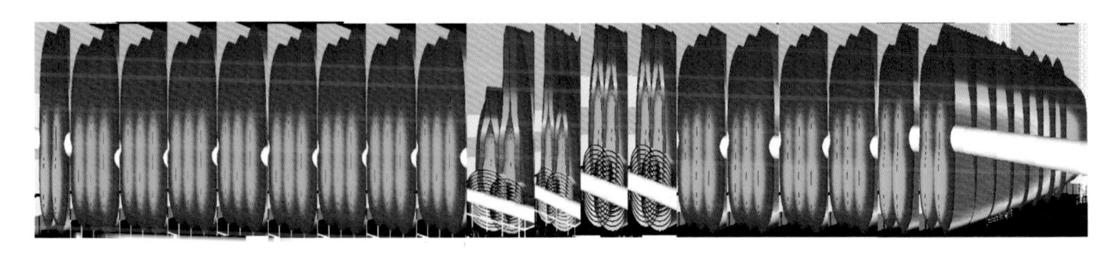

图 5–2–7 水平段离散裂缝网络（DFN）模拟图

基于焦石坝五峰—龙马溪组不同层段储层特征差异，考虑目前 K 字形井网部署，建立不同层段的压裂模型，应用软件针对龙马溪组和五峰组不同规模下裂缝形态及参数进行了模拟分析，优化压裂施工规模。

根据分段分簇优化研究结果，模拟设置参数：井深 3897m（垂深 2415m），水平段长为 1500m，龙马溪组射孔段为：2907～2908m、2927～2928m、2947～2948m（间距 20m，每簇 20 孔）。对应垂深为：2390～2391.5m，位于 38m 层段③ 号小层。五峰组射孔段为：3755～3756m、3780～3781m、3805～3806m（间距 25m，每簇 20 孔）。对应垂深为：2411～2412.5m，位于 38m 层段① 号小层；渗透率取值为 0.03mD，孔隙度取值为 4.8%，采用动态滤失模型，根据已施工井现场实际泵注进行参数及模型拟合，建立模型后分别对龙马溪组和五峰组进行优化设计。

根据拟合模型，分别模拟龙马溪组单段 3 簇和五峰组单段 2 簇，在 1400m^3、1600m^3、1800m^3、2000m^3 压裂规模下的不同注入模式的支撑裂缝形态。龙马溪组以形成复杂裂缝为主，层理开启较少，缝高和缝长延伸较为顺畅（图 5–2–8）；五峰组以形成网络裂缝为主，层理开启较多，缝高和缝长延伸相对受限（图 5–2–9）。

龙马溪组单段 3 簇液量 1800m^3（减阻水 + 胶液）模拟结果：波及半缝长 290m、支撑半缝长 240m，改造宽度 67m，缝高 55m（图 5–2–8）。

在高角度缝发育的⑤号小层，部分层段调整泵注程序。单段 3 簇液量 1800m^3（胶液 + 减阻水 + 胶液）模拟结果：波及半缝长 240m、支撑半缝长 200m，改造宽度 60m，缝高 77m，相比减阻水 + 胶液模式模拟缝高增加，改造体积相对较大（图 5–2–9）。

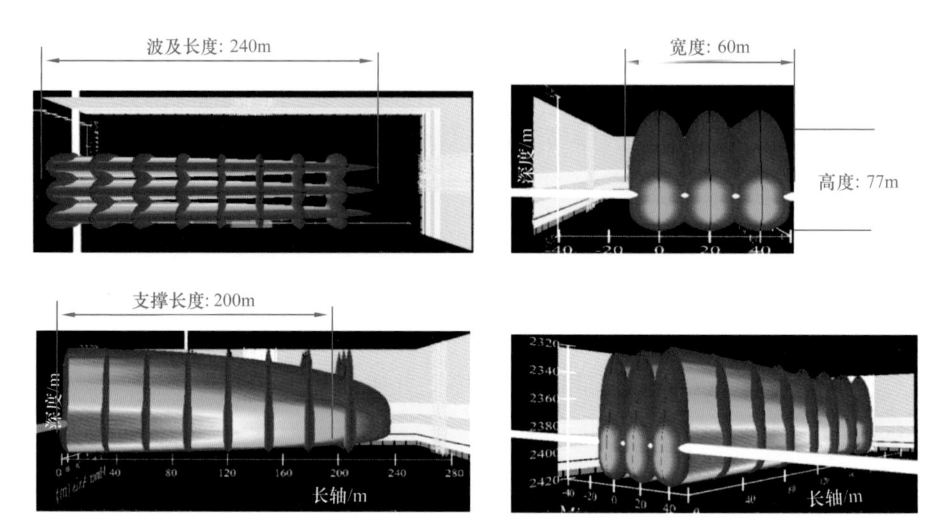

图 5-2-8 龙马溪组（酸液 + 减阻水 + 胶液模式）裂缝形态

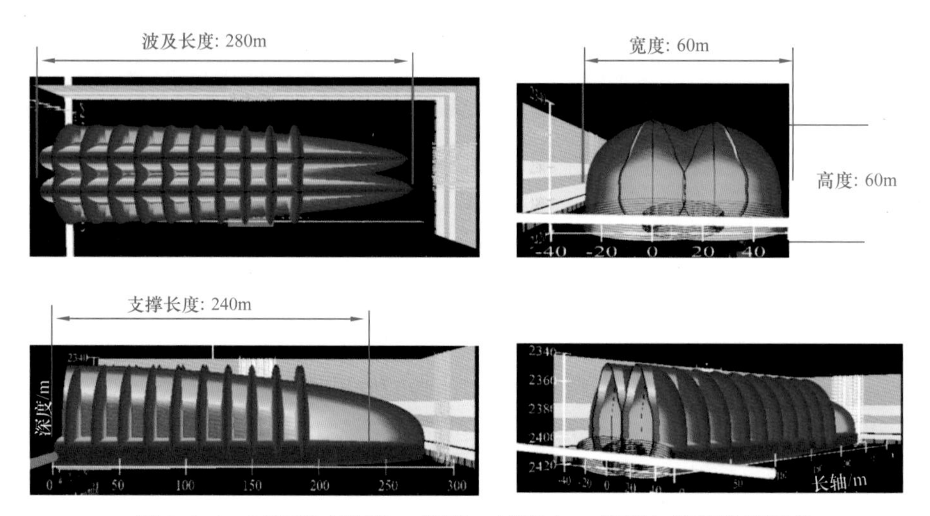

图 5-2-9 五峰组（酸液 + 胶液 + 减阻水 + 胶液）模拟裂缝形态

通过龙马溪组和五峰组不同规模下裂缝形态及参数进行了模拟分析进而修正压裂模型，同时考虑水平段分段数、单段簇数影响，实现裂缝带长度与目前井距相匹配，进而优化压裂规模，其中五峰组单段优化液量 1600～1800m^3，砂量 60～70m^3；五峰组单段优化液量 1600～2000m^3，砂量 70～80m^3。

6. 泵注方式优化

常规储层水力压裂一般选择连续加砂模式，而对于涪陵页岩储层改造，则要求充分利用天然裂缝，通过建立人工裂缝，剪切滑移层理缝、沟通天然裂缝系统，从而增加储层改造体积和裂缝复杂度。同时由于减阻水黏度较低，滤失较大，若要实现裂缝网络支撑，需要采用段塞式注入工艺来弥补压裂液滤失，延缓近井带砂堤的形成速度，降低砂堤高度。

焦石坝区块页岩储层由于层理及天然裂缝发育，也应采取段塞式加砂工艺，即在压裂施工过程中，注入一段混砂液后停止加砂，然后采用压裂液进行顶替，之后再继续加砂—顶替的过程，直至完成设计加砂量（图 5-2-10）。其主要作用有：（1）针对页岩储层天然裂缝发育的特点，采用段塞式加砂可以有效规避砂堵风险；（2）不同砂比支撑剂段塞进入地层后，裂缝内净压力提高使天然裂缝张开，达到提升改造体积的目的。

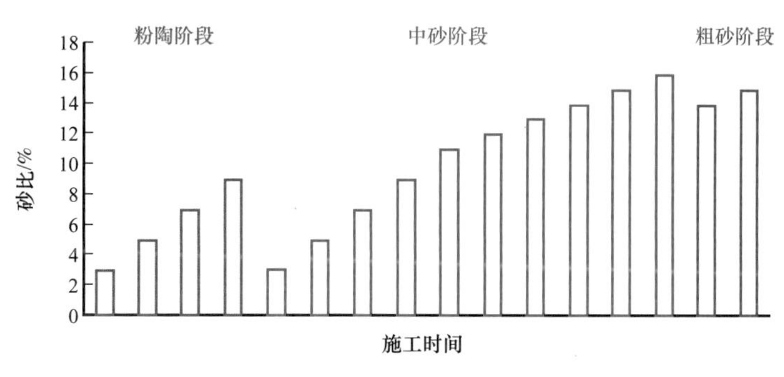

图 5-2-10 焦石坝主体区块段塞式加砂示意图

二、江东区块压裂优化设计技术

江东区块位于一期产建区的西部，构造上隶属于川东高陡构造带万县复向斜东南部，处于焦石坝背斜带、乌江背斜带和江东向斜带的结合部位，埋深 3500～4000m。江东区块整体可分为南、北两个构造带，整体来看由北向南构造逐渐复杂。此外，江东区块断裂较发育，主要发育北东向和受乌江断裂带影响的近南北向两组不同走向断层。

储层可压性评价认为，江东区块脆性矿物含量 42%～51%，应力差异系数 0.1～0.15，对比分析成像测井曲线及取心页理发育情况，发现江东区块天然裂缝发育状况与焦页 1HF 井特点相似：含气页岩段页理发育，①—⑤号小层页理缝最发育、纹层细而密。取心情况表明除①、⑨小层外构造缝整体不发育。焦页 87-3 井仅在①小层发育 5 条构造缝；焦页 9 井略多，在①和⑨小层共发育 17 条构造缝。综合分析认为储层脆性好，应力差异系数小，层理缝发育，具备形成复杂网缝的条件。

江东区块在构造、曲率、埋深上的多变对复杂缝网的形成带来了较大影响。主要表现为以下三个方面：（1）黏土含量随埋深增加而大，①号、③号小层泊松比增大，地层塑性增强，不利于裂缝延伸；（2）水平应力差增加，形成复杂裂缝的难度增大；（3）各向应力增加，水力裂缝扩展、天然裂缝剪切难度增大。

1. 压裂改造主体思路

针对江东区块具体特征，以不同地质条件下 SRV 和裂缝复杂度统筹优化、多尺度裂缝高效支撑为核心，明确了不同区域储层针对性改造思路。

与一期产建主体区相比较，江东区块由北往南地质条件逐渐变复杂（图 5-2-11），其中北 1 区为为天台场 1 号、2 号断层控制的鼻状构造，构造形变较弱，北 2 区与北 3 区由吊水岩向斜和天台场 1 号断鼻组成，构造形变较强，地层产状变化较大，南区主要受乌江断层控制，断裂较发育，地层破碎；同时江东区块埋深大于一期产建区，其中埋深

3500m 以浅面积 45.6km^2，埋深 3500～4000m 面积 47.4km^2，这些都给压裂改造带来了一定难度。

依据埋深及应力差异，将江东区块划分为 3 个区块（见表 5-2-3，1 区为 3500m 以浅张性应力区，2 区为 3500m 以深张性区，3 区为挤压应力区）。

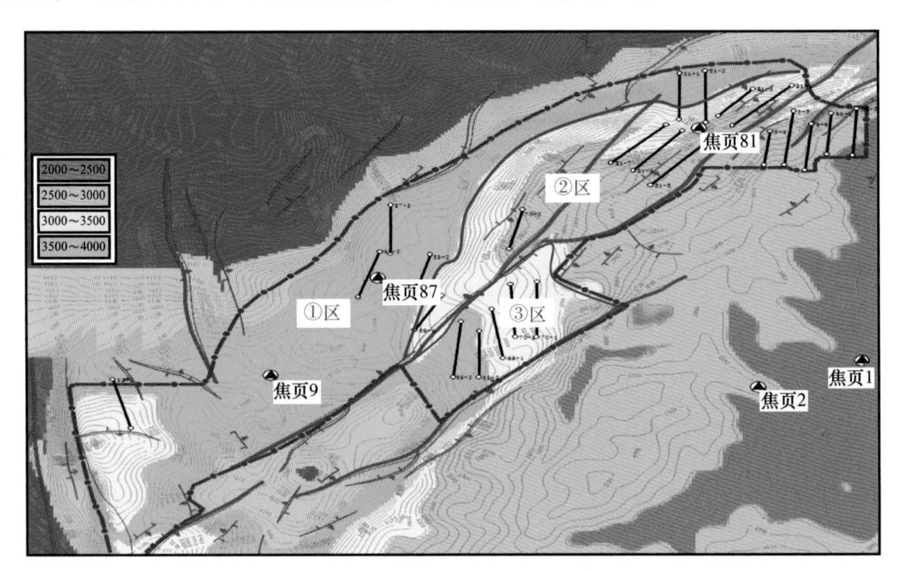

图 5-2-11 涪陵页岩气田江东区块工程分区示意图

表 5-2-3 江东区块工程分区表

分区	构造	埋深 /m	应力状态
①区	天台场 1 号断鼻	3000～3500	中等张性
	天台场 2 号断鼻	2680～3500	中等张性
②区	天台场 1 号断鼻	3500～4000	中等张性
	江东鞍部	3500～4000	中等张性
	乌江 1 号断背斜	3500～4000	中等张性
③区	吊水岩向斜北斜坡	3000～3800	弱张—中等挤压

随埋深增加，最小水平主应力明显增加，反映岩层的起裂难度加大，地层闭合压力增大，对压裂支撑剂的抗破碎强度和长期导流能力提出了更高的要求；随深度增加，水平应力差增加，压裂施工中需要较高的净压力来促使裂缝转向。针对江东区块应力及埋深变化，坚持“控近扩远促复杂”的工艺改造思路。

2. 压裂改造影响因素

以一期产建区压裂改造工艺模式为基础，通过分析五项地质因素：埋深、曲率、钻遇大裂缝条数、黏土含量、脆性指数。五项岩石力学参数：泊松比、杨氏模量、最小水平主应力、上覆岩层应力及应力差对压裂效果的影响。初步建立可改造性地质条件以及对应的工艺类型模式。

1）地质因素对压裂效果的影响

从图 5-2-12、图 5-2-13 和图 5-2-14 可以看出，压裂效果主要受曲率、层理缝密度及钻遇大裂缝条数的影响，随着曲率、钻遇大裂缝的增加，压裂效果变差；随着层理缝密度的增压裂效果有提高的趋势。

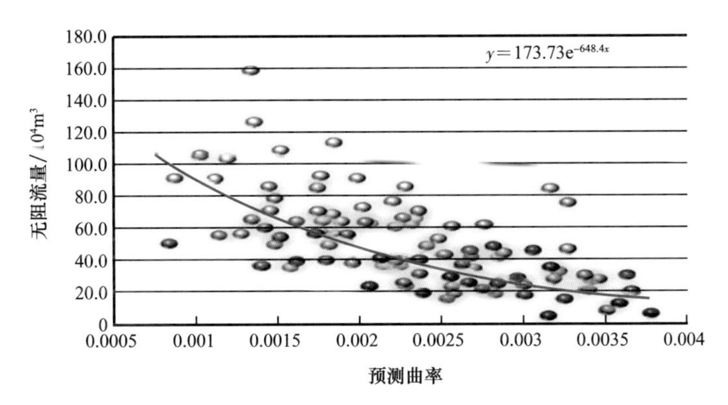

图 5-2-12 曲率与无阻流量的关系

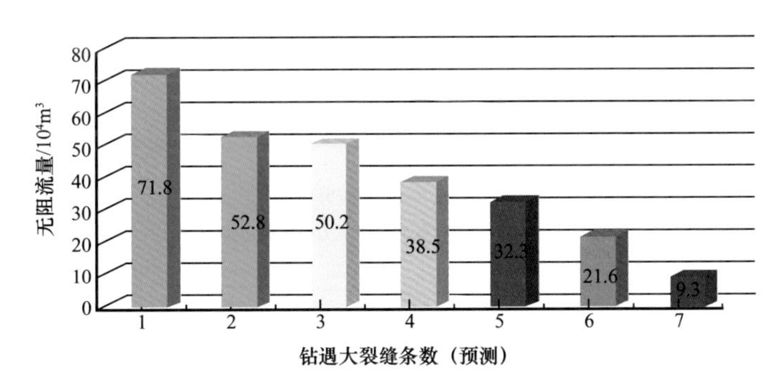

图 5-2-13 钻遇大裂缝条数与无阻流量的关系

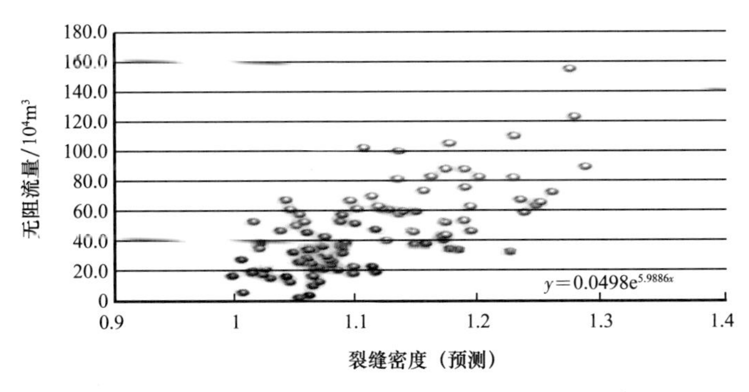

图 5-2-14 层理缝密度与无阻流量的关系

2）岩石力学因素对压裂效果的影响

统计分析产气剖面测试结果与上覆岩层应力、最小水平主应力及水平应力差与各段产气量的分布关系可知（图 5-2-15），以上三项岩石力学参数与产气量呈负相关关系，说明随着埋深的增加，产气量有下降的趋势。

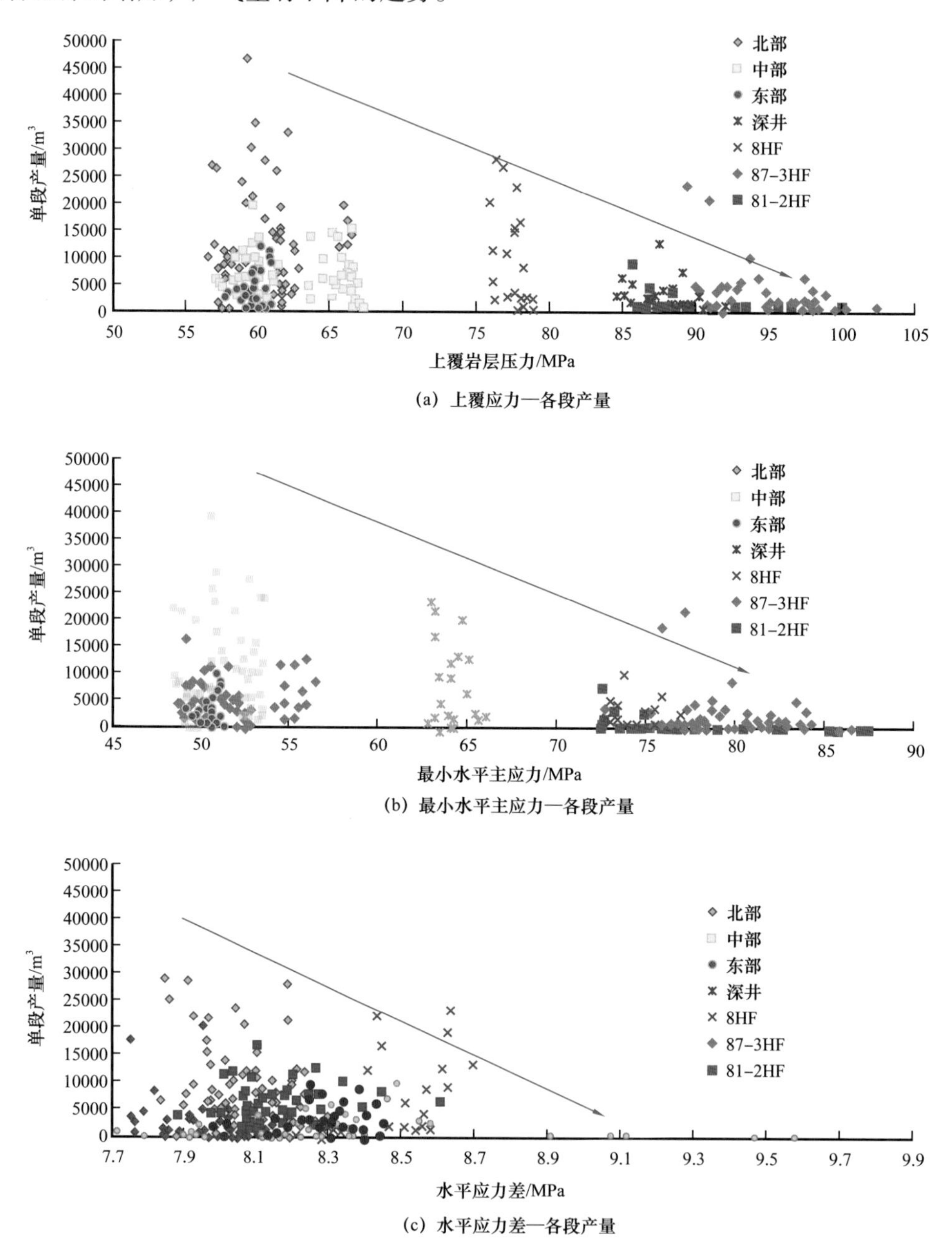

(a) 上覆应力—各段产量

(b) 最小水平主应力—各段产量

(c) 水平应力差—各段产量

图 5-2-15　岩石力学参数与产气剖面测试结果分布关系

3）可改造性分类

按照地质、岩石力学影响因素，将储层进行可改造性分类，根据垂深主要分为三大类型，按照力学指标及钻遇大裂缝条数细分为 6 小类型，见表 5-2-4。

表 5-2-4 江东区块储层可压性分类

类型		地质指标		力学指标			次要指标	一期产建区域
		垂深/m	曲率	垂向应力/MPa	最小水平主应力/MPa	水平应力差/MPa	预测钻遇大裂缝条数	
Ⅰ类	1	≤3000	斑点或一组条带状	≤75	≤60	6～8.2	≤5	主1、2区 西1区 东1、2区
	2		两组或多组条带状				>5	西南2、4区
Ⅱ类	1	3000～3500	斑点或一组条带状	75～87	60～70	7～8.5	≤5	主3区 西2区
	2		两组或多组条带状					西南1区
Ⅲ类	1	≥3500	斑点或一组条带状	≥87	≥70	8～9	≤5	
	2		两组或多组条带状					西南3区

3. 分段分簇参数优化

水平井压裂时，通常要生成多条与井筒相交的横切裂缝。认识这种情况下的应力干扰效应非常重要。由于要生成多条支撑裂缝，通常认为应力干扰随裂缝条数增加而增强。合理分段分簇是保证水平井筒全部动用的基础，段内应以充分利用诱导应力，实现多缝均匀延伸、促进裂缝复杂化为目标，段间应以避免段间裂缝干扰、降低施工难度、利于各段缝长延伸为原则。

裂缝的形成会使裂缝周围应力发生变化。垂直于裂缝（最小应力方向）的应力会比平行于裂缝（最大应力方向）的应力发生更大程度的变化，这会造成两个应力之间差异（应力差）减小。换言之，原地应力差减小，如图 5-2-16 所示，应力差变化的程度取决于与裂缝的距离。实际上，在 0.4 倍裂缝半径以外（$L/h>0.4$），平行于裂缝的水平应力（$\Delta\sigma_y$）只是略微减小。当形成多条裂缝时，多条裂缝对应力的影响是累积的，影响可能变得很严重，

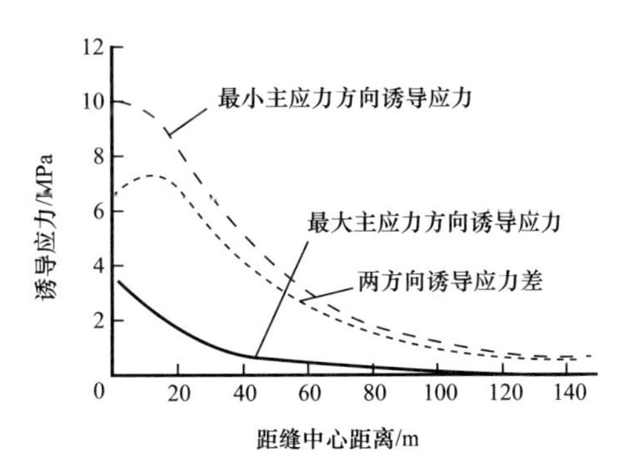

图 5-2-16 人工裂缝诱导应力变化趋势

所以多条裂缝的累积效应可能使应力差发生反转。

通过提高裂缝扩展净压力或改变裂缝间距来优化应力改变，在生成第二条裂缝时可以利用干扰降低或反转应力差。近井地带裂缝的转向与远井区域并不一样，这说明，近井应力场的变化可能发生反转，导致产生纵向裂缝（而非横向裂缝）。然而，在远井地带，应力场可能发生反转而回到原始方向，这将导致裂缝在空间上重新定向。这可能导致近井裂缝复杂度过大、应力诱导新裂缝转向、近井裂缝出砂等。因此，如果单井压裂的目标是生成远井复杂度，裂缝间距的设计非常重要。

在裂缝间距设计时，希望在裂缝中心位置的主裂缝沿最大水平主应力方向尽量延伸，保证设计裂缝长度及改造体积。同时，在相邻的两裂缝中间区域，产生足够的诱导应力，促使原始地层应力场发生偏转，从而促进裂缝转向，形成复杂缝网。

射孔工艺采用少段多簇，促进集中进液，提高净压力。净压力的大小主要由储层特征、施工排量大小、射孔簇数等方面因素决定。通过计算不同排量、不同射孔簇数时，形成的有效净压力的大小，来优化射孔簇数（表5-2-5）。考虑地应力增大，施工压力大幅升高，减少射孔簇数，可在相同排量下实现较高的净压力，有利于促进裂缝延伸。2簇射孔后进行压裂，排量14～16m^3/min，净压力可达14.3～18.9MPa，同排量下与3簇、4簇射孔相比净压力高3～4MPa。

表5-2-5 不同射孔簇下净压力计算结果

排量/（m^3/min）	4簇射孔净压力/MPa	3簇射孔净压力/MPa	2簇射孔净压力/MPa
10	5.1	6.5	9.8
12	6.9	8.5	12.2
14	7.7	9.7	14.3
15	8.9	11.9	16.2
16	11.1	14.2	18.9

4. 分段压裂优化设计

根据气藏工程及井位部署，结合一期产建区和三口评价井所取得的认识，针对不同分区及深度采取相应的工艺对策。

1）江东区块北区压裂工艺

（1）埋深3000～3500m井区压裂工艺参数优化。

埋深3000～3500m在地质特点及可改造性条件上均与一期产建主3区类似，因此针对本区块可采用一期产建主3区压裂改造模式。前置胶液，增大前置液量（150m^3增至300m^3）；优化簇间距（25～35m降至20～30m）；优化液体黏度，减阻水（0.08%～0.1%升至0.1%～0.12%），胶液（0.2%～0.25%升至0.25%～0.3%）；优选低密度陶粒为支撑剂。单井参数见表5-2-6。

表 5-2-6 江东区块—北区埋深 3000～3500m 单井参数优化设计

压裂工艺参数	五峰组	③号、④号层	⑤号层
压裂段数	18～20		
簇数	2	2～3	
排量 /（m^3/min）	12～14		
簇间距 /m	25～30	20～25	
段间距 /m	30～35		
单段 15% 前置盐酸用量 /m^3	20		
单段液量 /m^3	1700～1900		
胶液量 /m^3	250	200	
减阻水量 /m^3	1450～1650	1500～1700	
单段总砂量 /m^3	55～65	60～70	
70/140 目粉陶用量 /m^3	12～15	9～12	
40/70 目支撑剂用量 /m^3	35～50	45～55	
30/50 目支撑剂用量 /m^3	5		

（2）埋深超 3500m 井区压裂工艺参数优化。

目前一期产建主体区和西区无可参考井，以 3 口评价井压裂工艺为基础，优化工艺参数。

① 排量优化。

为充分开启天然裂缝，促进裂缝复杂化，需尽可能提高排量，提高缝内净压力。当净压力大于水平应力差、天然裂缝开启压力时，可实现裂缝复杂化；通过不同排量、射孔簇数所形成的有效净压力计算，优化施工排量。从净压力分析及水力裂缝扩展模型计算结果来看，两簇射孔，排量不低于 14m^3/min 时，净压力大于水平应力差，同时满足开启天然裂缝、实现裂缝转向的要求。

② 簇间距和段间距优化。

根据江东井区储层可压性评价，该区块泊松比增大、水平应力差增大，在储层脆性降低、塑性增大的同时，裂缝间诱导应力也会降低，裂缝复杂程度削弱。考虑在裂缝间距设计时，希望在裂缝中心位置的主裂缝沿最大水平主应力方向尽量延伸，保证设计裂缝长度及改造体积。同时，在相邻的两裂缝中间井区，产生足够的诱导应力，促使原始地层应力场发生偏转，从而促进裂缝转向，形成复杂缝网。因此由诱导应力场分析和裂缝形态模拟，优化簇间距 18～23m，段间距 30～35m。

③ 压裂规模优化。

（a）室内实验模拟。

根据拟合模型针对埋深超3500m的①号、③号小层进行优化设计，调整泵注程序，在单段2簇情况下模拟了1800m³、1900m³、2000m³、2100m³的前置胶液＋减阻水＋胶液（20%）模式下调整施工规模，进行数据优化设计分析。最后推荐江东区块垂深超3000m的五峰组（①小层）在单段2簇液量2100m³（前置胶液＋减阻水＋20%胶液）情况下，形成的波及半缝长289～297m、支撑半缝长245～252m，缝高49～53m，相比其他模式下波及半缝长、支撑半缝长和缝高增加，改造体积相对较大；龙马溪组（③号小层）在单段2簇液量2000m³（前置胶液＋减阻水＋20%胶液）情况下，形成的波及半缝长296～307m、支撑半缝长266～278m，缝高45～50m，相比其他模式下波及半缝长、支撑半缝长和缝高增加，改造体积相对较大（表5-2-7和表5-2-8）。

表5-2-7 ①小层施工规模优化统计表

施工规模	液量/m³	缝高/m	支撑缝长/m	波及缝长/m
砂量55m³	1800	40～43	205～215	248～258
	1900	42～48	216～228	253～263
	2000	45～50	228～240	274～286
砂量60m³	1900	42～48	220～232	256～268
	2000	45～50	231～240	274～285
	2100	49～53	245～252	289～297

表5-2-8 ③小层施工规模优化统计表

施工规模	液量/m³	缝高/m	支撑缝长/m	波及缝长/m
砂量60m³	1800	40～43	235～246	258～268
	1900	42～48	247～259	273～285
	2000	43～49	263～270	293～305
砂量65m³	1900	42～48	250～261	272～286
	2000	45～50	266～278	296～307
	2100	49～53	283～295	310～318

（b）产气剖面测试结果分析。

分析不同单段规模与产气贡献率的分布关系，认为单段液量1800～2000m³、单段砂量60～70m³产气贡献率较高。

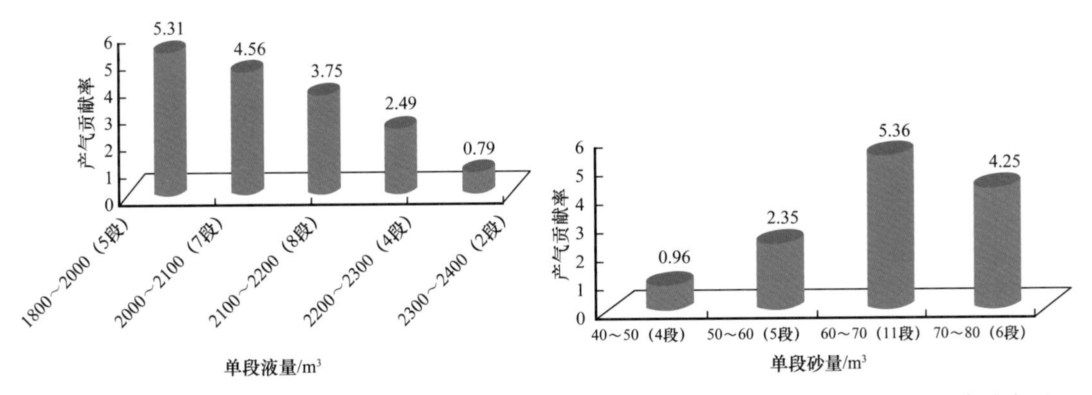

图 5-2-17 不同单段规模与产气贡献率的分布规律　　图 5-2-18 不同压裂规模与产气贡献率分布图

根据室内压裂规模模拟及段簇间距优化，最终得到北区埋深大于 3500m 压裂工艺参数推荐表 5-2-9，具体单井设计时根据井眼轨迹穿行情况做好簇间距、段间距、排量、液量、砂量、泵注程序等相关参数的调整。

表 5-2-9 埋深大于 3500m 井区压裂工艺参数推荐表

压裂工艺参数	五峰组	③号、④号层	⑤号层
压裂段数	20～22		
簇数	2		
排量 /（m^3/min）	14～16		
簇间距 /m	15～20		
段间距 /m	30～35		
单段 15% 前置盐酸用量 /m^3	30～40		
单段液量 /m^3	1800～2000		
胶液量 /m^3	150～250		
减阻水量 /m^3	1500～1800		
单段总砂量 /m^3	50～60	60～70	
70/140 目粉陶用量 /m^3	12 月 15 日	9 月 12 日	
40/70 目支撑剂用量 /m^3	35～50	45～55	
30/50 目支撑剂用量 /m^3	5		

2）江东南区压裂改造工艺优化

江东南区以一期产建西南区及江东北区（埋深≥3500m）改造模式为基础，边实施边优化不断完善压裂工艺，见表 5-2-10。压裂工艺参数优化见表 5-2-11。

表 5-2-10　江东区块南区不同分区压裂改造思路

分区	埋深 /m	改造思路
南 1 区	3600～4000	（1）前置胶液，阶梯提排量，促进人工裂缝在构造变化区域的扩展 （2）提高排量（14～16m^3/min），提高净压力 （3）多段少簇、增大诱导应力，促进裂缝剪切 （4）长段塞加砂，形成连续支撑剖面 （5）提高液体黏度（减阻水：0.1%～0.12% 升至 0.15%。胶液：0.25%～0.3% 升至 0.3%～0.35%） （6）支撑剂选择低密度陶粒或覆膜陶粒
南 2 区	3100～3500	（1）快提排量：快速形成高净压力、促进多缝开启 （2）段塞转向：降低大尺度裂缝对人工裂缝的诱导 （3）提高排量、砂液比：保持高净压力、提高导流能力 （4）支撑剂选择低密度陶粒

表 5-2-11　江东区块南区单井参数优化

压裂工艺参数	五峰组	③号、④号层
压裂段数	20～22	
簇数	2	
排量 /（m^3/min）	14～16（南 1 区）、15～17（南 2 区）	
簇间距 /m	15～25	
段间距 /m	30～35	
单段 15% 前置盐酸用量 /m^3	30～40	
单段液量 /m^3	1800～2000（南 1 区）、1700～1900（南 2 区）	
胶液量 /m^3	150～250（南 1 区）、200（南 2 区）	
减阻水量 /m^3	1500～1800	
单段总砂量 /m^3	50～70（南 1 区）、55～65（南 2 区）	60～70
70/140 目粉陶用量 /m^3	12～15	
40/70 目支撑剂用量 /m^3	35～50	45～55
30/50 目支撑剂用量 /m^3	5	

三、平桥区块压裂优化设计技术

平桥区块位于大焦石坝西南部，构造单元为平桥背斜带，受平桥西断层、平桥东 1 号断层、平桥东 2 号断层控制。平桥西断层为构造主控断层，最大断距达到 800m，走向北东向，平桥东断层为反冲断层，断距在400m以内。区内断距100m以内小断层不发育，构造较完整。曲率属性分析显示平桥区块曲率值与一期产建区焦页4井区类似，整体地层形变较弱，在边界断裂附近曲率值高，地层形变强，预测裂缝整体上不发育，裂缝密度小，曲率特征为条带状零星分布，主要在大断裂附近发育条带状、单方向性裂缝（北东走向）。

通过对平桥井区与焦石坝一期产建区进行对比以及一期产建气试验井的试验效果分析，对平桥井区可压性综合评价认为满足评价指标要求，形成复杂裂缝的可能性较大；焦页8HF井、焦页194-3HF井应力差异系数0.11～0.14，水平应力差7.6～8.9MPa，硅质含量51%，层理缝发育，与一期产建区相比，主体指标相当，具备形成复杂缝网的条件；与一期主体区相比，平桥井区存在以下差异：观音桥段缺失，纵向上无明显的应力遮挡；储层高角度缝发育。

1. 压裂改造主体思路

平桥区块压裂主体思路以提高改造体积和裂缝复杂度为目标，以控压、扩大储层改造体积，提高支撑强度为核心，通过射孔方式、泵注程序、压裂材料等优化压裂改造主体工艺，达到提高单井产能的目标。

2. 压裂改造影响因素

通过平桥井区与一期产建区在矿物脆性指数、岩石力学参数等指标方面进行的可压性分析，总结平桥井区压裂有利的条件：（1）水平应力差异系数较小，有利于裂缝转向；（2）硅质含量较高，有利于形成缝网。面临的难点：（1）纵向上应力差异小，高角度缝发育，可能导致裂缝延伸初期在储层纵向上过度扩展，影响缝长延展；（2）储层埋深增加，垂向应力差和水平应力差增大，导致层理缝开启困难；（3）储层埋深增加，泊松比增大，地层塑性增强。因此，结合区域构造提出针对性的工艺对策。

（1）背斜轴部：由于构造应力和天然裂缝产状影响人工裂缝扩展，挤压应力和平行于井筒、条带状曲率影响改造体积。针对局部条带曲率的储层，采取放大段间距，增大前置胶液用量＋快提排量的工艺；其中焦页108-4HF井、188-1HF井在12mm油嘴试气产量分别为$11.5\times10^4m^3/d$、$13\times10^4m^3/d$。产量偏低的原因主要是两口井位于背斜轴部挤压应力带，曲率程条带状，加砂难度大，改造体积受限。对于空白、点状分布曲率的储层，采取减阻水体系降黏度，严格执行分阶段提排工艺。目前该区域试探气产量相对较高，焦页8HF井、焦页188-3HF井、焦页108-6HF井三口井12mm油嘴试气产量均超过$20\times10^4m^3/d$，主要是因为处于弱张拉应力区，曲率分布适中，改造相对较充分。

（2）东西两翼：由于部分井筒西侧近断层，大尺度裂缝发育，裂缝延伸受限，因此针对中强曲率、斑点，条带分布的储层，采取变密度射孔、五峰组支撑剂组合优化、中长段塞的以提高加砂强度；该区域的工艺针对性较好，焦页184-2HF井、焦页182-6HF井试气产量分别为$44\times10^4m^3/d$、$32.6\times10^4m^3/d$。对于近断层的强曲率带储层，采取提黏扩缝、提排增压的压裂工艺，此区域的焦页188-2HF井、焦页191-1HF井试气产量分$20\times10^4m^3/d$、$12\times10^4m^3/d$。

3. 工艺参数优化

根据垂深确定不同工艺参数的依据主要有两点。一是根据一期主体区已取得成功压裂模式。一期产建区已压裂测试生产井中，垂深3500m以浅井已获得较好的无阻流量测试产量。以焦页47-3HF井为例，A靶点垂深3255.6m，B靶点垂深3434.11m；试气井段长度1762.5m。采用四段式施工模式，使用低密度陶粒，单段液量2045m^3，单段砂量55m^3，压后测试无阻流量26.5×10^{4}m^3/d，满足产建需求。二是根据完井设备需求。焦页8HF井储层中部埋深2950m，施工延伸压力55.46～64.9MPa。预测平桥井区压力梯度为0.018～0.022MPa/m，计算不同垂深下井口施工压力，发现垂深超过3500m以后井口设备无法满足需求。所以最终确定以3500m为界优化施工参数。

1）平桥井区垂深不超过3500m压裂工艺参数

根据平桥井区焦页8HF压裂施工所采取的针对性工艺措施及取得的压裂效果，建议平桥井区垂深不超过3500m，推荐焦页8HF井施工参数。单井设计时根据井眼轨迹穿行情况做好簇间距、段间距、排量、液量、砂量、泵注程序等相关参数的调整（表5-2-12）。

表5-2-12 单段压裂工艺基本参数推荐表

<table>
<tr><th>各层压裂设计参数</th><th>1小层</th><th>2小层</th><th>3小层</th><th>4小层</th><th>5小层</th></tr>
<tr><td>压裂段数</td><td colspan="5">20</td></tr>
<tr><td>簇数</td><td colspan="2">2</td><td colspan="3">2-3</td></tr>
<tr><td>排量/（m³/min）</td><td>8～12～14～16</td><td>8～12～14～16</td><td>8～12～14～16</td><td>8～12～14～16</td><td>8～12～14～16</td></tr>
<tr><td>簇间距/m</td><td colspan="5">20～25</td></tr>
<tr><td>段间距/m</td><td colspan="5">30～35</td></tr>
<tr><td>单段15%前置酸用量/m³</td><td colspan="5">20～30</td></tr>
<tr><td>单段液量/m³</td><td colspan="2">1800～2000</td><td colspan="3">1900～2100</td></tr>
<tr><td>单段胶液量/m³</td><td colspan="2">350～400</td><td colspan="3">400～450</td></tr>
<tr><td>单段减阻水量/m³</td><td colspan="2">1450～1600</td><td colspan="3">1500～1650</td></tr>
<tr><td>单段总砂量/m³</td><td colspan="2">55～65</td><td colspan="3">60～75</td></tr>
<tr><td>80/100目粉陶用量/m³</td><td colspan="2">10～15</td><td colspan="3">13～18</td></tr>
<tr><td>40/70目支撑剂用量/m³</td><td colspan="2">40～45</td><td colspan="3">40～50</td></tr>
<tr><td>30/50目支撑剂用量/m³</td><td colspan="2">5</td><td colspan="3">7</td></tr>
</table>

2）平桥井区垂深超3500m压裂工艺参数

（1）施工排量优化。

为充分开启天然裂缝，促进裂缝复杂化，需尽可能提高排量，提高缝内净压力。当净压力大于水平应力差、天然裂缝开启压力时，可实现裂缝复杂化；通过不同排量、射孔簇数所形成的有效净压力计算，优化施工排量（表 5-2-13）。从净压力分析及水力裂缝扩展模型计算结果来看，2～3 簇射孔、12～16m^3 排量，净压力可达 10～14MPa；两簇射孔可获得净压力更高，满足开启天然裂缝、实现裂缝转向的要求；排量 8m^3/min 时，净压力为 7.9MPa，天然裂缝较难张开，有利于缝长延展。

表 5-2-13 龙马溪组不同簇数、不同排量下的裂缝净压力

排量 / （m^3/min）	4 簇射孔	3 簇射孔	2 簇射孔
	净压力 /MPa	净压力 /MPa	净压力 /MPa
6	3.0	4.9	5.2
8	4.4	6.0	7.9
10	5.1	6.5	8.6
12	6.9	8.5	10.2
14	7.7	9.7	12.1
15	8.9	10.9	13.2
16	10.1	12.2	13.9
18	12.4	14.7	15.3

（2）簇间距和段间距优化。

根据平桥井区储层可压性评价，该区块泊松比增大、水平应力差增大，在储层脆性降低、塑性增大的同时，裂缝间诱导应力也会降低，裂缝复杂程度削弱。层段 3 和层段 1 处于页理缝极发育区，易形成较复杂的网络裂缝，考虑在裂缝间距设计时，希望在裂缝中心位置的主裂缝沿最大水平主应力方向尽量延伸，保证设计裂缝长度及改造体积。同时，在相邻的两裂缝中间区域，产生足够的诱导应力，促使原始地层应力场发生偏转，从而促进裂缝转向，形成复杂缝网。平桥井区水平段所在储层泊松比 0.24，水平应力差 8.9MPa。在 8～10MPa 净压力条件下，诱导应力 7～10MPa，小于主体区（8～12MPa）。当裂缝间距 20～30m 时，诱导应力差 8～11.7MPa，大于水平应力差，有利于缝间裂缝复杂化。因此由诱导应力场分析和裂缝形态模拟，优化平桥井区垂深大于 3500m 产建区推荐簇间距 18～23m，段间距 30～35m（表 5-2-14）。

表 5-2-14 不同裂缝间距下的诱导应力差

裂缝间距 /m	x，y 方向诱导应力差 /MPa
15	13.0
20	11.7
25	9.3

续表

裂缝间距 /m	x，y 方向诱导应力差 /MPa
30	8.1
35	7.5
40	5.8

（3）压裂规模优化。

根据拟合模型针对埋深＞3500m 的①号、③号小层进行优化设计，调整泵注程序，在单段 2 簇情况下模拟了 1800m^3、1900m^3、2000m^3、2100m^3 的前置胶液 + 减阻水 + 胶液（20%）模式下调整施工规模，进行数据优化设计分析。最后推荐平桥平台垂深大于 3500m 的五峰组（①小层）在单段液量 2000m^3（前置胶液 + 减阻水 +20% 胶液），砂量 60m^3，排量 16m^3/min 情况下，形成的波及缝长 255～268、支撑半缝长 235～247m，缝高 46～49m；龙马溪组（③号小层）在单段液量 1900m^3（前置胶液 + 减阻水 +20% 胶液），砂量 65m^3，排量 16m^3/min 情况下，形成的波及半缝长 282～292m、支撑半缝长 265～277m，缝高 48～52m（表 5-2-15 和表 5-2-16）。

表 5-2-15　①小层施工规模优化统计表

施工规模	液量 /m^3	缝高 /m	支撑缝长 /m	波及缝长 /m
砂量 55m^3	1800	40～44	210～222	235～256
	1900	42～46	220～234	244～255
	2000	45～48	231～243	252～264
砂量 60m^3	1900	42～45	228～239	246～258
	2000	46～49	235～247	255～268
	2100	47～51	248～260	272～284

表 5-2-16　③小层施工规模优化统计表

施工规模	液量 /m^3	缝高 /m	支撑缝长 /m	波及缝长 /m
砂量 60m^3	1800	44～48	258～269	275～286
	1900	46～50	260～273	278～289
	2000	48～54	274～286	280～292
砂量 65m^3	1900	48～52	265～277	282～292
	2000	50～54	278～288	290～302
	2100	51～55	280～294	313～325

根据室内压裂规模模拟及段簇间距优化，最终得到平桥井区垂深大于3500m压裂工艺参数推荐表（表5-2-17），具体单井设计时根据井眼轨迹穿行情况做好簇间距、段间距、排量、液量、砂量、泵注程序等相关参数的调整。

表5-2-17　平桥井区（垂深＞3500m）压裂工艺参数推荐表

各层压裂设计参数	1小层	2小层	3小层	4小层	5小层
压裂段数	22				
簇数	2		2～3		
排量/（m^3/min）	8～12～14～16	8～12～14～16	8～12～14～16	8～12～14～16	8～12～14～16
簇间距/m	18～23				
段间距/m	30～35				
单段15%前置酸用量/m^3	20～30				
单段液量/m^3	1800～2000		1900～2100		
单段胶液量/m^3	350～400		400～450		
单段减阻水量/m^3	1450～1600		1500～1650		
单段总砂量/m^3	50～60		60～70		
80/100目粉陶用量/m^3	10～15		15～20		
40/70目支撑剂用量/m^3	35～40		40～45		
30/50目支撑剂用量/m^3	5		5		

第三节　压裂材料与分段工具

一、压裂液体系优选

1.压裂液选择原则

页岩气压裂常用的压裂液包括泡沫压裂液、表面活性剂压裂液、滑溜水压裂液和线性胶等，而滑溜水和复合压裂液是目前主要压裂液体系。

从页岩气压裂的造缝及有效支撑等方面考虑，涪陵页岩气储层总体上脆性好、地应力差异小，根据北美经验做法选择减阻水压裂液，该液体体系主要适用于无水敏、储层天然裂缝较发育、脆性较高地层。其主要特点为：适用于裂缝性地层；提高形成剪切缝和网状缝的概率；使用少量稠化剂降阻，对地层伤害小，支撑剂用量少；成本低，在相同作业规模下，滑溜水压裂比常规冻胶压裂其成本可以降低 40%～60%，且能提高裂缝转向、剪切的概率，沟通更多的天然裂缝和页岩层理，增大泄气面积。

减阻水压裂是利用大量减阻水注入地层诱导产生具有足够几何尺寸和导流能力的裂缝以实现在低渗透的、大面积的净产层里获得天然气工业产出的压裂措施。减阻水压裂利用储层的天然裂缝注入压裂液，使地层产生诱导裂缝，在压裂过程中，岩石碎屑脱落并沉降在裂缝中，起到支撑作用，使裂缝在压裂液退去之后仍保持张开。事实上，减阻水压裂的成功就在于它以较低的成本获得了和凝胶压裂相同甚至更好的增产效果。目前的减阻水压裂多是使用混合的减阻水压裂液，它是在传统的减阻水压裂液中加入了减阻剂、凝胶、支撑剂等添加剂。

减阻水压裂用低黏度的减阻水替代通常使用的凝胶压裂液，这样既降低了压裂成本，又减小了大量使用凝胶对地层的伤害，但由于压裂液黏度小，减阻水压裂相比凝胶压裂液来说携砂能力弱，压裂半径小。减阻水压裂以岩石的天然裂缝为通道注入压裂液，岩石杨氏模量越高裂越易形成粗糙的节理，保持裂缝的导流能力，因此适用于天然裂缝系统较发育、岩层杨氏模量高的地层。

减阻水压裂液中没有瓜尔胶固体颗粒，可以使人工裂缝更长、更复杂，同时也不会有瓜尔胶残留物或滤饼，从而避免了压裂液对裂缝导流能力的伤害。由于储层的低渗透率特性，这就意味着压裂改造必须形成大的泄流裂缝表面。低密度减阻水压裂能够在很大程度上提高这种储层的产量和经济效益。由于该储层的特低渗透率特性，所以从裂缝面到储层内部的有效泄流距离很短。

储层改造过程中以这种压裂液作为前置液来提供支撑剂输送。减阻水压裂技术提高岩石渗透率的依据是：(1) 压裂后，天然的缝面不吻合和产生粗糙缝面，剪切应力使缝面偏移，如图 5-3-1 所示，同时，在裂缝扩展时，水力裂缝将开启早已存在的天然裂缝，提高岩层的渗透率；② 若用其他压裂液进行压裂处理，往往不能对进入气层中的压裂液进行彻底清洗，而减阻水压裂采用的压裂液主要为减阻水，是一种清洁压裂技术，这也是提高岩层渗透率的重要因素之一。

复合压裂或混合压裂主要是针对黏土含量高、塑性较强的页岩气储层。注入复合压裂液既可保证形成一定的缝宽，又可保证一定的携砂能力。复合压裂液的注入顺序一般为：前置液滑溜水与冻胶交替注入，支撑剂先为小粒径，后为中等粒径，低黏度活性水携砂在冻胶液中发生黏滞指进现象，从而减缓支撑剂沉降，确保裂缝的导流能力。统计结果显示，Barnett 黏土含量较高的页岩气藏复合压裂单井与邻井相比，产量从 $2.42\times10^4m^3/d$ 提高到 $3.09\times10^4m^3/d$，提高了 27.69%。

不同区块页岩储层特性各不相同，并不是所有的页岩都适合滑溜水、大排量压裂施工。脆性地层（富含石英和碳酸盐岩）容易形成网络裂缝，而塑性地层（黏土含量高）容易形成双翼裂缝，因此不同的页岩气储层所采用的工艺技术和液体体系是不一样的，要根据实际地层的岩性、敏感性和塑性以及微观结构进行选择。经过 30 多年的发展，国外已形成了多项页岩气压裂技术，并且在多年的发展过程中总结出了一套压裂液选择依据。从图 5-3-2 可以看出，液体类型、排量大小以及加砂浓度等与地层特点有着紧密的联系。对于塑性地层，压裂时很难形成裂缝网络，该类地层利用黏度更高的凝胶或者泡沫更容易实现好的改造效果。同时，页岩气压裂裂缝检测技术在压裂后期效果评价方面有重要意义。

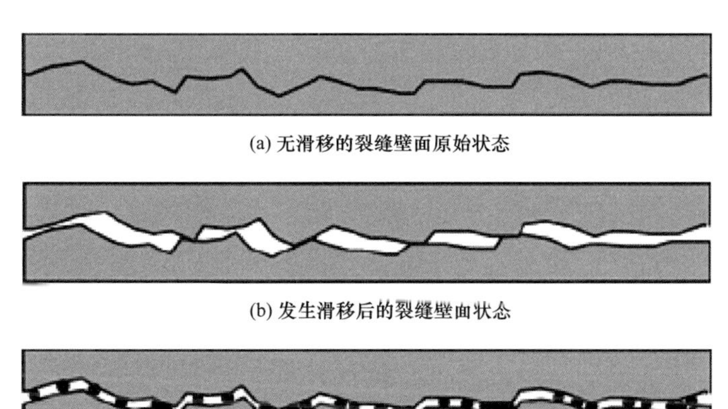

(a) 无滑移的裂缝壁面原始状态

(b) 发生滑移后的裂缝壁面状态

(c) 无滑移，支撑剂浓度为4.8824kg/m^{2}的裂缝壁面原始状态

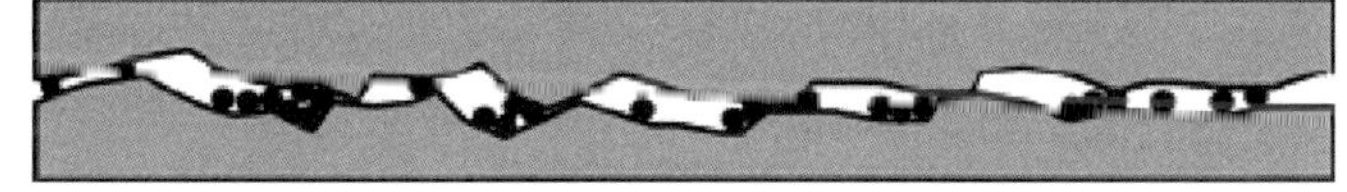

(d) 发生滑移，支撑剂浓度为4.8824kg/m^{2}的裂缝壁面原始状态

图 5-3-1　减阻水压裂后裂缝面的形态

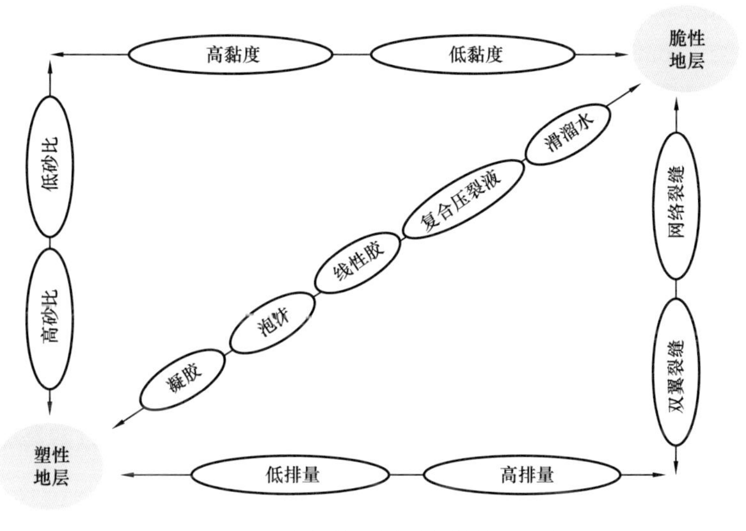

图 5-3-2　页岩气储层压裂方案优化示意图

2. 减阻水压裂液

减阻水压裂液中含有减阻剂、黏土稳定剂和必要的表面活性剂的水，成分以水为主，总含量可达 99% 以上，其他添加剂（主要包括减阻剂、表面活性剂、黏土稳定剂、阻垢

剂和杀菌剂）的总含量在 1% 以下。通过室内试验研究，优选出速溶且增黏效果好的高效减阻剂及其配套添加剂，形成了两套适合于焦石坝页岩储层的减阻水体系。

室内通过开展高分子减阻剂优选及与其配伍性良好的配套添加剂，并对其浓度进行了优化，优选出溶解时间短且具有一定增黏效果的高效减阻剂，优选出具有表界面张力低的复合增效剂和防膨性能好的复合防膨剂，并评价了该体系的溶解性、减阻率、防膨性等性能，研发出一套适合于焦石坝页岩储层的 2# 减阻水体系。

1）减阻剂优选

减阻剂是指在湍流状态下能减小压裂液流动阻力的化学剂，通常是聚合物，可以是聚丙烯酰胺类合成聚合物，也可以是天然瓜尔胶聚合物等。但从成本角度出发，高分子聚合物在很低的浓度就能达到 50%～70% 的减阻效果，而天然瓜尔胶聚合物要在十几倍的浓度下才能达到相应的减阻效果，所以优选高分子聚合物作为减阻剂。一种聚合物可同时是稠化剂和减阻剂。在高质量浓度使用时，它是稠化剂；在低质量浓度使用时，它是减阻剂。Javad Paktinat 等通过实验发现减阻剂的作用主要有两个方面：（1）减阻高聚物分子可以在管道流体中伸展，吸收薄层间的能量，干扰薄层间的液体分子从缓冲区进入紊流核心，从而阻止其形成紊流或减弱紊流程度，使之达到减阻的目的；（2）增加减阻水体系黏度，以提高携砂能力。高分子聚合物减阻剂是减阻水压裂液中最重要的添加剂，一般有阳离子型、阴离子型和非离子型。目前国外应用最普遍的水基减阻剂是由一种或者两种不同的单体共聚生成的聚丙烯酰胺类减阻剂，其平均分子量达到（20～25）× 10^6g/mol。

关于减阻剂的减阻机理，从现有的文献报道中可知（闫晓东等，2021），关于减阻机理假说分为六类：Toms 的伪塑假说、Virk 的有效滑移假说、黏弹性假说、湍流脉动抑制假说、湍流脉动解耦假说和“板块”假说。这些假说都可以解释一定范围内的减阻现象，但无法全面地解释伴随减阻而产生的各种现象；其中 Virk 的有效滑移假说、黏弹性假说和“板块”假说更有说服力。

（1）Virk 的有效滑移假说。

Virk 认为，流体在管内湍流流动时，紧靠壁面的一层流体为黏性底层，其次为弹性层，中心为湍流核心。他通过试验测得速度分布，发现减阻剂溶液湍流核心区的速度与纯溶剂相比大了某个值，但速度分布规律相同，而且弹性层的速度梯度增大，导致阻力减小。根据 Virk 的假说，减阻剂浓度增大，弹性层厚度也增大，当弹性层扩展到管轴时，减阻就达到了极限。该假说成功地解释了最大减阻现象，而且也可以解释管径效应。

（2）黏弹性假说。

黏弹减阻机理认为钢管内壁属于密堆积，液体分子与管壁的碰撞为非弹性碰撞，液体动能减小，转化为热能，产生的热又通过管壁热传导消散到环境中。对于添加了减阻剂的压裂管道，减阻剂分子在管道内壁形成非密堆积的弹性液膜，液体流动过程中与弹性薄膜发生弹性碰撞，产生能量损失减少。减阻剂依靠其独特的分子结构在管道内壁形成一层弹性薄膜，这层薄膜的厚度是从几纳米到几微米。根据 Sunder Ram-chandran 等的量子化学计算，含有 18 个碳原子的油酸咪唑啉分子长度不到 10nm。磷酸酯铵盐膜厚最高才有 1200nm 左右，分子量越大越能增加膜厚，从而填充管道内表面粗糙度。

（3）“板块”假说。

在高聚物稀溶液中，大量的高聚物大分子以比纯溶剂质点间的结合力弱的结合力与溶剂质点结合。因此，形象地说，大量的高聚物大分子将溶剂“切割”成由溶剂质点组成的大量“板块”。当剪切力数值超过一定值后（减阻起点之后），板块间相对运动要大于溶剂中质点的相对运动。板块间相对运动加大，致使部分过渡区中的流体质点速度分布同层流边界层中速度分布成一条直线。按照层流附面层的原始定义，可以知道，这种速度分布改善的结果属于增大层流边界层的厚度，与此同时，也增大了这层次上边界面上的流速，从而达到减阻。从另一个角度来看，在层流边界层厚度的加大同时，这层次上边界面上的流速亦加大的条件下，如果在相同雷诺数情况下，则层流边界层贴近边界处的流速梯度值减小，从而减小流体对边界的剪切力，这样就减小了通过黏性直接发散的能量值，便达到减阻。

从减阻机理及大量试验表明，减阻物质的化学性质要求是十分明确的几项：大分子量、线型、可溶性聚合物。从“板块”假说角度出发，大分子量、线型更能保证高聚合物大分子对溶剂的“切割”，从而提高减阻。根据国内外的应用现状和减阻机理，优选高分子量、溶解速度快的线型聚合物为减阻剂，从而达到一定的增黏和好的减阻效果。

优选 8 种减阻剂，通过对减阻率、分散时间、黏度等指标对其性能进行评价。减阻率试验 2# 减阻剂在各个流量下均具有较好的减阻效果。减阻率最高可达 75%，如图 5-3-3 所示。

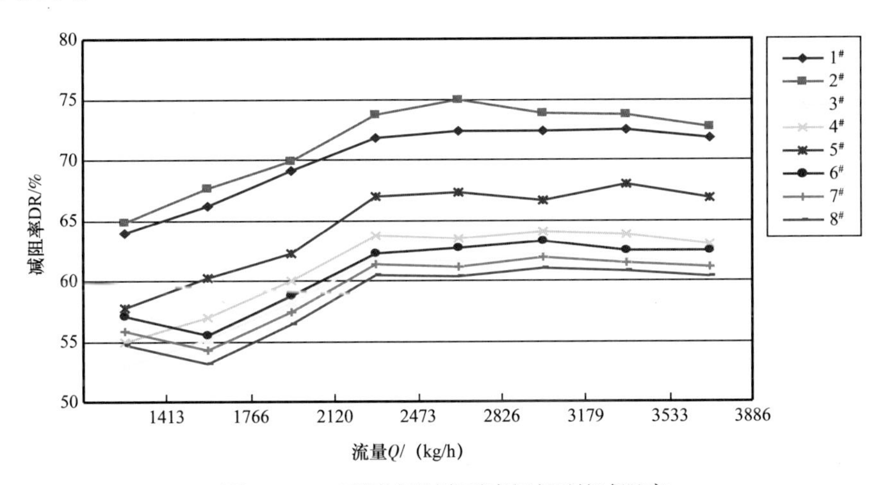

图 5-3-3 不同减阻剂不同流速下的减阻率

从分散时间来看，5#、6#、7#、8# 减阻剂样品的分散时间较长，最高达到了 910s，样品中 1#、2#、4# 均小于或等于 60s，迅速分散转化达到最大黏度，能够满足现场连续混配要求，见表 5-3-1。从增黏效果来看，2#、6#、7# 减阻剂样品的增黏效果较好，浓度为 0.1% 时，表观黏度可达 8mPa·s 以上，见表 5-3-2。

表 5-3-1 不同减阻剂水化分散时间

编号	减阻剂	浓度 /%	分散时间 /s
1	RY300	0.1	40
2	JC-J10		50
3	WHY-300		90
4	MV5002		60
5	ZK65		440
6	64014		660
7	64826		910
8	JC-1		150

表 5-3-2 不同减阻剂黏度

编号	减阻剂	浓度 /%	黏度 /（mPa·s）
1	RY300	0.1	4.6
2	JC-J10		8.5
3	WHY-300		6.2
4	MV5002		4.1
5	ZK65		9.8
6	64014		8.9
7	64826		10
8	JC-1		6.2

综合考虑减阻剂的成本、分散时间以及减阻率等指标，优选出成本低、分散时间短、增黏效果好、减阻率高的 $2^{\#}$ 高效减阻剂。

随着 $2^{\#}$ 减阻剂浓度的升高，减阻率呈现先升高后降低的趋势，在低浓度加量时的减阻率略高于高浓度，符合线状高分子聚合物水溶液特点。对比不同浓度减阻剂的减阻率，0.1%$2^{\#}$ 减阻剂水溶液在不同流速下减阻率为 64.7%～72.6%，能够满足压裂现场施工要求，如图 5-3-4 所示。

2）增效剂优选

为提高液体在复杂裂缝中的流动能力，需要降低液体界面张力。通过对 5 种增效剂表界面张力的测定，优选增效剂类型，见表 5-3-3。可以看出，相同浓度下的 $4^{\#}$ 具有较低的表面张力、界面张力。

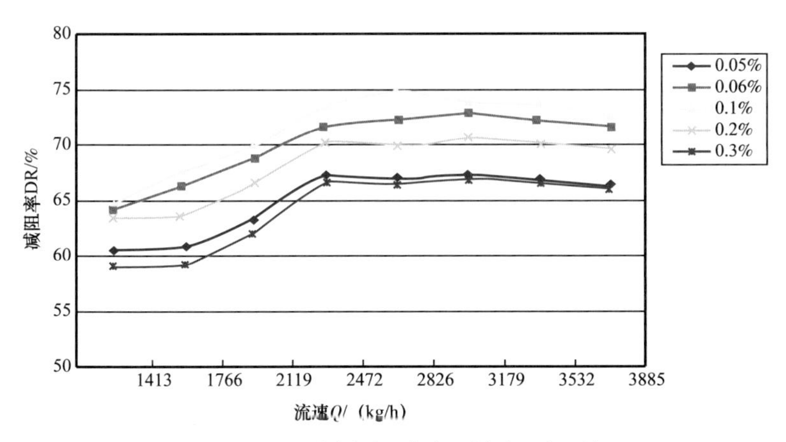

图 5-3-4 不同浓度 2# 减阻剂减阻率测定

表 5-3-3 不同增效剂表、界面张力

复合增效剂	浓度 /%	表面张力 /（mN/m）	界面张力 /（mN/m）
1#	0.1	23.7	3.1
2#		25.3	3.2
3#		24.8	2.6
4#		23.1	2.1
5#		31.2	4.3

将 3#、4# 增效剂分别与 2# 减阻剂互配后，4# 增效剂加入后明显提高了水溶液的减阻率，而 3# 增效剂对溶液减阻率无明显影响。所以优选 4# 增效剂。

从不同浓度 4# 增效剂，降低表面张力、界面张力的情况来看，随 4# 增效剂浓度增加，表界面张力逐渐降低。当浓度为 0.1% 时，表界面张力下降趋势减缓，如图 5-3-5 所示。

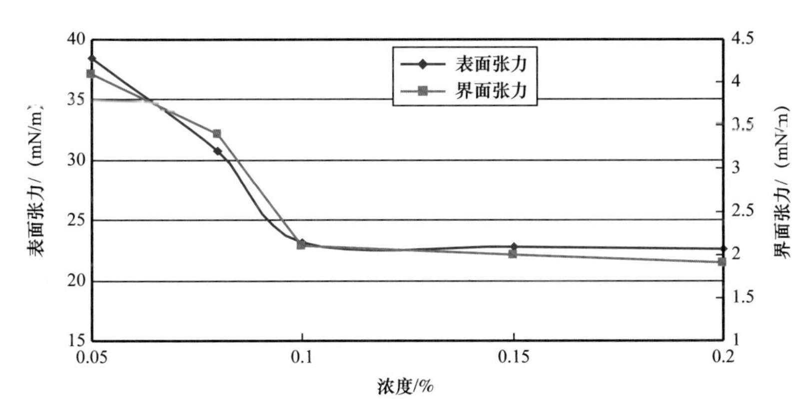

图 5-3-5 增效剂浓度与表界面张力关系

3）防膨剂优选

为控制黏土膨胀、脱落和运移，对导流通道造成堵塞，需要在减阻水体系中加入防膨剂。通过对5种防膨剂的性能评价，见表5-3-4，加入3# 复合防膨剂的减阻水体系导致的黏土膨胀体积最小，因此采用防膨性能较好的3# 防膨剂。

表5-3-4 不同防膨剂的膨胀体积

复合防膨剂	浓度/%	膨胀体积/mL
1#	0.3	3.1
2#		4.1
3#		2.6
4#		3.6
5#		2.9

通过防膨剂浓度与防膨率试验测得，随着复合防膨剂浓度的增加，膨胀体积减小，当防膨剂浓度为0.3%时，防膨率达78%，如图5-3-6所示。

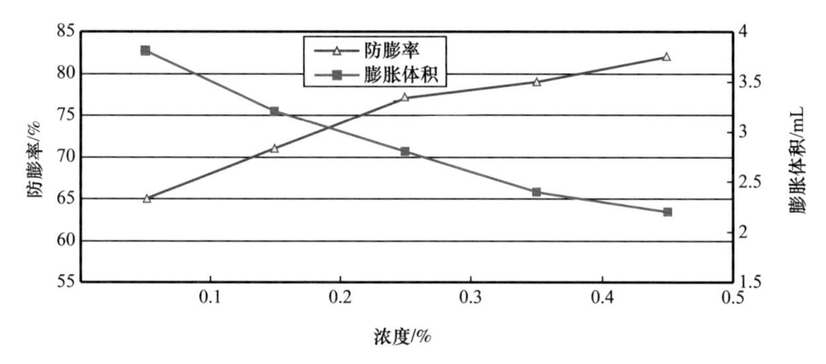

图5-3-6 防膨剂浓度与防膨率关系

4）配伍实验确定减阻水体系配方

通过配伍性实验，各添加剂配伍良好，无浑浊和杂质生成。确定减阻水配方为：0.1%减阻剂+0.3%防膨剂+0.1%增效剂。

3. 胶液体系

通过对胶液、低聚合物压裂液、超分子聚合物压裂液等3种高黏胶液进行性能评价实验研究，不同胶液体系的性能见表5-3-5。

表5-3-5 不同胶液体系性能指标

胶液	pH值	基液黏度/mPa·s	表面张力/mN/m	界面张力/mN/m	残渣含量/mg/L	$170s^{-1}$ 黏度/mPa·s
低聚合物压裂液	6.5～7	15.3	23.21	2.4	0	80
超分子压裂液	6.5～7	75	22.20	2.8	0	65
胶液	7	34	23	0.9	0	25.5

胶液 $170s^{-1}$ 黏度较低为 25.5mPa·s，同时具有较低的表、界面张力，性能相对较好。

通过配方浓度、黏弹性、携砂、滤失及破胶等试验优选出满足工艺需要的胶液体系配方为：0.3% 低分子稠化剂 +0.3% 流变助剂 +0.15% 复合增效剂 +0.05% 黏度调节剂。

该胶液体系具有水化性好，悬砂能力强（图 5-3-7），最高可携带砂液比 32%，破胶后基本无残渣，伤害率低于 10%，返排效果好。

图 5-3-7 静态沉砂测试

二、耐高温高压压裂分段工具

涪陵页岩气田产层套管主要采用 $5^1/_2$ in（139.7mm×12.34mm）钢级 TP125T 套管，分段压裂施工主要有两种方式：一是泵送桥塞及多级射孔联作，如图 5-3-8 所示；二是滑套分段压裂。由于泵送桥塞及多级射孔联作工艺具有成本低、施工效率高，能够满足对页岩气施工排量要求，钻塞后井筒能够保持全通径，便于后续作业等优点而被更多使用。

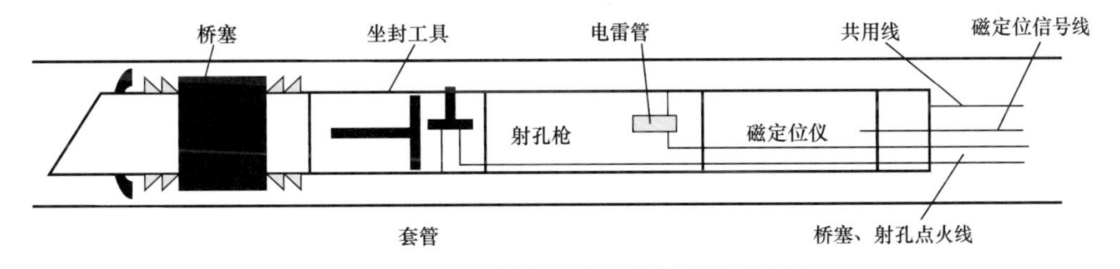

图 5-3-8 泵送桥塞—多级射孔联作示意图

泵送桥塞及多级射孔联作井下分段工具主要有：易钻复合桥塞、大通径金属桥塞、镁合金可溶桥塞。

1. 易钻复合桥塞

易钻复合材料桥塞结构如图5-3-9所示，主要由密封系统、锚定系统、丢手机构等部件组成，主体采用树脂+纤维复合材料加工制造，利于后期快速钻磨。

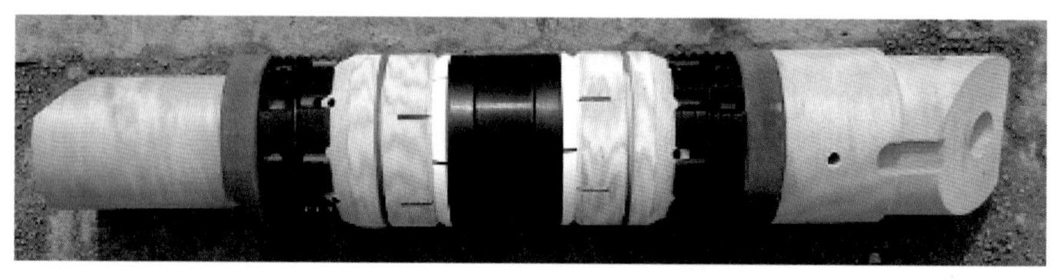

图5-3-9 易钻复合桥塞

易钻复合桥塞分带生产通道和不带生产通道两类，其中，带生产通道的又分为球笼密封和投球密封两种。页岩气开发中，大多数使用的是带生产通道球笼密封式的易钻复合桥塞，如图5-3-10所示。

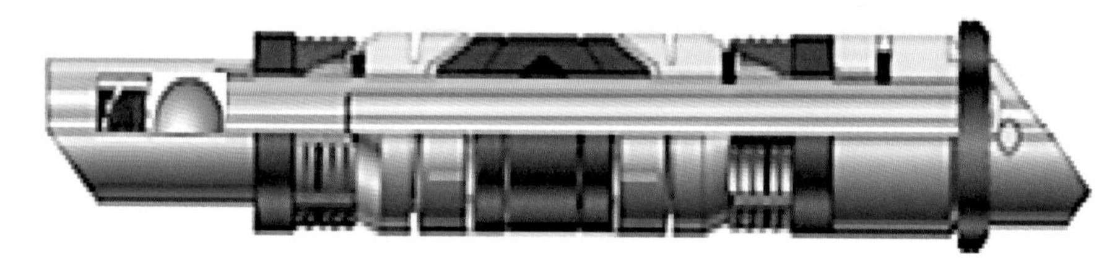

图5-3-10 球笼式易钻复合桥塞

带球笼的易钻复合桥塞特点是：带生产通道，具有单向阀功能，只要下部地层压力大于井口压力，流体可以从下部往上部流动，可在桥塞磨掉之前进行试气、生产。桥塞坐封后，如果上面压力大于下面压力，通道闭合，可直接进行压裂。它的工程优势是：配合电子选发点火方式的多级射孔施工，若桥塞坐封后，第一级射孔失败的情况发生，可以通过电子选发方式选择第二级进行射孔，避免施工过程复杂化，参数见表5-3-6。

表5-3-6 易钻复合桥塞主要技术参数

名称	外径/mm	长度/mm	内径/mm	球直径/mm	工作压差/MPa	工作温度/℃	丢手拉力/t
$5^1/_2$in 球笼式易钻复合桥塞	104.9	565	19	25.4	70	150	17～19

2. 大通径金属桥塞

在深层页岩气井开发过程中发现：由于井深增加，连续油管对易钻复合桥塞钻塞难度增大，而且连续油管受自身材料强度的限制下入深度也无法满足深层钻塞要求。由于大通径金属桥塞的内径较大，压裂施工后无须进行钻塞其内通径就能够满足后期生产要求。为此，开展了大通径金属桥塞的研制，如图5-3-11所示。

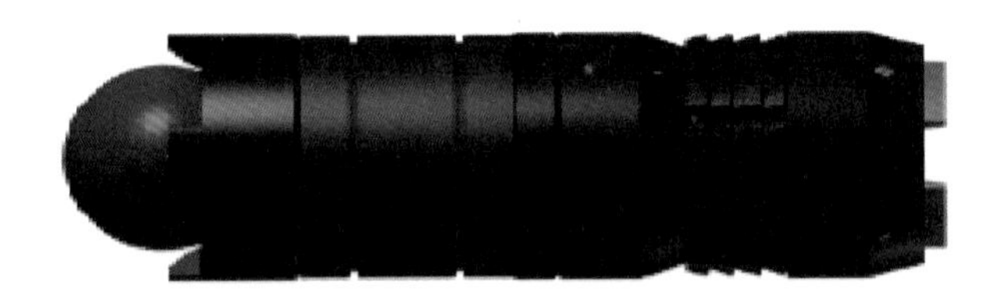

图 5-3-11 大通径金属桥塞

大通径金属桥塞采用单卡瓦设计，使得整个桥塞结构非常简单、长度短，钻除量少；胶筒采用一体式结构，便于后期钻磨和套铣解封；主体用了铸铁材料和可溶球，可满足强度和特殊情况下的钻磨要求，除材料可钻性外，各零部件采用了轻量化设计，卡瓦与下接头设计有防转机构，更容易钻磨或套铣。采用的可溶球能够在压裂施工结束后自动溶解于井液中，可节省连续油管钻塞的作业和费用，直接投产效率高，其主要技术参数见表 5-3-7。

表 5-3-7 大通径金属桥塞主要技术参数

名称	外径 / mm	长度 / mm	内径 / mm	可溶球直径 / mm	承压 / MPa	耐温 / ℃	丢手拉力 / t
$5^1/_2$in 大通径金属桥塞	103.5	372	70	83.44	70	150	160～180

3. 可溶桥塞

随着材料技术的发展，为了彻底解决桥塞钻磨问题，开始尝试采用可溶材料加工可溶桥塞，由于可溶材料加工的桥塞能在使用后溶解于井液中，是一种替代连续油管钻塞的有效方法。

可溶桥塞的技术关键是可溶材料，主要包括可溶桥塞本体材料和可溶胶筒材料。就可溶桥塞本体而言，可溶材料包括高分子可降解材料（PGA）和可溶镁铝合金，它们的溶解机理有所不同。

PGA（聚乳酸酯或者聚丁二酸丁二醇酯类）是一种具有较好降解性能的高分子合成材料，该材料主要由聚乙醇酸合成，能够通过一种温度或光辐射降解的脂类聚合物，如图 5-3-12 所示，在温度和水环境中发生降解生成的主要产物为二氧化碳和水，材料降解后能再次被生物再吸收，是真正绿色环保的可降解材料。

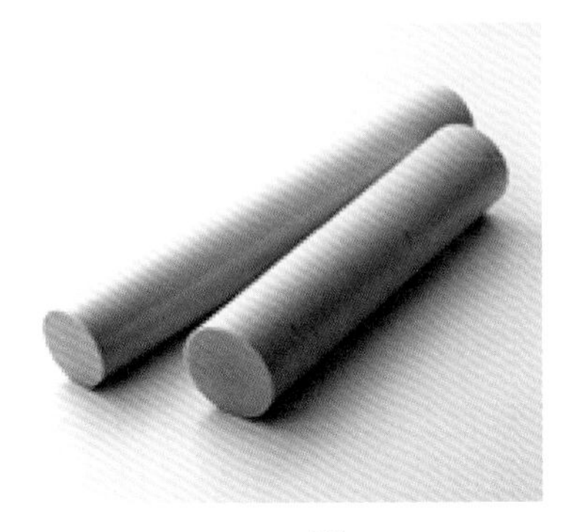

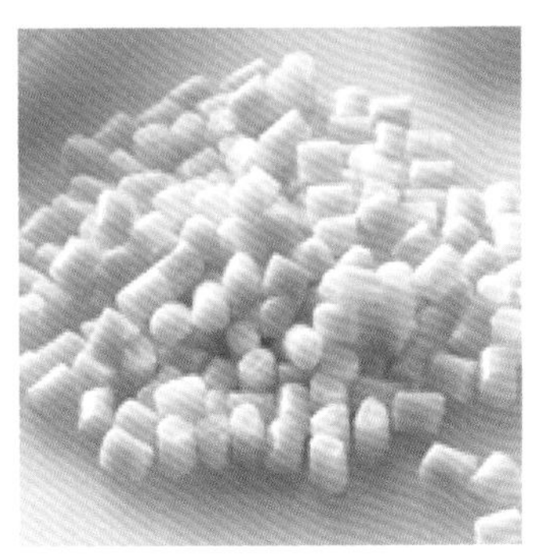

图 5-3-12 PGA 可降解材料

由于PGA可降解材料具有较强的温度敏感性，其玻璃转化温度仅为50～60℃，温度升高后材料降解速度加快，强度性能也急剧下降，加工的可降解桥塞（图5-3-13）无法满足耐高温承高压要求。

图5-3-13 可降解桥塞

可溶合金采用粉末冶金工艺，将Ni、Fe等元素掺入镁铝合金中，利用Ni、Fe等元素在导电介质中与Mg和Al之间形成电偶腐蚀而使Mg和Al溶解，如图5-3-14所示。

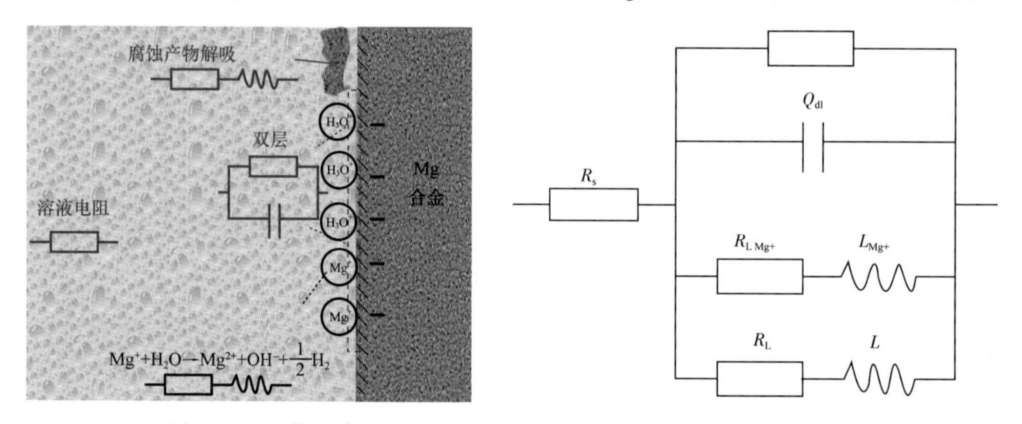

图5-3-14 镁铝合金在导电介质中的电化学反应过程及等效电路图

可溶胶筒采用聚丙烯脂弹性体（岳献云，2005），该聚合物都是以共价键结合起来，在外在因素下大分子末端断裂生产活性较低的自由基，然后按链式机理迅速逐一脱除单体而实现溶解，如图5-3-15所示。

图5-3-15 可溶胶筒溶解

由于可溶桥塞是依靠井筒中的介质溶解解封，无须连续油管钻塞，为了确保在桥塞溶解过程中不发生堵塞并满足试气及生产对通道的要求，研制了投球式全可溶桥塞，如图5-3-16所示。

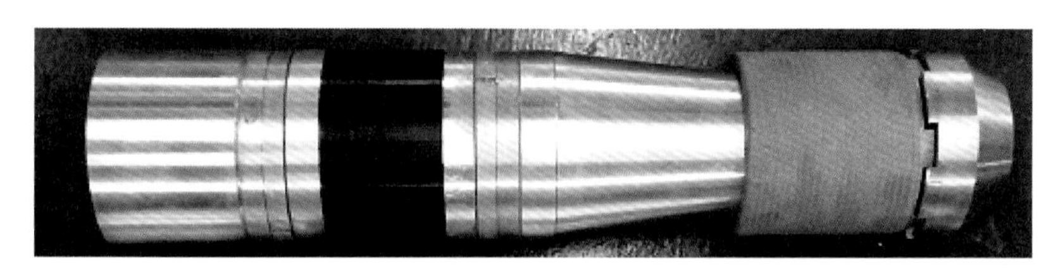

图 5-3-16 全可溶桥塞

与常规桥塞及可溶桥塞不同，该可溶桥塞不仅材料可溶，其结构也采用了全可溶设计，卡瓦本体采用可溶合金的同时表面喷涂可溶合金粉末涂层（史雅琴等，2003），通过涂层与套管内壁形成摩擦实现锚定，通过锥体与卡瓦自锁原理锁紧（付胜利等，2006）。桥塞溶解后无不溶物残留井筒，溶解时间可以根据井筒温度、介质矿化度对材料组分进行调整（方世杰等，2008），满足现场工艺要求，主要技术参数见表 5-3-8。

表 5-3-8 全可溶桥塞主要技术参数

外径 /mm	104
内径 /mm	40
可溶球直径 /mm	45
长度 /mm	525
工作及溶解温度 /℃	50～150
工作压力 /MPa	70
坐封及丢手负荷 /kN	160～170
有效承压时间 /h	8～24（可调）
全溶时间 /d	5～30（可调）

第四节 页岩气井压后监测评估技术

一、压后诊断评估技术

1. 页岩气水平井压裂改造体积评估技术

由于页岩脆性较强，储层中天然裂缝、层理的弱面较为发育，在地层原始状态下，天然裂缝保持稳定状态。但在页岩水平井分段分簇压裂过程中，从射孔簇延伸的主裂缝将对储层产生扰动效应，包括两个方面：一是延伸主裂缝产生的扰动应力改变了原始应力场；二是主裂缝内的压裂液将沿主裂缝面向储层深部滤失，导致储层的压力场发生改变。

在上述的两个作用效应下，可能导致原始地层条件下保持稳定的天然裂缝、层理面剪切失稳触发剪切破坏，在主裂缝周围形成剪切破坏区，天然裂缝发生剪切的条件为天然裂缝面受到的剪切应力大于天然裂缝的抗剪强度。同理，可能导致原始地层条件下保持稳定的天然裂缝、层理面张开失稳触发张性破坏，在主裂缝周围形成张开破坏区。天然裂缝发生张开的条件为天然裂缝面内的流体压力大于作用在天然裂缝面的压应力及抗张强度。最终在主裂缝周围形成的张性破坏区与剪切破坏区的叠加区域，即为页岩气水平井压裂改造体积（Stimulated Reservoir Volume，SRV）。

目前，计算 SRV 的主要方法有微地震监测法、倾斜仪监测法、半解析法等，其中最常用的是微地震监测法。

基于以上压裂改造体积形成的物理机制，建立相应的 SRV 计算数学模型，主要包括分段分簇压裂的主裂缝延伸模型、裂缝间的干扰应力场计算、储层流体压力场计算和天然裂缝破坏准则，SRV 计算模型就是基于主延伸裂缝周围应力和流体压力作用条件下对天然裂缝破坏区进行定量计算和表征。

1）多簇裂缝延伸模型

多簇裂缝延伸模型考虑单段压裂时多簇人工主裂缝同时延伸，裂缝与井筒相互垂直。建立笛卡尔三维坐标系，水平井筒方向为 x 轴，裂缝延伸方向为 y 轴，垂直方向为 z 轴。

基于 Nolte 平板流动公式（Nolte K G，1988），可得水力裂缝中压降方程：

$$-\frac{\partial p}{\partial x}=12\mu\frac{q}{h_{\mathrm{f}}w_{\mathrm{f}}^{3}} \tag{5-4-1}$$

式中 p——裂缝内流体压力，Pa；

q——缝内流量，$\mathrm{m^3/s}$；

w_{f}——裂缝缝宽，m；

h_{f}——裂缝缝高，m；

μ——压裂液黏度，Pa·s。

通过净压力分解和 England 公式、Green 公式积分，得出裂缝动态缝宽方程，在其基础上简化，推导出页岩储隔层应力差不明显情况下的缝宽方程：

$$\begin{aligned}w_{\mathrm{f}}=&\frac{4(1-\nu)p_{\mathrm{net}}}{E}\sqrt{\frac{h_{\mathrm{f}}^{2}}{4}-z^{2}}-\frac{2(1-\nu)g_{\mathrm{v}}h_{\mathrm{f}}}{\pi E}\sqrt{\frac{h_{\mathrm{f}}^{2}}{4}-z^{2}}\\&-\frac{4(1-\nu)g_{\mathrm{v}}z^{2}}{\pi E}\ln\left(\frac{h_{\mathrm{f}}}{2}+\sqrt{\frac{h_{\mathrm{f}}^{2}}{4}-z^{2}}\right)\\&-\frac{2(1-\nu)g_{\mathrm{p}}z}{E}\sqrt{\frac{h_{\mathrm{f}}^{2}}{4}-z^{2}}+\frac{2(1-\nu)g_{\mathrm{s}}z}{E}\sqrt{\frac{h_{\mathrm{f}}^{2}}{4}-z^{2}}\end{aligned} \tag{5-4-2}$$

其中：

$$h_{\mathrm{f}}=h_{\mathrm{u}}+h_{\mathrm{l}}$$

式中 p_{net}——缝内净压力，Pa；

ν——地层岩石泊松比，无量纲；

E——地层岩石杨氏模量，Pa；

h_r——产层厚度，m；

h_u，h_l——裂缝向上和向下延伸高度，m；

S_u，S_l——产层与上下应力遮挡层最小水平主应力差值，Pa；

g_v，g_s，g_p——缝高压力梯度，地应力梯度，流体重力梯度，Pa/m。

由线弹性断裂力学准则推导得出裂缝高度方程（李勇明等，2001）：

$$\frac{K_{uc}+K_{lc}}{\sqrt{\pi\left(\frac{h_u}{2}+\frac{h_l}{2}\right)}}=2p+g_s\left(h_u-h_l\right)-\frac{2\left(h_u-h_l\right)g_v}{\pi} \tag{5-4-3}$$

$$\left(K_{uc}-K_{lc}\right)\sqrt{\pi\left(\frac{h_u}{2}+\frac{h_l}{2}\right)}=\pi\left(\frac{h_u}{2}+\frac{h_l}{2}\right)^2\left(g_s-g_p\right) \tag{5-4-4}$$

式中 K_{uc}，K_{lc}——盖层和底层岩石断裂韧性，$Pa\cdot m^{0.5}$。

由体积平衡原理得出连续性方程：

$$-\frac{\partial q}{\partial y}=\frac{2\left(h_u+h_l\right)C}{\sqrt{t-\tau\left(y\right)}}+\frac{\partial A}{\partial t} \tag{5-4-5}$$

式中 C——压裂液综合滤失系数，$m/s^{1/2}$；

t——时间，s；

τ（y）——裂缝延伸至 y 处的时间，s；

A——缝内横截面积，m^2。

式（5-4-3）、式（5-4-4）与式（5-4-5）中主要含有 p、h_u、h_l、w_f 和 q 五个未知变量，采用隐式有限差分法其进行耦合求解，可得到页岩分簇压裂时各条水力裂缝的几何参数。

2）地层应力场模型

水平井分段分簇压裂过程中，由于多条水力裂缝同时张开，导致地层产生弹性形变，从而产生诱导应力。基于弹性力学理论模型，利用位移不连续方法（DDM）计算由水力裂缝产生的诱导应力场（Crouch et al.，1983）。

建立 x—z 二维笛卡儿坐标系，将模型中的水力裂缝离散为 N 段，每段长度 $2a_i$。分别以每段中心为原点建立该单元 ξ–ζ 局部坐标系，其中，ξ 沿离散裂缝单元切向方向，ζ 沿离散裂缝单元法向方向。

首先，建立离散裂缝 i 单元受到所有单元作用下的应力平衡方程组：

$$\left(\sigma_t\right)_i=\sum_{j=1}^{N}\left(A_{tt}\right)_{ij}\left(\hat{u}_t\right)_j+\sum_{j=1}^{N}\left(A_{tn}\right)_{ij}\left(\hat{u}_n\right)_j \tag{5-4-6}$$

$$\left(\sigma_n\right)_i=\sum_{j=1}^{N}\left(A_{nt}\right)_{ij}\left(\hat{u}_t\right)_j+\sum_{j=1}^{N}\left(A_{nn}\right)_{ij}\left(\hat{u}_n\right)_j \tag{5-4-7}$$

式中 $(\sigma_t)_i$，$(\sigma_n)_i$——i 单元在局部坐标系内所受切应力和正应力，MPa；

$(\hat{u}_t)_j$，$(\hat{u}_n)_j$——j 单元在局部坐标系内的切向应变和法向法向，m；

$(A_{tt})_{ij}$，$(A_{nt})_{ij}$，$(A_{tn})_{ij}$，$(A_{nn})_{ij}$——j 单元切向位移和法向位移不连续量分别在 i 单元上引起的切向应力分量和法向应力分量，i，j 取值 1～N；

G——地层剪切模量，MPa^{-1}；

ν——地层泊松比；

n_j——全局坐标 z 轴与 j 单元局部坐标 ζ 轴夹角余弦值；

l_j——全局坐标 x 轴与 j 单元局部坐标 ξ 轴夹角余弦值；

F_k——系数方程。

假设水力裂缝处于张开状态，且内部净压力均匀分布，则任意 i 单元应力边界条件如下：

$$(\sigma_t)_i=0 \tag{5-4-8}$$

$$(\sigma_n)_i=-p_{net} \tag{5-4-9}$$

根据裂缝离散单元应力边界条件，联立式应力平衡方程组进行求解得出$(\hat{u}_t)_i$和$(\hat{u}_n)_i$，并代入以下方程中进行求和，即可计算出坐标平面域内任一点的诱导应力分量和应变分量：

$$\begin{aligned}\Delta\sigma_{xx}=&\frac{G\hat{u}_n}{2\pi(1-\nu)}\left[2nlF_3+\left(n^2-l^2\right)F_4+\zeta\left(lF_5+nF_6\right)\right]\\&+\frac{G\hat{u}_t}{2\pi(1-\nu)}\left[2n^2F_3-2nlF_4+\zeta\left(nF_5+lF_6\right)\right]\end{aligned} \tag{5-4-10}$$

$$\begin{aligned}\Delta\sigma_{zz}=&\frac{G\hat{u}_n}{2\pi(1-\nu)}\left[2nlF_3+\left(n^2-l^2\right)F_4-\zeta\left(lF_5+nF_6\right)\right]\\&-\frac{G\hat{u}_t}{2\pi(1-\nu)}\left[2l^2F_3+2nlF_4+\zeta\left(nF_5-lF_6\right)\right]\end{aligned} \tag{5-4-11}$$

$$\Delta\sigma_{xz}=\frac{G\hat{u}_n}{2\pi(1-\nu)}\zeta\left(lF_6-nF_5\right)+\frac{G\hat{u}_t}{2\pi(1-\nu)}\left[F_4+\zeta\left(lF_5+nF_6\right)\right] \tag{5-4-12}$$

$$\Delta\sigma_{yy}=\nu\left(\Delta\sigma_{xx}+\Delta\sigma_{zz}\right) \tag{5-4-13}$$

式中 $\Delta\sigma_{xx}$，$\Delta\sigma_{zz}$，$\Delta\sigma_{yy}$，$\Delta\sigma_{xz}$——诱导应力分量；

F_1～F_6——系数方程；

ζ_{ij}，ξ_{ij}——局部坐标值，m；

a_j——j 单元长度的 1/2，m。

由于原始地应力场和诱导应力场均为三维二阶张量场，其分量可以进行线性叠加。所以，计算得到诱导应力后，可利用叠加原理计算当前地应力场，地层中任意点当前应

力张量可表示为

$$\begin{bmatrix} \sigma_{xx} & \sigma_{xy} & \sigma_{xz} \\ \sigma_{yx} & \sigma_{yy} & \sigma_{yz} \\ \sigma_{zx} & \sigma_{zy} & \sigma_{zz} \end{bmatrix} = \begin{bmatrix} \sigma_{xx}^{(0)} + \Delta\sigma_{xx} & \sigma_{xy}^{(0)} & \sigma_{xz}^{(0)} + \Delta\sigma_{xz} \\ \sigma_{yx}^{(0)} & \sigma_{yy}^{(0)} + \Delta\sigma_{yy} & \sigma_{yz}^{(0)} \\ \sigma_{zx}^{(0)} + \Delta\sigma_{xz} & \sigma_{zy}^{(0)} & \sigma_{zz}^{(0)}\Delta\sigma_{zz} \end{bmatrix} \tag{5-4-14}$$

式中 $\sigma_{xx}^{(0)}$，$\sigma_{yy}^{(0)}$，$\sigma_{zz}^{(0)}$，$\sigma_{xy}^{(0)}$，$\sigma_{yz}^{(0)}$，$\sigma_{xz}^{(0)}$——原始地应力值分量，MPa；

σ_{xx}，σ_{yy}，σ_{zz}，σ_{xy}，σ_{yz}，σ_{xz}——当前地应力值分量，MPa。

3）储层压力场模型

页岩储层基质渗透率极低，天然裂缝发育，没有明显的底层与盖层，故将其在垂向上视作具有各向异性的双重介质巨厚储层。水力压裂过程中，压裂液会从人工裂缝壁面进入储层中，使储层内压力升高。于是，可将人工裂缝视为储层中的面源。

利用 Green 函数源函数方法，求解出定排量条件下，Laplace 域内的储层压力场增量随时间的变化（Ozkan et al.，1991）：

$$\Delta\bar{p}(x,y,z,s) = \frac{2\mu h_{\mathrm{r}}}{\pi K_{\mathrm{m}} h_{\mathrm{rD}} s} \sum_{n=1}^{\infty} \frac{1}{n} \sin n\pi \frac{h_{\mathrm{f}}}{2h_{\mathrm{r}}} \sin n\pi \frac{z_{\mathrm{w}}}{h_{\mathrm{r}}} \sin n\pi \frac{z}{h_{\mathrm{r}}}$$
$$\cdot \int_{-L_{\mathrm{f}}/L}^{+L_{\mathrm{f}}/L} \tilde{q} K_0 \left[\sqrt{u + \frac{n^2\pi^2}{h_{\mathrm{rD}}^2}} \sqrt{\left(x_{\mathrm{D}} - x_{\mathrm{wD}} - \alpha\sqrt{K_{\mathrm{m}}/K_{\mathrm{mx}}}\right)^2 + \left(y_{\mathrm{D}} - y_{\mathrm{wD}}\right)^2} \right] \mathrm{d}\alpha \tag{5-4-15}$$

式中 $\Delta\bar{p}$——Laplace 域内压力场，MPa；

L——水平井长度，m；

h_{r}——油藏厚度，m；

h_{rD}——无量纲油藏厚度；

K_{mx}——基质系统 x 方向上渗透率，mD；

K_{m}——基质系统等效渗透率，mD；

$\tilde{q}$——裂缝壁面任意点单位面积流量（随缝长方向变化），m/min；

Q——泵注排量，$\mathrm{m^3/min}$；

s——Laplace 变量；

α——岩块形状因子，无量纲；

L_{f}——裂缝半长，m；

K_0——0 阶 Bessel 函数；

u——自定义函数；

z_{w}——井底 z 坐标，m；

x_{D}——无量纲 x 坐标；

y_{D}——无量纲 y 坐标；

x_{wD}——井底无量纲 x 坐标；

y_{wD}——井底无量纲 y 坐标。

求解出拉普拉斯域中的储层压力场 $\Delta\bar{p}(x,y,z,s)$ 后，利用 Stehfest 数值反演即可得到储层实际压力场 $\Delta p=(x,y,z,t)$。同理，由于储层压力场为三维标量场，可以进行线性叠加。所以，当同时进行多条裂缝压裂时，可利用叠加原理计算出任意时刻的储层压力场：

$$p(x,y,z,t)=p_0(x,y,z,t_0)+\sum_{i=1}^{M}\Delta p_i(x,y,z,t) \tag{5-4-16}$$

式中 p——当前储层压力场，即天然裂缝系统压力场，MPa；

p_0——初始储层压力场，MPa；

Δp——储层压力增量场，MPa；

M——水力裂缝条数，即射孔簇数。

4）天然裂缝破坏准则

将地应力表示为三维笛卡儿坐标系中的二阶对称张量：

$$\boldsymbol{\sigma}=\boldsymbol{\sigma}_{ij}\boldsymbol{e}_i\boldsymbol{e}_j=\begin{bmatrix}\sigma_{xx} & \sigma_{xy} & \sigma_{xz}\\ \sigma_{xy} & \sigma_{yy} & \sigma_{yz}\\ \sigma_{xz} & \sigma_{yz} & \sigma_{zz}\end{bmatrix} \tag{5-4-17}$$

式中 $\boldsymbol{\sigma}$——地应力二阶对称张量，Pa；

$\boldsymbol{\sigma}_{ij}$——应力张量分量；

$\boldsymbol{e}$——标准正交基矢量；

i，j——坐标指标，取值 x，y，z。

天然裂缝的单位法线向量为

$$\boldsymbol{n}=\boldsymbol{n}_i\boldsymbol{e}_i=\begin{vmatrix}n_x & n_y & n_z\end{vmatrix} \tag{5-4-18}$$

其中

$$n_x=\sin\varphi\cos\alpha$$

$$n_y=\sin\varphi\sin\alpha$$

$$n_x=\cos\varphi$$

式中 $\boldsymbol{n}$——天然裂缝单位法线向量；

$\boldsymbol{n}_i$——天然裂缝单位法线向量分量；

α——天然裂缝与水平主应力方向夹角（逼近角），（°）；

φ——天然裂缝与水平面夹角（倾角），（°）。

此时，作用在天然裂缝面上的力为

$$\boldsymbol{p}=\boldsymbol{\sigma}\boldsymbol{n}=\sigma_{ij}\boldsymbol{e}_i\boldsymbol{e}_j n_k\boldsymbol{e}_k=\sigma_{ij}n_k\boldsymbol{e}_i\delta_j^k=\sigma_{ij}n_j\boldsymbol{e}_i \tag{5-4-19}$$

式中 $\boldsymbol{p}$——天然裂缝壁面所受作用力，Pa；

$\boldsymbol{e}$——单位法向向量；

δ——Kronecker 符号；

k——坐标指标，取值 x，y，z。

将该作用力分别分解到裂缝的法线方向与切线方向上：

$$p_{\mathrm{n}}=\boldsymbol{pn}=\boldsymbol{n}_k\boldsymbol{e}_k\sigma_{ij}\boldsymbol{n}_j\boldsymbol{e}_i=\boldsymbol{n}_k\sigma_{ij}\boldsymbol{n}_j\delta_i^k=\boldsymbol{n}_i\sigma_{ij}\boldsymbol{n}_j \tag{5-4-20}$$

$$p_{\tau}=\sqrt{\vec{p}\cdot\vec{p}-p_{\mathrm{n}}^2}=\sqrt{\sigma_{ij}\boldsymbol{n}_j\boldsymbol{e}_i\cdot\sigma_{ij}\boldsymbol{n}_j\boldsymbol{e}_i-p_{\mathrm{n}}^2}=\sqrt{\sigma_{ij}\boldsymbol{n}_j\sigma_{ij}\boldsymbol{n}_j-p_{\mathrm{n}}^2} \tag{5-4-21}$$

式中 p_{n}——天然裂缝壁面所受正应力值，Pa；

p_{τ}——天然裂缝壁面所受切应力值，Pa。

根据 Warpinski 准则（WarPinski NR et al.，1987），天然裂缝张性破坏判别式：

$$p_{\mathrm{nf}}>p_{\mathrm{n}}+S_{\mathrm{t}} \tag{5-4-22}$$

天然裂缝剪切破坏判别式：

$$p_{\tau}>\tau_0+K_{\mathrm{f}}(p_{\mathrm{n}}-p_{\mathrm{nf}}) \tag{5-4-23}$$

式中 K_{f}——天然裂缝摩擦系数；

p_{nf}——天然裂缝内流体压力，等于当前储层压力 p'，Pa；

S_{t}——天然裂缝抗张强度，Pa；

τ_0——天然裂缝内聚力，Pa。

利用式（5-4-20）与式（5-4-21），可先计算得到天然裂缝壁面的正应力和切应力，再分别代入破坏判断准则，即可进行天然裂缝破坏类型的判断。

5）改造体积评估流程

综合上述各模型，页岩气水平井压裂改造体积评估流程如下：

（1）根据水平井筒射孔参数确定分段压裂的簇间距和簇数，建立相应的三维笛卡儿直角坐标系；

（2）利用多簇裂缝延伸模型计算裂缝扩展几何尺寸和空间位置；

（3）利用地层应力场模型求解出压裂过程中地层应力场变化情况；

（4）利用储层压力场模型求解出压裂过程中储层压力场变化情况；

（5）利用天然裂缝破坏准则判断储层内任一点的天然裂缝是否发生破坏，以及破坏的类型；

（6）根据天然裂缝破坏判断结果，利用空间数值积分方法，分别计算张性破坏改造体积和剪切破坏改造体积，并将两者的空间并集算作总体改造体积。

2. 页岩气水平井压裂施工曲线诊断技术

水力压裂施工期间压力曲线的变化规律是地下裂缝延伸行为及其周围地层的情况的外在表现。页岩气缝网压裂时，裂缝延伸模式多样，缝网扩展行为复杂，导致施工曲线呈现出“多类型、多变化、多阶段”的特征，传统压裂施工曲线分析方法无法适用。为此，专门针对页岩气水平井压裂，建立压裂施工曲线诊断技术。

1）井底净压力折算模型

页岩气水平井压裂过程中，可根据井底净压力变化情况判断地下裂缝延伸模式，因此需要将压裂施工现场测量得到的井口压力折算成井底净压力。

根据流体力学原理，井底净压力为

$$p = -p_{\mathrm{h}} + \Delta p_{\mathrm{wh}} - \Delta p_{\mathrm{wf}} - \Delta p_{\mathrm{pf}} \tag{5-4-24}$$

式中 p——井底净压力，Pa；

p_{h}——井口压力，Pa；

Δp_{wh}——井筒内液柱静压力，Pa；

Δp_{wf}——井筒内液体流动压降，Pa；

Δp_{pf}——射孔孔眼压降，Pa。

其中，井筒内液体流压降方程为

$$\Delta p_{\mathrm{wf}} = \lambda \frac{L_{\mathrm{w}}}{D_{\mathrm{w}}} \frac{v^2 \rho}{2} \tag{5-4-25}$$

式中 λ——水力摩阻系数，取值与管流的流动形态有关；

L_{w}——管长，m；

D_{w}——管径，m；

v——流速，m/s；

ρ——流体密度，$\mathrm{kg/m^3}$。

射孔孔眼压降为

$$\Delta p_{\mathrm{pf}} = 8.1 \frac{q^2 \rho}{n_{\mathrm{pf}}^2 d_{\mathrm{pf}}^4 \alpha_{\mathrm{pf}}^2} \tag{5-4-26}$$

式中 n_{pf}——射孔孔眼数量，个；

d_{pf}——射孔孔眼直径，m；

α——孔眼流量系数，一般取0.8～0.85；

ρ——流体密度，$\mathrm{kg/m^3}$；

q——流量，$\mathrm{m^3/s}$。

2）井底净压力动态诊断模型

净压力指数拟合方程：

$$n_i = \frac{(p_i - p_{i-1})(t_i - t_r)}{(t_i - t_{i-1})(p_i - p_r)} \tag{5-4-27}$$

式中 n——净压力指数拟合值；

p——井底净压力，Pa；

t——时间，s；

下标 r——参考净压力和参考时间数据序号；

下标 i——当前净压力和当前时间数据序号。

净压力斜率拟合方程：

$$k_i = \frac{p_i - p_r}{\left(t_i - t_r\right)^{n_i}} \quad (5-4-28)$$

式中 k——净压力斜率拟合值，Pa/（s）^{e}。

净压力指数平均方程

$$\overline{n}_i = \frac{1}{t_i - t_r} \sum_{r+1}^{i} n_i \left(t_i - t_{i-1}\right) \quad (5-4-29)$$

式中 $\overline{n}$——净压力指数平均值，无量纲。

净压力斜率平均方程

$$\overline{k}_i = \frac{1}{t_i - t_r} \sum_{r+1}^{i} k_i \left(t_i - t_{i-1}\right) \quad (5-4-30)$$

式中 $\overline{k}$——净压力斜率平均值，Pa/（s）^{n}。

净压力拟合相对误差方程

$$\chi_i = \frac{\left|\overline{k}_i \left(t_i - t_r\right)^{\overline{n}_i} - p_i\right|}{p_i} \times 100\% \quad (5-4-31)$$

式中 χ——净压力拟合相对误差值，无量纲。

计算流程：（1）建立井底净压力数据序列（p_1，p_2，p_3，…，p_N）以及相对应的时间数据序列（t_1，t_2，t_3，…，t_N）；（2）将净压力和时间数据序列中的首个数据分别设为参考压力和参考时间数据，即设定 r=1；（3）依次取下一个净压力和时间数据为当前数据，设当前序号为 i；（4）计算当前净压力指数拟合值和斜率拟合值；（5）分别计算当前净压力指数平均值和斜率平均值；（6）计算当前净压力拟合相对误差值；（7）若当前净压力拟合相对误差值不超过 10%，则直接返回步骤（3）；若当前净压力拟合相对误差值大于 10%，则将当前净压力和时间设为参考净压力和时间，即把参考序号 r 重新赋值为当前序号 i，再返回步骤（3）；（8）当所有数据计算完毕时（i=N），绘制净压力指数平均值曲线。

3）裂缝延伸模式识别模型

页岩气缝网压裂过程中水力裂缝延伸模式可分为 6 类模式：缝网延伸、延伸受阻、正常延伸、层理缝延伸、缝高方向延伸、快速滤失。各类模式对应着不同的压力曲线特征识别方程。

（1）若井底净压力与净压力指数平均值满足以下方程组时，裂缝延伸模式为缝网延伸：

$$\begin{cases} \overline{n} > 0.3 \\ p > \min\left[\left(\sigma_{\mathrm{nf}} + S_{\mathrm{tnf}}\right)\cdot\left(\sigma_{\mathrm{nf}} - \dfrac{\tau_{\mathrm{nf}} - \tau_{\mathrm{o}}}{k_{\mathrm{nf}}}\right)\right] - \sigma_{\mathrm{hmin}} \end{cases} \quad (5-4-32)$$

式中 σ_{nf}——地层天然裂缝壁面所受法向应力值，Pa；

S_{tnf}——地层天然裂缝抗张强度，Pa；

τ_{nf}——地层天然裂缝壁面所受切向应力值，Pa；

τ_{o}——地层天然裂缝内聚力，Pa；

k_{nf}——地层天然裂缝摩擦系数，无量纲；

σ_{hmin}——地层最小水平主应力，Pa。

（2）若井底净压力与净压力指数平均值满足以下方程组时，裂缝延伸模式为延伸受阻：

$$\begin{cases} \bar{n} > 0.3 \\ p < \min\left[\left(\sigma_{nf} + S_{tnf}\right)\left(\sigma_{nf} - \dfrac{\tau_{nf} - \tau_{o}}{k_{nf}}\right)\right] - \sigma_{hmin} \end{cases} \tag{5-4-33}$$

（3）若井底净压力与净压力指数平均值满足以下方程组时，裂缝延伸模式为正常延伸：

$$\begin{cases} 0.2 < \bar{n} < 0.3 \\ p > 0 \end{cases} \tag{5-4-34}$$

（4）若井底净压力与净压力指数平均值满足以下方程组时，裂缝延伸模式为层理缝延伸：

$$\begin{cases} -0.2 < \bar{n} < 0.2 \\ p > \sigma_{v} - \sigma_{hmin} + S_{tbp} \end{cases} \tag{5-4-35}$$

式中 σ_{v}——地层垂向应力，Pa；

S_{tbp}——层理缝抗张强度，Pa。

（5）若井底净压力与净压力指数平均值满足以下方程组时，裂缝延伸模式为缝高方向延伸：

$$\begin{cases} \bar{n} < 0.2 \\ p > \Delta S \end{cases} \tag{5-4-36}$$

式中 ΔS——储层与上下隔层应力差，Pa。

（6）若井底净压力与净压力指数平均值满足以下方程组时，裂缝延伸模式为快速滤失：

$$\begin{cases} \bar{n} < 0.2 \\ p < \Delta S \end{cases} \tag{5-4-37}$$

4）页岩气水平井压裂施工曲线诊断流程

结合井底净压力折算模型、井底净压力动态拟合模型、裂缝延伸模式识别模型，通过数值计算流程即可实现对页岩气缝网压裂施工压力曲线进行自动诊断，包括以下步骤。

（1）参数输入：井身结构、井筒参数、射孔参数、压裂施工参数、压裂液参数、地应力条件、天然裂缝参数、层理缝参数。

（2）计算井筒内液体流动压降、射孔孔眼压降、携砂液柱静压力；将压裂施工井口压力折算为井底净压力。

（3）建立井底净压力数据与时间数据序列；对井底净压力进行动态拟合，并计算净压力指数平均值。

（4）基于井底净压力和净压力指数平均值，自动识别各段对应的裂缝延伸模式。

（5）数据输出：井底净压力值、净压力指数平均值、裂缝延伸模式。

（6）图像绘制：井底净压力曲线、净压力指数平均值曲线、裂缝延伸模式识别曲线及施工压力曲线诊断图。

页岩压裂施工曲线诊断方法专门针对页岩气藏储层特征，结合页岩气缝网压裂工艺特点，综合系统地考虑了页岩气缝网压裂过程中常见的六种裂缝延伸模式对施工压力的影响，可对页岩气缝网压裂施工压力曲线进行自动、快速、准确的诊断分析。

3. 微地震监测技术

水力压裂微震监测技术是近年来得到迅速发展的地球物理勘探技术之一，该技术是以声发射学和地震学为基础，通过观测分析水力压裂作业时产生的微小的地震事件绘制裂缝的空间图像。压裂过程中，当井筒压力迅速升高，射孔位置处压力超过岩石的抗压强度时，岩石遭到破坏，裂缝起裂并延伸。该过程中，裂缝壁面可能发生剪切错动，产生一系列向四周传播的微震波。微地震监测水力压裂就是以断裂力学理论和摩尔—库伦破坏准则为依据，通过布置在被监测井周围的各个监测分站对水力压裂产生的微震波进行接收，接着对地面采集到的微震波信号进行解释处理，继而确定微震源位置。

微地震监测分为地面监测和井中监测两种方式。地面监测就是在监测如压裂井周围的地面上，布置若干接收点进行微地震监测。井中监测就是在监测目标区域周围临近的一口或几口井中布置接收排列，进行微地震监测。由于地层吸收、传播路径复杂等原因，与地面监测相比，井中监测方式记录获得的微地震事件更多、信噪比与反演可靠性更高，但成本也相对高昂。

国外微地震监测技术起步于20世纪90年代，通过数十年发展，具备了专有技术、软件、设备等一体化服务能力，在页岩气开发初期，MicroSeismic、ESG、Schlumberger等国外公司基本垄断了市场。随后，中国开始逐步自主研发页岩气缝网压裂微地震监测技术。2014年，中国石油推出全国首款微地震监测系统——GeoMonitor，并在川南等主力页岩气区成功开展矿场应用。2015年，中国石化在涪陵页岩气区成功开展了微地震地面与井中联合微地震监测。近几年，随着国内页岩气快速开发，GeoEast-ESP等国产自主微地震监测系统迅速成熟，目前已基本替代国外技术，在国内页岩气区块全面投入使用。2018年，杜开元等利用微地震监测技术对深层页岩气井加砂工艺优化效果进行了评价；2019年，刘星等根据微地震事件点和裂缝面的几何相关性，开发了一套基于微地震监测的三维缝网重构方法；曾波等基于微地震监测，结合分形几何学，通过人工缝网形态指数对压裂效果进行量化。

总体来说，微地震监测技术成本相对高昂，单井价格百万元以上，但准确性和可靠性较好，能够获得压裂缝网几何尺寸、分布方位、密度、连通性等关键参数，是目前国内外页岩气缝网压裂中应用最广泛的现场监测方法。

二、压裂大数据系统分析技术

涪陵页岩气自从2014年正式开发后，先后压裂投产上百口页岩气井。在施工参数基本相同的情况下，这些井之间的产气量差异较大，因此，有必要从总体考虑分析压裂施工参数对产量的影响程度，确定影响页岩气井产能的主要因素。研究需要用到的压裂施工参数主要包括总液量、平均液量、总砂量、减阻水量、不同粒径砂量、分段数、单段段长、水平段长度、射孔总簇数等。

1. 大数据数理分析方法

由于压裂施工参数类型较多，包含大量的现场数据，需要通过综合运用多种分析方法，对压裂施工参数从整体，以及分区块的进行数理分析，以期更加准确地找出各压裂施工参数对产能的影响权重及关联性。在研究过程中主要运用了灰色关联法、主成分分析法、聚类分析法、回归分析法及人工神经网络法等大数据分析理论方法，下面简要介绍各种方法的计算分析原理。

1）灰色关联分析

灰色关联分析方法可在不完全的信息中，对所要分析研究的各因素进行数据处理，在随机的因素序列间找出它们的关联性，发现主要矛盾，找到主要特性和主要影响因素。由于此方法对样本量的大小没有太高要求，分析时不需要典型的分布规律，而且分析的结果一般与定性分析相吻合，因而具有广泛的实用性（刘吉余等，2005）。

利用灰色关联法进行数据分析时，需要先确定母序列与子序列，并且要对原始数据进行预处理，接着需要对定量数据进行标准化，这一步是为了克服不合理的因素，使单位不同、量纲不同的各个变量可以通过变换而成为某种规范尺度下的变量，然后再对变量进行正规化，把各种变量变换为同一尺度下的规范化变量。然后就是求各子序列与母序列之间的关联度。最后，为准确评价各子序列与母序列的关联程度，需将各子序列关联度按照大小顺序排成一列，即为关联序，将各子序列对同一母序列的大小关系进行比较，从而可以明确各子序列对母序列的优劣关系。

2）主成分分析法

主成分分析法（Principal Component Analysis，PCA）是一种在均方差准则下的最优正交变换方法，它可以通过正交变换将一组可能存在相关性的变量转换为一组线性不相关的变量，转换后的这组变量叫主成分。主成分分析法具有保墒性、保能量性、去相关性以及能量重新分配和集中等优点，是从多个变量中通过线性变换选出最重要变量的一种多元统计分析方法。

主成分分析是对于原先提出的所有变量，将重复的变量（关系紧密的变量）删去冗余，建立尽可能少的新变量，使得这些新变量是两两不相关的，而且这些新变量在反映的信息方面尽可能保持原有的信息，其基本原理是设法将原来变量重新组合成一组新的互相无关的几个综合变量，同时根据实际需要从中可以取出几个较少的综合变量尽可能多地反映原来变量的信息的统计分析方法。进行主成分分析法的主要步骤为：（1）对原始数据进行标准化；（2）计算相关系数矩阵；（3）计算特征值与特征向量，确定主成分个数；（4）计算主成分载荷，得到主成分表达式；（5）计算主成分的得分。

3）聚类分析法

聚类分析法是一种新兴的多元统计方法，是当代分类学与多元分析的结合。聚类分析法是将分类对象置于一个多维空间中，按照它们空间关系的亲疏程度进行分类。通俗地讲，聚类分析就是根据事物彼此不同的属性进行辨认，将具有相似属性的事物聚为一类，使得同一类的事物具有高度的相似性（陈燕等，2012）。

聚类分析的方法很多，常用的有系统聚类、动态聚类。动态聚类的原理是先对分类事物作一个初始的粗糙的分类，然后在根据某种原则对初始分类进行修改，直至分类被认为比较合理为止。

系统聚类法除了要定义事物之间的亲疏程度指标，还要定义类与类之间亲疏程度指标并且要导出求取类间亲疏指标值的递推公式。系统聚类初始，先把所有待分类事物各自看成独立的一类，求出两两之间的亲疏指标值，把关系最为亲密的两类合并成一个新类，然后计算新类与原有各类之间的亲疏指标值，再把其中关系最为密切的两类合并，如此反复进行，直到所有待分类事物合并成一个大类为止，最终绘成一幅系统聚类的谱系图，再根据一定的原则确定最终分类结果。

4）回归分析方法

回归分析法是指利用数据统计原理，对大量统计数据进行数学处理，并确定因变量与某些自变量的相关关系，建立一个相关性较好的回归方程（函数表达式），并加以外推，用于预测今后的因变量的变化的分析方法。根据因变量和自变量的个数分为：一元回归分析和多元回归分析。根据因变量和自变量的函数表达式分为：线性回归分析和非线性回归分析。

回归分析法主要用来确定变量之间是否存在相关关系，如果存在，则可以确定出数学表达式，同时回归分析法还可以根据一个或几个变量的值，预测或控制另一个或几个变量的值，且可以估计这种控制或预测可以达到何种精确度。回归分析法的步骤一般是先根据自变量与因变量的现有数据以及关系，初步设定回归方；紧接着求出合理的回归系数，并进行相关性检验，确定相关系数；最后在符合相关性要求后，即可根据已得的回归方程与具体条件相结合，来确定事物的未来状况，并计算预测值的置信区间。

一般来说，建立回归分析模型后，可以根据实际数据来求解模型的各个参数，然后评价回归分析模型是否能够很好地拟合实际数据，如果回归分析模型达到理性的拟合效果，则可以利用该模型做进一步的预测研究。

5）人工神经网络法

人工神经网络是由许多简单的神经元组成的广泛并行互连的网络，它的组织能够模拟生物神经系统的真实世界物体做出交互反应，它是在物理机制上模拟人脑信息处理机制的信息系统，是一个具有高度非线性的超大规模连续时间动力系统，具有网络的全局作用、大规模并行分布处理和联想学习能力（Marvin Minsky et al.，1950）。

在图 5-4-1 中，x_1，x_2，…，x_n 是神经元的输入，即是来是前级 n 个神经元的轴突的信息；θ_i 是 i 神经元的阈值；w_{1i}，w_{2i}，…，w_{ni} 分别是 i 神经元对 x_1，x_2，…，x_n 的权值连接，即突触的传递效率；y_i 是 i 神经元的输出；f 是传递函数，决定 i 神经元受到输入 x_1，x_2，…，x_n 的共同作用达到阈值时以何种方式输出。

BP（Back-Propagation）神经网络是目前发展比较成熟的一种人工神经网络（Rumelhart et al.，1986），约有 80% 的人工神经网络都采用 BP 神经网络。BP 神经网络是一种反馈式全连接多层神经网络，具有结构简单，工作状态稳定等优点，并且具有较强的联想、记忆和推广能力，可以以任意精度逼近任何非线性连接函数。BP 神经网络是一种单向传播的多层前向网络，它具有三层或三层以上的神经网络，其结构如图 5-4-2 所示，包括输入层、中间层（隐层）和输出层。上下层之间实现全连接，而每层神经元之间无连接。当对学习样本提供给网络后，神经元的激活值从输入层经合中间层向输出层传播，在输出层经过个中间层逐层修正个连接权值，最后回到输入层，这种算法称为“误差逆传播算法”，即 BP 算法。随着这种误差逆的传播修正不断进行，网络对输入模式响应的正确率也不断上升。

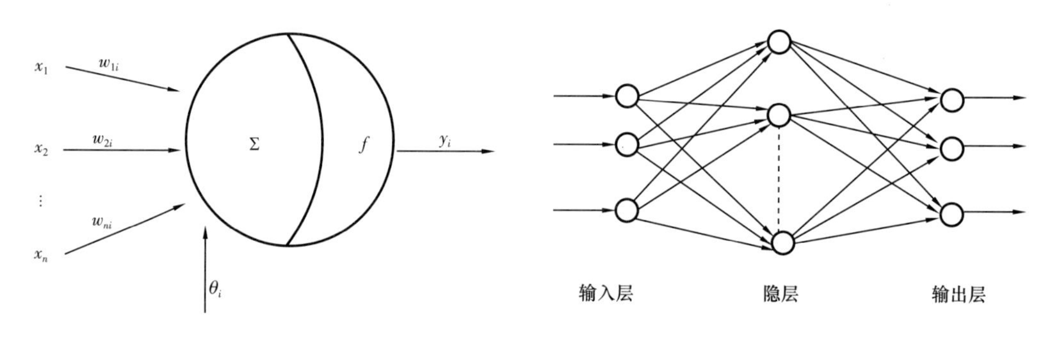

图 5-4-1　神经元的数学模型　　　图 5-4-2　BP 神经网络结构

BP 神经网络的计算过程由正向和反向过程组成。在正向计算过程中，输入信号要先向前传播到隐层节点，经过传递函数后，再把隐层节点的输出信息传播到输出层节点，最后给出输出结果。若网络的输出值与期望值存在误差，则要进行误差反向计算，将误差信号沿原来的连接通路返回，通过修改连接各节点的权值使误差减小。

2. 机器学习研究方法

机器学习是一门多领域交叉学科，涉及概率论、统计学、逼近论、凸分析、算法复杂度理论等多门学科。它是专门研究计算机怎样模拟或实现人类的学习行为，以获取新的知识或技能，重新组织已有的知识结构使之不断改善自身的性能。

目前机器学习的常见算法有很多，包括决策树算法、人工神经网络、支持向量机算法、随机森林算法、Lasso 算法、内核岭回归算法、深度学习等。在本次页岩气压裂大数据系统分析的过程中主要选取了Lasso算法、内核邻回归、支持向量机、随机森林4种机器学习方法来进行建模研究。一般来说，机器学习处理数据过程中通常有以下几个步骤。

（1）数据集构建与预处理。

本次研究的原始数据集来自油田工区数据库，由产气剖面相关测试资料构成，具体数据包括：压裂参数（总液量、总砂量、中砂最高砂比、滑溜水量、酸量、100目陶粒、40/70目低密度陶粒、30/50目低密度陶粒、簇数、段间距、簇间距、垂深等），地质参数（层位、TOC、渗透率、孔隙度、含气饱和度）和各压裂段产气量数据。由于原始数据量巨大，原始数据集或多或少都会存在数据残缺、杂乱、格式不统一、分布不均衡、异常数据、混有无关紧要的数据等诸多数据不规范的问题。这就需要对收集到的数据进行进一步的处理。

在对数据进行预处理时，可以选择进行截断处理，根据数据类型，进行不同方式的处理。对于连续型数值特征，有时精度太高可能只是噪声，并不具备太多的信息，也使得特征维度急剧上升。因此需要保留一定的精度，当作类别特征进行处理。对于长尾的数据，可以先进行对数缩放，再进行精度截断，之后可以当做类别特征做二值化处理（周志华，2016）。

在实际研究中经常会出现数据缺失的情形，对于数据缺失，常见的做法是填补，即使用均值、中位数、众数等进行替代；而对于数据缺失较多的特征，也可以选择直接删除。在一些特定的模型中，可以把缺失值当作正常数值，输入模型进行训练学习（周志华，2016）。主要使用均值和删除特征的方法处理缺失值：缺失值少的特征，选用均值填补缺失值；对于缺失值多的特征，则选择删除对应的特征。例如：30/50目低密度陶粒存在较多的缺失值，所以选择删除；100目陶粒的缺失值较少，选择均值进行填充。

数据的标准化或者归一化是数据预处理过程中的关键步骤。通过把数据按比例缩放，将原始数据转化为无量纲的纯数值，使得不同单位或量级的特征之间具有可比性，对于利用梯度下降来训练模型参数的算法，有助于提升模型的收敛速度。需要强调的是，不同领域的数据，其数据分布是不同的，缩放的方法一定要符合其特定的数据分布（周志华等，2009）。一般会根据实际数据的情况，对常规做法或者公式进行调整，但大体思路上还是一致的，通用的做法主要有归一化、z-score标准化以及非线性标准化。

归一化是通过对原始数据进行线性变换，使变换后的数据落到［0，1］区间内。这种方法只适用于有明显范围的数据，没有离群点的情况。经过z-score标准化处理的数据更加符合标准正态分布，该方法弥补了归一化的不足，可以适用于无明显范围、有离群点的数据集。

非线性标准化一般使用在数值差异较大的场景，通过一些数学函数，比如对数、指数、正切等，将原始值做映射变换。在实际使用中，需要根据不同领域的数据分布进行选择，比如对数缩放，对数缩放对于处理长尾分布且取值为正数的数值特征非常有效，可以压缩数据范围，将长尾变为短尾，如使用常用对数对数据进行转换。在本次研究过程中，数据分析发现各压裂段产量的差异比较大，故使用了常用对数对压裂段产量进行处理，使其更满足正态分布的要求。

（2）特征处理。

特征处理是机器学习研究方法的核心部分，因为数据和特征可以决定最终机器学习方法应用效果的上限，而算法的选择和优化只是在不断逼近这个上限。特征处理主要目的是简化模型、节省存储和计算开销和减少特征数量、降维、改善通用性、降低过拟合的风险（周志华，2016）。

数据降维是对高维数据选择其特征子集进行模型构建的重要步骤。数据降维的目标是在不丢失太多信息的前提下，删除冗余或不相关的特征值，而且还能减小计算量、节省模型的训练时间。常见的降维方法主要有主成分分析法（PCA）和线性判别分析法（LDA）。本次研究时采用了主成分分析法（PCA）对源数据进行处理。

特征选择是指选择相关特征子集的过程，合适的特征选择能够提升模型的预测效果，更能帮助研究人员理解数据的特点、底层结构，对进一步改善模型、算法都有着重要作用。常见的特征选择方法有过滤式、封装式、嵌入式、综合式。

过滤式方法是使用特定统计量对特征进行排序，并通过阈值进行筛选的常见方法。同时，该方法又独立于学习算法，不需要依赖任何模型，直接由数据集求得，评估依赖于数据集本身。该方法在预处理时使用较多，优点是计算效率高、复杂度低，独立于算法，但也可能选出冗余的特征。具体的方法有：计算覆盖率、方差分析、Pearson 相关系数、假设检验。本研究中使用 Pearson 相关系数用于特征的选择。

封装式方法与过滤方法不同，封装式特征选择法使用机器学习方法评估特征子集的预测效果，直接面向机器学习方法的优化，缺点是需要对每一组特征子集训练一个模型，计算复杂度高。封装式方法是通过随机添加或删除特征以寻找多个模型全局最优的算法。而常用的特征子集搜索算法有：完全搜索、基于贪心的启发式搜索（前向 / 后向搜索等）、随机搜索（模拟退火、遗传算法等）、递归消除特征法。

嵌入式方法过滤式方法与模型算法相互独立，不需要进行交叉验证，计算效率相对较高。封装式方法使用模型来评估特征子集的质量，需要多次训练模型，计算效率很低。嵌入式方法则是把特征选择本身作为组成部分嵌入到学习算法里，速度快，效果好，缺点是与算法绑定，需要知识调整结构和参数配置。

综合式方法就是将过滤式、封装式和嵌入式适当的组合在一起，进行特征选择。在本次研究过程中，主要使用过滤式和封装式两种不同的特征处理方法进行特征选择。特征处理时首先使用过滤式方法中的 Pearson 相关系数法对影响因素进行初步筛选，然后使用封装式方法中的递归消除特征法选出最后的特征子集，用于后续的模型构建。

（3）模型评估与验证。

使用训练数据构建完模型后，还需要对模型的预测性能进行不同角度的评估，如果所构建的模型性能较差，则模型没有意义。验证模型性能主要是通过将测试集数据输入模型，比较预测值与实际值之间的误差，误差越小则说明模型性能越好、准确性越高。由于测试集并没有参与模型训练，所以使用测试集验证模型性能时不会造成评估过于乐观，能够反映模型的泛化能力。模型性能的评估有多个方面，比如预测准确性、可解释性、运算效率等，本次研究主要考虑模型的准确性和泛化性。使用到的模型评估标准有：

确定系数（R2）及均方根误差（周志华，2016）。

3. 结论

对页岩气压裂数据的进行系统的研究和分析是评价页岩气压裂效果、确定产能影响因素以及进行产能预测的必要工作。在本次研究的过程中，根据收集的页岩气井段的压裂数据和地质数据，利用数理分析方法对压裂大数据进行了统计分析，确定了产能的主要影响因素，又基于机器学习的研究方法构建了页岩气井的产能预测模型与压裂效果评估模型。未来可以继续深化机器学习方法在页岩气开发方面的应用，选择更加适合的机器学习算法，优化数据分析模型和结果，提高分析精度，为后续的页岩气井压裂施工提供理论指导和参考。

三、产气剖面测试技术

水平井钻井 + 大规模分段压裂技术是目前页岩气开发的主体技术，由于储层物性及压裂施工参数的差异，在同一压差条件下不同生产井段对全井总产气量的贡献率也存在很大差异。为了进一步弄清楚页岩气分段压裂后的生产动态和规律，必须进行各段的产气剖面的测试。目前直井的产液剖面测试技术已经成熟应用于各大油田，其测试仪器能够依靠自身重力下至各个射孔井段完成测试，而对于水平气井，受水平段井眼轨迹和井况的影响，水平井的产出剖面测试难度较大，且准确度较低。目前针对水平气井的测试技术及资料解释方法相对匮乏，同时还面临低油价、高成本的问题（李继庆等，2017；黄浩，2017；刘龙伟，2017）。

1. 温度法水平井产气剖面测试原理

在气井生产过程中，利用气井的温差曲线，可以修正气井的地质剖面，确定产气层位，估计每一生产层的产气量，确定岩层及地下气体的某些物理性质以及形成水合物的井段深度。从理论上讲，温差曲线应该反映出影响井身中上升气流温度的全部主要因素，主要包括气体和岩层的热交换、焦耳—汤姆逊节流效应、上升气流的位能和动能的变化、重烃凝析的热效应以及热交换的稳定问题等（周虎等，2017；徐帮才，2016；刘茂果等，2015；郭洪志，2014；封莉等，2014）。

对于页岩气水平井一般都是采用多段射孔进行生产，地层流体在地层压力和井筒压差的作用下向低压井筒渗流，在分段压裂施工中形成的人工裂缝导流作用下通过射孔孔眼进入井筒，从水平静得指端流向跟端。在整个流动过程中，气流的温度在某一时刻会发生明显的异常变化，即进入井筒时的焦耳—汤姆逊节流效应过程，使气流温度在射孔簇位置处突降，而气流温度的降低幅度是由该射孔簇位置处的出气量大小所决定的。气井生产时，利用连续油管 + 高精度温度压力测试仪在水平井段进行连续拖动，监测射孔簇孔眼附近温度的变化来进行水平井产气剖面定量解释（李江涛等，2014；周治岳等，2013；张予生等，2008）。

2. 水平井筒流体温度影响因素及实验分析

由于多相流动的复杂性和随机性，尤其是多相流动与传热相耦合时的不稳定性，尽管已有众多学者对利用井筒内温度分布解释产气量的方法进行了深入的研究，但是现有的研究多数往往是基于理论推导或数值模拟方法来建立解释模型。搭建了水平井气液两相流（多簇射流模拟）试验台（图 5-4-3），对水平井筒内的温度分布规律的影响因素进行了研究（K. Yoshioka，2007；R. Sagar et al.，1991）（图 5-4-4 至图 5-4-6）。

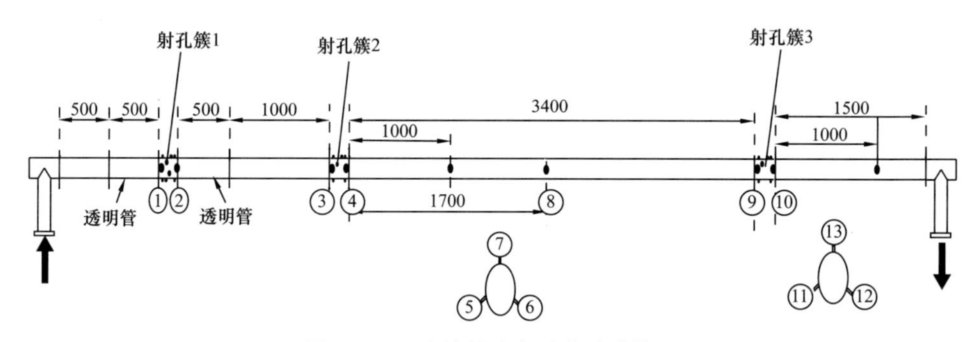

图 5-4-3　多簇射流水平井试验装置

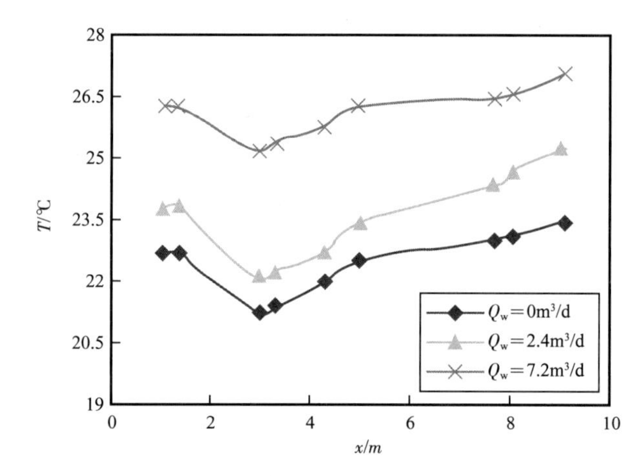

图 5-4-4　不同液量 Q_w 下井筒内的温度分布

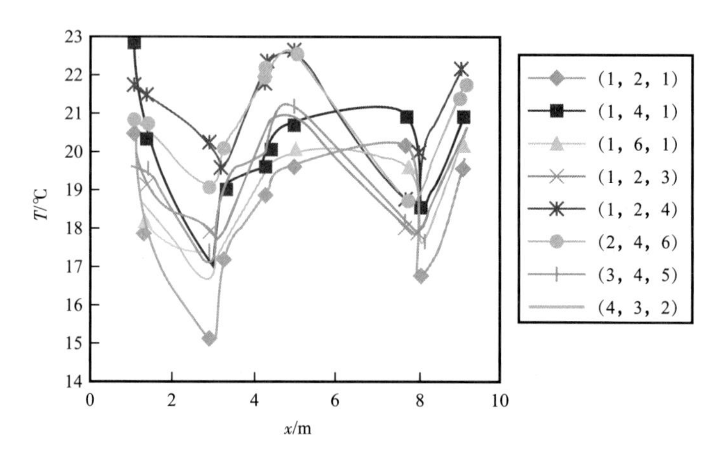

图 5-4-5　变密度射孔时井筒内的温度分布

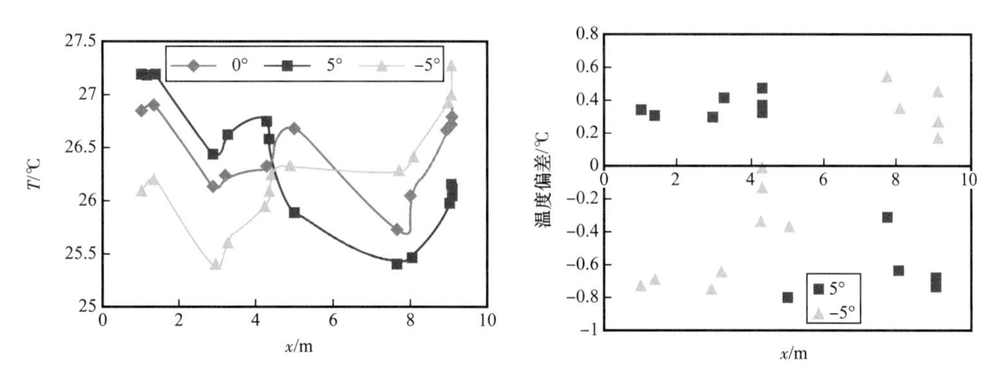

图 5-4-6 不同倾角下井筒内的温度分布及温度偏差

在实验室内对多簇射流水平井内井筒温度分布的影响因素及影响规律进行了研究，确定了定量解释模型主要影响因素。在建立温度法水平井产气剖面解释模型时，需综合考虑焦耳—汤姆逊效应、地形起伏、流体加速及液体摩擦生热影响系数。

3. 水平井产气剖面测试新方法

1）多簇射孔水平井物理模型

页岩气井在大规模分段压裂后投产，地层流体经射孔簇进入井筒，与井筒流体混合后向水平段根部流动，形成水平段温压流动场。页岩气在水平井筒的整个流动过程中，气流的温度在发生节流时会发生明显的异常变化，这就是焦耳—汤姆逊节流效应过程，使气流温度在射孔簇位置处突降，据此温度变化机理建立水平气井井筒内流体流动的物理模型（图 5-4-7）。

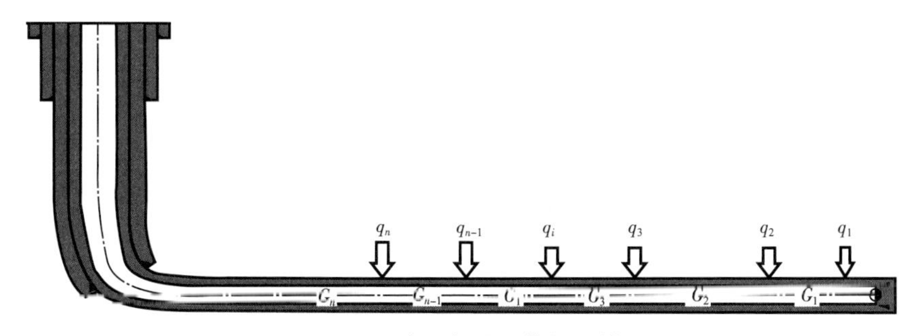

图 5-4-7 水平气井流体物理模型

2）管流段和射孔划分

生产稳定的水平井，水平段可以划分为两个射孔簇之间的管流段以及射孔簇位置的射孔，如图 5-4-8 所示，应用时可参考温度变化趋势进行改进。然后分别建立水平井稳态时的气液两相管流能量守恒方程、地层流体流入射孔时的能量守恒方程。

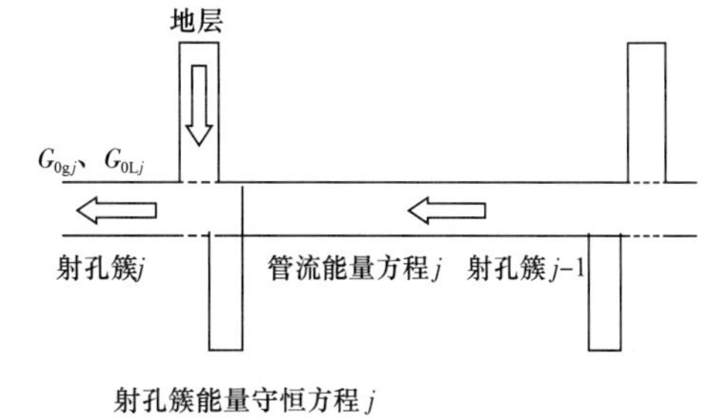

图 5-4-8 气液两相射孔簇—管流能量模型

3）气液两相射孔簇—灌流能量守恒模型

（1）管流能量守恒模型。

流体在管道中流动时，不断地与周围介质进行热交换。流体的温度变化与势能变化、动能变化、热交换和焦耳—汤姆逊效应等有关。主要假设条件：混合物在管道中的流动状态为是一维稳定流动，不计流体的径向温度梯度；井筒内传热为稳定传热，地层传热为不稳定传热，且服从 Remay 推荐的无量纲时间函数；管道的横截面积 A 不变；假设两相之间没有温度滑移，计算控制体内，气液相具有相同的温度；不考虑相变热（施培华，2005）。

取管段 dx 为研究对象，根据能量守恒定律，对于控制体内混合流体存在的热力学关系（刘武等，2003）：

环境传入控制体热量 = 流出控制体能量 - 流入控制体能量 + 控制体内能量的积累

则气液两相的稳态管流的能量方程：

$$\frac{\mathrm{d}}{\mathrm{d}x}\left[\rho_{\mathrm{g}}w_{\mathrm{g}}H_{\mathrm{g}}A\left(h_{\mathrm{g}}+\frac{w_{\mathrm{g}}^{2}}{2}+gS\right)+\rho_{\mathrm{L}}w_{\mathrm{L}}H_{\mathrm{L}}A\left(h_{\mathrm{L}}+\frac{w_{\mathrm{L}}^{2}}{2}+gS\right)\right]=-\frac{\mathrm{d}Q}{\mathrm{d}x} \tag{5-4-38}$$

式中 x——流体流动方向的水平井长度，m；

ρ——流体的密度，kg/m^3；

w——流体的流速，m/s；

H——截面含率；

h——流体的焓，J/kg；

g——重力加速度，m/s^2；

S——高程，m；

A——截面积，m^2；

Q——井筒向地层的传热量，J；

下标 g——气体；

下标 L——液体。

其中 $$H_{\mathrm{g}}+H_{\mathrm{L}}=1$$

混合流体质量流量为

$$G_{\mathrm{m}}=G_{\mathrm{g}}+G_{\mathrm{L}}=\rho_{\mathrm{g}}w_{\mathrm{g}}H_{\mathrm{g}}A+\rho_{\mathrm{L}}w_{\mathrm{L}}H_{\mathrm{L}}A \tag{5-4-39}$$

式中 G_{m}——流体的质量流量，kg/s。

对于气体

$$\frac{\mathrm{d}h_{\mathrm{g}}}{\mathrm{d}x}=c_{\mathrm{pg}}\frac{\mathrm{d}T}{\mathrm{d}x}-c_{\mathrm{pg}}\alpha_{\mathrm{JTg}}\frac{\mathrm{d}p}{\mathrm{d}x} \tag{5-4-40}$$

对于液体

$$\frac{\mathrm{d}h_{\mathrm{L}}}{\mathrm{d}x}=c_{\mathrm{pL}}\frac{\mathrm{d}T}{\mathrm{d}x}+\frac{1}{\rho_{\mathrm{L}}}\frac{\mathrm{d}p}{\mathrm{d}x} \tag{5-4-41}$$

式中 c_{p}——流体的定压比热容，J/（kg·K）；

T——流体温度，K；

p——流体压力，Pa；

α_{JTg}——气体的焦耳—汤姆逊效应系数，K/Pa。

井筒流体向周围地层岩石传热，首先要克服油管、油套环空流体、套管、水泥环产生的热阻，光套管生产时，井眼径向传热如图 5-4-9 所示。

从流体到固井水泥 / 岩面界面，单位井段从流体到固井水泥 / 岩面界面的传热过程为径向稳定传热，从水泥环 / 岩石界面到地层内传热为二维非稳定问题，应用 Ramey 推荐的无量纲时间函数简化为一维问题，最后可得流体与地层之间的径向热传递是热流梯度方程。

$$\frac{dQ}{dx}=\frac{2\pi r_{to}U_{to}k_{e}}{\left[r_{to}U_{to}f\left(t_{D}\right)+k_{e}\right]}\left(T-T_{e}\right) \tag{5-4-42}$$

式中 r_{to}——井眼半径，m；

U_{to}——井眼的传热系数，W/（$m^2 \cdot K$）；

k_e——地层的导热系数，W/（m·K）；

T——温度，K；

下标 e——地层；

$f(t_D)$——地层的瞬时导热函数，即 Ramey 无量纲时间函数，可用哈桑—卡皮尔（Hasan-Kabir）1991 年提出的公式计算；

t_D——无量纲时间。

将式（5-4-39）至式（5-4-42）代入式（5-4-38）得到管流方程

$$G_{g}\frac{dh_{g}}{dx}+G_{L}\frac{dh_{L}}{dx}+G_{g}w_{g}\frac{dw_{g}}{dx}+G_{L}w_{L}\frac{dw_{L}}{dx}+G_{m}g\frac{dS}{dx}=-\frac{2\pi r_{to}U_{to}k_{e}}{\left[r_{to}U_{to}f\left(t_{D}\right)+k_{e}\right]}\left(T-T_{e}\right) \tag{5-4-43}$$

（2）射孔簇能量守恒模型。

对于气液两相的情况，射孔处的地层—井筒能量守恒的物理模型如图 5-4-10 所示。

对于水平井，一簇射孔处的总长度在 1～1.5m，所以不考虑势能以及动能的变化，则对射孔处的井筒和地层的能量守恒为

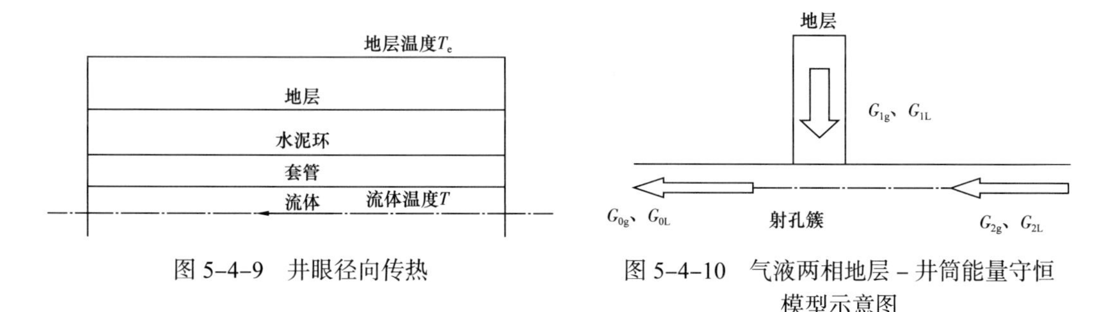

图 5-4-9 井眼径向传热

图 5-4-10 气液两相地层 - 井筒能量守恒模型示意图

进入井筒的流体携带的能量 - 流出井筒的流体携带的能量 + 从射孔处流入井筒的流体携带的能量 + 地层向井筒导热的径向热传递 =0

则射孔簇气液两相地层－井筒能量守恒方程为

$$\sum_{i=\mathrm{L,g}} G_{2i}h_{2i} + \sum_{i=\mathrm{L,g}} G_{1i}h_{ei} - \sum_{i=\mathrm{L,g}} G_{0i}h_{0i} + \frac{2\pi r_{\mathrm{to}}U_{\mathrm{to}}k_{\mathrm{e}}}{r_{\mathrm{to}}U_{\mathrm{to}}f\left(t_{\mathrm{D}}\right)+k_{\mathrm{e}}}\left(\tilde{T}_{02}-T_{\mathrm{e}}\right)=0 \tag{5-4-44}$$

其中 下标 2——射孔簇上游流入的流体；

下标 1——地层流入射孔簇的流体；

下标 0——射孔簇流出的流体；

$\tilde{T}_{02}$——射孔簇的流体温度，为下游、上游的平均温度，K。

根据质量守恒定律，有

$$G_{2\mathrm{g}} = G_{0\mathrm{g}} - G_{1\mathrm{g}} \tag{5-4-45}$$

$$G_{2\mathrm{L}} = G_{0\mathrm{L}} - G_{1\mathrm{L}} \tag{5-4-46}$$

将式（5-4-45）与式（5-4-46）代入式（5-4-44），则能量守恒方程为

$$\sum_{i=\mathrm{L,g}} G_{0i}\left(h_{2i}-h_{0i}\right) + \sum_{i=\mathrm{L,g}} G_{1i}\left(h_{ei}-h_{2i}\right) + \frac{2\pi r_{\mathrm{to}}U_{\mathrm{to}}k_{\mathrm{e}}}{r_{\mathrm{to}}U_{\mathrm{to}}f\left(t_{\mathrm{D}}\right)+k_{\mathrm{e}}}\left(\tilde{T}_{02}-T_{\mathrm{e}}\right)=0 \tag{5-4-47}$$

其中，焓差可以根据式（5-4-40）与式（5-4-41）求得。

4）全井温度剖面解释模型及求解方法

（1）全井剖面解释模型。

在全井所有的管流段、射孔段，如图 5-4-11 所示，分别应用管流方程式（5-4-43）、流体流入能量守恒方程式（5-4-44），从而建立全井的产出剖面的解释模型。

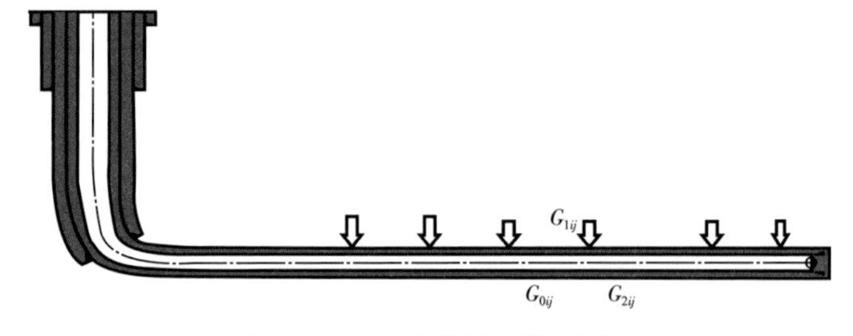

图 5-4-11 全井剖面模型图

$$\sum_{i=\mathrm{L,g}} G_{2ij}\frac{\mathrm{d}h_{2ij}}{\mathrm{d}x} + \sum_{i=\mathrm{L,g}} G_{2ij}\frac{\frac{1}{2}\mathrm{d}\left[G_{2ij}/\left(AH_{ij}\rho_{ij}\right)\right]^2}{\mathrm{d}x} + \sum_{i=\mathrm{L,g}} gG_{2ij}\frac{\mathrm{d}S_j}{\mathrm{d}x} + \frac{2\pi r_{\mathrm{to}}U_{\mathrm{to}}k_{\mathrm{e}}}{r_{\mathrm{to}}U_{\mathrm{to}}f\left(t_{\mathrm{D}}\right)+k_{\mathrm{e}}}\left(T-T_{\mathrm{ej}}\right)=0 \tag{5-4-48}$$

$$\sum_{i=\mathrm{L,g}} G_{0ij}\left(h_{2ij}-h_{0ij}\right) + \sum_{i=\mathrm{L,g}} G_{1ij}\left(h_{\mathrm{e}ij}-h_{2ij}\right) + \frac{2\pi r_{\mathrm{to}}U_{\mathrm{to}}k_{\mathrm{e}}}{r_{\mathrm{to}}U_{\mathrm{to}}f\left(t_{\mathrm{D}}\right)+k_{\mathrm{e}}}\left(\tilde{T}_{02j}-T_{\mathrm{e}j}\right)=0 \tag{5-4-49}$$

其中 $$G_{2\mathrm{g}j}=G_{0\mathrm{g}j}-G_{1\mathrm{g}j}$$

$$G_{2Lj}=G_{0Lj}-G_{1Lj}$$

式中 下标 j——射孔簇编号，$j=1$，2，3，…，$N-1$；

N——射孔簇的总数。

由于质量流量是守恒的，可分别对各段管流段方程式（5-4-48）进行积分，得第 j 个射孔簇的上游管流能量方程积分形式。

根据质量守恒，可以得到

$$\sum_{j}^{N} G_{1\mathrm{g}j}=G_{\mathrm{gtotal}} \tag{5-4-50}$$

$$\sum_{j}^{N} G_{1\mathrm{L}j}=G_{\mathrm{Ltotal}} \tag{5-4-51}$$

式中 G_{gtotal}，G_{Ltotal}——井内气、液的总产量，$\mathrm{kg}\cdot\mathrm{s}^{-1}$。

全井的产出剖面上 N 个射孔数，各射孔簇产气量、产水量未知，总共 $2N$ 个未知量。模型中，式（5-4-48）至式（5-4-51）中，管流能量方程有 $N-1$ 个，射孔能量守恒方程有 $N-1$ 个，质量守恒方程 2 个，总共有 $2N$ 个方程，形成封闭方程组。其中，温度、压力、持气率采用连续油管测试。各个积分段，可以根据沿水平段所测温度、压力、持气率数据，选择相应的地质参数、井眼轨迹，进行数值积分。通过调用 Matlab 的 Lsqnonlin 函数，可以求解该方程组，实现水平井产出剖面流量的定量计算。

（2）求解方法。

Matlab 的 Lsqnonlin 函数的目标问题模型：

$$\min_x \left\|f(x)\right\|_2^2=\min_x\left[f_1(x)^2+f_2(x)^2+\cdots+f_n(x)^2\right] \tag{5-4-52}$$

其中

$$f(x)=\begin{bmatrix} f_1(x)\\ f_2(x)\\ \vdots\\ f_n(x)\end{bmatrix} \tag{5-4-53}$$

调用该函数可以求解上述 $2N$ 个方程组。该解释方法适用于水平井射孔完井的情况。流体的温度、压力等的测量较容易、精确，应用该方法确定水平井中各射孔簇流量时较为实用。

5）测试方法与工艺

（1）测试仪器设计。

整体仪器设计为存储式，仪器整体结构如图 5-4-12 所示，采用大容量高温电池供电，配置专用大容量高速存储芯片，用于测量数据快速存储。

温度压力计：快速测量井下温度、压力剖面。其中温度计采用高精度快速反应温度传感器，压力计采用高精度应变式压力传感器。

接箍仪：测量井下套管接箍曲线，通过与套管深度数据对比，将存储式仪器记录的温度压力时间剖面曲线转换为深度剖面曲线。

扶正器：用于将测试仪器在水平井井段扶正。扶正器采用自伸缩式弹片扶正器，方便通过井口防喷装置。

导向头：用于测试仪器井下导向。

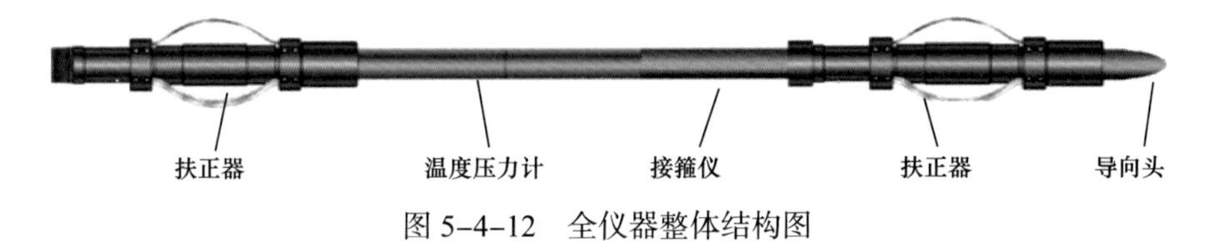

图 5–4–12　全仪器整体结构图

（2）测试工艺。

以连续油管推送存储式测试仪器下入，如图 5–4–13 所示。连续油管口径为 1.75in 或 2in，水平段推送距离保证大于 1000m。仪器下井前预设延时时间，仅采集测试段数据。测试时缓慢上提或下放油管进行连续测试，在有效高速采集时间内可多次重复测试过程，确保数据有效。

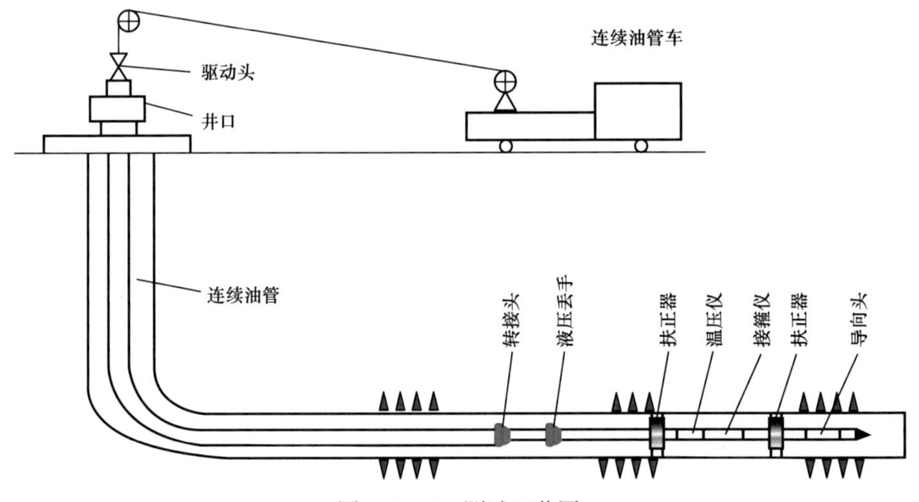

图 5–4–13　测试工艺图

下入测试：仪器随连续油管下至测试起点深度，按预定时间 / 间隔记录水平段流体温度、压力等信息并存储起来，直至水平段末端。

起出测试：仪器随连续油管下至水平段末端，上提测试仪器串，并按预定时间间隔记录水平段流体温度、压力等信息并存储起来，直至测试结束深度。

待测试完毕取出测试仪器中存储的温度、压力、接箍数据进行综合分析解释，定性确定各井段的产出情况。

4. 现场测试实例

某页岩气水平井的水平段深度 3300～3600m、长度约 1300m，射孔簇有 47 簇，从井口下入仪器，测量得到了井筒内流体的温度、压力、持气率分布图，该井水平段随井深的压力曲线、温度曲线分别如图 5-4-14 和图 5-4-15 所示。

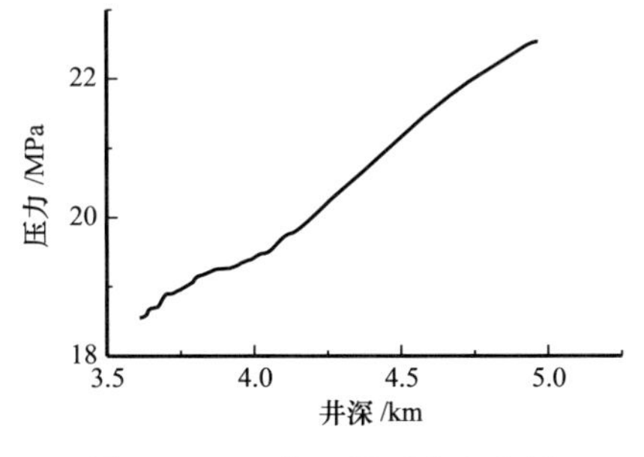

图 5-4-14 某页岩气井力曲线

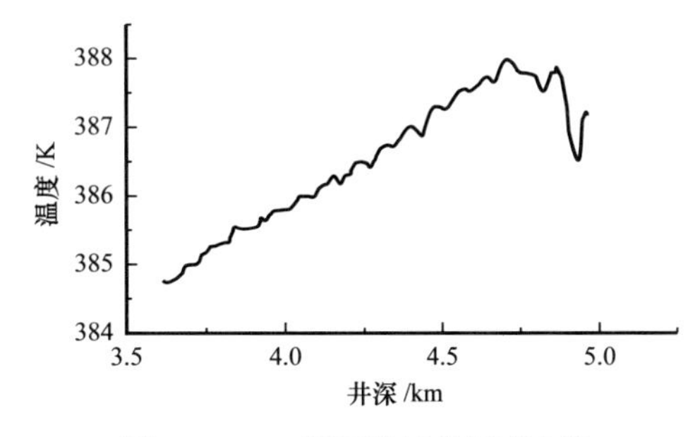

图 5-4-15 某页岩气井温度曲线

气田地层的地温梯度 0.03℃ /m，地层压力系数 0.0155MPa/m，导热系数 0.86535 W/（m·℃），地层热扩散系数 $7.5\times10^{-7}m^2/s$，气井的水泥环导热系数 1.6W/（m·℃），套管的导热系数 58.15W/（m·℃），井眼直径 215.9mm，套管外径 139.7mm，套管内径 118.6mm，天然气相对密度 0.564，地面产水量 $44m^3/d$，产气量 $4.5\times10^4m^3/d$。

应用全井剖面解释模型及求解方法确定了 47 簇位置射孔的产气和产水量，通过归一化变换给出全井各簇的产气量和产水量分布的质量百分比柱状图如图 5-4-16 所示，模型中 94 个方程的函数值分布如图 5-4-17 所示，其中射孔处的能量守恒方程的函数值分布较集中，都趋于较小，管流能量方程的函数值分布较分散，个别偏大；管流能量方程比射孔处能量守恒方程涉及的影响因素要更多。采用的单位都是国际单位，能量模型中函数值的单位为 J，绝对误差平均值为 95J，能够满足工程应用的要求。

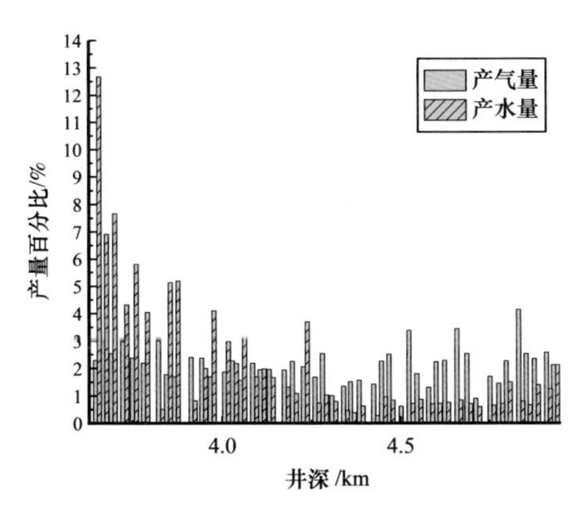

图 5-4-16 解释结果（各簇产气和产水量百分比）

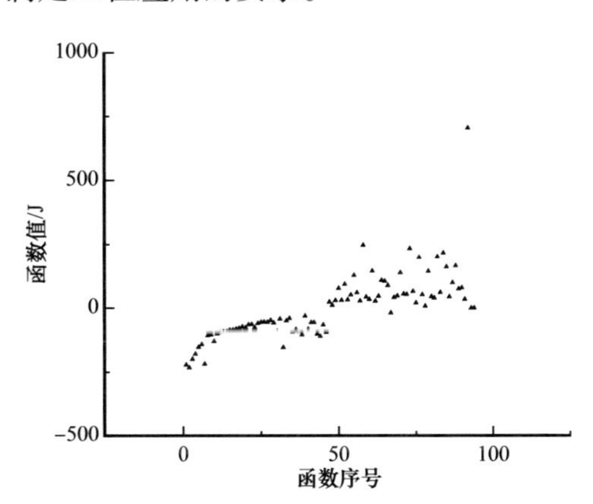

图 5-4-17 94 个方程的函数值分布图

该井眼轨迹向下倾斜严重，垂深变化接近 200m，压力从水平井的趾端向跟端逐渐降低，较为明显，静压差影响较大，解释结果可以看到主要在靠近跟端的部分产水；各射孔簇的气体产量较大，在各射孔簇附件的焦耳—汤姆逊效应引起的降温效果明显；在各管流段由于上游射孔簇产水以及管流段的地层传热的影响，温度变化趋势较缓。地层温度随着垂深减小而降低，另一方面井筒内压力降低，井筒内气体的焦耳—汤姆逊效应引起降温，则水平井的温度趋势是逐渐降低的；由于气流逐渐增大，持气率在靠近跟端较大，水平段靠近趾端也有产水，靠近趾端的持气率有些段较大，有些段较小，井底有积水，但是有些簇产气量也较大。

四、井下压力无线长期监测技术

井下数据无线传输技术对油气资源的勘探与开发，探明油气层的地质结构，测试油气井的状态和保持对资源的可持续利用都有着重要的意义，是一种具有广阔应用前景的创新技术。其应用范围广泛，对于油井、气井及水井均可适用，并对合理开采和利用油气资源、提高生产效率、降低生产成本、评估压裂效果、产能预测、分析地层能量及分析地层产水情况优化提产排水方案发挥着重要的作用。

现阶段，国外无线传输技术研究水平远远高于中国，中国目前普遍采用的仍主要采用陈旧落后的电缆传输方式，部分油田为了提高生产率而租用国外成型商业产品，租金极为昂贵。无线传输技术近年来在石油行业试井、完井监测、随钻测井方面应用较多，油气井井下无线数据传输技术只有较少的几个大型石油公司在进行研究，主要有国际壳牌（Shell Oil）研究有限公司、美国桑迪亚（Sandia）国家实验室、斯伦贝谢（Schlumberger）公司、哈里伯顿（Halliburton）公司和Expro国际油田服务集团（Exprointl. Group PLC）等（胡长翠等，2011）。但是，近年来国内开始致力于进行无线传输方面的自主研发与探索实验，经过不断改进与完善，部分油田已经尝试了多种无线传输技术的现场应用，并取得了良好的效果，弥补了中国在这一技术的空白。

无线传输技术与其他技术相比具有以下优势：

（1）用于注水井，可将多个注水层的温度、压力与流量等信息数据通过注水管传输至地面，可实现双向传输，从而对各注水层实现合理配注。

（2）用于智能完井，对多分支井、斜井、水平井等多个储层的监测数据通过油管传输至地面，实现多储层的同时优化组合开采。

（3）用于生产井测井，通过油管将井下的压力、液位、流量、温度等数据传输至地面。

可见，无线传输技术有着非常好的应用前景。目前井下无线传输技术主要有以下几种无线传输类型：声波无线传输系统、无线射频识别（RFID）技术、压力脉冲信号传输技术及电磁波无线传输系统。

1. 不同井下无线传输方式技术比较

1）声波无线传输系统

声波方式是依靠油管为传输信道，将由传感器、控制电路、振荡电路和发射换能器等组成的声波发射装置，在油气井检修作业时随油管安装于被测油层，在油气井工作时，井下发射换能器将地层数据信息转换为声波，注入到油管上进行数据上传。利用油管进行声波的传输，这不是简单的一个数据通信的问题，同时也与声波在钢管上的传播特性有很大的关系，在现实情况中由于采油设备的噪声，油管的连接情况，油管与周围介质的边界条件等其信道问题非常复杂。声传输存在的主要问题为回波振铃、非线性、窄带频移，以及信号微弱和衰减严重等。

国外开展过这项研究的单位主要有哈里伯顿公司（Halliburton）、美国桑迪亚（Sandia）国家实验室等。哈里伯顿公司最新的井下无缆声遥测工具 ATS，通过 133mm 油管用声波传送数据。也就是说，ATS 的最大实时传输速率可达到 10s 一组压力、温度和时间，可在井下连续工作 20 天 /18 天（150℃ /180℃），在井下 1825m 处安装中继器时，工作深度可达 3650m。ATS 系统可以实现控制指令 / 实时数据的双向通讯。该方法的优点是实现方法简单；缺点是信号传输微弱、不易接收，由于气井对声波传输的干扰较大，因此声波传输法目前只应用于油井的测试中。

2）无线射频识别技术

RFID 无线射频识别是一种非接触式的自动识别技术，它通过射频信号自动识别目标对象并获取相关数据，识别工作无须人工干预，可工作于各种恶劣环境。RFID 技术可识别高速运动物体并可同时识别多个电子标签。针对投球式井下工具控制技术在使用过程中的不足，研究了一种指令接收与控制执行一体短节，根据电子标签在井筒低电阻率液体环境中工作时的姿态，通过试验对比各类频段的电子标签传输性能，并进行读写器天线匹配设计，以提高电子标签读写成功率。应用流体力学分析导致电子标签损坏和影响读取效率的因素，设计出了能够适应各类井液环境的天线匹配电路，研制了读写器电路系统和相关嵌入式程序。试验结果表明，125kHz 和 134kHz 低频 RFID 标签的读写效果最佳，能够满足井下指令接收与控制执行一体短节的需求。研制的指令接收与控制执行一体短节，在泵送速度 3m/s 条件下读取成功率为 100%。研究结果表明，通过优选电子标签的工作频率和优化读写器天线的功率匹配设计完成的电子标签指令系统，可以应用于井下工具控制。该方法的优点是操作快捷方便，可工作于各种恶劣环境；缺点是信号有效距离短，信号强度受标签移动速度制约（倪卫宇等，2014）。

3）压力脉冲信号传输技术

压力脉冲信号传输技术通过控制阀，按照预设程序调整控制阀的开关状态，致使井内气体或液体流速瞬间变化，产生压差，再由压力脉冲检测装置检测压力脉冲信号，然后通过解码，获取信号数据，从而实现信息传输。该技术主要应用于随钻压力脉冲测量，该方法信息传输速率较低，不适宜大数据量的无线传输。

2. 新型无线长期监测——极低频电磁波无线传输技术

1）井下无线传输原理

井下电磁波无线测量系统主要包括井下信号无线发射装置、地面信号接收系统、数据远传系统三部分，如图 5-4-18 所示。其原理是将井下信号发射装置随油管或连续油管下入目的深度；对井下温度、压力进行实时采集，井下控制模块将采集到的温度、压力数据进行调制编码后转化为极低频电磁信号；由电磁波激励模块向地层发射变化的电磁信号，利用电磁波在地层中的传输特性，通过管柱和大地构成的传输信道传输到地面；最后由地面信号接收系统进行数据信号接收，并将数据进行有效的分析、解码，还原井下压力、温度数据。

从理想模型可计算得出不同深度对应不同地层电阻率下的井口电位值，如图 5-4-19 所示。从理论分析结果可知，地层平均电阻率越高，信号衰减幅度越小，高电阻率地层有利于电磁波信号的无线传输。

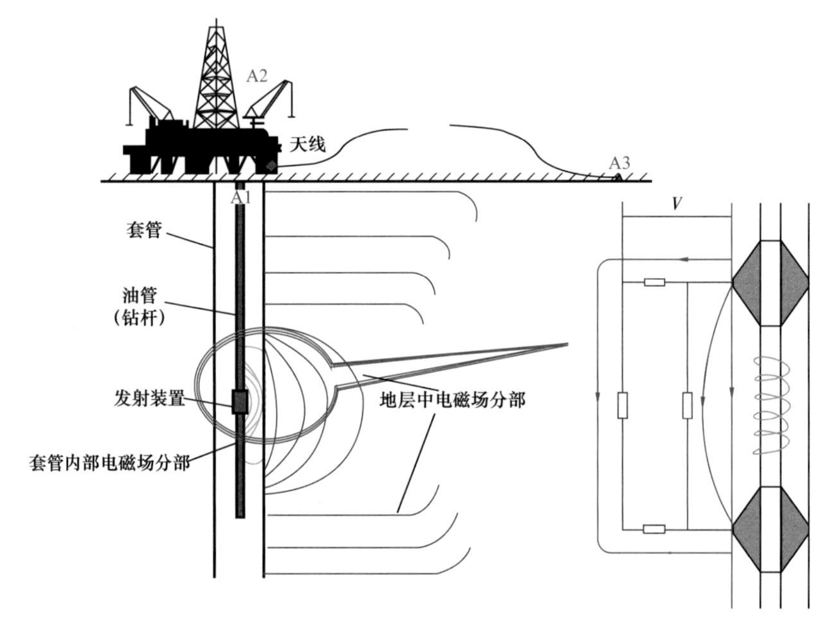

图 5-4-18 井下电磁波无线测压系统

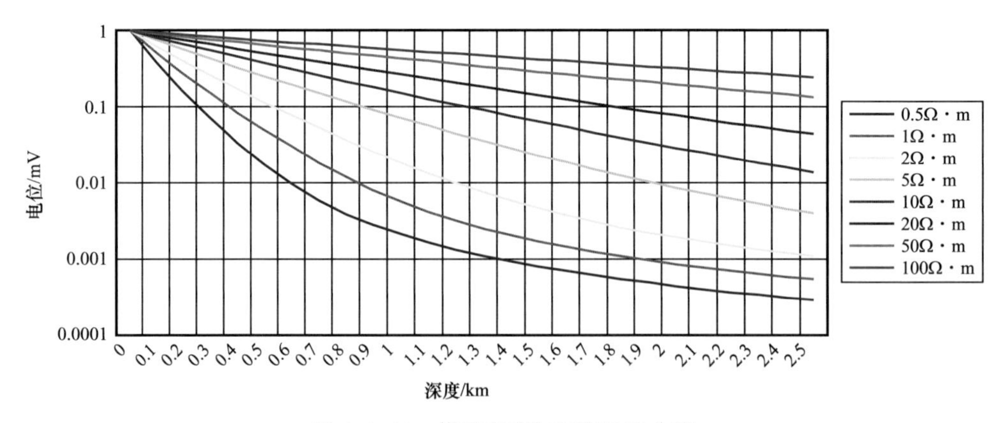

图 5-4-19 信号强度与深度关系曲线

试验表明，极低频电磁波单级最大理论传输距离可达到 4000m 左右，通过对井下无线上传数据资料的研究和分析，为认识气井产量波动与压力变化的内在规律、评估压裂效果、产能预测、分析地层能量、分析地层产水情况优化提产排水方案及合理确定配产制度，提供了实时、完整及可靠数据支持。

2）现场应用实例

该技术于页岩气井成功应用，井下信号无线发射装置现场应用最深深度达到 3700m，可根据实际生产需要，预设井下装置数据上传频率。如某页岩气水平井，井下装置下入深度 3000m，井下系统每 4h 向地面发射一组井下温度、压力数据，并由地面信号接收系统进行数据接收及处理，测得井下初始压力值 43.4MPa、温度值 97.8℃，井下流压及温度无线上传数据曲线如图 5-4-20 所示。

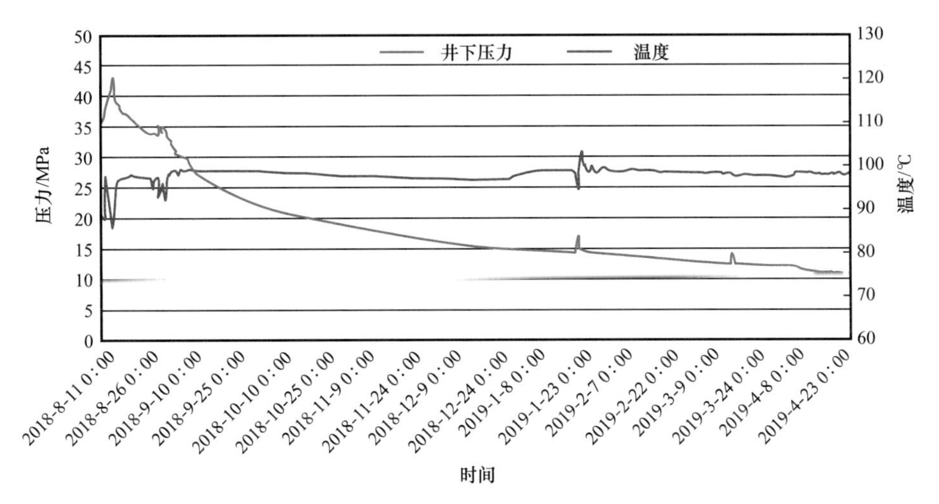

图 5-4-20 XXX 井下流压及温度无线监测曲线

结合实时上传的井下压力、温度数据，利用生产动态分析软件对本阶段录取的井底流压数据及井口产量数据进行生产动态分析，并获得了裂缝表皮、地层系数、总控制地质储量、平均裂缝导流能力及平均有效裂缝半长等地质参数，如图 5-4-21 所示。通过归一化产量处理的物质平衡方法确定目前井控弹性储量结果是 $17158\times10^4m^3$。

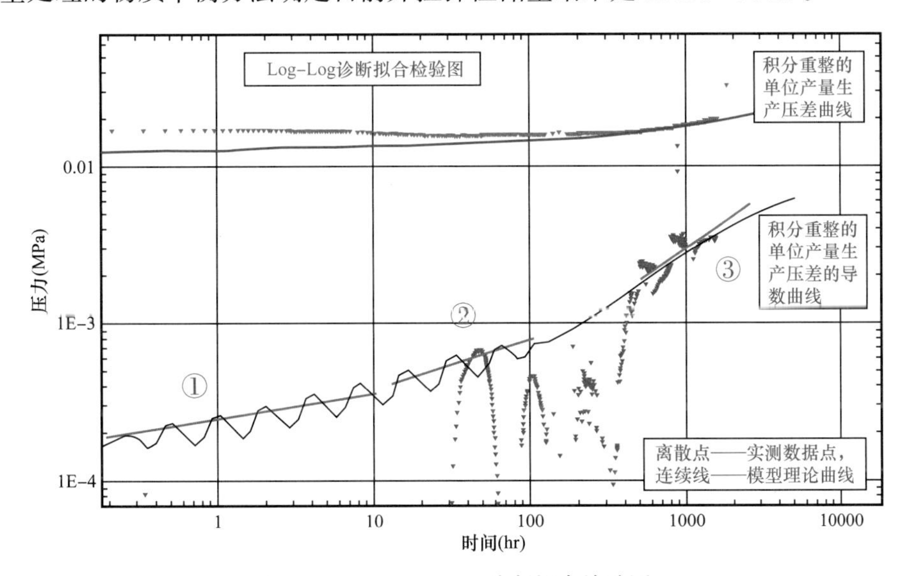

图 5-4-21 Log-Log 诊断拟合检验图

该技术的成功现场应用，解决了常规电缆测井无法获取水平井段生产动态数据的技术难题，能长期监测井下生产动态变化情况，不影响正常生产和后续作业，为获取完整的试井数据及产能动态评估提供了一种便捷、可靠的测试手段。

第六章　页岩气绿色开发技术

针对涪陵气田地处岩溶山地生态脆弱区域、人地矛盾突出、页岩气开发环境风险防控要求高等难题，集成创新了以固液废弃物处理、钻屑资源化利用、碳减排、土地复垦为核心的绿色环保开发技术体系，建立了页岩气开发环境风险评价与防控管理体系，产出水 100% 脱盐处理达标外排，油基钻屑热解灰渣石油类含量低于 0.2%，钻井平台复垦率达 100%，实现了绿色开发。取得的主要技术成果如下。

第一节　页岩气田环境管理体系与示范

页岩气开发环境管理体系由质量健康安全与环境管理体系、保护管理制度、公司环境保护技术规范和企业标准组成。整个管理体系实现了对页岩气开发全过程的规范管理。质量健康安全与环境管理体系由公司质量健康安全与环境管理手册和公司质量健康安全与环境程序文件组成。由中国石化重庆涪陵页岩气勘探开发有限公司依据质量、健康安全和环境管理国家标准，以及中国石化集团公司 HSE 相关要求，结合公司的生产经营和管理实际，编制完成质量健康安全与环境管理手册，于 2017 年 9 月 1 日实施。手册是公司落实质量、安全、健康和环境管理的纲领性文件，是全体员工和承包商 QHSE 管理的行为规范。

为了保证公司 QHSE 管理体系方针目标的实现，根据 QHSE 管理手册的要求，结合实际状况，制定了一系列的环境保护管理制度（规范）。具体管理制度有《涪陵工区环境保护禁令》《涪陵页岩气公司 HHSE 约谈制度》《涪陵页岩气 HSSE 违约行为处理规定》《涪陵页岩气公司 HSSE 会议制度》《涪陵页岩气 HSSE 培训管理制度》《涪陵页岩气公司 HSSE 检查和隐患整改管理规定》《涪陵页岩气公司开钻（开工）检查验收管理规定》《涪陵工区环境监测管理规定》《涪陵工区工业废水管理规定》《涪陵工区页岩气公司清洁生产管理制度》《涪陵页岩气公司固体废物防治管理规定》《涪陵页岩气公司环境风险管理办法》和《涪陵页岩气公司建设项目环境保护管理规定》等。

为了保护环境，强化管理，明确相关各方在废水治理、水基油基钻屑治理与资源化利用过程中的作业内容和流程，规范治理过程，预防环境事故，分别编制了《涪陵页岩气田产能建设污水治理技术指导规范》《涪陵页岩气田产能建设水基钻屑治理技术指导规范》和《涪陵页岩气田产能建设油基钻屑治理技术指导规范》。

为了履行中国相关环境保护法律、法规，便于标准化管理，在总结前期经验的基础上，编制了数个企业标准，主要有《页岩气工业废水管理规范》《页岩气固体废物管理规范》《页岩气田含有污泥管理规范》《页岩气田清洁生产实施规范》《页岩气田现场环保监督检查技术规范》《页岩气田钻井和时期环保技术要求》和《页岩气田钻屑资源化利用技术要求》。

“十三五”期间上述环境管理体系均得到有效的实施，实现了涪陵页岩气田开发建设全过程潜在环境风险得到有效控制，各项环保指标达标并取得了良好的社会效益和经济效益。

第二节　页岩气田环境危害防控体系

一、井场风险防范措施

（1）现场作业严格按照 SY/T 6276—2014《石油天然气工业健康、安全与环境管理体系》、Q/CNPC53《石油天然气钻井作业健康、安全与环境管理导则》的要求执行。

（2）井队队长及安全员负责制订应急培训计划，定期对井场人员进行综合性应急培训并做好培训记录。

（3）根据 SY/T 6426—2005《钻井井控技术规程》，钻井现场按照含硫油气井配备自动、手动和高压高能电子点火三套独立点火系统，确保 100% 的点火成功率。

（4）柴油储罐、盐酸储罐区地面铺设防腐、防渗膜，并在四周设置围堰，围堰容积不小于单个储罐容积，同时在储罐附近配备相应应急物资。油罐周边设置围栏和警示标识，严禁烟火和不相关人员靠近，并在油罐基础设置有导油沟和集油池。

二、集气站、管线风险防范措施

1. 天然气紧急关断措施

集输管网工程的采气平台与集气站之间、集输干线阀室等设置远程监控系统，当出现管网压力异常情况，可迅速关闭阀门，减少甲烷气体泄漏。

2. 采出水关断措施

采出水与天然气一起从采气树采出，在分离器进行气液分离后，采气返排液通过疏水阀后经排污管线排至废水池。其中，采气树、分离器进出口、疏水阀进出口均有手动切断阀，采气树有紧急切断阀，可实现紧急切断。

3. 集气站截水沟及废水池

集气站建设有截水沟及废水池，站内雨水或突发情况下的废水溢流时，可收集到截水沟内（不会直接溢流至外环境），并泵入废水池中进行处理。采气生产阶段，采出水在分离器中与天然气分离，通过分离器疏水阀排到废水池中，经统一处理后回收利用。

4. 天然气泄漏监测措施

气井场、集气站各井口和装置均安装有可燃气体检测仪，一旦检测到气体泄漏，检测仪自动报警，实现24h泄漏检测。

5. 集气站消防设施

集气站内设截断阀、自控系统、设置警示标志，配置灭火器、消防砂等。

三、采出水处理站风险防范措施

（1）管线选用非金属管材。

选用的柔性复合高压输送管，内、外表面均为非金属材质，具有非常好的防腐性能。

（2）各管段设置分段关断阀。

根据管线经由地段的特点，每隔1km左右设置关断阀。某段管线如果发生泄漏，关断其两端阀门，以减少泄漏量，降低影响后果。

（3）加强日常巡逻。

配置巡线车辆，对管线进行巡检。

（4）管线穿越河流等敏感地段时，在收集管线外加设套管，套管进行内、外防腐处理，套管两端设置集水坑。一旦该管段泄漏，即可从集水坑发现，并及时采取措施。

（5）管线沿线设置高精度流量计。

在各产出水集中点、产出水处理站进水口以及管线接口处（支线与支干线，支干线与干线）均设置高精度流量计，通过各点流量差值监控，判断管线是否渗漏，当出现渗漏时，通过产出水处理站设置的自动报警器实现自动报警，立即启动应急预案，15min内可关闭输水系统。

（6）事故池及暂存池。

站内设置有1座容积为750m^{3}的事故收集池。各集气站均保留有1座废水池，容积约1000m^3，均为钢筋混凝土结构，涪陵页岩气田一期产建区集气站达50座以上，可满足事故状态下采出水暂存需求。在采出水处理站内盐酸、氢氧化钠、碳酸钠储罐区及双氧水储存区周围分别设置不小于单个储罐容积的围堰。

鉴于上述环境危害防控体系的有效落实，涪陵页岩气田勘探开发过程未发生明显环境污染事故，实现了开发建设全过程环境风险得到有效管控。

第三节　页岩气田环境污染应急预案

一、应急预案体系

涪陵页岩气公司应急预案体系包括重庆市及相关区县突发环境事件应急预案、江汉油田突发事件应急预案、涪陵页岩气公司突发事件应急预案、基层单位现场应急处置方案和岗位应急处置卡。

当发生突发环境事件时，涉事承包商应立即组织救援，开展现场应急处置，当突发环境事件势态严重时或超出涉事承包商处置能力时，应扩大应急，请求涪陵页岩气公司支援。当启动本预案后，应负责调动应急人员、调配应急资源和联络外部应急组织或机构，组织和协调有关部门参与现场应急处置。当事态进一步扩大时，应依据本预案内容扩大应急，请求地方政府或江汉油田支援。

二、涪陵页岩气公司应急指挥机构

1. 应急指挥机构

涪陵页岩气公司应急组织机构由公司应急指挥中心、应急指挥中心办公室、应急工作组（技术处置组、应急资源协调组、公共关系组、通信与后勤组、财力保障组）、专家组及现场应急指挥部组成。涪陵页岩气公司突发事件应急组织机构如图 6-3-1 所示。

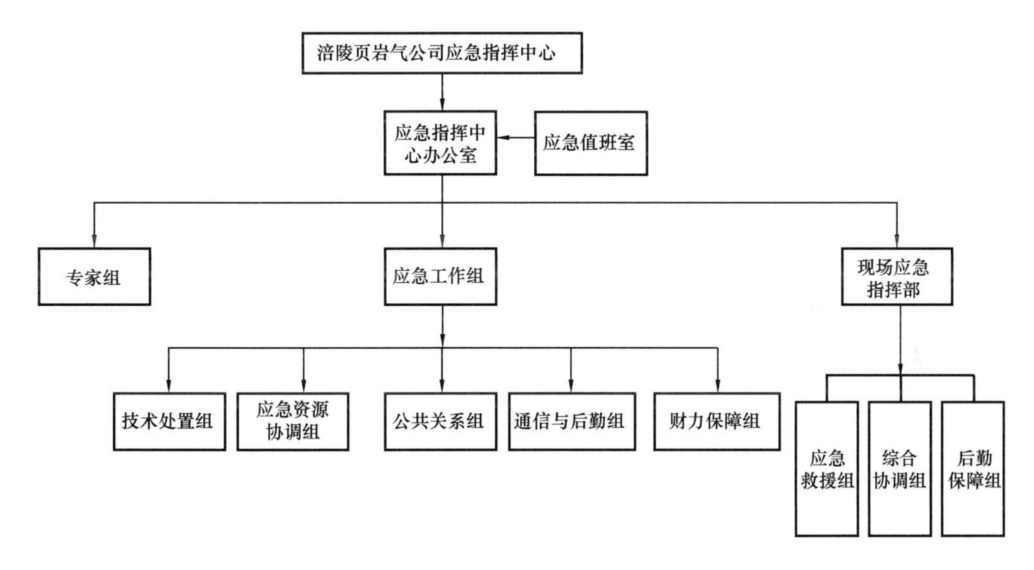

图 6-3-1　应急组织指挥机构图

2. 应急指挥中心

应急指挥中心是涪陵页岩气公司应急管理的领导机构，统一领导公司的应急管理工作，批准重大应急决策事项，同时也是涪陵页岩气公司突发事件应急处置的指挥机构，负责涪陵页岩气公司级应急响应的指挥工作。

3. 应急指挥中心办公室

应急指挥中心办公室由党政办公室、生产运行部、安全环保管理部组成，主任为党政办公室主任、生产运行部主任、安全环保管理部主任，具体负责组织实施突发事件处置工作，判断事故、事件发展态势，向应急指挥中心提出响应建议；负责基层单位突发事件应急处置的指导及协调。生产调度中心负责 24h 应急值班，负责环境事件信息接报，传达公司及上级领导对突发事件处置的指令，跟踪生产安全事件动态和处置进展，及时通报情况。

4. 应急工作组

根据应急处置需求，按照应急职责在指挥中心下设5个应急工作组：技术处置组、资源协调组、公共关系组、通信与后勤组、财力保障组。

5. 专家组

根据应急工作的实际需要，建立公司突发事件应急处置专家库，参与制订现场处置方案，为应急指挥中心和现场应急指挥部提供建议和技术支持。在应急状态下，可挑选就近的应急专家组成专家组，必要时可协调外部专家加入专家组。

三、现场应急指挥部

根据应急工作的实际需要，成立现场指挥部。现场应急指挥部是负责事故现场应急救援工作的指挥中心，现场应急指挥部下设应急救援组、后勤保障组、综合协调组，具体开展救援工作。现场应急指挥部职责主要包括：

（1）负责现场应急指挥工作；

（2）负责收集现场信息，核实现场情况，针对事态发展制订和调整现场应急处置方案并组织实施；

（3）负责整合、调配现场应急资源；

（4）必要时直接向上级应急指挥中心和地方政府汇报应急处置情况；

（5）负责沟通、协调地方政府开展现场应急救援工作；

（6）负责现场新闻发布工作；

（7）核实应急终止条件并提出应急终止请求；

（8）负责收集、整理应急处置过程的有关资料和现场应急工作总结；

（9）负责公司应急指挥中心交办的其他任务。

四、应急处置

1. 分级响应

根据突发环境事件分级进行分级响应。

2. 切断和控制污染源

在预警阶段或者应急处置阶段，涉事单位应第一时间采取切断和控制污染源措施，避免事态进一步扩大。其中，涉及生产安全事故应急预案的，应按照相关安全生产应急预案的要求立即采取关闭、封堵、围挡、喷淋等措施，切断和控制泄漏点。做好有毒有害物质和消防废水、废液等收集、清理和安全处置工作。涉及封锁事故现场和危险区域的，应当按照相关安全生产应急预案的要求，迅速撤离，疏散现场人员，设置警示标志，同时设法保护相邻设施、设备，严禁一切火源，切断一切电源，防止静电火花，采取有效措施，积极组织抢救，防止次生衍生灾害发生，避免事件扩大。

3. 现场处置

对于有害物质及危险废物的泄漏，首先应根据泄漏物质的性质和特点，确定使用堵塞该污染物的材料，同时关闭阀门，利用该材料修补容器或管道的泄漏口，以防污染物更多地泄漏；将能够降低污染物危害的物质撒在泄漏口周围，使泄漏口与外部隔绝开；若泄漏速度过快，并且堵塞泄漏口有困难，应当及时使用有针对性的材料堵塞下水道，截断污染物外流造成污染；保持现场通风良好，以免造成现场有毒气体浓度过高，对应急人员构成危险。

对于已经泄漏的污染物，应做好事故现场的应急监测，及时查明泄漏源的种类、数量和扩散区域，明确污染边界，确定洗消液用量。

控制住污染源后要对已产生的污染物及时处理，尽量减少或消除污染物。根据不同污染物的类型，采取相应的方法。对于泄漏量较大，回收比较容易的污染物，应当尽可能回收再利用。对于难处理的物质应当由专家组讨论后决定处理方案；对于固态废物，首先考虑尽可能回收，其次再根据污染物的性质采取相应措施。在发生紧急事故时，要按事故的状态进行区域管制与警戒，限制无关人员进入和无关车辆经过，以防止事故扩大或人员伤亡。

五、后期处置

对于突发环境泄漏事故染毒区域内人员、装备器材，必须进行现场洗消。采用液体洗消的要防止洗消液对环境造成的污染。对于受污染的土壤，需剥除受污染的表土，并进行土壤修复，表土需做危废处理。对于事故处理过程中产生事故废水，禁止直接排入下水道中，应采用事故水收集系统管道送至事故水收集池收集，再集中由污水处理站分批次处理，应全部处理达标后排放。

在应急行动结束后，仍应对受污染范围内的大气、土壤、水体等环境质量进行连续监测，及时记录监测数据，对监测情况进行反馈。具体监测点位应发生突发环境种类及程度进行设置。同时根据监测数据和其他数据可编制分析图表，预测污染迁移强度、速度和影响范围，及时调整对策。根据环境质量监测数据，制定各项环境恢复工内容，并制订环境恢复计划，保证环境恢复工作顺利完成。

应急处置结束后，应对现场遗留污染物进行后续处理措施，对应急仪器设备进行维护、保养，对应急物资进行补充更新，恢复企业设备（施）的正常运转。做好事件受害、受损人员和单位的安置、补偿和赔偿工作，配合政府部门或组织有关专家对事件进行认定和评估，提出事件对环境污染和危害进行恢复的建议和方案，报政府同意后实施。若对环境造成重大影响时可以组织专家进行科学评估，并对受污染的环境提出相应的恢复建议，根据专家建议，对周围环境进行恢复。

由于贯穿气田勘探开发全过程的环境风险预案的设置和实施，杜绝了多种潜在污染突发事件扩大的可能，充分保障了气田正常勘探生产任务的有序推进。

第四节 涪陵页岩气田产出水处理技术示范

页岩气勘探、生产过程中污水、钻屑固废，以及温室气体散溢等一系列环境风险问题已经成为制约页岩气产业可持续发展的重要因素（Galloway 等，2018；Olmstead 等，2013；杨德敏等，2019）。这其中，气井返排液和产出水是主要的污水类型，由高压水、砂和化学添加剂组成的压裂液产生（表 6-4-1）。返排液是气井投产约一个月内由井下排至地面的污水；产出水则属于水力压裂后，返排末期至正常生产阶段由产气返回地面所携带的污水，它伴随气井的整个产气周期，其水质水量与返排液有明显区别。返排液的水质水量会在短期内呈现巨大的波动，这与页岩气水力压裂以及释压过程的工程步骤有关。相对而言，产出水的水质水量则较为稳定。一般情况下，产出水属于典型的高含盐、难降解有机矿业污水，具有成分复杂、处理处置成本高、潜在环境危害大的特点，已经成为广泛关注的行业污染控制问题（Elsner 和 Hoelzer，2016；Vengosh et al.，2014；刘安琪 et al.，2019）。产出水的处置一般分为：（1）简单预处理后回用于后续钻井水力压裂；（2）废弃井深层回注；（3）输送至市政污水厂合并处理；（4）气田专用产出水处理厂站收集达标处理。显然，在专用产出水处理厂站针对性达标处理是有效防控这一新兴高浓度有机工业污水的最佳方式（Estrada 和 Bhamidimarri，2016；邹毓等，2017）。

表 6-4-1 典型压裂液的成分和含量

成分	常用物质	体积分数 /%	作用
水和砂	砂悬浮液	99.51	支撑裂缝开口
酸	盐酸	0.123	溶解矿物，破开裂缝
降阻剂	聚丙烯酰胺矿物油	0.088	减小液体和管道间阻力
表面活性剂	异丙醇	0.085	增加压裂液的黏度
盐	氯化钾	0.06	卤载体液
胶凝剂	磷酸酯铝盐	0.056	提高压裂液的耐温性能
阻垢剂	乙二醇	0.043	避免管道结垢
pH 调节剂	碳酸钠、碳酸钾	0.011	确保化学添加剂的效用
分解剂	硫酸盐	0.01	促使压裂液破胶返排
交联剂	硼酸钠，三氯化锆	0.007	促进交联增稠
铁控制剂	柠檬酸	0.004	防止金属氧化物沉淀
阻蚀剂	N，N- 二甲基甲酰胺	0.002	防止管道腐蚀
生物杀灭剂	戊二醛	0.001	抑制细菌生长

页岩气产出水的污染物主要来自水力压裂液所携带的大量工程添加剂（聚合物和交联剂、烃类与醇类、无机化合物，胺和季铵 / 磷酸盐类、有机酸酯和酰胺、以及亲电化合物等）、地层中有机物，以及这两类物质在井下的转化产物。在水质指标中表现为较高的总溶解性固体、化学需氧量、氨氮、溴碘离子等污染物指标。其中，复杂有机物（包括多环芳香烃、杂环有机物、芳香胺、酚类、脂肪醇、非芳香族化合物，以及苯二甲酸盐类）、天然放射性物质（Lauer et al.，2018）、溴碘元素的氧化产物（Harkness et al.，2015；Shi et al.，2014）、微生物等（Lipus et al.，2017；Akob et al.，2015；Vikram et al.，2016）特殊成分在自然和人工环境中的转化行为与环境健康风险是国内外学者的关注重点。根据北美地区页岩气产出水中有机污染物成分鉴定的结果，可以发现，产出水有机物主要有多环芳香烃、杂环有机物、芳香胺、酚类、脂肪醇、非芳香族化合物、以及苯二甲酸盐类等（表 6–4–2）。中国页岩气田勘探、生产、以及环境污染治理与风险防控仍处于起步探索与经验累积阶段，现有研究与工程实践基础薄弱。虽然可以借鉴北美页岩气田的一系列经验，然而中国页岩气田在勘探与生产中面临的环境条件更加复杂多样，钻井压裂工艺存在差异，随之产生的诸多方面环境问题需根据国内条件重新论证研究，特别是对于页岩气产出水中有机污染物的迁移转化机制与风险演变规律急需大量基础性、系统性的研究工作来完善。

表 6–4–2 页岩气产出水中典型有机污染物

页岩气田名称	化合物门类	典型有机污染物
Marcellus 页岩，宾夕法尼亚州	PAHs	Decahydro–4，4，8，9，10–pentamethylnaphthalene
	杂环化合物	Hexahydro–1，3，5–trimethyl–1，3，5–triazine–2–thione
	脂肪醇	乙二醇、十二烷基二乙二醇醚、triethylene glycol monodocecyl ethe（1–Methoxyethyl）–benzene
	苯二甲酸盐	邻苯二甲酸二正辛酯
	脂肪酸	C12，C14，C16，C18 脂肪酸
	非芳香族化合物	C_{11}–C_{37} 烷烃 / 烯烃、2，2，4– 三甲基 –1，3– 戊二醇、四甲基丁二腈
	PAHs	1，2，3，4–Tetrahydro–naphthalene、萘、甲菲、嵌二萘、二萘嵌苯
新奥尔巴尼页岩，印第安纳州与肯塔基州	杂环化合物	苯并噻唑、trimethyl–piperdine、喹啉、quinindoline
	芳香胺	3，3′–5，5′–Tetramethyl–［1，1′–biphenyl］–4，4′–diamine
	酚类	Bis（1，1–dimethylethyl）–phenol；tert–butyl–phenol；bis–（1，1–dimethylethyl）–phenol
	其他芳香族	磷酸三苯脂、甲基联二苯
	苯二甲酸盐	烷基邻苯二甲酸
	脂肪酸	月桂酸、肉豆蔻酸、十八烷酸
	非芳香族化合物	2–（2– 丁氧基乙氧基）乙醇

从2016年起，研究人员对涪陵页岩气田焦石坝区30多个产气平台产出水水质进行了长期跟踪监测，获得了大量基础数据。明确了页岩气典型气井产出水从分离器、平台污水罐、平台外污水池短期水质基本变化趋势，如焦石坝区块低产水量、高早期有机物衰减等特征（表6-4-3）。系统研发了涪陵页岩气田产出水集中式处理关键技术，以实验室小试和现场中试的模式详细论证了单元和组合技术的可行性与适用性，获得了大量关键运行参数。确立了预处理、双膜脱盐、浓缩液深度处理及浓盐水资源化利用的工艺流程（图6-4-1）。优化了“双膜”法预处理工艺，建立了基于Fe^{2+}/NaClO模式的产出水高效电化学工艺和软化—化学除氨—臭氧/双氧水氧化—离子交换—碳吸附的膜分离浓水深度净化工艺，实现了产出水浓水回用于氯碱工业浓盐水的目标。

表6-4-3 涪陵页岩气焦石坝区域主要产气平台产出水水质特性

参数	最小	最大	平均	参数	最小	最大	平均
pH值	6.45	8.29	7.00	As含量/（mg/L）			
TS含量/（g/L）	5.20	52.1	31.13	Ba含量/（mg/L）	5.03	558.68	170.02
TVS含量/（g/L）	0.50	26.20	14.35	Mg含量/(mg/L）	3.76	86.16	33.90
TDS含量/（mg/L）	4900	52500	26500	Ca含量/（mg/L）	29.52	508.69	249.50
TSS含量/（mg/L）	300	9900	2000	Fe含量/（mg/L）	5.58	150.50	87.03
COD_{Cr}含量/（mg/L）	556	3767	2356	Cd含量/（mg/L）	—	—	—
TN含量/（mg/L）	44.27	317.40	111.59	Co含量/（mg/L）	—	—	—
NH_4^+–N含量/（mg/L）	42.63	170.70	83.63	Cr含量/（mg/L）	0.06	2.13	0.34
TP含量/（mg/L）	0.29	14.56	3.01	Mn含量/(mg/L）	0.21	5.45	1.59
SO_4^{2-}含量/（mg/L）	—	38.85	13.68	Ni含量/（mg/L）	0.03	0.71	0.17
Cl^-含量/（g/L）	2.80	24.70	13.99	Pb含量/（mg/L）	0.30	3.36	1.38
K含量/（mg/L）	30.73	746.84	240.63	V含量/（mg/L）	—	0.42	0.07
F含量/（mg/L）	0.88	8.09	2.70	Zn含量/（mg/L）	0.66	7.20	3.61
Al含量/（mg/L）	—	29.04	5.41	As含量/（mg/L）	—	—	—

在小试实验规模下，研究论证了普通生活污水厂以按比例合并处理的方式去除页岩气产出水中氨氮的性能研究（图6-4-2）。论证了维持普通生活污水厂正常运行的最大合并比例，开展了活性污泥微生物群落的宏基因组学分析，阐明了氨氮与复杂有机物的关键功能基因数量以及碳、氮代谢的可能路径，揭示了存在异养硝化的可能性。

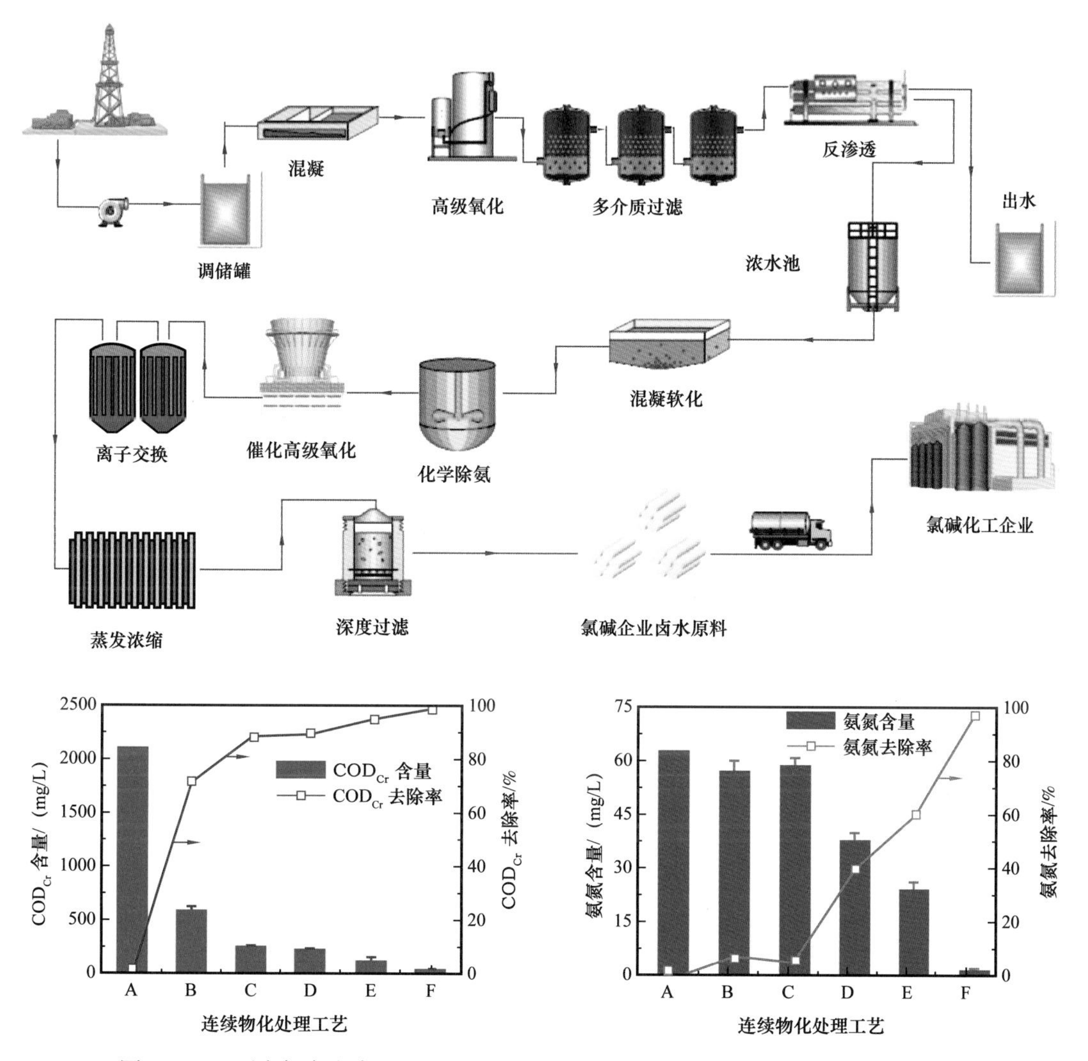

图 6-4-1 页岩气产出水预处理—双膜法脱盐—浓水深度处理与资源回用工艺流程及主要阶段 COD_{Cr} 与 NH_4^+-N 去除规律

根据页岩气产出水处理小试研究相关成果，项目组在涪陵页岩气田 JY-7 平台开展了产出水低成本达标处理示范装置的研制，主要包括两套全流程产出水预处理与脱盐撬装装置，处理能力为 $50m^3/d$，采用“混凝—高级氧化—介质过滤—双膜脱盐”工艺（图 6-4-3）。其他还包括各种单元处理现场试验装置，包括 4 套难降解有机物高效削减小试试验设备、5 套浓盐水及化学污泥处理处置中小型试验设备、1 套全流程关键参数核心辅助单元设备和两套土壤污染修复治理设备。所有示范装置占地 $300m^3$，可以满足开展产出水达标处理所需的各项现场试验，同时满足开展产出水风险防控的相关研究工作。

页岩气产出水环境风险与污染控制技术的系统研究，有力保证了气田勘探开发初期产出水达标回用工程措施的顺利实施。以上述核心研究成果也有效支持了涪陵页岩气田白涛 $1600m^3/d$ 产出水处理站的建设和达标投运，实现了气田产出水 100% 高效处置。

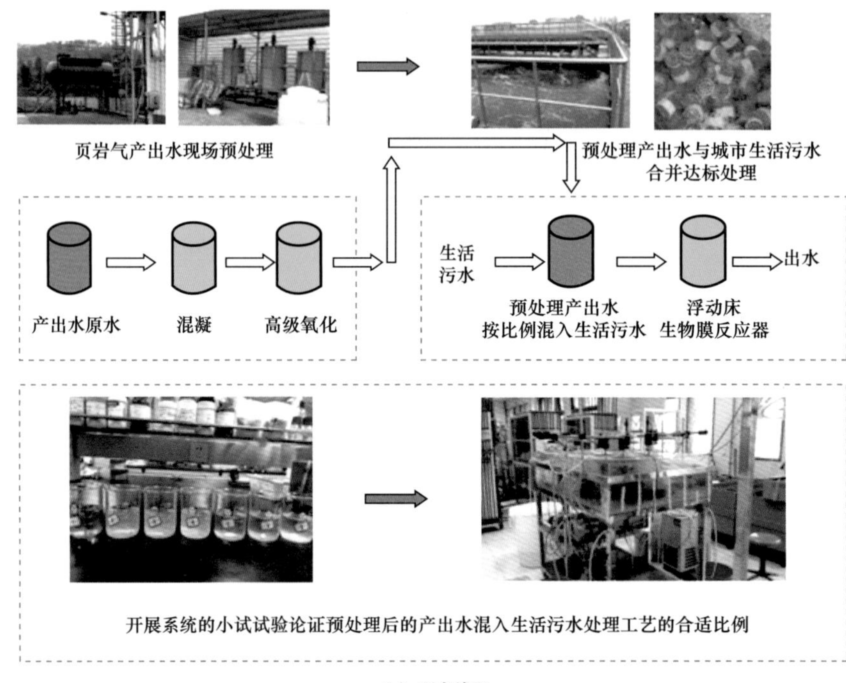

(a) 研究流程

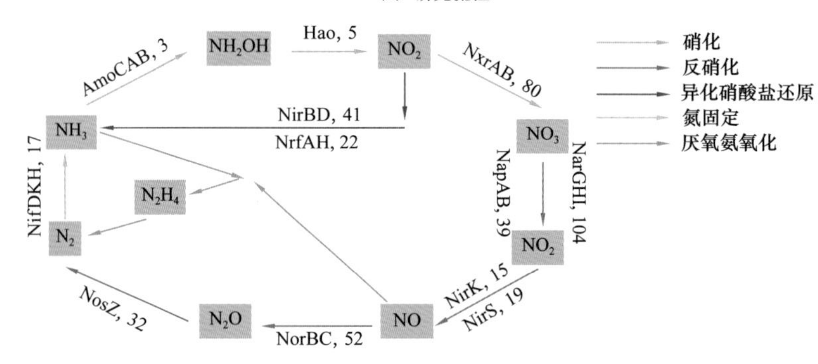

(b) 功能基因分布

图 6-4-2 页岩气产出水生活污水合并处理研究流程以及合并处理工艺的活性污泥中参与氮素转化的功能基因数量

图 6-4-3 产出水低成本处理试验研究示范装置

第五节 油基钻屑处理及综合利用技术示范

根据涪陵页岩气田绿色环保引领示范的需求，通过钻井岩屑理化特性分析以及无害化处理关键技术研发，开发出了国内首个页岩气钻屑无害化资源化利用成套技术装备。研究的技术路线如图 6-5-1 所示。

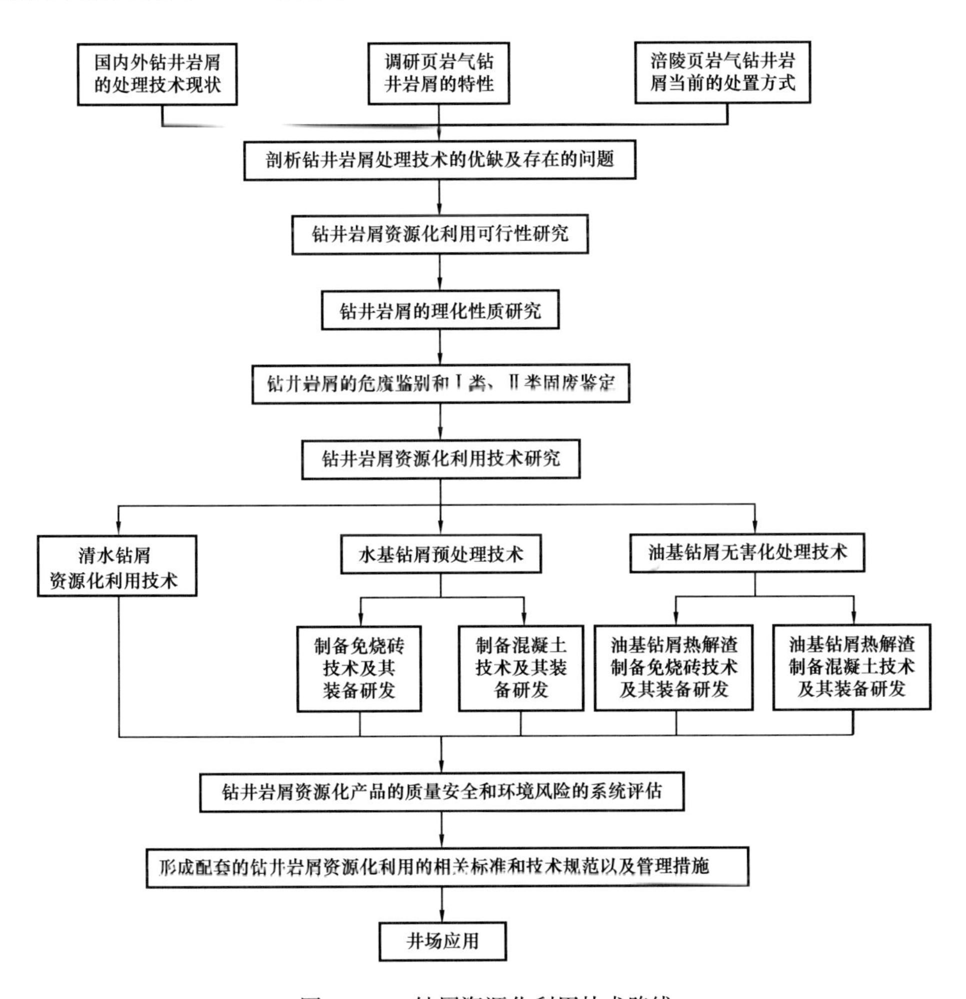

图 6-5-1 钻屑资源化利用技术路线

一、油基钻屑热解无害化处理技术

为确定各影响因素对热解吸效果的影响，分别对热解吸终温、升温速率、热解吸时间、真空度进行单因素分析，并设计正交试验确定最佳反应条件。为明确热解吸回收油及热解吸残渣理化性质，实现热解吸产物资源化利用，对热解吸回收油进行了 GC/MS 分析，热解吸残渣进行了 X 荧光光谱分析，确定油基钻屑的最佳热解吸条件和残渣利用价值。

1. 油基钻屑理化性质分析

1）油基钻屑含油率及含水率测定

油基钻屑含油率及含水率测定结果见表6–5–1。

表6–5–1 油基钻屑含油率及含水率 %（质量分数）

样品	检测结果	
	含油率	含水率
油基钻屑	11.47	20.32

2）油基钻屑主要元素成分分析

由表6–5–2可知：油基钻屑中含有大量石油烃类有机物，元素分析得出C含量较高，达24.46%，因而需要对其进行资源回收，实现油基钻屑资源化。

表6–5–2 油基钻屑元素分析

样品质量/g	N含量/%	C含量/%	H含量/%	S含量/%
5.223	0.09	24.46	3.05	2.91

3）油基钻屑X荧光和等离子发射光谱分析

由表6–5–3可知：油基钻屑中含有大量的CaO和SiO_2。SiO_2的含量直接影响油基钻屑热解吸灰渣的熔点，随着SiO_2的含量增加，其熔点升高，它是油基钻屑热解吸灰渣中最重要的酸性氧化物；同时高含量的CaO有利于油基钻屑热解吸灰渣作为建筑材料以实现资源利用。

表6–5–3 油基钻屑X荧光和等离子发射光谱分析结果

油基钻屑			
X荧光光谱分析		等离子发射光谱分析	
成分	含量/%	分析物	浓度/（mg/L）
Na_2O	1.15	Al	24.74
MgO	2.55	Ba	5.625
SiO_2	52.64	Be	0
P_2O_5	0.14	Cd	0.025
SO_3	6.81	Co	0.011
K_2O	2.71	Cr	0.048
CaO	10.06	Cu	0.046
TiO_2	0.6	Fe	19.87
MnO	0.01	Li	0.028

续表

油基钻屑			
X 荧光光谱分析		等离子发射光谱分析	
成分	含量 /%	分析物	浓度 /（mg/L）
Fe_2O_3	4.5	Mg	7.888
ZnO	0.02	Mn	0.173
Rb_2O	0.02	Ni	0.083
SrO	0.23	Pb	0.01
Y_2O_3	0.01	Ti	0.413
ZrO_2	0.05	V	0.169
BaO	8.26	Zn	0.126
PbO	0.02	K	9.914
Cl	0.28	Na	1.456
I	0.04	Ca	44.15
烧失量	9.89	P	0.517

2. 油基钻屑热解吸单因素分析

1）试验方法

称取干燥后的油基钻屑置入瓷方舟内，将瓷方舟放入管式电阻炉中，安装好石英管两端的法轮盘后关闭一段法轮盘，另一端法轮盘连接冷凝管，冷凝管后依次连接集液瓶、洗气瓶、干燥管、调节阀及真空泵。在确保整个热解吸系统的密封性后在管式电解炉上设置热解吸参数，并运行热解吸炉。油基钻屑热解吸流程及装置如图 6–5–2 至图 6–5–4 所示。

2）终温对油基钻屑热解吸处理效果的影响

称取 3 次 10g 干燥后的油基钻屑分别置于 3 个瓷方舟中，将 3 个瓷方舟同时放入管式热解吸炉中进行热解吸。保证热解吸过程中升温速率、终温时间及真空度（20℃ /min，30min，40kPa）不变的条件下，分别设置热解吸终温为 200℃、300℃、400℃、500℃、600℃进行热解吸试验。试验结束后取出瓷方舟，待其冷却后称重；3 个瓷方舟中油基钻屑经研磨后采用溶剂抽提法分别测定其中剩余的 TPH。

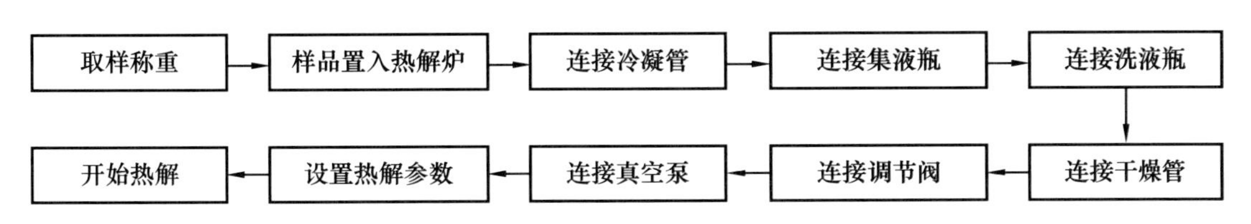

图 6–5–2　油基钻屑热解吸流程图

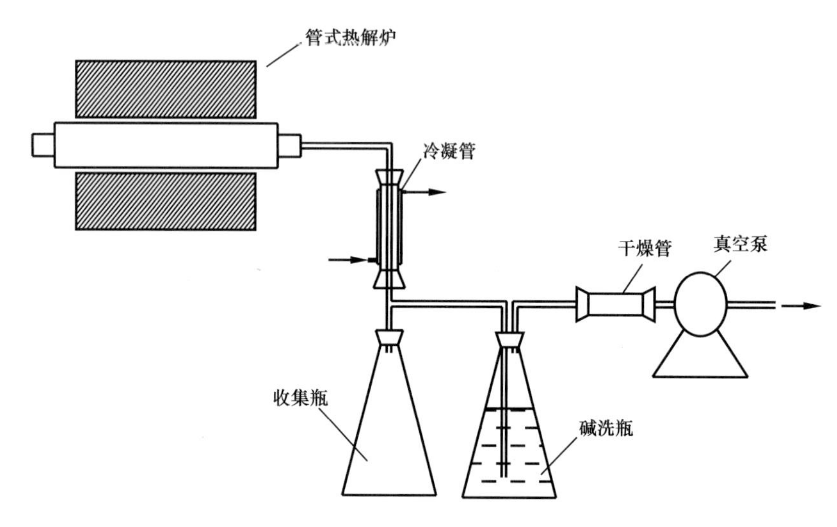

图 6-5-3 油基钻屑热解吸装置图

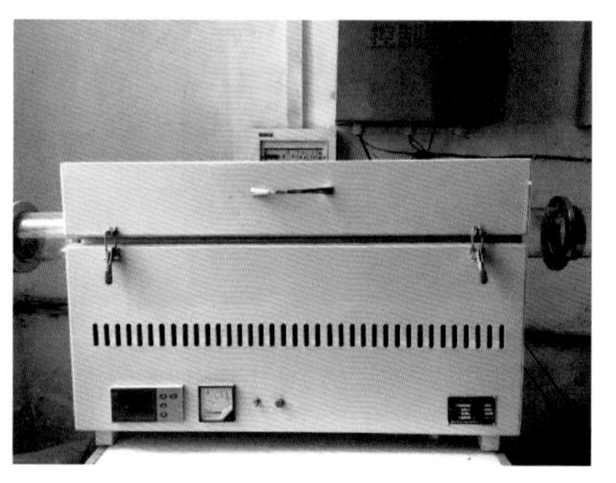

图 6-5-4 油基钻屑热解吸装置实物图

在不同热解吸终温下，油基钻屑的处理效果及失重率如图 6-5-5 和图 6-5-6 所示。

由图 6-5-5 可知：随着热解吸终温的不断提高，油基钻屑的含油率逐渐降低，去除率逐渐上升。在 200～300℃内，油基钻屑含油率下降最快，在 200℃和 300℃时的油基钻屑剩余含油率分别为 4.216%、0.507%，去除率分别为 70.69%、96.46%。随后温度继续升高，含油率下降速度逐渐降低，到 400～600℃去除率趋于平稳，在 400℃、500℃、600℃时的油基钻屑剩余含油率分别为 0.040%、0.019%、0.029%，去除率分别为 99.72%、99.87%、99.80%。在 600℃时，含油率出现略微升高，此时油基钻屑中剩余的少量大分子石油烃有机物发生裂解，生成小分子有机物且未能随热解吸气离开油基钻屑，导致最后油基钻屑含油率略微升高。由此得出：热解吸终温是影响油基钻屑热解吸效果的主要因素之一。综上分析，提高热解吸终温有利于油基钻屑的热解吸效果。这是因为热解吸终温提高，可向油基钻屑提供的能量越多，一方面大量石油烃有机物挥发脱离钻屑，另一方面部分有机物发生裂解，生成轻质有机物随热解吸气脱离钻屑，从而有利于油基钻屑含油率的下降。

由图 6-5-6 可以看出，不同热解吸终温下油基钻屑失重率的变化趋势与去除率的变化情况基本一致，油基钻屑失重率随着热解吸终温的提高而增大。在 400～500℃的失重较快，可能是油基钻屑中的碳酸盐高温分解，导致大量失重。

3）升温速率对油基钻屑热解吸处理效果的影响

称取 3 次 10g 干燥后的油基钻屑分别置于 3 个瓷方舟中，将 3 个瓷方舟同时放入管式热解吸炉中进行热解吸。保证热解吸过程中热解吸终温、终温时间及真空度（300℃，

30min，40kPa）不变的条件下，分别设置升温速率为 10℃/min、15℃/min、20℃/min、25℃/min、30℃/min 进行热解吸试验。试验结束后取出瓷方舟，待其冷却后称重；3 个瓷方舟中油基钻屑经研磨后采用溶剂抽提法分别测定其中剩余的 TPH。

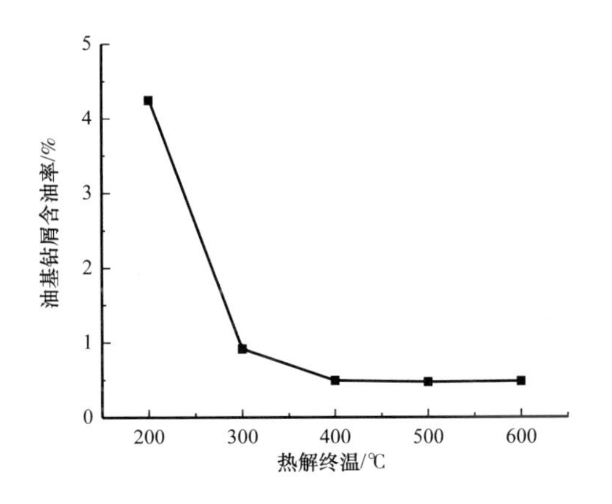

图 6-5-5 不同热解吸终温下油基钻屑含油率

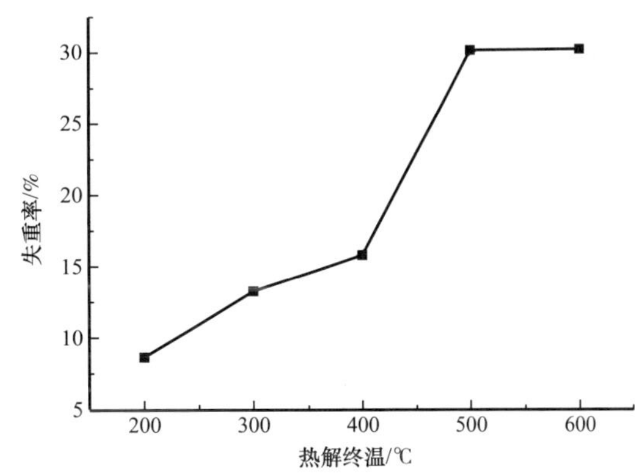

图 6-5-6 不同热解吸终温下油基钻屑失重率

在不同升温速率下，油基钻屑的处理效果及失重率如图 6-5-7 和图 6-5-8 所示。

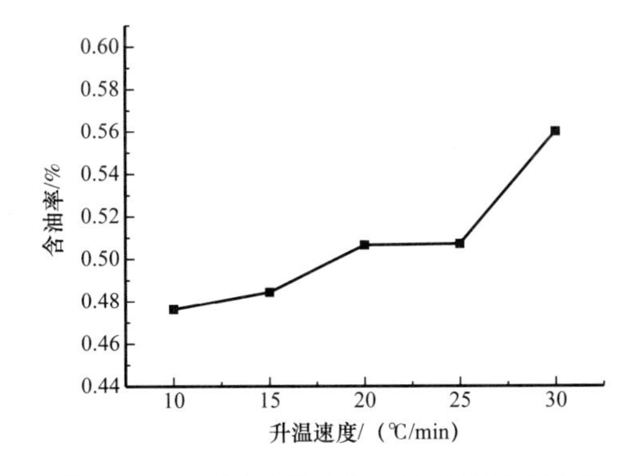

图 6-5-7 不同升温速率下油基钻屑含油率

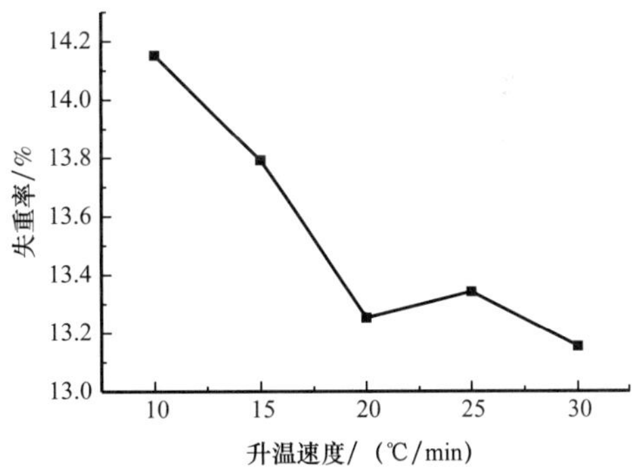

图 6-5-8 不同升温速率下油基钻屑失重率

由图 6-5-7 和图 6-5-8 可知，在不同升温速率下油基钻屑含油率曲线的变化趋势与油基钻屑失重率的变化趋势相一致。随着升温速率的不断挺高，油基钻屑的含油率逐渐增高，TPH 去除率逐渐降低，油基钻屑的失重率逐渐降低。当升温速率在 10～20℃/min 时，油基钻屑含油率曲线斜率逐渐增大；当升温速率为 25℃/min 时，油基钻屑含油率几乎不增长。在 20℃/min 和 25℃/min 下的含油率分别为 0.506%、0.507%，几乎没有增长；在 25～30℃/min 时，油基钻屑含油率曲线斜率达到最大。

综上所述，降低升温速率有利于油类物质的去除。这是因为升温速率越快，油基钻屑在达到相同的热解吸终温时处于此温度点下的反应时间越短，从而导致反应程度降低，同时升温速率较快会产生油基钻屑内受热不均匀的现象，导致内部温度较低，表层温度较高，阻碍反应产物的逸出，从而抑制了内部的热解吸过程；同时升温速率越高，高温段反应的物质相应的反应时间缩短，在反应还没完成时热解吸便已终止。

4）终温时间对油基钻屑热解吸处理效果的影响

称取3次10g干燥后的油基钻屑分别置于3个瓷方舟中，将3个瓷方舟同时放入管式热解吸炉中进行热解吸。保证热解吸过程中热解吸终温、升温速率及真空度（300℃，20℃，40kPa）不变的条件下，分别设置终温时间为15min、30min、45min、60min、75min进行热解吸试验。试验结束后取出瓷方舟，待其冷却后称重；3个瓷方舟中油基钻屑经研磨后采用溶剂抽提法分别测定其中剩余的TPH。

在不同终温停留时间下，油基钻屑的处理效果及失重率如图6-5-9和图6-5-10所示。由图6-5-9可知，随着油基钻屑的热解吸终温时间的延长，其含油率总体呈现出下降的趋势。在15min、30min和45min条件下，油基钻屑含油率下降趋于平缓，其含油率分别为0.554%、0.507%、0.498%，去除率分别为96.15%、96.48%、96.54%；在60min时，油基钻屑处理效果最好，含油率达到最低，此时含油率为0.306%，去除率高达97.88%；随着终温时间继续延长，油基钻屑含油率出现一定的上涨，为0.424%，去除率下降到97.06%。由图6-5-10可知，油基钻屑的失重率随着热解吸终温时间的增加而增加。

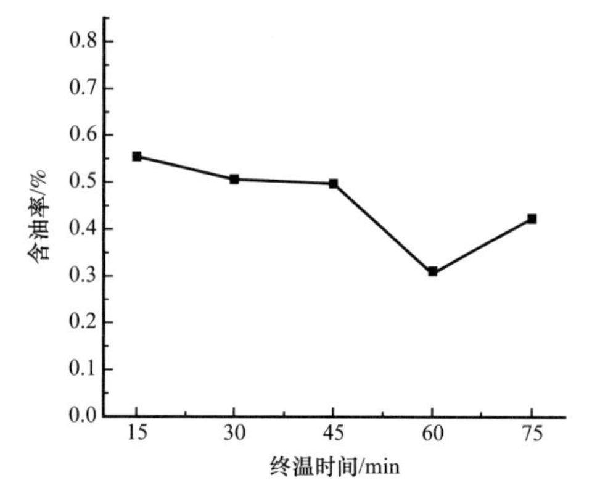

图6-5-9 不同终温时间下油基钻屑含油率

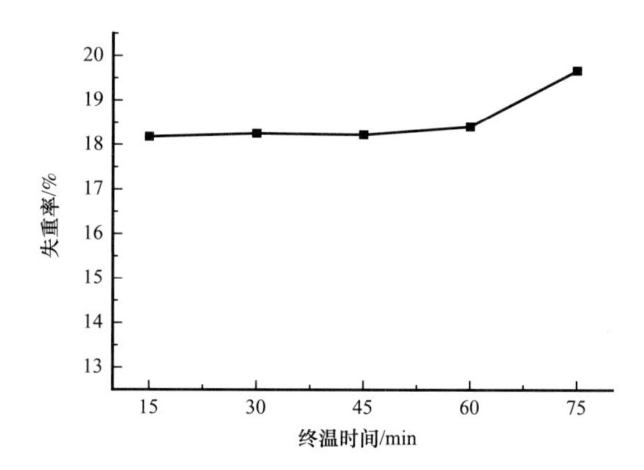

图6-5-10 不同终温时间下油基钻屑失重率

综上所述，在60min内延长油基钻屑的热解吸终温时间有利于其含油率的降低，当超过这一范围时，延迟时间反而降低了油基钻屑的热解吸效果。在60min范围内，延长热解吸终温时间，一方面轻质化合物受热时间更长，挥发得更充分，另一方面也使在该温度段下发生反应的有机反应更加完全，所以相应的含油率逐渐下降。在热解吸终温时间为75min时，含油率出现上涨，这是因为随着热解吸反应的进行，油基钻屑中的大分子有机物不断分解，生成的轻质组分及小分子物质在未排出热解吸炉时就在炉内与固体颗粒继续发生一系列复杂的反应，致使其保留在固相组分中，提高了热解吸后油基钻屑的含油率。

在60min内，油基钻屑在不同热解吸终温下油基钻屑含油率曲线的变化趋势与油基钻屑失重率的变化趋势相一致，但当时间为75min时，油基钻屑含油率上升，而其失重率也上升，原因是反应时间过长，生成的热解吸气将固体颗粒带出，进而提高了其失重率。

5）真空度对油基钻屑热解吸处理效果的影响

称取3次10g干燥后的油基钻屑分别置于3个瓷方舟中，将3个瓷方舟同时放入管式热解吸炉中进行热解吸。保证热解吸过程中热解吸终温、升温速率及终温时间（300℃，20℃，30min）不变的条件下，分别设置真空度为60kPa、50kPa、40kPa、30kPa、20kPa进行热解吸试验。试验结束后取出瓷方舟，待其冷却后称重；3个瓷方舟中油基钻屑经研磨后采用溶剂抽提法分别测定其中剩余的TPH。

在不同体系下，油基钻屑的处理效果及失重率如图6-5-11和图6-5-12所示。

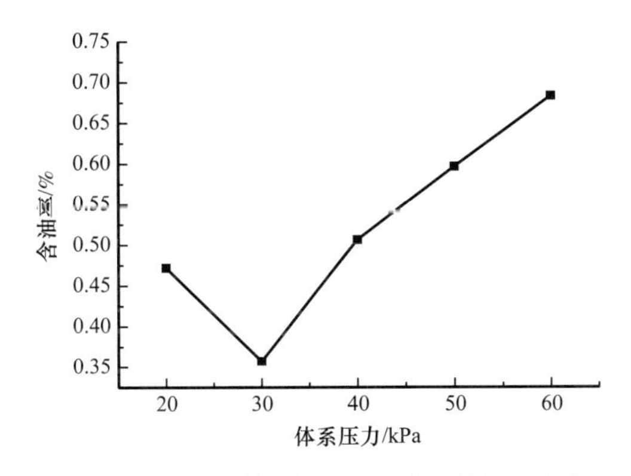

图6-5-11 不同体系压力下油基钻屑含油率

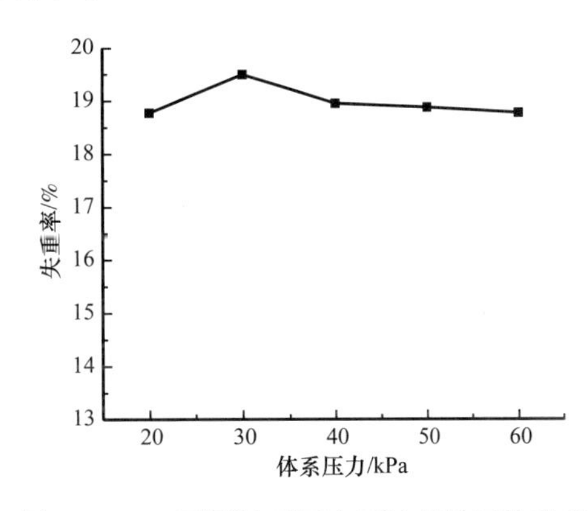

图6-5-12 不同体系压力下油基钻屑失重率

由图6-5-11和图6-5-12可知，不同体系压力下油基钻屑含油率与失重率变化趋势相一致。随着体系压力的下降，油基钻屑热解吸后的含油率逐渐下降，失重率逐渐升高；当体系压力到达30kPa时，油基钻屑中的含油率达到最低，为0.357%，去除率高达97.52%，相应的失重率也达到最高，为18.877%。随着体系压力继续下降，油基钻屑的含油率上升，失重率下降，此时含油率和失重率分别为0.683%、19.498%。综上所述，降低热解吸体系压力有助于使油基钻屑中的含油率下降。在真空条件下，可以加速传质，使其热解吸反应更充分。

一般情况下，体系压力越小，油基钻屑含油率去除效果越好，但是当体系压力从30kPa下降到20kPa时，含油率增大，这是由于体系压力过低，致使热解吸装置的连接管被抽瘪，导致产生的油气无法正常的离开热解吸管中，与油基钻屑发生复杂的反应而保留在固相中，从而未能降低油基钻屑的含油率。

3. 油基钻屑热解吸效果最优条件研究

当影响因素及其水平较多时，通过全面试验一般是难以实现的。利用正交试验设计的优点，择取部分试验条件进行研究，全面科学地考虑到对热解吸结果产生影响的每个因素，找出最优试验方案。经过综合而全面地考虑，选用5因素4水平的正交表进行正交试验设计，各试验条件以及各单因素水平见表6-5-4和表6-5-5。

1）极差分析

对正交试验所得油基钻屑含油率数据做极差分析结果见表6-5-6。

极差R值与影响因素的水平变化对最终试验效果的影响成正比例关系。因此从表6-5-6可以看出，影响油基钻屑热解吸效果的4个因素按程度大小排列为：终温＞终温时间＞升温速率＞真空度。

表 6-5-4　影响因素正交表

试验号	终温	终温时间	升温速率	真空度	空白
1	1	1	1	1	1
2	1	2	2	2	2
3	1	3	3	3	3
4	1	4	4	4	4
5	2	1	2	3	4
6	2	2	1	4	3
7	2	3	4	1	2
8	2	4	3	2	1
9	3	1	3	4	2
10	3	2	4	3	1
11	3	3	1	2	4
12	3	4	2	1	3
13	4	1	4	2	3
14	4	2	3	1	4
15	4	3	2	4	1
16	4	4	1	3	2

表 6-5-5　因素水平表

水平设置	终温 /℃	终温时间 /min	升温速率 /（℃ /min）	真空度 /kPa
水平 1	200	15	15	50
水平 2	300	30	20	60
水平 3	400	45	25	70
水平 4	500	60	30	80

表 6-5-6　含油率极差分析数据表

因素	终温	终温时间	升温速率	真空度	空白	含油率 /%
试验 1	1	1	1	1	1	4.331
试验 2	1	2	2	2	2	4.216
试验 3	1	3	3	3	3	2.503

续表

因素	终温	终温时间	升温速率	真空度	空白	含油率 /%
试验 4	1	4	4	4	4	1.27
试验 5	2	1	2	3	4	0.538
试验 6	2	2	1	4	3	0.297
试验 7	2	3	4	1	2	0.29
试验 8	2	4	3	2	1	0.193
试验 9	3	1	3	4	2	0.257
试验 10	3	2	4	3	1	0.137
试验 11	3	3	1	2	4	0.173
试验 12	3	4	2	1	3	0.184
试验 13	4	1	4	2	3	0.114
试验 14	4	2	3	1	4	0.119
试验 15	4	3	2	4	1	0.165
试验 16	4	4	1	3	2	0.106
均值 1	3.08	1.31	1.227	1.231	1.206	
均值 2	0.33	1.192	1.276	1.174	1.217	
均值 3	0.188	0.783	0.768	0.821	0.775	
均值 4	0.126	0.438	0.453	0.497	0.525	
极差 *R*	2.954	0.872	0.823	0.734	0.692	

为了更加直观地反映各个因素对油基钻屑热解吸效果的影响，绘制效应趋势图，如图 6-5-13 所示。油基钻屑热解吸过程中热解吸终温越高，热解吸后残渣的含油率越低，油基钻屑的处理效果越好。由于热解吸过程中，热解吸终温不断升高，轻质有机物挥发更加彻底，同时为重质有机物断键提供更多能量，有利于含油率的降低，因此 500℃为其较优的热解吸温度。热解吸残渣的含油率随着时间的增长而降低，由于热解吸终温时间不断延长，热解吸的有效反应时间也越长，反应越彻底，残渣含油率逐渐下降，因此 60min 为其较优的终温时间。在升温速率较低时，热解吸残渣的含油率随着升温速率的增大而升高，超过 20℃/min 后随着升温速率的增大，残渣含油率反而下降。这与前面单因素的试验结果并不一致，可能原因是热解吸终温的影响程度更大，使升温速率对热解吸效果的影响相对减弱，同时在正交试验时，在热解吸结束后并未及时将热解吸残渣取出，而是待其冷却后取出，实际延长了热解吸时间，因而导致残渣含油率下降。热解吸残渣的含油率随着真空度的增大而降低，这是由于真空度越大，体系压力越低，热解吸气被

迅速抽离热解吸管，一方面有利于轻质有机物的挥发，另一方面防止热解吸气的二次反应，有利于残渣含油率的降低。

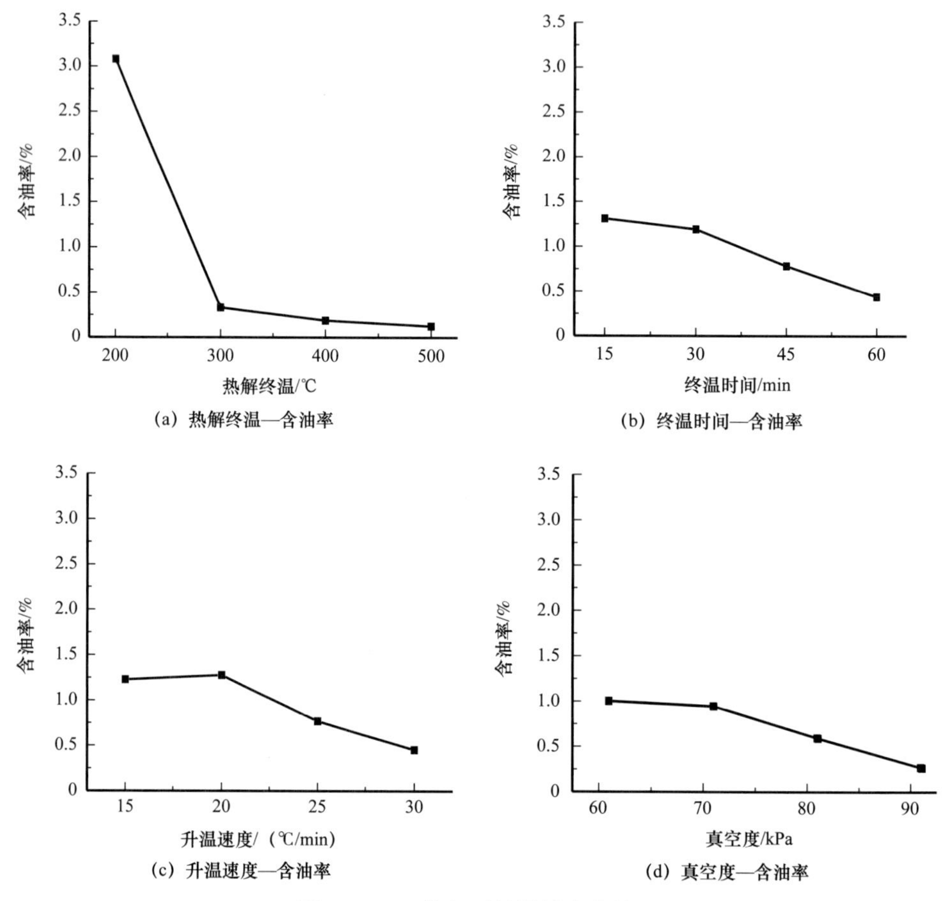

图 6-5-13 热解吸效果效应曲线图

综上所述，上述 4 种因素对油基钻屑热解吸效果均有影响，其中热解吸终温对热解吸效果影响最大，其次是终温时间，再次是升温速率，最后则是真空度（即体系压力）。油基钻屑热解吸的最优条件为：终温 500℃，终温时间 60min，升温速率 30℃ /min 和真空度 80kPa。

2）方差分析

根据极差分析，4 因素对油基钻屑热解吸效果的影响顺序为：终温＞终温时间＞升温速率＞真空度，但此结论的可靠程度尚不充分。所以，通过方差分析以及 F 检验来消除试验误差对试验最终效果的影响。正交试验所得油基钻屑热解吸后含油率数据做方差分析，结果见表 6-5-7。

由表 6-5-7 可知，上述 4 种因素的效应均不显著，但影响因素的先后次序依次为终温、终温时间、升温速率和真空度，这与极差分析的结果是一致的。

表 6–5–7 含油率方差分析表

因素	偏差平方和	自由度	F 比	F 临界值
终温	24.722	3	1.518	9.28
终温时间	1.907	3	0.117	9.28
升温速率	1.846	3	0.113	9.28
真空度	1.397	3	0.086	9.28
误差	16.28	6		

二、油基钻屑热解处理技术示范装置

1. 油基钻屑热解装置工艺形式

涪陵页岩气田采用回转窑式热解吸处理工艺对油基钻屑进行处理，该回收处理工艺流程紧凑、流畅、高效、稳定，处理效率高，设计处理能力 60m³/d。回转窑式热解吸处理工艺要包括：进料系统、热解吸系统、油水冷凝及回收系统、不凝气回用系统、烟气净化系统、出渣系统等（图 6–5–14，图 6–5–15）。

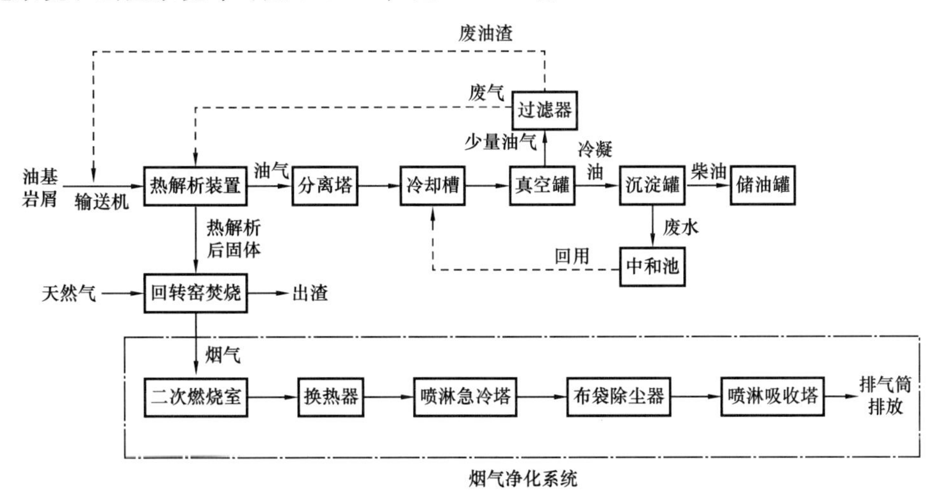

图 6–5–14 油基钻屑回收利用站工艺流程图

工艺操作简述如下：首先轨道式进料车将油基岩屑从储料池运送至回转窑中，单台回转窑一次处埋量为 18m³。单次处理耗时（包括热解吸时间与冷却停留时间）共计 30～35h；原料经热解吸蒸发出来的水、油蒸气经冷凝系统后收集排入油水收集池静置，再进行油、水分离收集；油相进行回收利用，可用于配制钻井液，冷凝水处理后可回用于本工艺；冷凝系统后设有不凝气回用系统，不凝气经管道排入燃烧室与煤制气一同燃烧，燃烧后的气体经烟气净化系统后排放。热解吸处理后的热解吸灰渣含油率小于 0.3%，热解吸灰渣冷却后进入储渣池暂存。

图 6-5-15　油基钻屑无害化处理设备示意图

通过上述研究得出以下结论。

（1）通过单因素试验，研究了热解吸终温、终温时间、升温速率及真空度对油基钻屑热解吸效果的影响，通过正交试验，找到了油基钻屑热解吸的最优条件为：终温500℃，终温时间60min，升温速率30℃ /min和真空度80kPa。热解吸终温是影响油基钻屑热解吸效果的主要因素。

（2）对最优条件下热解吸回收油进行GC–MS分析和FT–IR分析，得出热解吸回收油中主要由C_{11}—C_{26}的烷烃类化合物组成，与柴油相比，热解吸回收油中含有一定含量的酮类化合物，但是二者的有机物组成基本相似，因此热解吸回收油具有极高的经济和能源价值。

（3）油基钻屑热解吸灰渣中含有大量的CaO和SiO_2，热解吸后的钻屑灰渣可用来生产建筑材料（如免烧砖和混凝土等），可作进一步研究以实现资源利用。

（4）研发了国内页岩气油基钻井岩屑热解吸无害化处理关键技术与成套装备，油基钻屑处理后的含油率小于0.3%，脱油效果达到国际领先水平，填补了国内页岩气油基钻井岩屑处理技术的空白。

2. 油基钻屑热解吸灰渣利用产品的质量检测结果

1）油基钻屑原料的放射性

检测委托国家建筑材料工业建筑围护材料及管道产品质量监督检验测试中心进行，检测结果满足GB 6566—2001《建筑材料放射性核素限量》的相关要求。

2）产品的质量安全

根据油基钻屑热解吸灰渣资源化利用产品的质量检测报告可知：利用油基钻屑热解吸灰渣所制井场道路混凝土强度等级达到C20以上，混凝土质量达到GB 50164—2011《混凝土质量控制标准》要求；利用油基钻屑热解吸灰渣所研制的免烧砖强度达到普通承重砖MU 7.5等级以上，其他指标满足JC/T 422—2007《非烧结垃圾尾矿砖》和GB 28635—2012《混凝土路面砖》中的相关要求。

3）产品的固废特性分析

产品的氧化性、摩擦感度、遇水放气等检测指标均处于最低检测值以下；其浸出毒性检测结果中的主要无机污染物和有机污染物均低于检测标准，不符合危险固废对浸出毒性物质含量的要求。

根据检测报告可知，油基钻屑热解吸灰渣资源化产品所测的易燃性、腐蚀性、反应性等危险废物特异性均不属于 GB 5085—2019《危险废物鉴别标准 通则》中规定的指标，也不满足危险废物毒性物质含量与浸出毒性的鉴别标准值；急性毒性结果也远低于危废鉴定标准中的规定限值，故油基钻屑热解吸灰渣资源化产品不属于危险废物范畴。

由表 6–5–8 可知，由油基钻屑热解吸灰渣作为原料所制备的资源化产品的浸出液除 pH 值略高之外，其他因子均低于 GB 8978—1996《污水综合排放标准》中一级标准，故水基钻屑资源化综合利用的产品不会对环境安全存在风险。

表 6–5–8 钻井岩屑资源化产品浸出液污染物含量

项目	最高允许排放浓度	掺加 45% 热解吸灰渣混凝土（NL）	掺加 45% 热解吸灰渣混凝土（YS）	掺加 45% 热解吸灰渣混凝土（TH）	掺加 60% 热解吸灰渣免烧免蒸砖（NL）	掺加 60% 热解吸灰渣免烧免蒸砖（YS）	掺加 60% 热解吸灰渣免烧免蒸砖（TH）
pH 值	6～9	11.74	11.82	11.19	11.12	10.8	11.59
COD 含量 / mg/L	500	42.76	44.41	108.5	128.3	65.79	148.0
TOC 含量 / mg/L	—	8.36	5.71	13.93	21.26	11.24	23.24
氨氮含量 / mg/L	50	—	—	—	—	—	—
磷酸盐含量 / mg/L	1.0						

3. 钻井岩屑资源化利用技术装备

钻井岩屑经过资源化利用成套设备可生产免烧砖和混凝土。

1）钻井岩屑生产免烧砖技术装备

免烧砖成套设备主要包括：钻井岩屑输送机、自动配料机、带式输送机、双轴搅拌机、液压制砖机、自动码垛机等。主要技术参数为：控制系统均采用 PLC 全自动控制系统；液压制砖机成型压力不低于 10MPa；自动称量系统的重量误差控制在 ±3kg 以内；更换制砖模具须便捷（表 6–5–9）。

2）钻井岩屑生产混凝土技术装备

混凝土成套设备表 6–5–10 主要包括：钻屑输送机、自动配料机、带式输送机、双轴搅拌机、全自动控制室等。主要技术参数为：控制系统均采用 PLC 全自动控制系统；自动称量系统的集料重量误差控制在 ±5kg 以内，外加剂重量误差控制在 ±0.1kg 以内；混凝土混合料搅拌时间夏季不得低于 60s，冬季不得低于 90s。水基钻屑生产免烧砖与混凝土的全自动化成套设备操作方便、维修简单、效率高。

表6 5 9 钻屑生产免烧砖成套设备

序号	设备名称	型号	数量	备注
1	粉料仓		2套	100t
2	3仓配料机	PLD 1600	1套	自动
3	皮带输送机	DY	1套	10m、可移动
4	螺旋输送机	LSY	2套	水泥、粉煤灰用
5	自动连续进料机	QT4	1套	液压系统：台湾凯利嘉
6	成型主机	QT5-20	1套	PLC电控系统：台湾锋伟
7	自动送板机	QT5	1套	电磁阀：台湾凯利嘉
8	自动布料机	QT5	1套	油站：台湾凯利嘉
9	自动储料机	QT5	1套	变频控制器：日本安川
10	液压系统	QT5	1套	信号传感器：图尔克
11	电控系统PLC Ⅱ型	QT6	1套	热过载器：施耐德
12	输送系统	QT6	1套	
13	模具	QT7	1套	
14	工具箱及易损配件	QT7	1套	
15	搅拌机	JS350	1套	
16	自动码垛系统	QT8	1套	
17	托板	1100×580		
日产（3～4）万块标砖，消耗钻井岩屑25～30t/d				

表6-5-10 钻井岩屑生产混凝土成套设备

序号	名称		规格	数量	单位
一	JS1000	主减速机	JS1000型	2	台
	搅拌机	主电机	18.5kW	2	台
	出料高度4m	衬板及叶片	高耐磨合金	1	套
二	PLD1600型	电机	3kW	4	台
	3仓配料机	称量斗容量	1600L		
		储料斗		3	个
		称量传感器		3	个

续表

序号	名称		规格	数量	单位
三	9m 螺旋	立式电机	11kW	2	根
	输送机				
		减速箱			
四	水计量系统	水计量箱	容积 400kg	1	个
		称量传感器	1000kg	3	只
		管路结构		1	个
五	外加剂计量	外加剂计量箱	容量 30kg	1	个
	系统含罐	传感器	50kg	2	只
		外加剂气动阀门	DN40mm	1	个
		添加剂搅拌机	$1m^3$	1	台
六	水泥计量	称量斗	1000kg	1	个
	系统	传感器	1000kg	3	只
		气动碟阀	ϕ300mm	1	个
		空压机	11kW	1	台
		管路结构		1	套
七	控制系统			1	台
		全自动含打印		1	套

第六节 涪陵页岩气开发碳减排技术与示范

一、试采一体化技术

涪陵地区页岩气中 CH_4 含量高达 98%，在压裂和钻磨桥塞完成后需要利用地面测试系统进行放喷测试求产。常规的气井地面测试系统，通过降压管汇节流进入两相分离器进行初步分离后直接排放至放喷池进行放空燃烧，其间采用临界速度流量计对气体流动产量进行计量，如图 6-6-1 所示。试气求产过程中有大量的页岩气被直接放空燃烧，以焦石坝地区为例，单井采用 3 个工作制求产（12mm、10mm、8mm 油嘴），产能范围为（6～60）$\times 10^4 m^3/d$，全部放空燃烧将产生二氧化碳 110～1100t，燃烧掉的页岩气直接经济损失高达 17 万～170 万元。与此同时，在放喷求产燃烧的过程中，高速气流在放喷口燃烧会产生剧烈的震动和噪声，对周围居民的生活造成影响。

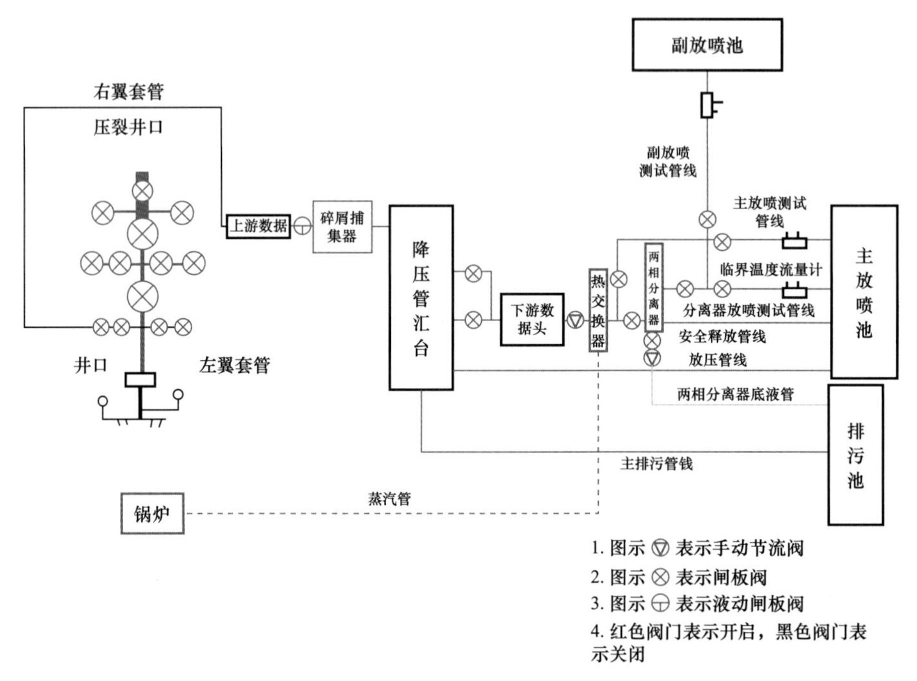

图 6-6-1　常规气井地面测试系统示意图

针对上述问题，研究开发了可回收利用型页岩气井地面测试系统，研制了配套的自力式调节阀，并进行了现场试验和应用，实现了测试过程中天然气的回收采集，减少了页岩气开发工艺中 CH_4 燃烧产生的碳排放，同时降低了放喷测试噪声。

二、关键设备研制及应用

1. 系统构成

新型页岩气井地面测试系统由压裂井口、上游数据头、碎屑捕集器、降压管汇台、下游数据头、热交换器、两相分离器以及自力式调节阀等部分组成，如图 6-6-2 所示。其中，两相分离器的气体出口处设有高级孔板流量计，通过测试管线分别与放喷池和集气站连接，放喷测试管线上设有自力式调节阀；两相分离器的液体出口与废水池连接。新型页岩气井地面测试系统由压裂井口、上游数据头、碎屑捕集器、降压管汇台、下游数据头、热交换器、两相分离器以及自力式调节阀等部分组成，如图 6-6-2 所示。其中，两相分离器的气体出口处设有高级孔板流量计，通过测试管线分别与放喷池和集气站连接，放喷测试管线上设有自力式调节阀；两相分离器的液体出口与废水池连接。

2. 关键设备研制

自力式调节阀是实现天然气平稳回收采集的核心部分，主要由气动薄膜阀、指挥器、传压管、减压阀、凝结水罐等部件组成。当试采管线的管网压力骤然降低时，自力式调节阀会自动调整甚至关闭，以维持管网压力；当试采管线的管网压力逐渐升高时，自力式调节阀会平稳开启，将多余的天然气计量后排放至主放喷池燃烧。通过设置自力式调节阀既保证了天然气的采集，又减缓了分离器本身的压力波动，保证了压力、产量等测试数据的准确录取。

气动薄膜阀由阀体和气囊两部分组成，气囊通过高压气体的压力，克服内部弹簧的反向作用力，实现阀体的开启和关闭。指挥器由两个紧紧连在一起的不锈钢小球、三个进气通道和弹簧组成。

自力式调节阀上游气体经传压管进入凝结水罐过滤，经减压阀控制在30psi成为指挥器的供气压力，同时也是背压阀的驱动压力。指挥器的上阀口是背压阀的气体排放口，下阀口是背压阀下部作用力的气体入口。指挥器弹簧作用在其活动部分的上部，同时，它与传压管所取得的上游压力相平衡。

假设旋紧指挥器上部调整螺钉，压缩其弹簧，达到一个预定压力。通过传压管给指挥器传递上游压力信号。当上游压力高于预定压力时，指挥器弹簧压迫其活动部分向下移动，首先关闭指挥器上阀口，接着打开下阀口，允许气压进入气动阀薄膜下部，推动背压阀的阀座打开，上游压力逐渐降低。当压力降至设定值时，指挥器阀芯会同时关闭上、下两个阀口，气动阀薄膜保持当前的状态，保证上游维持一个稳定的压力。当上游压力低于预定压力时，指挥器活动部分会往上移动，打开其阀芯的上阀口，允许从气动阀薄膜底部排放气体。当其薄膜底部压力减小后，气动阀芯会向下移动，关小阀口，直至设定值时，关闭上、下阀口，保持当前的平衡状态，依然维持上游与设定值相等的稳定压力。

通过调整指挥器上部的螺钉，设定上游压力后，指挥器会依靠调整气动阀薄膜底部的供气压力，自动控制气动阀薄膜阀的开启程度，从而保证上游压力稳定在设定压力值。

3. 现场应用概况

试采一体化技术实施30口井，减少页岩气放喷燃烧量 $1300\times10^4m^3$ 以上，单井平均减少放空页岩气 $43\times10^4m^3$，碳排放量减少40%以上。

4. 典型井应用分析

以焦页4–2HF井为例（表6–6–1），采用可回收利用型页岩气井地面测试系统进行放喷测试：（1）过12mm油嘴、50mm孔板，井口压力25.5MPa，流量计上流压力5.79MPa，温度40℃，差压65kPa，气产量 $37.3\times10^4m^3/d$，通过自力式调节阀进站回收 $16.7\times10^4m^3/d$；（2）过10mm油嘴、42mm孔板，井口压力26.4MPa，流量计上流压力5.6MPa，温度41.2℃，差压62kPa，气产量 $30.8\times10^4m^3/d$，通过自力式调节阀进站回收 $17\times10^4m^3/d$；（3）过8mm油嘴、42mm孔板，井口压力28.1MPa，流量计上流压力5.7MPa，温度40℃，差压65kPa，气产量 $25\times10^4m^3/d$，通过自力式调节阀进站回收 $16\times10^4m^3/d$。

该井测试期间，累计进站回收页岩气 $49.7\times10^4m^3$，二氧化碳减排量达914.48t。

5. 现场应用效果评价

该技术的现场应用，实现了“边测试边回收”和“降噪减排”，减少了放空燃烧浪费，页岩气燃烧碳排放量计算公式如下

$$E_{气} = AD_{气} \times EF_{气}$$

式中 $E_{气}$——页岩气的碳排放量，t；

$AD_{气}$——页岩气的活动水平数，t/m^3；

$EF_{气}$——页岩气的碳排放因子，m^3。

试采一体化技术应用以来，累计减少页岩气放空燃烧量 $1300 \times 10^4 m^3$，减少二氧化碳排放量40%以上，新增销售收入2186.4万元。

表6-6-1 试气－采气测试数据表

序号	时间	井口压力		孔板/mm	油嘴/mm	一体化流量计压力		气体温度/℃	一体化流量计
		油压/MPa	套压/MPa			静压/kPa	压差/kPa		产量/(m^3/d)
1	1：00	22.5	21.9	35	10	1.41	0.27	15.07	262663
2	1：10	22.4	21.9	35	10	1.24	0.16	12.93	234823
3	1：20	22.4	22.1	35	10	1.25	0.09	15.03	232031
4	1：30	22.6	22.1	35	10	1.29	0.12	15.53	230488
5	1：40	22.6	22.1	35	10	1.38	0.18	15.79	230891
6	1：50	22.7	22.1	35	10	1.32	0.21	15.39	242750
7	2：00	22.7	22.1	35	10	1.41	0.27	14.27	230891
8	2：10	22.7	22.1	35	10	1.23	0.16	14.89	228466
9	2：20	22.6	22.1	35	10	1.22	0.14	14.71	238295
10	2：30	22.5	22.1	35	10	1.24	0.14	14.69	234669

第七节 页岩气田区域土壤生态修复技术

一、涪陵地区潜在土壤污染室内模拟评估

项目组已开展涪陵地区土壤样品和页岩气生产活动相关典型污水样品的采集工作，土壤样品取自页岩气平台周边无污染农田地块，典型污水样品包括水基钻井液、油基钻井液、压裂液、初期返排液和后期返排液。结合前期土壤采样工作，已开展涪陵地区典型土壤和污水样品理化特性表征，相关分析检测工作正在进行中，以为后续研究提供基础数据。

目前，已开始布置土壤污染室内模拟实验，将污水样品以不同土水比与土壤样品在室内模拟装置混合，静置培养，模拟土壤污染过程。为全面探究涪陵页岩气开采区域潜在污染土壤生态毒性的变化，对受污染后土壤中重金属有效含量进行分析，结果显示受

油基钻井液（S_2）污染后土壤中重金属 Cu、Cd 和 As 的有效态含量显著升高，这表明受到油基钻井液污染后土壤中重金属 Cu、Cd 和 As 的迁移性增加，导致土壤中重金属生态环境风险升高；而土壤受水基钻井液、压裂液、前期返排水和后期返排水污染后，重金属有效态含量未发生显著变化。随后将于模拟污染不同时间节点采集土壤样品，分析土壤污染物分布特征，确定主要污染物种类，建立页岩气生产活动与土壤污染间相关性，分析污染物浓度与土壤理化特性相关关系；对培养后土壤样品开展毒理学分析，通过种子发芽实验和发光菌毒性实验，综合评估土壤污染的毒性水平。

在开展室内 5 种典型页岩气开采生产废水土壤污染模拟实验，分析受废水污染 3 天、30 天及 90 天后土壤基本理化性质的变化、土壤相关酶活性的变化及土壤生物毒性的变化，综合评价土壤潜在污染风险水平。结果显示不受废水污染土壤 pH 值为 7.20；在油基钻井液和压裂液污染 3 天后土壤 pH 值均显著升高，分别为 7.85 和 7.66；而其他废水均无显著变化。与 CK 处理相比，受油基钻井液污染 3 天后土壤有机质含量升高从 1.5% 升高到 9.7%，增加了 5.4 倍，而其他废水均无显著变化。对于土壤阳离子交换量，5 种废水污染 3 天后其都未发生明显变化。在油基钻井液污染 3 天后，土壤 TC 和 TS 均显著变化，分别升高 3.8 倍和 10.3 倍。

同时，土壤相关酶活的结果也显示，CK 处理下过氧化氢酶活性为 3.04mg/g。与 CK 处理相比，在水基钻井液污染 3 天后，土壤过氧化氢酶活性无明显变化，而在油基钻井液、压裂液、前期返排水和后期返排水污染 3 天后土壤过氧化氢酶活性均显著下降，下降范围在 34%～54%。对于土壤脱氢酶，与 CK 处理相比，在受水基钻井液、压裂液及前期返排水污染 3 天后，土壤脱氢酶活性均显著升高，分别升高 3.0 倍、0.8 倍和 1.8 倍。而在油基泥浆污染后脱氢酶活性显著下降，在后期返排水则无明显变化。

综上所得，不同废水对土壤基本理化性质及土壤相关酶活的影响存在差别。在受油基钻井液污染处理后土壤基本理化性质的变化较大，而其他废液对土壤理化性质的影响相对较小。土壤过氧化氢酶活性的结果表明废水（除水基钻井液）对土壤过氧化氢酶活性有明显的抑制作用。另外，土壤脱氢酶的结果表明油基钻井液对土壤脱氢酶的活性有明显抑制作用，而水基钻井液、压裂液及前期返排水对土壤脱氢酶有明显的促进作用。

通过测试化学氧化技术修复后土壤浸出液的生物毒性反映土壤的残留毒性及其修复效果，本实验采用水和甲醇作为浸提剂，分别提取土壤中水溶性污染物质和低溶或不溶性污染物质。浸提液的急性毒性测试采用发光细菌（*Vibrio fischeri*）急性毒性测试法和大白菜（Chinese cabbage）种子发芽毒性试验法，分别评估土壤中水溶性污染物质和低溶或不溶性污染物质的毒性。结果显示处理前土壤水浸提液和甲醇浸提液的发光抑制率分别为 61% 和 90%。在 0.2mmol/g、0.4mmol/g、0.8mmol/g 和 1.6mmol/g 活化过硫酸盐剂量下处理后，与处理前相比土壤水浸提液的发光抑制率显著升高，分别为 98%、99%、94% 和 81%，而甲醇土壤浸提液的发光抑制率无显著变化，分别为 94%、92%、95% 和 91%；在 0.05mmol/g、0.10mmol/g、0.20mmol/g 和 0.40mmol/g 土壤高锰酸钾剂量下处理后，土壤水浸提液的发光抑制率显著降低，分别为 39%、35%、22% 和 28%，而甲醇土壤浸提液的发光抑制率显著下降，分别为 88%、83%、82% 和 85%。

与处理前相比，在活化过硫酸钠的处理中，在剂量为0.2mmol/g、0.4mmol/g和0.8mmol/g处理下，土壤水浸提液的种子发芽率无显著变化，在剂量为1.6mmol/g处理下水浸提液的种子发芽率降至0；在剂量为0.20mmol/g和0.40mmol/g处理下的土壤水浸提液对根长和鲜重均无显著变化；在剂量为0.8mmol/g和1.6mmol/g处理下根长和鲜重均显著降低；活化过硫酸钠的处理后土壤甲醇浸提液的种子发芽率、根长和鲜重未出现显著变化。在高锰酸钾处理中，土壤水浸提液和甲醇浸提液的种子发芽率、根长和鲜重未出现显著变化。

发光菌急性毒性试验结果表明活化过硫酸钠处理后土壤水浸提液的急性生物毒性显著升高，高锰酸钾处理下土壤水浸提液和甲醇浸提液的急性生物毒性均显著降低。另外，种子发芽急性毒性实验结果表明在高剂量的活化过硫酸钠处理土壤水浸提液的急性生物毒性显著升高。在高锰酸钾处理下，土壤水浸提液和甲醇浸提液的急性生物毒性未出现显著变化。综上所述，相比于活化过硫酸钠，高锰酸钾是一种更有效和环境友好的修复技术。

二、土壤污染应急修复技术体系

项目组根据前期文献调研和资料收集，先期选定几种有机污染物，以类芬顿、过硫酸盐和高锰酸盐等常见化学氧化药剂为备选主要组分，开发新型高效化学氧化药剂，开展针对页岩气开采地区潜在土壤污染的化学氧化修复技术研发。研究结果表明：以多环芳香烃为目标污染物的化学氧化实验中，0.2～1.6mmol/g活化过硫酸盐能够在1天内降解55%～81%的多环芳香烃，降解效果随过硫酸盐剂量增加而升高，同时过硫酸盐消耗率仅为24%～46%；低剂量（0.05～0.1mmol/g）高锰酸钾处理的多环芳香烃降解效果略低，为9%～61%，同时高锰酸钾在1天内消耗完全，而0.2mmol/g剂量以上的高锰酸钾处理能够降解超过85%的多环芳香烃，高锰酸钾消耗率为56%～95%。在16种常见多环芳香烃中，菲、荧蒽和芘降低效果最显著，菲、荧蒽和芘浓度在低剂量（0.2mmol/g）活化过硫酸盐处理就发生显著降低，将剂量升高至1.6mmol/g，降解率随之升高，但未达到低剂量组的8倍；在高锰酸钾处理中，低剂量（0.05mmol/g）并未显著降低菲、荧蒽和芘浓度，当高锰酸钾剂量增至0.10mmol/g后，菲、荧蒽和芘开始降解，最终残留率甚至低于高剂量（1.6mmol/g）过硫酸盐处理组。

如图6-7-1所示，土壤中菲、荧蒽和芘含量在活化过硫酸盐和高锰酸钾处理组中均显著降低，不同氧化剂降解效率存在差异。如图6-7-2所示，土壤中16种多环芳烃总量在过硫酸盐和高锰酸钾施加1天后均显著降低。

三、复合材料制备

利用自制小型炭化装备，以作物秸秆、畜禽粪便等城乡有机固体废弃物为原料，限氧条件下热裂解制备了一系列生物碳基材料。理化表征结果表明这些生物碳基材料碳化程度较高，C含量为20.5%～71.8%；扫描电镜、比表面积分析仪和傅立叶红外光谱仪的测试结果显示生物碳基材料孔隙结构发达，比表面积大，表面官能团丰富，存在微生物定殖的潜在区域；同时不同生物碳基材料的理化性质存在差异，可能呈现不同的微生物定殖效果。

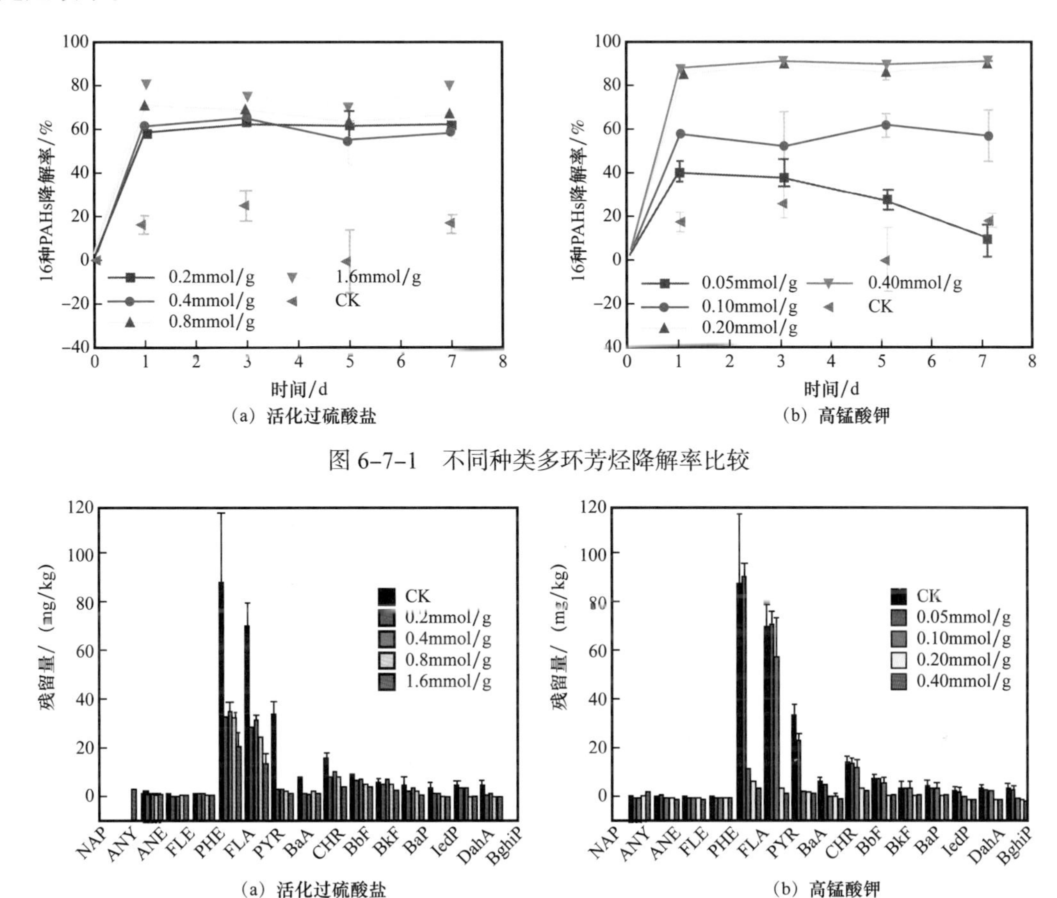

图 6-7-1　不同种类多环芳烃降解率比较

图 6-7-2　活化过硫酸盐、高锰酸钾氧化土壤中总多环芳香烃效果

通过文献调研，结合涪陵页岩气开采工艺和废弃物处置现状，明确了土壤样品监测指标，启动土壤样品分析测试工作，陆续将获得涪陵页岩气区域土壤环境质量及其地球化学特征相关数据。收集不同城乡固体有机废弃物，包括猪粪、水稻秸秆、稻壳、麦秆等，开展了复合调理剂组分——生物碳基材料的制备方法探索（表 6-7-1 和图 6-7-3），初步获得了一些生物碳基材料，开展了生物碳基材料理化性质表征，表征结果表明自制的生物碳基材料炭化效果良好，孔隙结构发达，表面具有丰富的有机官能团，可以作为修复有机污染土壤的复合调理剂组分，具有为微生物定殖提供生境的潜力。

表 6-7-1　生物碳基材料理化性质表

序号	生物碳基种类	C 含量 /%	N 含量 /%	H 含量 /%	O 含量 /%	pH 值
1	猪粪生物碳	20.52	1.49	1.17	15.23	9.87
2	稻秆生物碳	41.7	0.8	2.36	11.36	10.69

续表

序号	生物碳基种类	C 含量 / %	N 含量 / %	H 含量 / %	O 含量 / %	pH 值
3	稻壳生物碳	42.18	0.45	3.09	9.24	10.04
4	木片生物碳	64.15	0.26	5.18	9.29	10.14
5	麦秆生物碳	55.3	0.38	4.74	13.34	10.25
6	玉米杆生物碳	62.01	1.59	5.62	15.35	10.31
7	花生壳生物碳	71.76	1.42	4.71	13.94	10.46

(a) 设备

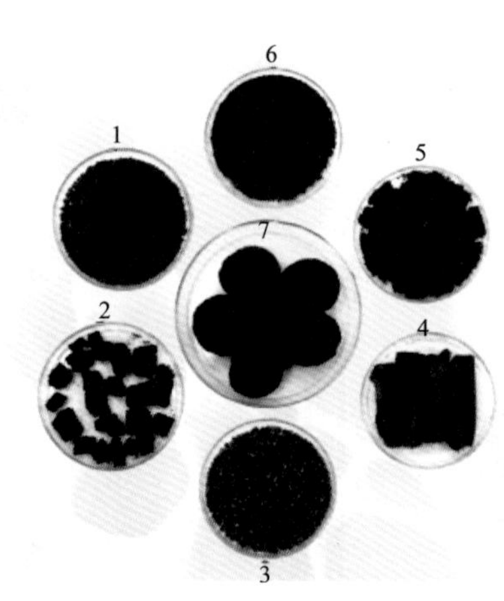

(b) 成品

图 6-7-3 生物炭设备和成品

选取孔隙结构较发达的秸秆炭为实验材料开展新型复合调理剂制备研究，利用实验室已有多环芳香烃降解菌株探讨微生物在生物碳基材料上固定化方法。项目组通过浸泡吸附法，实现了降解菌株 *Mycobacterium gilvum* 在秸秆炭上的负载，扫描电镜下可观察到菌株在生物炭表面及孔隙入口处的定殖，浸泡培养 48h 后降解菌株功能基因 nidA 丰度达 1.27×10^{11}copies/g 生物炭（图 6-7-5）。以多环芳香烃芘为目标污染物展开负载材料降解能力评估，结果表明，固定降解菌的秸秆生物炭可高效去除培养液中的芘，培养 6 天后芘去除量超 98%，负载在生物碳基材料上的降解菌能够继续发挥降解能力（图 6-7-4）。后续将在驯化针对页岩气开采区域土壤潜在有机污染物的高效降解菌的基础上继续开展复合调理剂制备和应用技术研究。

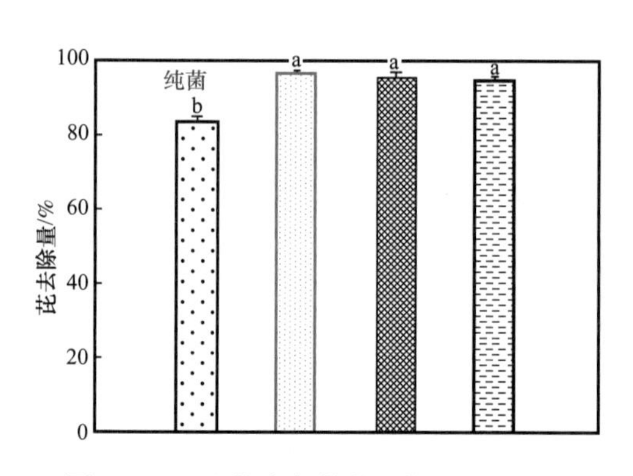

图 6-7-4 生物炭负载微生物对芘去除量

图 6-7-5 生物炭负载微生物微观结构

四、气井平台土地复垦技术示范开展

国内针对矿山复垦研究较为成熟，但石油天然气复垦，特别是喀斯特岩溶地貌区的石油天然气土地复垦少见报道。从涪陵页岩气田自然环境与社会经济发展实际出发，按照经济可行、技术科学合理、综合效益最佳和便于操作的要求，结合页岩气开发特征和实际情况，研究针对涪陵页岩气田的土地复垦技术，旨在恢复和提高土地生产力，维护区域生态安全与社会安全。通过点状（钻井工程）或线状（集输管网）复垦单元划分、永久占地范围优化，形成了土地复垦范围确定方法。在保证正常生产运行的条件下，尽可能地减少永久占地范围，增加复垦区域；在待复垦土地质量调查的基础之上，将其与土地复垦的主要限制性因子的农、草评价等级进行对比，确定土地复垦地块的土地适宜性评价标准。在耕地及草地均适宜情况下，优先考虑复垦为耕地。

焦石坝区块为喀斯特地貌，大部分区域受石漠化胁迫严重，表层土壤资源缺乏且贫瘠，区内土壤厚度一般为15～30cm，近距离购土困难；开发过程中对表土资源利用得当，可有力保持区域土地生产力；利用不当则在浪费区域土壤资源的同时，还会给下游三峡库区造成面源污染。因此页岩气开发需优先保护土壤资源，开工前对建设挖填区表土进行“应剥尽剥”，并予以防护，待后期土地复垦进行统一规划，确定土地利用方向，按照复垦标准合理规划土壤资源利用，做到土壤平衡，减少调运。根据气田产建开发进度，优化土地复垦方案，减少永久占地，累计完成复垦土地18.44公顷，平台复垦率达到100%，恢复了区域土地生产力，缓解人地矛盾（图6-7-6）。

图6-7-6 气井平台复垦前后对比图

第七章　涪陵页岩气田技术集成与示范体系建设

页岩气井开发采用大型水力压裂技术，压裂液返排伴随页岩气生产全周期。当气井压力和产量不足以将返排液带出井筒时，会造成井筒积液，产量进一步下降直至气井停产。涪陵页岩气田自2017年起出现井筒积液问题，通过采气技术的攻关、试验、优化改进和推广应用，逐步形成了具有页岩气开发特色的页岩气全生命周期排水采气技术和增压开采技术，逐步构建了早期优选管柱、中期增压开采、中后期增压+排采的海相页岩气采气模式。本章将重点介绍气举、泡沫排水、柱塞气举、组合排采等排水采气技术在页岩气井的优化设计方法和现场应用情况，以及涪陵页岩气田单站增压模式的选择依据，小型化、撬装化、低能耗压缩机的设计方法及增压开采应用效果。

第一节　排水采气技术

一、气举排液

1. 常规压缩机气举

压缩机气举排水采气工艺是涪陵页岩气田水淹井复产的主要手段，原理是将经过地面压缩机增压后的高压气通过气井油套环空或者油管注入，迫使管柱内液面下降，将井筒液体从管柱内举升到地面。注入气源进入油管（或环空）后，迅速膨胀上升，使管柱内液体密度下降，减小了液柱对地层的回压，使地层与井底压差增大，有利于地层流体流入井底，实现气井的自喷排液。

1）气举工艺优缺点对比

气举工艺的优点在于：（1）设备配套简单，管理方便，措施准备期短，实施灵活性强；（2）举升液量范围大，最大排液量可达到400m^3/d；（3）工艺不受井斜、管柱结构限制；（4）不受硫化氢限制及气液比影响。

但该工艺有一定的缺陷：（1）需要有高压气源；（2）利用高压气体举升液柱的同时，也增大了井底回压，一方面积液可能会渗入地层，压抑地层能量，不利于激活地层，另一方面，工艺井受注气压力对井底造成的回压影响，不能把气采枯竭；（3）气举仅能实现间歇性排液，不能满足气井连续携液的要求，低压低产气井需要在气举后及时介入其他排采工艺；（4）高压大排量气举可能会造成井底激动，出现井壁破坏、出砂加重等复杂情况；（5）一般会通过井口放喷的方式降低井口回压，减小举升难度，会造成天然气浪费、环境污染和企地关系不和谐问题；（6）属于高压施工，对装置和地面流程的安全可靠性要求高。

2）气举选井条件

为减少低效无效气举作业井次，需开展气井关井原因分析。一般通过将气井关井前的生产状态与关井后的压力恢复情况，关井液面测试数据进行综合分析，优选措施井。具体选井原则如下：

（1）气井具有一定产能，能为气举作业后提供一定的稳产基础；

（2）关井后油管保持一定的沉没度，避免液面过低造成注入气体快速突破液柱，沿管柱快速上升至井口，无法有效举升液体；

（3）井筒液面不能保持过高，避免造成气举回压过大，超过压缩机施工设计压力，造成气举失败。

3）地面流程设计

利用管网气或邻井气作为气源气通过气液分离器将游离水分离后，经压缩机增压后注入气井油套环空（油管），将井筒积液从油管（油套环空）中举出，使气井恢复生产。从油管（油套环空）举出的天然气和井液通过放喷管线进入放喷池，气举结束后导入生产流程生产，其工艺流程示意图如图 7-1-1 所示。

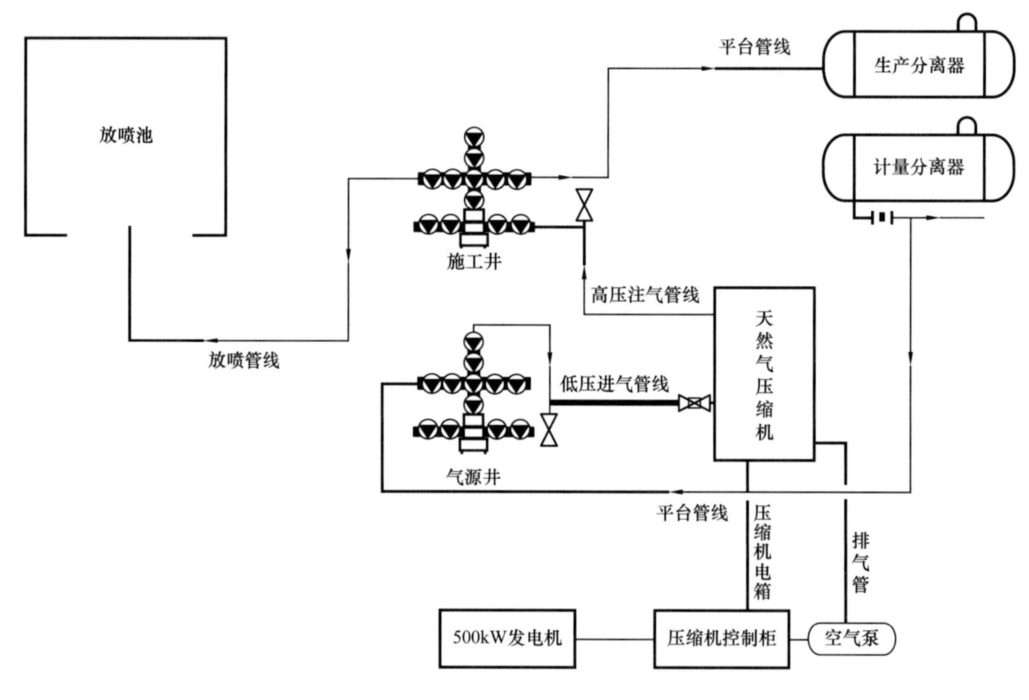

图 7-1-1　气举流程图

4）气举方式与设备选择

气举注气方式包括套管注气（反举）和油管注气（正举）两种方式，不同注气方式的优缺点对比见表 7-1-1。根据气井的液面高度、所采用的生产管位、气举设备的额定工作压力来优选气举方式。

表 7-1-1 气举方式对比表

气举方式	注气流程	优点	缺点
反举	从油套环空注入气体，井内积液由油管排出	（1）临界携液流量低，利于气井复产，总体效果优于正举；（2）采用反举可直接用油管投入生产；（3）气举作业时间相对较短	（1）举升液面高，所需举通压力高，易将井筒积液推到水平段或回灌地层；（2）存在井筒内机械杂质堵塞油管风险
正举	从油管内注入气体，井内积液由油套环空排出	（1）举升液面低，所需举通压力低；（2）可用于油管解堵	（1）环空带液能力差，需要压缩机排量大；（2）气举作业时间相对较长；（3）气举作业完成后需重新导入油管生产

气举设备的额定工作压力的选择取决于启动压力的判断，如果压缩机的最大额定压力小于启动压力，气举将无法举出井筒的液体。启动压力与油管下入的深度、油管直径以及静液面的深度有关。对于深井而言，如果油管下入较深，地面供给气体的压缩机将需要足够的压力，才能将气体注入环空预定深度发挥气举作用。在计算启动压力时，需考虑以下两种情况：

（1）气举将液面降低到管鞋时，液体未从井口溢出，启动压力与油管液柱相平衡，即有

$$p_e = \left(h^* + \Delta h\right)\rho g \tag{7-1-1}$$

式中 p_e——启动压力，MPa；

h^*——静液面距管鞋的深度，m；

Δh——气体到达管鞋处时液面上升的高度，m；

ρ——液体密度，g/cm^3；

g——重力加速度，m/s^2。

若采用反举，则气体到达管鞋处时液面上升的高度 Δh 由式（7-1-2）确定：

$$\frac{\pi}{4}\left(D_{套内}^2 - d_{油外}^2\right)h^* = \frac{\pi}{4}d_{油内}^2\Delta h \tag{7-1-2}$$

若采用正举，则 Δh 由式（7-1-3）确定：

$$\frac{\pi}{4}d_{油内}^2 h^* = \frac{\pi}{4}\left(D_{套内}^2 - d_{油外}^2\right)\Delta h \tag{7-1-3}$$

式中 $D_{套内}$——套管内径，m；

$d_{油外}$——油管外径，m；

$d_{油内}$——油管内径，m。

利用式（7-1-2）和式（7-1-3）求出 Δh 后代入式（7-1-1），有

反举：
$$p_e = h^* \rho g \left(\frac{D_{套内}^2 - d_{油外}^2}{d_{油内}^2} + 1 \right) \quad (7\text{-}1\text{-}4)$$

正举：
$$p_e = h^* \rho g \left(\frac{d_{油内}^2}{D_{套内}^2 - d_{油外}^2} + 1 \right) \quad (7\text{-}1\text{-}5)$$

（2）静液面接近井口，气举时环形空间的液面还没有被挤到油管鞋时，油管内的液面已经到达井口，液体中途溢出井口。此时，启动压力就等于油管中的液柱压力，即

$$p_e' = L\rho g \quad (7\text{-}1\text{-}6)$$

式中 p_e'——最大启动压力，MPa；

L——油管鞋垂深，km；

ρ——液体密度，g/cm^3。

以上两种情况均未考虑注气时液体回灌入地层，根据式（7-1-4）、式（7-1-5）和式（7-1-6）分别绘制 $2^3/_8$in 油管和 $2^7/_8$in 油管气举启动压力随液面高度变化曲线，如图 7-1-2 所示。可以看出，当压缩机最大额定压力为 25MPa 条件下，$2^3/_8$in 油管正举的最大液面高度为 2000m，反举的最大液面高度为 500m；$2^7/_8$in 油管正举的最大液面高度为 1700m，反举的最大液面高度为 1200m。

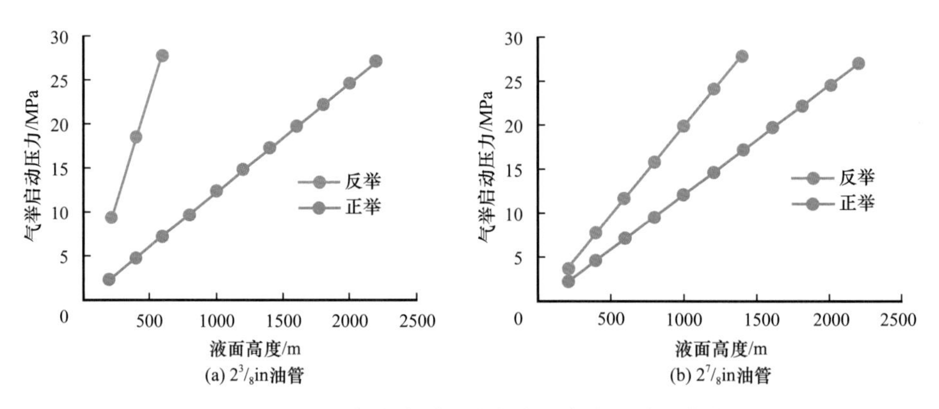

图 7-1-2 气举启动压力与液面高度的关系曲线

2. 气举阀举升系统

为降低气举启动压力，可采取在油管管柱上安装多个气举阀，实现分级气举。

1）气举阀类型

气举阀根据其压力敏感程度，划分为套管压力操作阀和油管压力操作阀。套管压力操作阀的开启和关闭压力通过注入高压天然气的注气压力来控制，油管压力操作阀的开启和关闭压力通过阀深度处的油管压力变化来控制，其优缺点对比见表 7-1-2。考虑到套管压力操作阀由注气压力控制，具有操作简单、成本较低、易于分析等优点，涪陵页岩气田多采用套管压力操作阀。

表 7-1-2 常用气举阀优缺点对比表

气举阀	优点	缺点
套管压力操作阀	（1）易于实施气举控制，阀的开启和关闭对井口生产压力不敏感，井口生产波动对气举性能影响小； （2）适用于高产水气井； （3）所需的气举工作筒和阀的数量较少	（1）相同的阀深度，与油管压力操作阀相比，要求更高的注气压力； （2）为保证阀的正常工作，要求高压气体具有稳定的高压注气压力
油管压力操作阀	（1）井口注气压力波动对气举性能影响很小； （2）给定注气压力条件下，油管压力操作阀的注气深度更深	（1）阀间距要求相对较小，需要阀更多； （2）需准确了解举升井流入动态、生产压力变化等的生产动态特征； （3）仅应用于稳定生产井； （4）气井生产异常时，判断是阀的故障还是气井流入流出动态特征变化所致非常困难

2）气举阀安装

根据气举阀的安装方式，气举阀生产管柱通常分为固定式气举阀生产管柱和可投捞式气举阀生产管柱两种。固定式气举阀生产管柱是在生产管柱上设计多级固定式工作筒，将气举阀安装在固定式工作筒一侧，随油管柱一起下入井中。根据排液需要，气举阀可安装在任意井斜位置。常规的固定式气举阀生产管柱，为防止在下入过程中套管气通过气举阀窜入油管至地面，引起安全事故，需要在下入管柱前进行压井作业。对于低压气井，压井作业易造成地层伤害，复产困难。

可投捞式气举阀生产管柱采用在工作筒中内置盲阀，保证带压作业时油管内无气体窜入，待完井后再通过钢丝作业，将盲阀更换为气举阀。气举阀的下入过程可通过带压作业实现，但受钢丝作业限制，气举阀的最大下入深度为井斜 35°以浅位置，存在钢丝作业费用高、安全风险高的问题。

涪陵页岩气田研发了一种适用于带压作业的固定式气举阀采气管柱结构，在油管上间隔设置有多个气举阀工作筒，工作筒的上端设置有破裂盘，破裂盘的承压方向为向上承压，满足在带压作业条件下任意井斜位置处安装气举阀要求，结构新颖、操作简单、经济高效，避免了压井和钢丝作业的风险，降低了操作成本。

3. 气举—泡排复合排液

1）工艺原理

为解决常规气举举升压力受地面设备限制，过大的举升压力造成井底回压增大、限制地层产能释放等问题，在气举前，采用水泥车由油套环空注入一定量的起泡剂溶液，再采用反举方式注入高压天然气，扰动形成低密度泡沫，降低气井复产难度。现场试验表明，气举—泡排复合工艺是低压井一种有效的排液手段。涪陵页岩气田共实施气举—泡排复合工艺 10 余井次，增产气量 $1200\times10^4m^3$，为同类气藏水淹井治理提供了参考依据。

2）工艺流程

气举—泡排工艺流程主要包括泵注起泡剂流程、气举流程与地面消泡流程三个部分，如图 7-1-3 所示。为保证气井具有更好的携液能力，并在气井复产后能够直接采用油管生产，通常采用环空泵注起泡剂 + 反举排液的方式。同时，为使注入的起泡剂溶液能够到达井底更深的水平段位置，接触更多的井底积液，通常先关闭油管放喷端，用水泥车向环空中泵注起泡剂溶液，待泵注压力上升至最大水泥车许可压力后，再打开油管放喷端，继续注入起泡剂溶液至设计量。焖井 24h 使泡沫液扩散与积液充分混合，再通过压缩机向环空注入高压气体，由油管放喷排液至井口压力上升至稳定，无大量泡沫返出时，导入生产流程。生产流程需具备可靠的消泡流程，保证泡沫不会进入下游压缩机和管网。

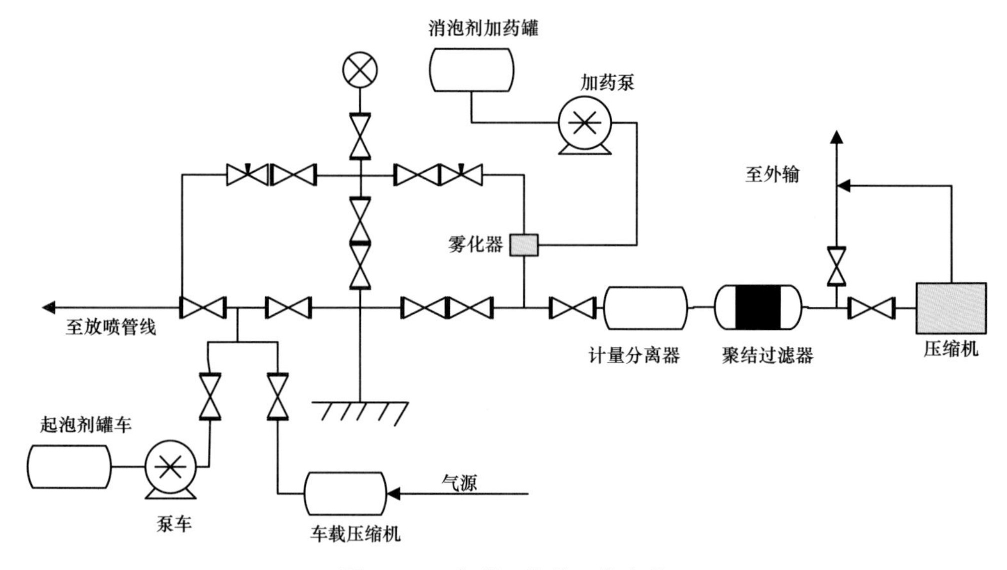

图 7-1-3 气举—泡排工艺流程

3）加药量设计

起泡剂加注量通常按照井筒积液量的 0.2% 设计，为使起泡剂溶液与井底积液充分混合，并避免大量药剂附着于管壁，起泡剂溶液稀释浓度设计为 1%。值得注意的是，复产初期产出液中含有的泡沫较多，需提前在井口加注消泡剂，消泡剂加注量通常按照措施前正常生产时产水量的 0.4% 设计，消泡剂溶液稀释浓度为 10%。气井复产初期可适当提高消泡剂加注量，并加密取样，根据消泡情况调整加注量，避免泡沫进入下游压缩机和管网。

4. 小油管多级气举阀不增压气举工艺

随着气井产能下降，造成亟待气举排液的气井逐渐增多，部分积液气井因压缩机气举流程无法及时安排，造成无法及时复产，需攻关能够利用管网低压气源实现不增压气举复产的新技术。小油管多级气举阀不增压气举技术（图 7-1-4）是根据气井地层压力、井口压力、流压梯度等技术参数，在 1.9in 小油管上设计适量的气举阀，充分利用 1.9in 小油管携液能力与气举阀分级气举的优点，降低井口注气压力至集输管网压力，实现管网气直接气举。截至 2020 年，该项技术已在涪陵页岩气田 3 口气井成功应用，单日贡献

气量 $14\times10^4m^3$，累计增气 $227\times10^4m^3$。该技术与常规气举排水采气技术相比，不需要采用车载式压缩机进行增压，仅利用现有流程即可完成气举，单次作业成本减少 3 万元左右，减少气举作业时间和流程改造时间至少 1 天。

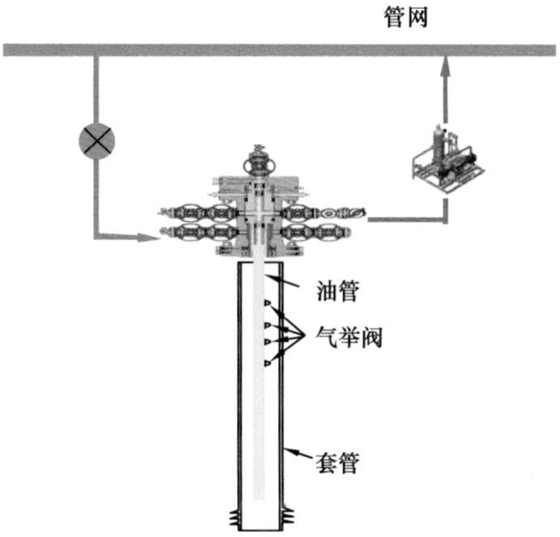

二、泡沫排水采气

泡沫排采是清除井底积液，提高气藏采收率，延长开采周期的有效办法，它具有设备简单、施工容易、见效快、成本低等优点，在出水气井采气中得到广泛应用。

图 7-1-4 小油管多级气举阀不增压气举工艺示意图

1. 药剂选型

1）起泡剂类型

起泡剂的选择需满足涪陵页岩气田气质、水质要求，涪陵页岩气气质、水质条件主要有以下几个方面：（1）不含凝析油、不含硫化氢；（2）平均气层中部温度 97.8℃，井口温度 32.2℃；（3）返排液为压裂液，总矿化度主要分布在 20000～40000mg/L，钙镁离子含量高。常用的起泡剂有非离子型、阴离子型、阳离子型和两性离子型基类，对这几种起泡剂进行适应性评价，见表 7-1-3。可以看出两性离子型起泡剂更加适用于涪陵页岩气气质、水质条件，满足气田起泡剂选型要求，其主要成分类型为烷基甜菜碱类。

表 7-1-3 起泡剂分类与适应性评价

类型	主要化学成分	适应性评价
非离子型	烷基多糖苷、天然茶皂素等	浊点低，高温（60～70℃）下溶解度降低，溶液变浑浊，发泡能力急剧下降，不适用于涪陵气田井下高温环境
阴离子型	醇（酚）醚羧酸盐、醇（酚）醚或脂肪酰胺琥珀磺酸酯盐等	涪陵气田水质中钙镁离子含量高，阴离子表面活性起泡剂易产生沉淀
阳离子型	含氧化叔胺型	阳离子表面活性剂易吸附管壁，价格较贵
两性离子型	烷基甜菜碱、磺基甜菜碱、羧基甜菜碱	表现优异，适用于涪陵气田地层条件和水质要求

2）消泡剂类型优选

消泡剂的选择需要重点关注消泡剂的消泡时间、抑泡时间和稀释液稳定性等性能指标，现场常用的消泡剂有非硅型、聚醚型、有机硅型和聚醚改性有机硅型几类，对这几类消泡剂进行适应性评价，见表 7-1-4，可以看出聚醚改性有机硅型起泡剂集成了分散性好、消泡效力强、抑泡能力强等优点，满足气田消泡要求。

表 7-1-4 消泡剂类型与适应性评价

类型	主要化学成分	性能评价
非硅型	醇类、脂肪酸、膦酸酯类、矿物油类、酰胺类等	对致密型泡沫的消泡效率较低，专用性较强
聚醚型	环氧乙烷、环氧丙烷的共聚物	在不同温度表现出的不同特性达到消泡作用聚醚型消泡剂具有抑泡能力强、分散性好等优良性能，使用条件受温度限制，低温下消泡能力差
有机硅型	聚二甲基硅氧烷（硅油）	挥发性低、无毒，消泡能力强、抑泡性能较差。硅油易凝聚成粒度大、消泡活性较差的油珠
聚醚改性有机硅型	聚醚链段或聚硅氧烷链段改性接枝后获得的硅醚共聚物	它是将两者的优点有机结合起来，分散性好、消泡效力强、抑泡能力强、稳定、无毒、挥发性低

2. 加药方法

起泡剂加注方法，决定泡排工艺实施过程中施工成本的高低、工艺管理的难易，现场采用的加注方法有以下 4 种，每种加注方法各有其特点。

（1）泵注法。

利用电动机提供动力，将泡排剂从井口套管或油管泵入井内，适用于井压低于 60MPa 的气井，满足产水量相对较大的井的需求。优点是可以控制加注速度，可实现单口井 / 多口井间歇加注或连续加注。缺点是集气站内设备较多，存在管理难度，加药制度不易落实到位。

（2）平衡罐法。

利用平衡罐内外压差将泡排剂从井口套管或油管泵入井内，主要用于无动力电源或需间歇式注入起泡剂的气井，适用于产液量小且连续的气井，井口压力一般小于 6MPa。

（3）泡排车注法。

泡排车注法与泵注法相同，只是注入起泡剂的动力不是来自高压电源，而是由汽车供给动力。该加注方式不适用于高产水气井，主要用于边远又无人看守或间歇注入起泡剂的气井。其优点是可移动性强、加注量大，缺点车辆翻山越岭可跑的井站有限，一台车一天最多加 4～5 口井，存在车辆保养维护成本和开车安全风险。

（4）投注法。

投注法主要用于泡排棒，将泡排棒从油管投入井内，在重力的作用下落入井底。主要用于间歇生产，井压一般低于 10MPa。适用于产液量小、油管内有积液的气井，其优点是设备制作简单、费用低，缺点是需关井投加泡排棒，且适用范围小。

根据涪陵页岩气田气井生产情况和现场条件，针对临时需要“气举 + 注入起泡剂”的气井进行泡排药剂加注时，可使用投注法与泡排车注法。针对集气站内长期实施泡沫排采工艺的气井最终选用泵注法加注泡排药剂。

3. 工艺流程

涪陵页岩气田采用单泵单注与智能化循环加注两种方式。单泵单注即一个泵橇对应一口井的起泡剂加注，可实现单井起泡剂连续加注。智能化循环加注即一个泵橇对应多口井起泡剂加注，通过设定程序，实现多口井药剂的循环加注。消泡剂加注流程，采用井口雾化消泡，再经过分离器分离，保证消泡距离与起泡剂的接触面积，如图 7–1–5 所示。

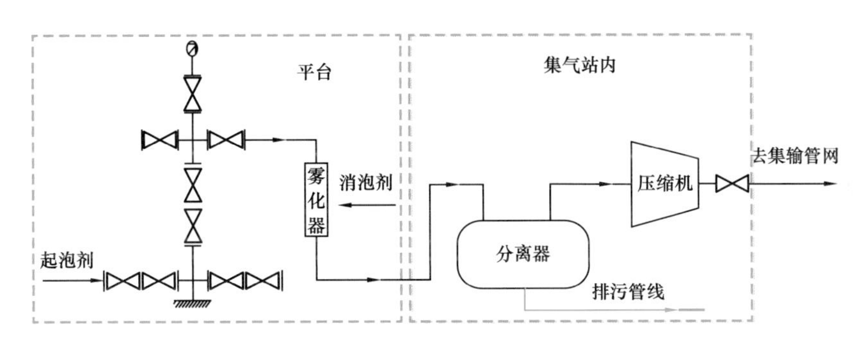

图 7–1–5 单井药剂加注流程示意图

4. 加药制度

1）起泡剂加注量

起泡剂的加注量主要由气井积液量来确定。若注入浓度过低，达不到改善井筒两相流流态的目的；若注入浓度过高，反而增加井筒摩阻，且造成地面消泡困难。

已知起泡剂注入浓度和气井井底积液量，直接计算起泡剂注入量。同时，还要根据起泡剂的类型、气井带水生产平稳状况、温度和不溶物等物性参数来确定。但应主要以气井带水生产连续且稳定为宜。

$$Q_{注入量}=Q_{积液}C_{浓度}B \tag{7-1-7}$$

式中 $Q_{注入量}$——起泡剂加量，kg；

$Q_{积液}$——气井积液，kg；

$C_{浓度}$——起泡剂浓度，%；

B——排液强度，%。

根据现场经验以及实验室起泡剂浓度筛选试验结果，涪陵页岩气田推荐起泡剂的使用浓度为 0.1%～0.3%。起泡剂加药量应按多方面原因综合制定，根据效果调整加药量，在达到增产目的同时，节省药剂成本。

2）起泡剂加注周期

确定加注周期另一个因素就是加注后气量维持的时间。起泡剂的加入，气井的瞬时流量会加大，随着时间的延长，流量下降，恢复到起泡前所用的时间即为起泡剂加注周期。

以实施单泵单注的 JH171 井和 JH174 井为例，在日加药量相同的情况下，只改变加药周期进行起泡剂加注，分别为 6h、12h 间歇加注或 24h 连续加注。结果（表 7–1–5）显示：加注周期为 6h 和 12h 的情况下，两口气井产气量和携液量均有所下降；采用 24h 连续加注起泡剂时，气井产气量和携液量均为最高值，且油套压差稳定保持在 0.5MPa 以下。对于单泵单注的气井，起泡剂的注入间隔周期越短越好。

表 7–1–5　JH171 井和 JH174 井加注制度对比

井号	药剂类型	加注制度	制度一	制度二	制度三
焦页 17–1HF	起泡剂	浓度 /%	0.3%	0.3%	0.3%
		加药量 /（kg/d）	6	6	6
		排量 /（L/h）	24	12	6
		药剂稀释比例 /%	5	5	5
		加注周期 /h	6	12	24（连续）
效果对比		日均产气 /m^3	2.69	2.73	3.42
		日均产水 /m^3	0.8	1.06	1.65
		油套压差 /MPa	0.56	0.5	0.46
焦页 17–4HF	起泡剂	浓度 /%	0.3%	0.3%	0.3%
		加药量 /（kg/d）	10	10	10
		排量（L/h）	40	20	10
		药剂稀释比例 /%	5	5	5
		加注周期 /h	6	12	24（连续）
效果对比		日均产气 /m^3	2.57	2.73	3.79
		日均产水 /m^3	2.23	2.58	3.48
		油套压差 /MPa	0.4	0.35	0.26

3）药剂稀释浓度

考虑起泡剂浓度过大会吸附在注醇管线和油管壁及套管壁上，涪陵页岩气田加注起泡剂稀释浓度比较低，起泡剂稀释浓度一般为 1.25%～5%，消泡剂稀释浓度一般为 2.5%～10%。考虑在达到泡排工艺平稳运行目的同时，尽可能节省清水拉运成本，需合理制定泡排药剂稀释比例。

以 ×× 集气站为例（表 7–1–6），分别统计了在 1.25%、2.5% 和 5% 的起泡剂稀释比例下的清水用量。当起泡剂稀释比例为 5% 时，该集气站的月度清水用量比起泡剂稀释比例为 1.25% 时节省了 $9.36\times10^4m^3$，既能满足生产需求，又可以节省成本。

5. 现场管理

泡排工艺的精细化管理是该项工艺成功实施的关键，涪陵页岩气田编制了《涪陵页岩气井泡沫排水采气管理实施细则》等管理规定，并总结了一些现场管理经验。

表 7-1-6　××集气站泡排工艺耗水量对比

井号	药剂类型	药剂稀释比例 / %	药剂用量 / kg/d	日度清水用量 / m^3	月度清水用量 / 10^4m^3
××-1 井	起泡剂	1.25	24	1920	5.76
		2.5	24	960	2.88
		5	24	480	1.44
××-2 井	起泡剂	1.25	28	2240	6.72
		2.5	28	1120	3.36
		5	28	560	1.68

（1）为减少外力冲击过大造成消泡剂（硅油乳液类）破乳后硅油的析出，稀释过程中应避免水流直接冲击。要求兑制消泡溶液时先加入清水，后加入消泡剂，搅拌分散力度适中，时长控制在 1min 内，搅拌均匀即可。

（2）及时对药剂罐内生成的乳化物进行打捞，并定期安排对加药罐及加注管线进行化学药剂清洗，避免造成泵注管线堵塞。针对雾化器喷嘴堵塞严重的气井，应及时安排更换大孔径喷嘴或取出喷嘴。

（3）稀释液保存时间不宜过长，一次稀释液加注时间不超过 3 天。

（4）要求每日两次进行分离器取水样，采用 500mL 取样瓶，从取样位置处取 250mL 水样，取样后盖上容器盖子，上下摇震 15s 后静置 30s，观察溶液起泡情况（静置后泡沫高度降低至 0.5cm 以下则消泡效果为合格，0.5～1cm 则消泡效果一般，1cm 以上则消泡不合格）。

（6）在分离器取样的过程中，混合起消泡剂的水样从分离器到取样瓶中时，会有一个高压（1.5～6MPa）到低压（大气压条件下，0.1MPa）的转换，此时溶解于液体中的天然气由于压力降低会析出，导致溶液出现较为绵密的泡沫。此时再次上下摇晃取样瓶 10 次，1min 内泡沫消散完成，即为消泡效果合格（图 7-1-6）。

(a) 消泡不合格

(b) 消泡一般

(c) 消泡合格

图 7-1-6　消泡效果取样判断示意图

三、柱塞气举

柱塞气举是间歇气举的一种特殊形式，柱塞作为一种固体的密封界面，将举升气体和被举升液体分开，阻挡了积液的下落，减少滑脱损失，提高举升效率。该技术在国内长庆、四川和大牛地等气田都得到了广泛应用。

涪陵页岩气井应用柱塞气举工艺时，需要解决以下难点：

（1）页岩气井下油管采用带压作业，为保证带压起下油管的安全性，在油管结构中增加了X型工作筒（内径47.0mm或58.0mm）和XN型工作筒（内径45.0mm或56.0mm），柱塞运行时必须通过工作筒，并在油管（内径50.6mm或62.0mm）内保持充分密封；

（2）页岩气藏采用压裂改造，气井井口安装有ϕ180mm大阀，常规短柱塞运动至井口大阀时易发生偏移，导致其滞留在阀腔，无法被捕捉或回落，漏失较大；

（3）柱塞井口流程改造后，无法开展常规测压工作。

为解决以上难题，对常规柱塞进行了结构优化。

1. 防漏失设计

常规柱塞运动至井口大阀后易发生偏移而滞留在阀腔，无法到达防喷管；柱塞经过井下管柱上的工作筒时，容易造成常规柱塞或卡堵［图7-1-7（a）］。为了提高柱塞的适用性，研制了变径组合柱塞，采用加长设计，当柱塞进入井口变径段的时候，至少有一端能保证在小通径内扶正柱塞，同时保证在通过变径段发生收缩时始终有一个柱塞可以正常工作，以最大程度地降低漏失率［图7-1-7（b）］。常规柱塞与变径组合柱塞的工作参数见表7-1-7。

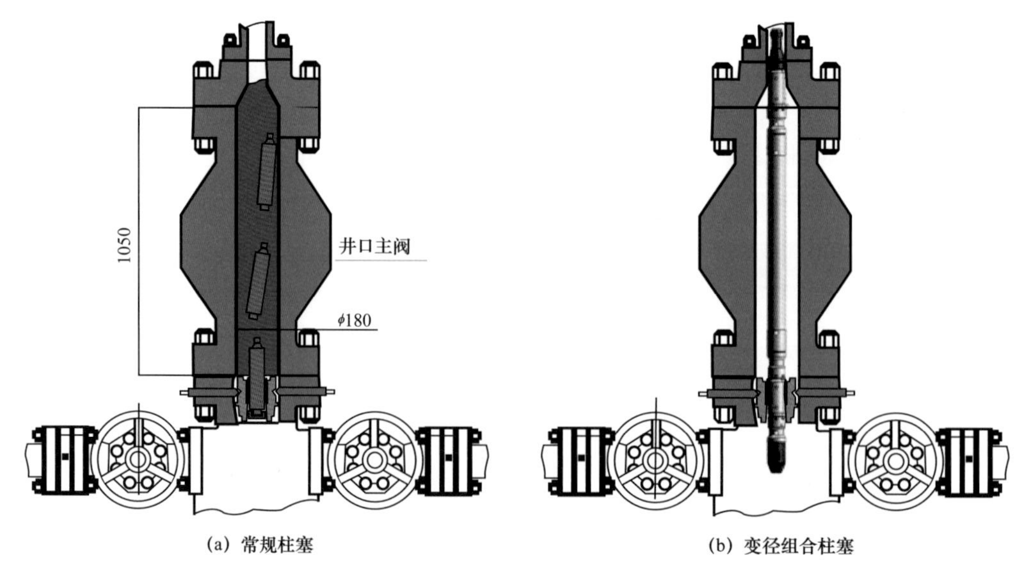

图7-1-7 变径组合柱塞与常规柱塞结构对比

表 7-1-7 变径组合柱塞与常规柱塞工作参数对比

柱塞类型	适用油管直径/mm	柱塞最小钢体外径/mm	柱塞最大弹性外径/mm	井口可通过最大通径/mm	井下可通过最小通径/mm	井下压力检测	井下温度检测
常规柱塞	60.3	49.0	51.0	52.0	50.0	无	无
	73.0	59.0	63.0	65.0	60.0	无	无
弹块式变径组合柱塞	60.3	45.0	51.0	无限制	46.0	可搭载	可搭载
	73.0	55.0	63.0	无限制	56.0	可搭载	可搭载

2. 温压仪搭载设计

气井柱塞气举需进行井口流程改造，加装防喷缓冲器和捕捉器，导致无法进行常规测压作业。为了了解井下温度压力情况，在组合柱塞工具内部加装温压仪，可以实时监控柱塞运行状态和井下温度压力。柱塞一个运行周期内的温度压力测试曲线如图 7-1-8 所示。开井时，井口压力与外输压力快速持平，井筒中储存的气体从井口采出，压力传递至井下柱塞，使得压力计表现为压力陡降，降至 5.1MPa，此时柱塞开始上行排液；柱塞到达井口时，排液量达到最大，压力上升至 9.8MPa，气体进入续流生产阶段，依靠自身能量排液，压力计表现为井口压力；随着生产的进行，井筒积液，井口压力逐渐降低，直至进入下一循环。柱塞上行用时 100min 左右，下行用时 70min 左右。

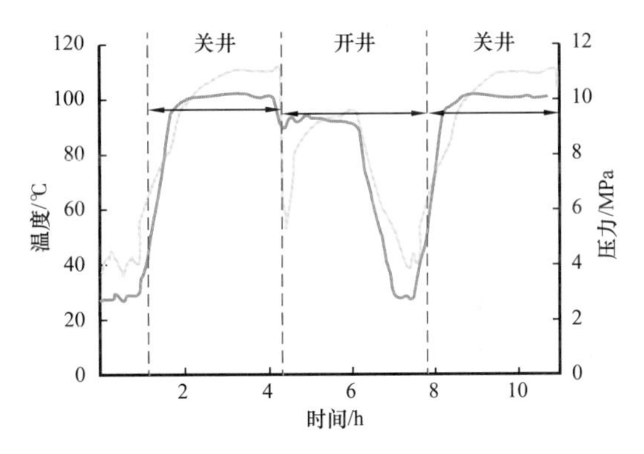

图 7-1-8 柱塞气举过程井下温度压力测试数据

3. 影响因素

影响柱塞气举工艺的因素很多，且各因素之间互有影响。根据理论分析及现场应用，认为套压、气液比、产液量、水平段轨迹和柱塞工作制度是影响页岩气井实施柱塞气举效果的关键因素，其中套压、气液比、产液量和水平段轨迹是柱塞气举工艺选井的主要条件，柱塞工作制度是提高柱塞举升效率的优化方向。

（1）套压。柱塞运行的动力主要来自于气井自身能量，用套压来标征油套环空储存能量的大小，套压越大，表明气井能量越高，越有利于柱塞气举排液。

（2）气液比。高气液比有助于推动柱塞上行，气液比越大，井筒能量损失越小，续流生产时间越长，关井复压所需时间越短，也越有利于延长单日开井时间，提高气井产量。

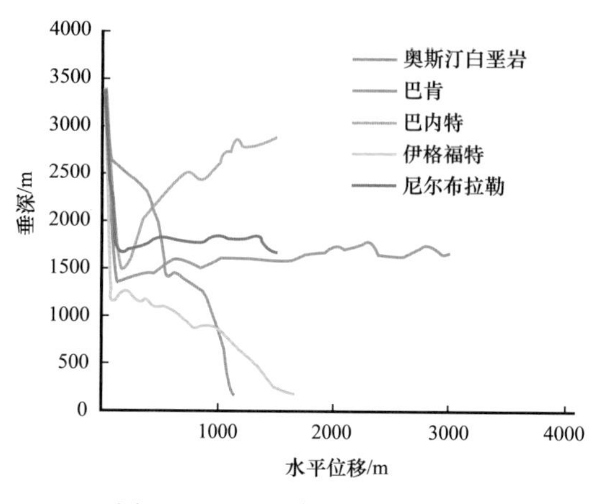

图 7-1-9 页岩气井水平段轨迹

（3）产液量。地层产液量越大，单个周期举升的液量越多，井筒能量损失越大；同时，产液过快会导致油管内快速积液，造成井底流压增加，关井恢复时间增加。若积液液面过高，易造成柱塞无法举升上部液体，导致柱塞气举失效。

（4）水平段井眼轨迹。页岩气开发采用长水平井分段压裂技术，根据地层构造的不同，水平段表现出上翘型、下倾型和起伏型多种井眼轨迹（图 7-1-9）。井眼轨迹向上斜（上翘）时，液体倾向于聚集在水平段跟部或倾角下游，如果气体通道完全被液体堵塞，液体后部的压力将不断积累，直到通过段塞流将液体驱替出去；水平井井眼轨迹向下（下倾）时，液体会以层流方式向下部流动，在缓冲限位器以下水平段产生积液，难以用柱塞排出。

（5）柱塞工作制度。柱塞工作制度的优化体现在开关井时间的优化上。关井时间越长，地层能量恢复越充分，油套环空中聚集的气体越多，单个周期排出的水量越多，单次续流生产时间越长。但单次续流生产时间过长，气井能量衰竭，产量低于临界携液流量而造成井筒积液，产生无效开井时间；同时生产时间过长，会大大消耗地层能量，需要关井恢复的时间也会延长，严重影响柱塞气举的效率。

4. 适用条件

采用柱塞进行举升排采时，关键是气井要具有一定的推动柱塞运行的能量，可用井底流压来表征能量的大小。井底流压越高，地层的能量越充足，套管压力恢复速度越快，越有利于柱塞进行排水采气。柱塞运行时的最低井底流压计算公式为[3]

$$p_{wf} > p_z = p_s + \left(p_{1h} + p_{1f}\right)LA_t + p_p + p_f \qquad (7-1-8)$$

式中 p_{wf}——井底流压，MPa；

p_z——柱塞运行所需的井底流压，MPa；

p_s——外输压力，MPa；

p_{1h}——举升 $1m^3$ 液体段塞的静液柱压力，MPa/m^3；

p_{1f}——举升 $1m^3$ 液体段塞摩阻压力，MPa/m^3；

L——卡定限位器以上积液高度，m；

A_t——油管内表面积，m^2；

p_p——克服柱塞重力所需的压力，取 0.325MPa；

p_f——油管内的气体摩阻，MPa。

根据式（7-1-8），采用 Hagedorn-Brown 两相流计算方法，计算外输压力 4.0MPa 时运行柱塞所需的最低井底流压，结果如图 7–1–10 所示。积液高度决定了开井时柱塞需要举升的液体体积，积液高度越高，开井所需的井底流压越大，需要关井恢复的时间越长；同样，气井水气比越大，井筒能量损失越大，液体越易发生滑脱，开井续流时间越短。

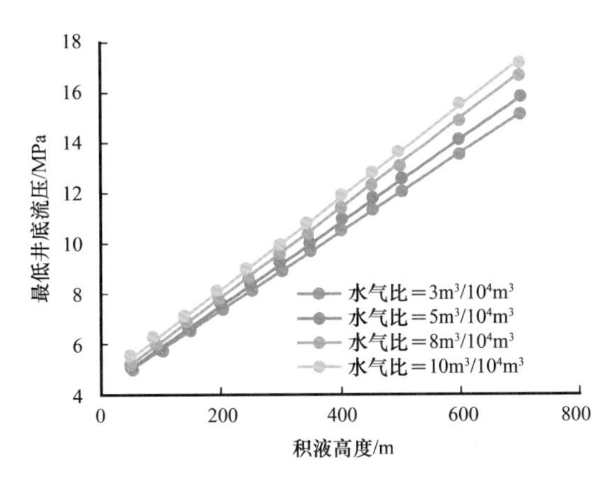

图 7–1–10　外输压力 4MPa 下气井运行柱塞所需的最低井底流压（油管内径 62.0mm）

5. 工作制度

气井柱塞运行一个周期内的生产曲线如图 7–1–11 所示，主要分为 3 个阶段：（1）关井恢复阶段，完成柱塞的下落和井底压力的恢复；（2）有效续流阶段，包括柱塞上行排出积液和气井依靠自身能量携液生产，此时油压波动，有明显的出液特征；（3）无效续流阶段，此时气量低于临界携液流量，出现套压快速返高，油压、产气量快速下降，井筒积液。当出现无效续流阶段时，及时关井循环柱塞，减少无效续流时间，避免积液液面过高，导致柱塞失效。

以 ××–5 井为例（图 7–1–12），续流阶段瞬时产量高于 $2\times10^4m^3/d$，气井能通过自身能量携液生产；产量低于 $2\times10^4m^3/d$，油套压差快速增大，井筒开始积液。该井前期采用关井 6h、开井 15h 的工作制度，导致续流阶段的低效生产时间较长，井筒积液严重，降低了柱塞气举的效率。根据工作制度优化原则，将工作制度调整为关井 6h、开井 12h，保证气井在积液初期及时运行柱塞。工作制度调整后，柱塞单次运行的排水量增加，日产水量从 $10.8m^3$ 增加至 $11.9m^3$，日产气量从 $2.06\times10^4m^3$ 上升至 $2.59\times10^4m^3$。

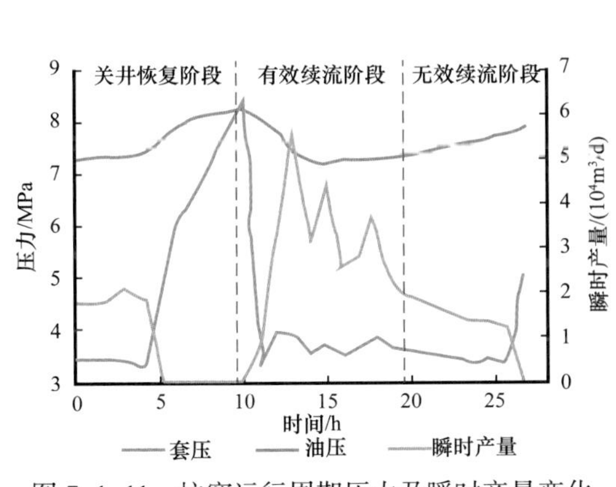

图 7–1–11　柱塞运行周期压力及瞬时产量变化

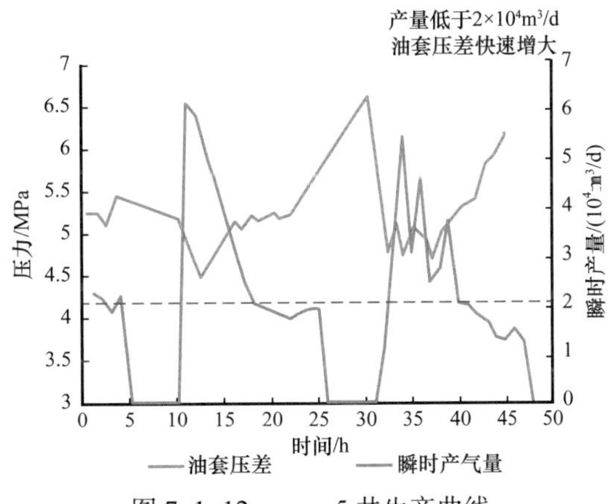

图 7–1–12　××–5 井生产曲线

涪陵页岩气田累计 34 口井实施了柱塞气举工艺，通过优化气井不同生产时期柱塞工作制度，提高柱塞举升效率，单井日均增产气量 $0.9\times10^4m^3$，有效控制了气井递减率，保证了页岩气井生产后期连续稳定生产。

第二节 增压开采技术

涪陵页岩气田焦石坝区块已处于开发中后期阶段，多数气井自然稳产期结束，气井正常生产受外输管网压力影响，井筒积液严重、产量快速递减，气井被迫进入间开，区块稳产困难，大量可采储量得不到利用。采用压缩机增压输送，可降低气井井口流动压力，带来的好处有几个方面：一是降低了气井连续携液气量，提高气井的携液能力，减少了气液滑脱，降低了井筒压力损耗；二是增大了生产压差，提高了气井的产量，实现气井稳产增产；三是降低气井废弃压力和废弃产量，进一步提高气藏采收率。

一、潜力评价

增压潜力评价技术的核心指标有气井增压时机、废弃压力、废弃产量、满足最低收益率的增气量。

1）增压时机

涪陵页岩气田生产实践表明，气井井口压力接近输压后，气井产量会出现递减，当产量低于连续携液流量后，气井会因井筒积液无法连续生产，因此将气井外输压力条件下的连续携液流量可作为增压理论时机。气田增压开采在实际实施过程中，增压时机在理论时机的基础上，要通过气田产量需求、集输管网特征、气井产水特征、增压潜力大小等进行优化调整。根据气井2019—2020年产气量预测数据和脱水站进站压力数据，通过PIPELINE软件建立气田管网模型，反演出各井满足产销需求及管网运行的最小气量，对于最小气量低于连续携液流量的气井，根据产水量高低调整增压时机。

2）废弃产量

油气田经济极限产量是指油气田废弃时支撑回收操作成本和税费的单井最低日（月）产量，也称为盈亏平衡产量，即油气井的销售收入等于固定成本和变动成本之和时的油气井产量。表达式为

$$Q_{econ}=\frac{C_{fo}}{\left(P_0-C_{vo}\right)R_0} \tag{7-2-1}$$

式中 Q_{econ}——经济极限产量，m^3/d；

C_{fo}——固定成本，元/d；

P_0——不含税天然气价，元/m^3；

C_{vo}——采气成本，元/d；

R_0——天然气商品率，%。

经济评价参考当前经济参数，经济极限产量计算结果显示：集气站井数越多，单井平均投资成本和运行成本越低，经济极限产量越低，2口井的集气站经济极限产量为3535m^3/d，3口井的集气站经济极限产量为2537m^3/d，4口井的集气站经济极限产量为

1767m³/d，5 口井的集气站经济极限产量为 1414m³/d，6 口井的集气站经济极限产量为 1178m³/d（表 7–2–1）。

表 7–2–1 不同井数平台增压开采经济极限产量表

集气站井数	采气成本 /（元 /d）	电费等运行成本 /（元 /d）	采气收入 /（元 /d）	日产量 /m³
2	1260	3030	5048	3535
3	840	2020	3365	2357
4	630	1515	2524	1767
5	504	1212	2019	1414
6	420	1010	1683	1178

3）废弃压力

废弃压力指标主要通过不同废弃压力与可采储量变化关系、气井理论与实际 IPR 曲线两种方法确定。以焦页 1HF 井、焦页 1–2HF 井、焦页 1–3HF 井、焦页 6–2HF 井、焦页 4HF 井、焦页 4–2HF 井、焦页 48–1HF 井、焦页 56–6HF 井、焦页 61–1HF 井、焦页 24–2HF 井共 10 口井为例，研究气井在不同废弃压力下可采储量变化，废弃分类分别设置实际输压 4MPa、3MPa、2MPa、1MPa 及 0.1MPa 时，随着废弃压力的降低，可采储量逐渐增加，废弃压力降至 1MPa 前可采储量增加速度较快，降至 0.9MPa 后趋于平稳（图 7–2–1），确定气井的废弃压力为 0.9MPa 左右。

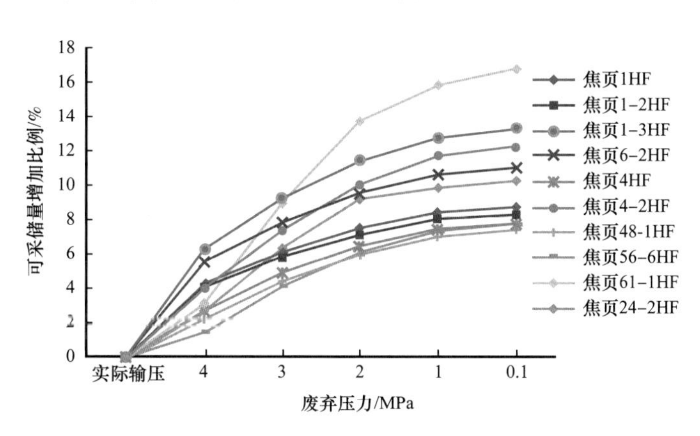

图 7–2–1 典型井不同废弃压力下可采储量增加比例分布

4）满足最低收益率的增气量

结合增压开采建设投资，运行维护费用，按照 2017 年天然气价格 1.34 元 /m³（不含税及补贴），商品率 96%，经济效益评价期 10 年计算涪陵页岩气田焦石坝区块一期产建区 41 个集气站单平台盈亏平衡增气量。不同井数的集气站 10 年评价期盈亏平衡单井增气量不同：2 井集气站平均单井盈亏平衡增气量为 $1235\times10^4m^3$，3 井集气站平均单井盈亏平衡增气量为 $823.5\times10^4m^3$，4 口井集气站平均单井盈亏平衡增气量为 $617.6\times10^4m^3$，5 井集气站平均单井盈亏平衡增气量为 $494.1 \times 10^4 m^3$，6 井集气站平均单井盈亏平衡增气量为 $411.8 \times 10^4 m^3$，7 井集气站平均单井盈亏平衡增气量为 $352.9 \times 10^4 m^3$，8 口井集气站平均单井盈亏平衡增气量为 $308.8 \times 10^4 m^3$，9 井集气站平均单井盈亏平衡增气量为 $274.5 \times 10^4 m^3$。

综合增压开采潜力评价的核心指标，焦石坝一期 254 口井增压开采降至 0.9MPa 平均单井增气量为 $1399 \times 10^4 m^3$，总增气量为 $35.53 \times 10^8 m^3$。涪陵页岩气田焦石坝区块有 7 座集气站无增压开采潜力，主要分布在焦石坝南部。

二、增压模式

页岩气单井具有初期压力高、后期压力递减快等特点。依托气田整体开发的特性，合理确定集输压力及增压方式，是保证页岩气经济增压开发的关键。增压方案主要有集气站单点、集气支线区域、脱水站整体 3 种增压模式。综合考虑不同增压模式与气井废弃压力、气田开发方式、气井增压时机和集输管网的匹配性得出：集气站增压模式可最大限度降低气井井口压力，同时可提高压缩机利用效率，技术上相对具有优越性；集气站增压集输系统压力匹配简单，施工便捷，充分依托已建集输系统，适应性强，干线不放空，不动火；从投资方面对比，集气站增压为主的增压开采模式最节省投资，从效益方面对比，集气站增压模式内部收益率最高，实施增压后单井累计增气量最大。因此，推荐集气站增压模式。各种增压模式适应性评价详见表 7-2-2。

表 7-2-2 各种增压模式适应性评价

增压模式	集气站增压	区域增压	整体增压
工艺特征	降集气站运行压力，外输压力不变	降区域集气站压力，集气支线末端增压	降管网压力，脱水站附近增压
新建管线 /km	10.5（站内工艺改造管线为主）	35.35（站外集输支线为主）	41.48（站外集输支、干线为主）
施工难度	容易，站内改造几乎无须征地	较难（部分站场等级高，征地面积较大，管网敷设较长）	难（站场等级高，征地面积大，管线敷设长）
维护管理	管理点多，维护工作量大	管理点较多，维护工作量较少	站点最少，方便集中管理
同站新老井增压时机差异大	可实现高低压分输	调整井区域需修支干线复线，实现高低压分输	需建支干线复线，实现高低压分输
平均单井增气量 /$10^8 m^3$	0.15	0.12	0.09
投资收益率 /%	29	20	11

三、压缩机选型

根据已确定的增压方式和气井生产规律确定压缩机选型，压缩机选型技术的核心参数为排气压力、吸气压力、压缩机类型、压缩机动力类型、压缩机冷却方式、压缩机结构优化等。

1. 排气压力

涪陵页岩气田管线沿程各集气站出站压力范围较宽，各集气站外输压力范围为4.17～5.97MPa。采用集气站增压模式，未改变内部集输系统，因此各增压站的外输压力按照当前集气站外输压力确定。同时考虑压缩机稳定运行和节省能耗的情况，需将增压站的出站压力设定在某一范围内，以保障安全生产。兼顾考虑压缩机规格标准化、统一化，方便压缩机采购。因此，增压站压缩机出口压力设定为5.0MPa，确定压缩机的排气压力范围为4.0～6.0MPa。

2. 吸气压力

压缩机吸气压力为各平台低压气井来气，因此，其与气井油压系统的压力紧密相连。压缩机吸气压力设定值较高时，压缩机压比较小，能耗较小；吸气压力设定值较低时，将其优缺点分别描述如下：

优点：吸气压力越低，越有利于减少集输系统中水合物的生成；吸气压力越低，单井到单站的压差越大，越有利于上游排水带液。

缺点：吸气压力过低，可能导致上游管输能力不够；增压站压缩机机组的压比和能耗会相应增大，级数也会增加。

所以，吸气压力的确定，需要根据现场的输气量和出气压力进行数值模拟，确定合理的吸气压力，是增压开采工艺的重要组成部分。利用工艺模拟软件HYSYS进行计算，以出口压力5.0MPa为例，模拟压缩机在不同入口压力的工况时能耗变化情况。模拟计算取用的基本参数见表7-2-3。

表7-2-3 模拟计算取用的基本参数表

项目	参数1	参数2
压缩机单机吸气量/（$10^4m^3/d$）	5.0	10.0
吸气温度/℃	25	25
出口压力/MPa	5.0	5.0
机组出口温度/℃	≤50	≤50

设定压缩机出口压力为5.0MPa，分别取不同的吸气压力数值，并得到其对应的轴功率数值，不同吸气压力的轴功率变化曲线如图7-2-2所示。

由图7-2-2可以看出，随压缩机吸气压力逐渐降低，单机轴功率逐渐增大；当压力低于某一区间（1～2MPa）时，单机轴功率增加的趋势逐渐变快，并且吸气压力越低，变快的趋势越明显。单机轴功率越大，能耗越大，相应的运行成本也越高。且进口压力越低，压比越高，压缩机本身的投资费用也越高。

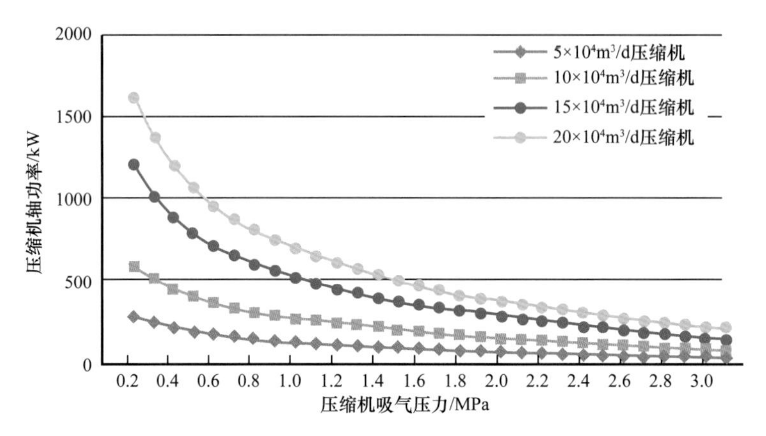

图 7-2-2 不同吸气压力的轴功率变化曲线图

对比不同规格压缩机随着吸气压力的性能变化见表 7-2-4，分析压缩机吸气压力设计点的不同对增压开采效果的影响。

表 7-2-4 不同规格压缩机随着吸气压力的性能变化表

压缩机规格		$5\times10^4m^3/d$				$10\times10^4m^3/d$			
吸气压力设计点		1.0MPa（方案一）		2.0MPa（方案二）		1.0MPa（方案一）		3.0MPa（方案二）	
参数		排气量 / $10^4m^3/d$	轴功率 / kW	排气量 / $10^4m^3/d$	轴功率 / kW	排气量 / $10^4m^3/d$	轴功率 / kW	排气量 / $10^4m^3/d$	轴功率 / kW
不同吸气压力工况下压缩机情况	1.0MPa	5.00	140	2.43	65	10.15	257	3.67	103
	2.0MPa	5.84	109	5.16	83	11.66	187	7.79	136
	3.0MPa	9.10	113	8.03	82	18.03	182	12.12	141

由表 7-2-4 可见，选用入口压力压缩机随着入口压力变化，压缩机处理量变化区间范围大，比方案二所选压缩机更符合页岩气井产量递减变化快、幅度大的特征。且根据地质预测情况，进行增压开采后，气井井口压力在 2.5 年左右降低至 1.0MPa，气井生产压力将长期维持在 1.0MPa 下生产，中高产能气井所在集气站的气量 5 年后仍维持在 $10\times10^4m^3/d$ 以上生产，低产能气井所在集气站的气量 5 年后仍维持在 $5\times10^4m^3/d$ 左右生产；中高产能气井所在集气站选择压缩机入口压力设计点为 1MPa，既可以满足前期高气量的运行，又可以满足压缩机长时间保持在设计点附近运行；低产能气井所在集气站选择压缩机入口压力设计点为 2MPa 或 3MPa，可以延长压缩机高效运行时间（图 7-2-3）。

3. 增压机组类型选择

集气站现场要求单台压缩机排量 $10\times10^4m^3/d$，采用往复式、离心式、螺杆式都能满

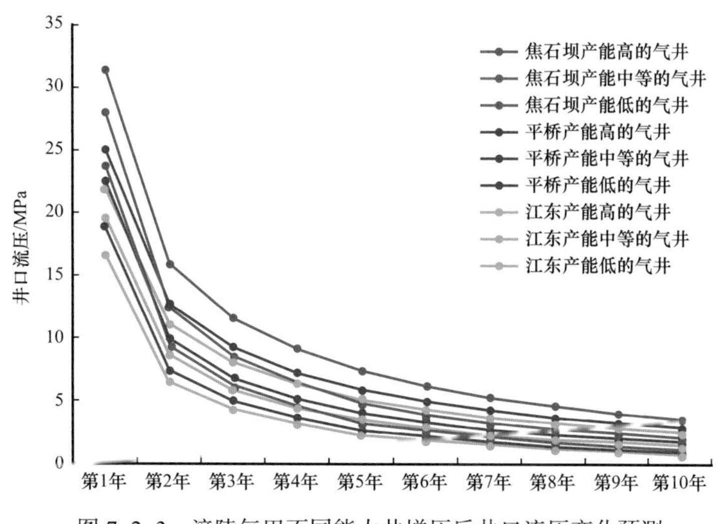

图 7-2-3 涪陵气田不同能力井增压后井口流压变化预测

足要求；集气站吸气工况压力范围为 0.5～3.0MPa，要求压缩机吸气压力的适应范围很大，排气工况压力范围为 4.0～6.0MPa。

离心式压缩机对压力的适应范围较窄，在设计点工况时具有较高的效率，而工况变化时极易发生喘振，从而影响压缩机组的正常运行。因此，要保证压缩机稳定运行，需将高进压状态减压至低进压状态，稳定在低进压状态后进行定功率运行，因此，在进压范围内，离心式压缩机功耗远大于往复式压缩机。

往复式压缩机具有适应宽阔的压力范围优势，完全能够满足现场的工况条件，充分保证机组的高效正常运行，并能通过调节压缩机气缸余隙、压缩机工作气缸的数量、转速等方式对工况范围进行适应，不同工况下机组功率消耗不同，因此在适应工况条件下比离心式压缩机节能性好。

螺杆式压缩机相对于往复式压缩机和离心式压缩机具有优越的适应性、可操作性及稳定性，在气体集输和天然气集输工艺中具备明显的优势。双螺杆式压缩机一共仅有 300 多个零件，易损件很少，因而可以更长时间无故障运行，判断故障点也更加方便。

往复式压缩机有 2000 多个零件，易损件更多，故障率高，日常维护工作量大。螺杆式压缩机由于阴转子、阳转子、缸体之间均保持适当的间隙，互不接触，因而允许压缩介质带液滴和带粉尘，可以多相混输。而压缩介质带液滴或者粉尘将损坏往复式压缩机，离心压缩机则严禁介质中夹带杂质。螺杆式压缩机由于在工作时没有不平衡力，因此振动很小，噪声主要是排气噪声，螺杆式压缩机不需要进出口消音器，机组结构简单，维修方便，工作可靠。综上所述，推荐选用往复式压缩机。

4. 增压机组动力选择

压缩机的驱动方式主要包括电驱和燃驱两种形式。电动机的供电要求为一级负荷，受当地电网的制约，选择电驱时需考虑当地电网供电能力，外部电网是否稳定可靠，电价是否经济等问题，并且要和当地供电部门做好沟通，签订用电协议，保证供电稳定，故电动机一般用于供电充足地区。

燃气轮机，不受外部条件的制约，仅需要1套供气设备和控制设备，依赖性较小，仅依靠管网供气就可以满足需求，但会排出CO_2等温室气体，环保性较差，因此，燃气轮机一般用于供电薄弱且对环保无特殊要求的地区。

电动机作为压缩机的驱动设备，最突出的优点是效率高、噪声小、不污染环境、可靠性高。但要求厂址周边具备引接外电源条件，且电力供配系统要能满足集气站大负荷用电要求。涪陵页岩气田现有电网系统满足集气站电驱增压为主的供电需求。

燃驱机械效率在30%～36%，燃烧单位标准立方米气产生的成本比相应能量的电费会低，运行费用较电驱低，但电驱一次投资低，建设周期短，维护简单；而相应的燃驱则一次投资高，建设周期长，维护麻烦，一般需要专业操作维护人员。同时燃驱机组对负载要求较高，一般要求大于50%，不适应气田增压气量变化较大的工况。

综合比较，为适应大范围工况变化、减小投资成本、提高压缩机组运行稳定性，推荐采用电驱压缩机。

四、压缩机结构

为保证压缩机安全平稳、高效运行，通过建立数值模拟对承受重要载荷的零部件进行有限元分析，优化压缩机结构、重要尺寸参数，提高产品安全系数。

压缩机结构优化原则：轻量灵巧，全平衡运动件结构，往复惯性力和力矩均平衡，高转速（最高1800r/min），减小体积、质量和振动。

结构优化完成的主要工作：

（1）计算压缩机轴系扭矩，确认轴系结构、尺寸、材料，减小轴系振动（图7-2-4）。

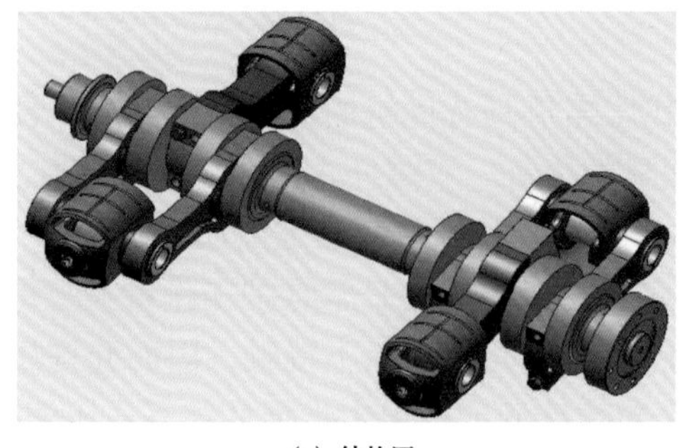

(a) 结构图

(b) 受力分析图

图7-2-4 全平衡运动件结构受力分析

（2）按API618标准第三种方法，建立压缩机组声学模型（图7-2-5），模拟机组运行状态，计算固有频率、振动模态及瞬态响应，优化管路布局，合理设置支撑，使气流脉动符合标准要求，保证设备运行平稳。

（3）利用余隙缸调节双作用气缸，实现多种排量调节方式，提高机组宽工况适应性，在不同压力条件下能实现10×10^4～$20\times10^4m^3/d$处理量。

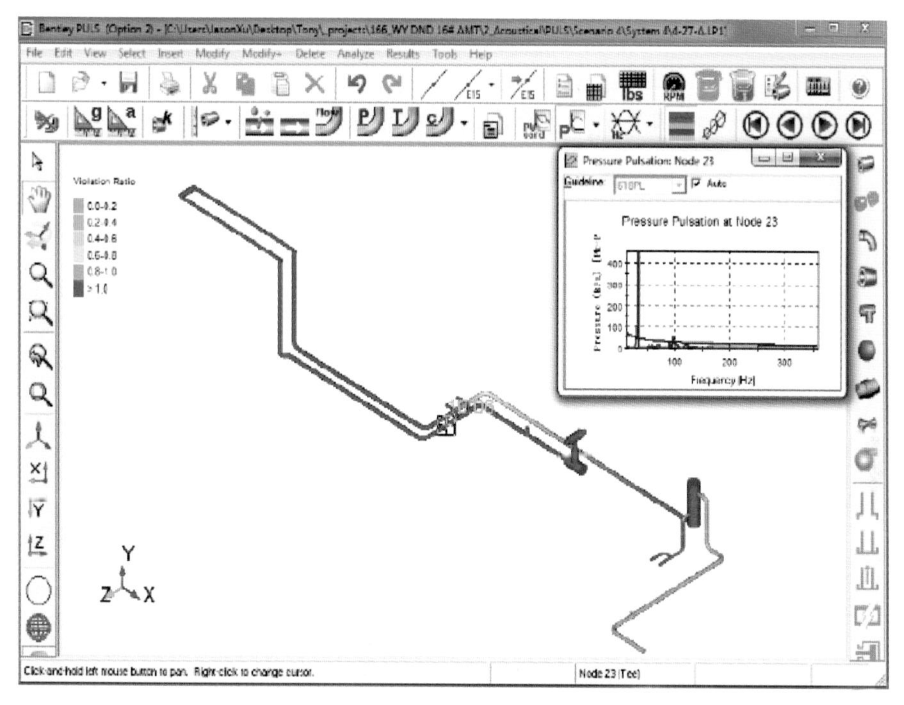

图 7-2-5　压缩机组声学模型

五、现场应用效果

1. 增压开采潜力预测与实施效果对比

焦石坝区块自 2017 年 12 月实施增压开采以来，已投运增压站 62 座、压缩机 82 台，从焦石坝整体增压效果上来看，182 口增压气井生产压力 1.96MPa，日产气量 $751\times10^4m^3$，方案预测定压 3MPa 及 1MPa 日产气量分别为 $596\times10^4m^3$、$634\times10^4m^3$，气井增压后实际增压气量较地质预测提升 26%、18%。焦石坝区块增压开采可研预测产气量与实际产气量对比如图 7-2-6 所示。

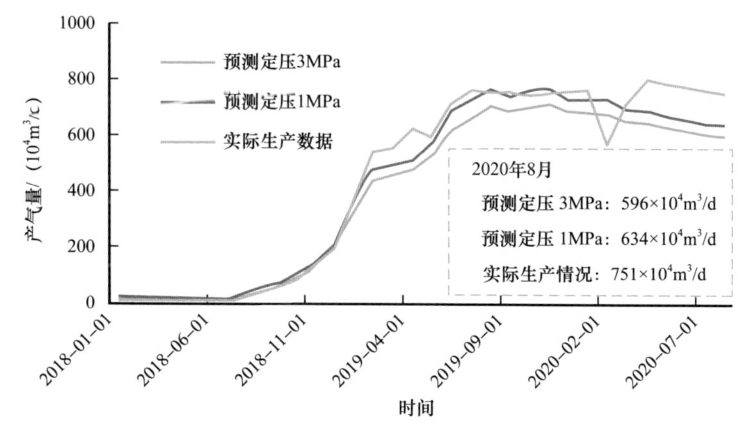

图 7-2-6　焦石坝区块增压开采可研预测产气量与实际产气量对比图

焦石坝区块低、中、高产水区大多数集气站增压开采效果较好，实际日产气量基本均高于方案预测值。各产水区典型站场增压前后生产情况对比见表 7–2–5。××–6、××–57、××–50 集气站增压开采预测气量与实际产气量对比如图 7–2–7 至图 7–2–9 所示。

表 7–2–5　各产水区典型站场增压前后生产情况对比表

区域	集气站	投产日期	气井数量 / 口	压缩机数量 / 台		增压前		至 2020.08	
				$10\times10^4m^3$ 1MPa	$5\times10^4m^3$ 2MPa	单井日均产气 / 10^4m^3	日均产水 / m^3	单井日均产气 / 10^4m^3	日均产水 / m^3
低产水区	××–6	2018–09–30	3	1	2	4.48	1.1	8.71	1.95
中产水区	××–37	2019–01–10	4	1	0	4.44	9.06	4.72	8.84
高产水区	××–50	2019–06–06	8	1	0	2.44	19.93	2.81	19.97

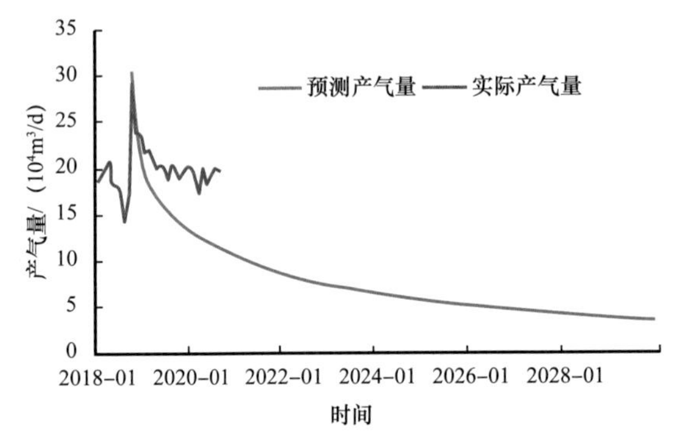

图 7–2–7　××–6 集气站增压开采预测气量与实际产气量对比图

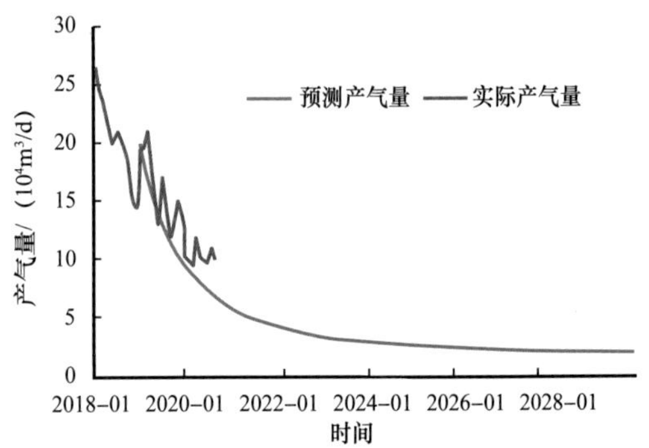

图 7–2–8　××–37 集气站增压开采预测气量与实际产气量对比图

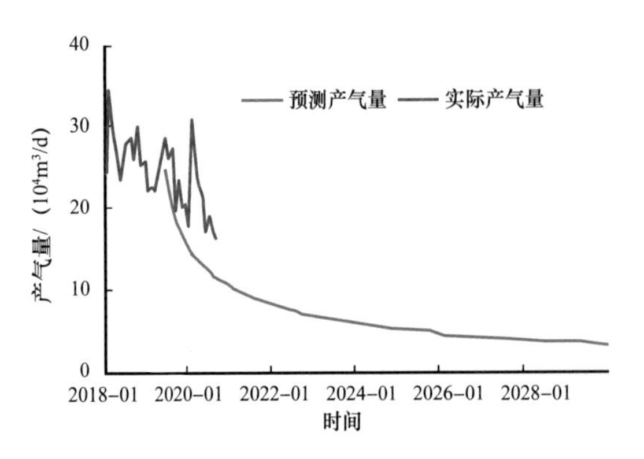

图 7–2–9　××–50 集气站增压开采预测气量与实际产气量对比图

2. 增压模式与压缩机选型评价

2018 年 8 月，涪陵页岩气田开始在焦石坝区块采用集气站增压模式大规模实施增压开采工程。

集气站增压改造流程采用高低压两条汇管，站内高压气井可通过高压汇管直接外输，低压气井经低压汇管进入压缩机增压后再进行外输，最大限度利用地层压力，满足气田滚动开发、井间压力差异、调整井快速投产的要求。集气站增压模式工艺流程如图 7–2–10 所示。

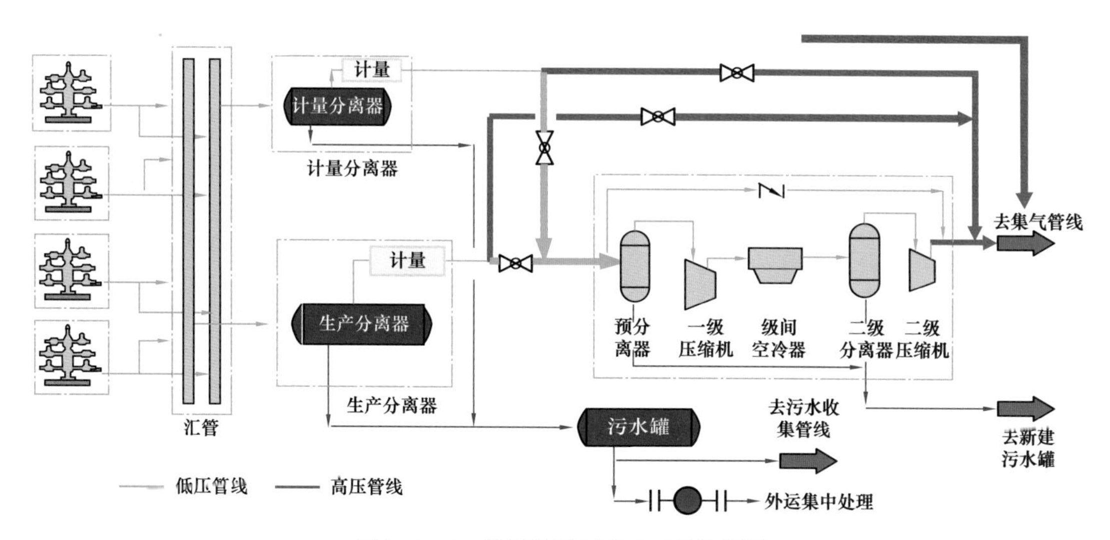

图 7-2-10 集气站增压模式工艺流程图

集气站增压的采气半径最短，增压前气体输送压损可控制在 0.1MPa 以内，气井废弃压力可降低至 0.7MPa，延长气井生产时间，提高采收率，使气井效益最大化。

集气站增压模式可充分利用已建集气站征地，无须新建管网，干线不放空，不动火，施工便捷。压缩机采用无固定连接基础，配电系统采用橇装增压配电间，方便后期集气站间压缩机的调配。

集气站增压模式与涪陵页岩气田滚动开发情况适应性较好，后续江东、平桥区块增压开采工程继续沿用了此种增压模式。根据地质预测，增压开采工程运行到 2029 年，可满足 96.39% 的预测增压气量需求，集气站增压模式与涪陵页岩气田增压需求匹配度高。

通过对压缩机机组效率进行测试，涪陵页岩气田的压缩机效率测试值均在 68% 以上，高于规定的节能值 65%，压缩机运行效率保持在较好的水平范围内。随着增压开采实施的深入，压缩机入口压力不断降低，压缩比升高，压缩机处理标况流量降低，使压缩机平均单耗由 2018 年的 0.037kW·h/m^3，上升至 2020 年的 0.043kW·h/m^3，与压缩机理论单位能耗基本一致。压缩机运行情况统计见表 7-2-6，压缩机效率测试情况如图 7-2-11 所示，压缩机单位能耗对比如图 7-2-12 所示。

表 7-2-6 压缩机运行情况统计表

序号	时间	压缩机入口压力 /MPa	测试压缩机台数	压缩机理论单耗 /（kW·h/m^3）	压缩机实际单耗 /（kW·h/m^3）	压缩机实际效率 /%
1	2018 年	2.91	26	0.031	0.037	68.4
2	2019 年	2.62	55	0.035	0.038	70.1
3	2020 年	2.04	82	0.043	0.043	68.5

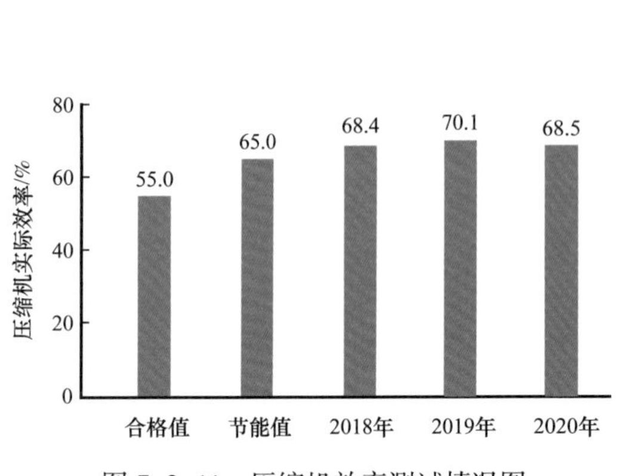

图 7–2–11 压缩机效率测试情况图

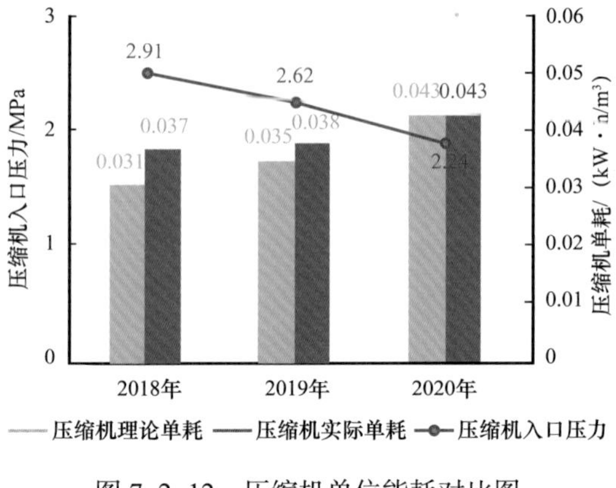

图 7–2–12 压缩机单位能耗对比图

第三节 涪陵页岩气田信息化控制系统研发与升级应用

一、涪陵页岩气集气站产量调控方案研究

根据 20# 站的运行情况，可调控产量的主要因素为水套加热炉处的调节阀，所以考虑使用单闭环控制回路对产量进行调控。考虑远传反应时间、电动执行器运作时间等因素，在控制回路中加入一定时间的滞后，以保证控制回路尽量贴合实际运行的情况。

1. PID 工艺流程设计与改造

根据 20# 站场的设备布置情况，画出相应的 PID 工艺流程图。气体从采气树采出，经过水套加热炉大部分气体去往分离器进行分离，还有一小部分气体进出分液包提供水套加热炉的自用气，经分离器处理后直接汇出外输干线，如图 7–3–1 所示。

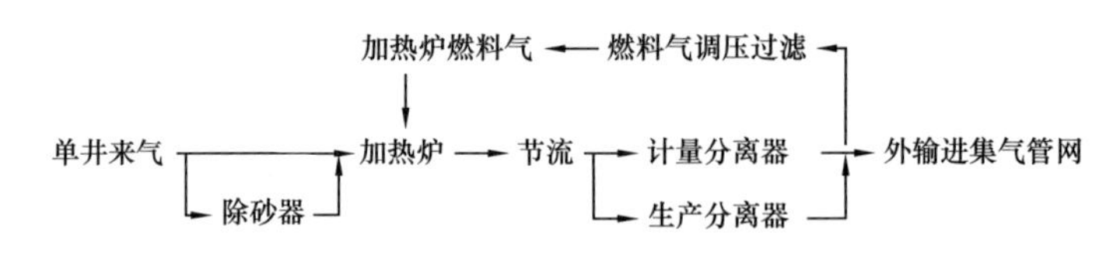

图 7–3–1 集气站流程图

单井来的气体通过水套加热炉加热到 47℃之后节流到 16MPa；再进入加热炉加热到50℃后节流至 5.5MPa，温度约为 20℃。经过节流后的单井气体要进行周期性轮换计量，计量周期定为 2～6 天，每次计量的持续时间不应少于 24h。采用计量分离器进行计量，单井来气在生产分离器内进行气液分离，分离出的气体通过孔板流量计后与生产分离器分离出的气体汇合在一起外输进集气管网；分离出的液体通过漩涡流量计计量后进入污水罐储存，定期装车外运。不需计量的单井天然气通过生产汇管进入生产分离器进行气液分离，分离后的天然气计量后进入集气管网。生产分离器分离出来的污水排入站内污水罐。站场紧急放空通过限流孔板泄放，集气站出口的紧急截断阀对集气站进行保护。

加热炉燃料来自本站的生产分离器后的湿气，先进加热炉进行预热，加热到35℃，再经燃料气调压橇调压至0.4MPa，调压后的温度约为10℃，经过分液包分离出液滴后输送至各加热炉炉口。加热炉采用4盘管，每座加热炉管辖2口气井。

2. 控制回路仿真分析

1）调节阀工作流量数据

在20#集气站以其中一口井作为试验井，对水套加热炉出口处的PID调节阀进行手动调节，分别从正行程和反行程测两组数据。记录监控系统预计的日产量数据和差压数据，以及PID调节阀上的开度显示。

现场手动调节阀门开度测得数据见表7-3-1和表7-3-2。

表7-3-1 反行程数据记录表

开度/%	90	70	60	50	40	30	25	20	15	10	9	8	7	6	5	4	3
瞬时流量/$10^4m^3/d$	7.8	7.7	7.8	7.8	7.6	7.3	7	6.6	6	4.9	4.7	4.3	3.9	3.4	3.1	2.7	2.1

表7-3-2 正行程数据记录表

开度/%	4	5	6.6	8	9	10	15	20	30	40	60	80	100	4	5	6.6	8
瞬时流量/$10^4m^3/d$	2.8	3.4	3.9	4.4	4.9	5.5	6.8	7.7	8	8.1	8.4	8.6	8.6	2.8	3.4	3.9	4.4

根据开度和产量的数据结果，拟合出相应的反行程流量特性曲线（图7-3-2）。

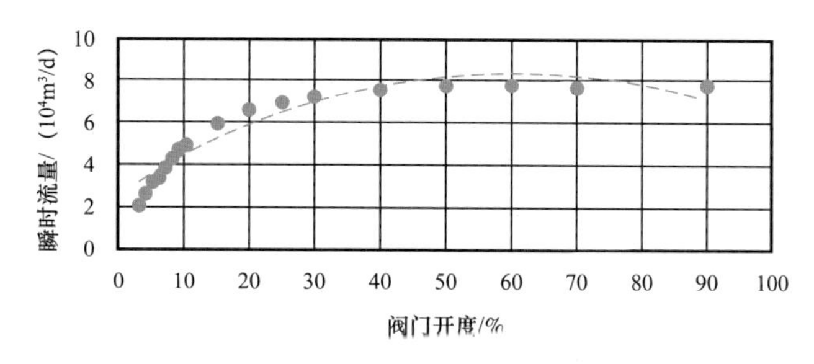

图7-3-2 反行程流量特性

拟合的反行程流量特性模型为

$$Q=-0.0032\left(\frac{l}{l_{max}}\right)^2+0.2837\frac{l}{l_{max}}+1.9559$$

式中 Q——瞬时流量，$10^4m^3/d$；

$\frac{l}{l_{max}}$——阀门开度，%。

根据开度和产量的数据结果，拟合出相应的正行程流量特性曲线（图7-3-3）。

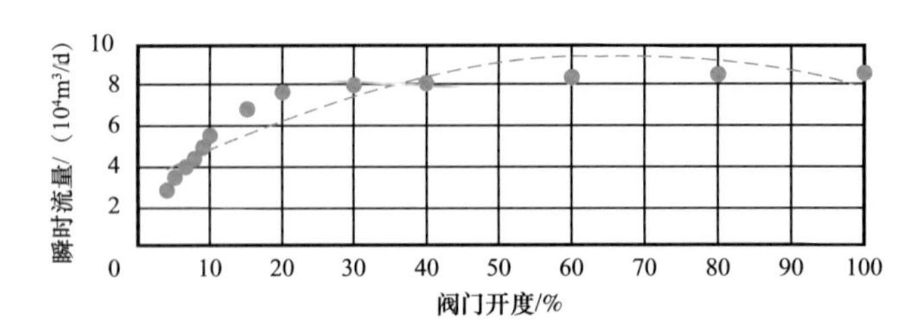

图 7-3-3　正行程流量特性

拟合的正行程流量特性模型为

$$Q=-0.0014\left(\frac{l}{l_{\max}}\right)^2+0.1861\frac{l}{l_{\max}}+3.1912$$

2）工作流量特性模型建立

综合正反行程的流量特性，对阀门开度与流量的关系进行拟合，对比效果图如图 7-3-4 所示。

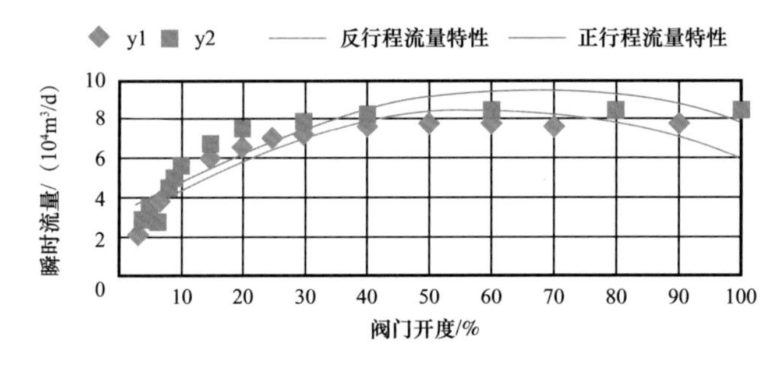

图 7-3-4　正反行程流量特性对比

由图 7-3-4 可知，正反行程流量特性曲线趋势大致相同，但是在数值上存在一定的差异，综合得出调节阀流量特性模型（图 7-3-5）。

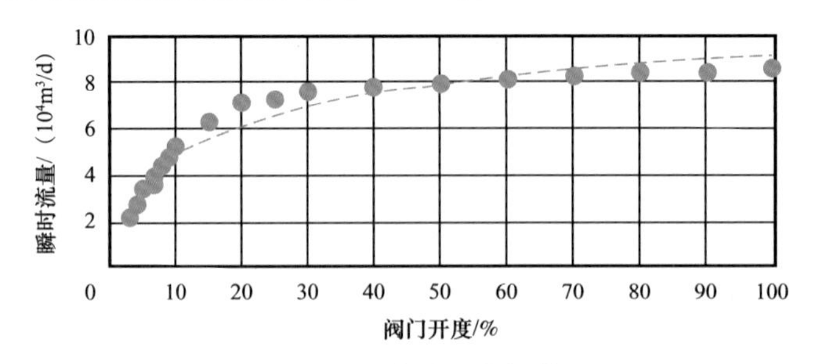

图 7-3-5　工作流量特性模型

由拟合的曲线可判断阀门流量特性趋势接近快开流量特性，所以按照快开流量特性对采集的数据进行拟合。拟合的流量特性模型为

$$Q=1.9118\ln\left(\frac{l}{l_{\max}}\right)+0.4056$$

式中 Q——瞬时流量，$\times 10^4 m^3/d$；

$\frac{l}{l_{max}}$——阀门开度，%。

3）工作流量特性仿真

手动控制调节阀，测量并记录运行数据，再结合生产报表，分别取开度数值、当前流量 / 最大流量的数值，简单筛选出异常点，并去除，得出数据见表 7–3–3。

表 7–3–3 工作流量特性数据

开度	0.03	0.04	0.05	0.06	0.066	0.07	0.08	0.09	0.1	0.15
瞬时流量 / 最大流量	0.244186	0.313953	0.383721	0.395349	0.418605	0.453488	0.511628	0.55814	0.604651	0.732558
开度	0.2	0.25	0.3	0.4	0.5	0.6	0.7	0.8	0.9	1
瞬时流量 / 最大流量	0.825581	0.837209	0.883721	0.906977	0.918605	0.94186	0.953488	0.976744	0.988372	1

根据表 7–3–3 中数据，采用 curve fitting tool 拟合出数学模型。采用多种函数逼近的方式得出最贴近的仿真模型，包括：指数函数逼近、幂函数逼近、三角函数逼近、有理函数逼近等。

以有理函数逼近为例，把工作流量特性以坐标的方式载入工作区，并在拟合工具中取相对应的坐标轴，拟合函数类型选择 Rational，采用二次有理式乘一次的形式拟合，结果如图 7–3–6 所示。

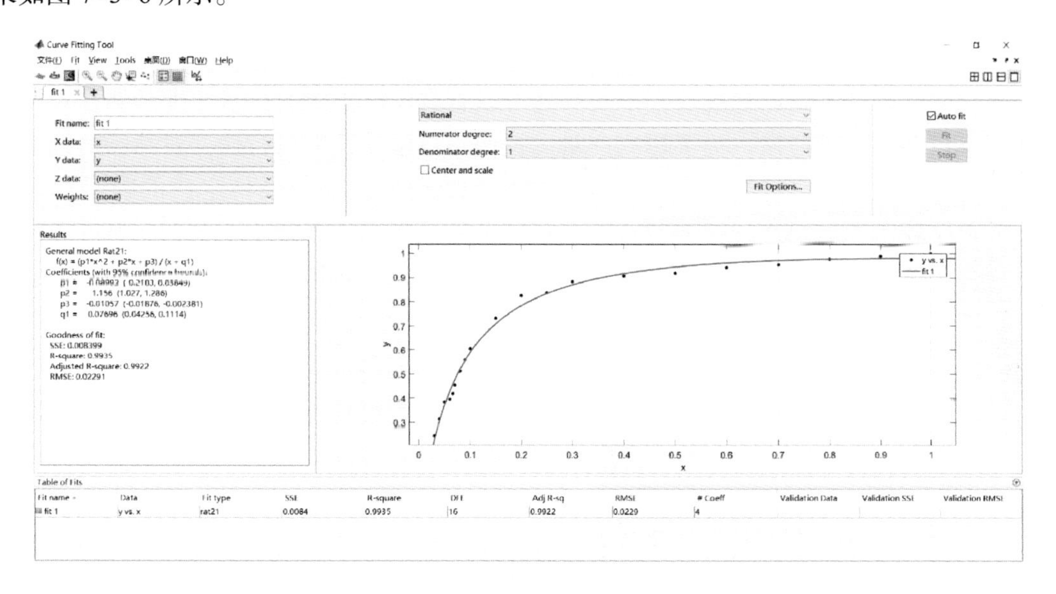

图 7–3–6 有理数拟合过程

拟合模型的方差越小稳定性越好，决策系数越接近 1，模型越贴合。现以多种方式进行拟合，得出拟合结果见表 7-3-4。

表 7-3-4 不同方式拟合结果

逼近方式	自定义逼近			有理数逼近			幂逼近
	快开加直线	快开乘幂	二次除以一次	一次除以一次	二次除以二次	一次除以二次	
决策系数	0.9831	0.9813	0.9935	0.9923	0.9912	0.9935	0.9839
方差	0.02179	0.02407	0.008399	0.009874	0.009231	0.008295	0.02069

由拟合结果可以看出，有理数二次除以一次的拟合方式的方差为 0.008399，适应后的决策系数为 0.9935；该模型贴合工作流量特性，所以以此为工作流量特性的数学模型，近似计算后可得数学模型为

$$\frac{Q}{Q_{\max}}=\left[0.2\times\left(\frac{l}{l_{\max}}\right)^{2}-1.1\times\frac{l}{l_{\max}}+0.01\right]/\left(\frac{l}{l_{\max}}+0.08\right)$$

对该数学模型进行拉普拉斯变换，得到该流量控制系统的开环传递函数，并对该控制系统进行仿真分析。

根据现场技术人员提供的数据可知阀门可调节开度 3%～100%，将阀门开度代入到上述数学模型中，模拟结果得出 $Q/Q_{\max}$ 为 29.8%～82.4%。

4）仿真结果分析

通过现场调节阀门，观测并记录系统预测产量即实时产量，样例结果图如图 7-3-7 所示。

根据图 7-3-7 可知，现场数据采集装置可以直观反映出瞬时产量，即预测在某一阀门开度下气井本日的产量。为了研究产量调控回路数学模型的可行性，对站场的调节阀进行手动调节，并记录稳定后的瞬时产量数据，分别从阀门全开缓慢调节到小开度和反向调节回全开状态的两组试验来采集该站场日产量数据。

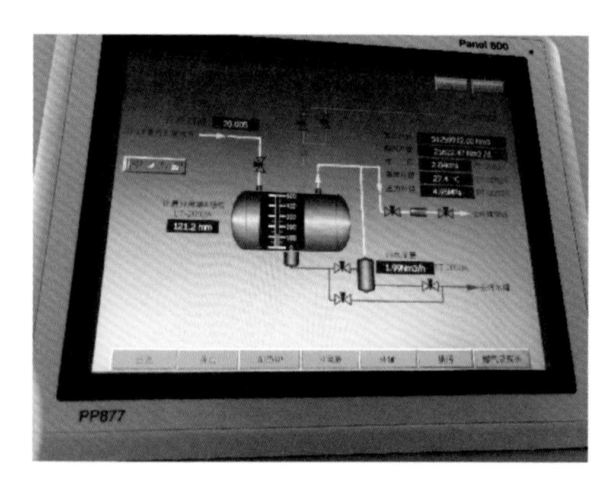

图 7-3-7 实时产量与当日产量预估图

现场采集多组阀门从小开度到全开再到开度很小的典型过程数据，可得到该站场目前产量范围为（2～8.5）$\times10^4$m^3。根据本章计算所得 $Q/Q_{\max}$ 为 29.8%～82.4% 的公式可算出，该模型可实现的调节能力为（2.5～7.1）$\times10^4$m^3，基本满足调控要求。

3. 流量调控系统优化方案

1）基于调节阀结构参数的优化方案

20# 站在原有的设备基础上，将手动针型节流阀替换为远程调控装置，该装置主要由针型节流阀和电动执行机构组成。通过优选节流阀阀套孔径和阀针角度，来增加节流阀调节精度，并改变电动执行器的运转速度，从而减小电动执行器的步进值。其工作原理是，通过数据采集器采集的流量数据，经过滤波，输出给 PLC，再与终端设备设置的目标量值进行信号效验与对比，然后做出逻辑判断，计算出电动执行器的增量，发出 4～20mA 的变量值给电动执行器，执行调节功能，调控原理如图 7-3-8 所示。

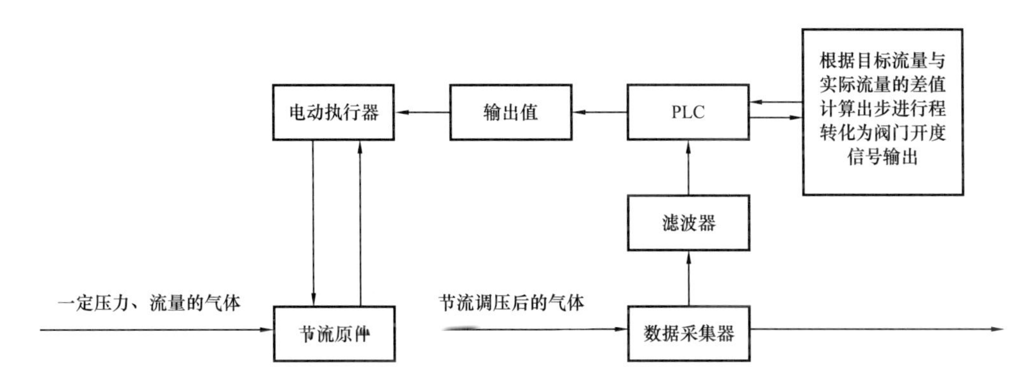

图 7-3-8 现有流量调控原理图

现有调节阀由针阀和电动执行机构两部分组成，根据装置现场应用效果，在保证井口压力等条件与现场基本一致的情况下，对调节阀进行优化，优化主要从两个方面体现：

（1）优化针阀的阀体，即减小阀针角度，提高控制精度；

（2）优化电动执行机构，减小执行机构的最大力矩，调节电动执行机构的运转速度，从而减小电动执行机构的步进值，提高控制精度。

设置优化后的主要数据参数，井口压力设为 22.5MPa，阀针针尖角度设为 20°，电动执行机构最大力矩设为 200N·m，得出应用的结果见表 7-3-5。

表 7-3-5 优化结果数据表

序号	阀门开度 /%	天然气产量 /（m^3/d）	备注
1	2	19054	
2	4	33784	
3	7	44624	
4	9	50264	
5	11	53433	
6	13	56145	

续表

序号	阀门开度 /%	天然气产量 / (m^3/d)	备注
7	15	58398	
8	17	59088	开始减小开度
9	15	56794	
10	13	54580	

以上现场应用数据对比表明，通过优化针阀阀针针尖的角度和减小电动执行机构的最大力矩，可以提高针阀的调节精度，效果相比于第三章中采集的优化前的数据，有较为明显的改善，最小调节精度达到了 $0.1\times10^4m^3/d$，基本实现了气井天然气产量的基本调控，可达到目标要求。

2）基于工艺流程的优化方案

选取 20# 站中水套加热炉后的针阀作为流量调节系统的主控阀的原因是该站场仅存在这一个阀门配备电动执行机构并具有远传功能，如果从工艺流程上进行改造，对产量调控的优化主要从两个方面体现：

（1）更换调节阀，选取调节性能更好的阀门替换现有的针阀；

（2）优化工艺流程，采用更好的流量控制系统调节方案，改善该站场产量调控能力。

根据 20# 站的工艺流程分别从上述两个方面提出优化方案。

3）调节阀更换方案

天然气站场上使用的阀门除了考虑阀门的结构参数之外，应优先考虑阀门需具备的功能。20# 站现用的针阀功能主要为开启或切断管道通路，常在流程中扮演截止阀的角色，优点是安装拆卸方便、防火防爆、耐压能力高、密封性能良好等，但其本身调节流量能力弱，调节精度不高，且快开流量特性本身也不适宜作为调节阀的流量特性，所以针阀不适宜作为调节阀，需要更换。

（1）调节阀类型的选择。

对于站场的调节阀进行类型选择，需要从多角度和多方面进行考虑：① 调节阀具有较稳定的调节性能，工作平稳，阻力小流通能力强；② 正确的流量系数，以确定适宜的调节阀通径来满足工艺生产需求；③ 防堵，由于流体中存在一定的杂质或者设备年久产生的废渣等污物，调节阀工作时也存在可能堵塞的问题，在选择调节阀时要考虑防堵问题；④ 耐腐蚀性能，包括冲蚀、化学腐蚀，以及压力不足引起的气蚀，都需要纳入到考虑范围之内；⑤ 经济性条件，在经济条件适宜的情况下，应该尽可能选择经济合理和便宜好用的调节阀。

调节阀安装在天然气集输站场 20# 井站加热炉之后，工作压力 5.5MPa 左右，温度为 20℃，综合考虑多方面因素，选择调节阀类型为孔球形阀，材质为 304SST，阀座间任意流入，密封垫片选用压缩无石棉纤维垫片。

（2）调节阀流量特性的选择。

① 不同的流量特性代表线性开度对流量的影响程度，结合现场的环境条件，对调节阀的流量特性和任意特性的调节阀固有流量特性。

② 通过比较可知，线性流量特性调节阀的流量变化相对较小，且在这种条件下，调节阀经济方面有很大节省，而且在运行特性有不同的选择方法。

③ 当采用模器拟控制，被控对象具有的非线性特性时，应当考虑用调节阀流量特性进行补偿，具体情况应参照工作流量特性。

④ 当采用数字控制器，并且利用 DCS 计算机作为核心控制装置的数字控制器时，考虑选用线性特性，其调节速度也是很快。

根据现场实际需求和成本费用考虑，采用线性流量控制特性。

（3）调节阀气开气关方式的确定。

调节阀的气开和气关方式选择要查询相关资料，主要应结合故障时调节阀的位置进行对比分析。当因为一些情况导致能源中断时，气开调节阀立即转变为关闭位置来保证安全，气开阀意义上即叫故障关闭阀；反之当能源中断时，调节阀处于全开位置来保证管路通畅以求得安全生产，即故障时开启阀。综上考虑选取原则就是要保证事故时更加安全，在能源损耗上也应当尽量减少原料或能源不必要的消耗；同时还应考虑介质特性，考虑介质是否易燃易爆，来防止不合时宜的爆炸，来引发出相关的安全事故。

结合工艺流程中，调节阀设置在加热炉之后，主要用于在生产作业突发情况时，用于导通和控制气流的作用，故选择气开控制的作用方式。

综上所述，选取的调节阀阀体见表 7–3–6。

表 7–3–6 调节阀基本选型结果

类型	材质	流入方向	密封垫片	控制特性	控制方式
孔形球阀	304SST	阀座间任意流入	压缩无石棉纤维垫片	线性	气开控制

4）工艺流程优化方案

20# 站所用调节阀为水套加热炉后的针阀，为提高流量调节精度，可增加站内可调控的调节阀数量，并将调节站内流量的主控阀设置在出站管线前，并在调节阀的上游安装流量计，在监测外输流量的同时，防止调节阀对流动状态的扰动影响流量计的测量，即实现多元素多级控制。控制回路优化原理图如图 7–3–9 所示。

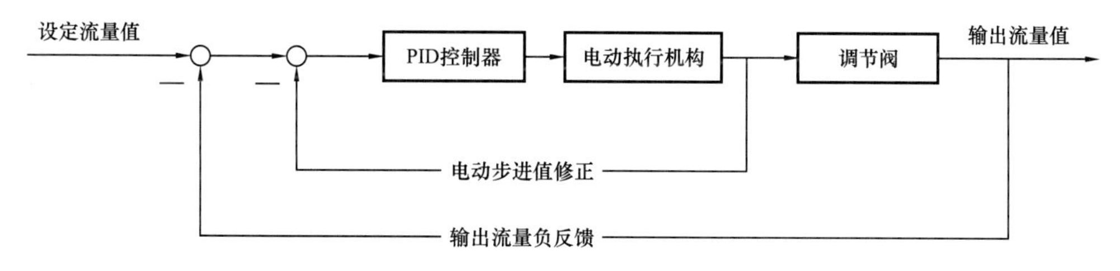

图 7–3–9 优化后的产量调控回路设计

如图7-3-9所示，在原有的控制基础上加入多级控制，即增加多出的数据远传功能，为达到更好的控制效果，不仅实时根据当前流量值与设定值之差校正目标调节阀开度值，而且通过PID控制器实时修正调节阀的开度变化速度，使整个产量调控过程高效且稳定性好。

综上所述，可以优化的部分为：

（1）在进出站管道的阀门处加设带远传功能的电动执行机构，实现对流量变化的基础控制。

（2）更换现有的调节阀，换成调节性能更好的调节阀作为提高调控精度的基础。

（3）产量高于需求时，加入天然气回流工艺，在满足外输需求的条件下，将多余的天然气注回站场进站管线备用。

（4）加入多级控制，提高控制精度和控制效果。

根据调节阀的结构特性以及流量特性带入到产量调控的控制回路中，使用控制效果较好的PID控制器参数，仿真模拟运行的结果，得出最贴合控制回路的传递函数。再根据得出的传递函数求出数学模型，仿真模拟该站场的调节能力，得出可控范围，满足站场调控需求。最后根据结果，对现有的流量控制系统提出优化方案，达到优化该站场产量调控能力的目的。

二、页岩气调产井压力预测建模技术

页岩气调产井和定产井因为在生产方式上有较大区别，所以导致其具有以下的一些特点和难点：（1）产量梯度多，调产周期波动大，生产压力变化复杂，变动趋势和规律不明显；（2）历史数据不平衡，少数类包含的信息有限，难以确定其数据分布，造成识别率低，分类困难。此外通过观测多口气井的生产数据发现：日产气量的变化或波动必定会带来压力的变化。

在单一调产井中，因为实际生产需求，会出现不同的日产气量的情况，如果这时参照定产井的分析方法，建立单一的网络预测模型对压力进行预测，通常达不到预期的效果，因为单一的网络预测模型很难准确地刻画出压力的变化特征，从而导致预测精度的降低。因此要使预测结果满足要求，就必须保证预测模型与所有的产量类型所对应的压力具有一致性，为解决上述问题，本课题提出基于加权聚类的时间序列多模型方法。

1. 基于加权聚类的时间序列多模型方法

基于加权聚类的时间序列多模型算法首先利用基于加权策略的扭曲K均值算法（WWKM）对生产压力进行聚类，根据聚类结果建立贝叶斯判别器，然后利用Elman对每一类样本和未分类之前数据分别建立局部和整体模型。压力预测时，通过贝叶斯判别找到与预测时刻最近的样本集和对应局部模型，并以该类样本所对应的时间段距离当前需要预测时刻的远近作为加权预测的基础，构造时间序列加权预测模型，最后利用该模型进行预测。

基于加权聚类的时间序列多模型方法主要从离线和在线两个方面进行实现，具体步骤如下。

（1）离线预测。

步骤 1：数据分析与处理（第二章节）；利用 WWKM 算法对生产压力进行聚类。

步骤 2：根据聚类结果对数据进行归类，利用聚类结果建立贝叶斯判别器，并且对每一类数据建立 Elman 局部模型，同时对未分类之前样本数据建立整体模型。

（2）在线预测。

步骤 1：将采集到的现场实时数据（或实验预留数据）通过贝叶斯判别技术找到与预测时刻所对应的样本类别和网络局部模型。

步骤 2：利用该局部模型对压力进行预测的同时，将该类样本所对应的时间段离当前需要预测时刻的远近作为加权预测的基础，将整体模型预测值和局部模型预测值构造时间序列加权预测模型。

步骤 3：输出生产压力预测结果。

2. WWKM 聚类算法

算法采用欧氏距离度量样本之间的相似度，采用 SQE 最小化准则进行连续数据的聚类，具有算法简单、鲁棒性强和快速收敛等特点。但是经过研究发现，在多变量时序数据中，往往多个变量之间存在着一定的相关性，如果不考虑对象中每个变量在聚类过程中体现作用的不同，而是统一看待，用这样计算的距离来表示两个对象的相似度并不确切。针对这些问题，本文提出基于加权策略的 WKM 聚类（WWKM）方法。虽然日产气量、含水量与压力在整体上相关性弱，但是在局部区域内两者对压力有较大影响，所以本方法引入日产气量、含水量与之间的相关系数作为权重因子，重新定义了每个样本之间的距离，并以此为依据，实现聚类。

（1）首先是样本相似度的计算。已知标准化后数据集 $\boldsymbol{X}=\{X_1, X_2, \cdots, X_M\}$ 按顺序分布，且 $\boldsymbol{X}_i=\{X_{i1}, X_{i2}, \cdots, X_{iN}\}$，$1 \leqslant i \leqslant M$，$M$ 表示样本维度（对象个数），N 表示每个对象之间的样本个数。数据集 $\boldsymbol{X}$ 中变量之间的相关系数：

$$R=|\alpha_1|+|\alpha_2|+\cdots+|\alpha_M| \tag{7-3-1}$$

$$\alpha_i=\operatorname{cor}(X_\delta, X_i)=1-\frac{6\sum_{t=1}^{N}(r_{\delta t}-r_{it})^2}{N(N^2-1)} \quad i \in [1, M] \tag{7-3-2}$$

式中 R——所有权值的总和；

X_δ——$\boldsymbol{X}$ 中某一维参照对象；

$r_{\delta t}$、r_{it}——X_δ、X_i 中的第 t 个样本的秩。

基于加权策略的 WKM 聚类算法采用加权欧氏距离作为样本之间相似度度量，先求出数据集 X 样本之间的累积加权欧氏距离，初始化聚类中心，初始化类边界：

$$D_t = d_t + d_{t-1} \tag{7-3-3}$$

$$d_t = \sqrt{\frac{\sum_{i=1}^{M} |\alpha_i| (x_{it} - x_{it-1})^2}{R}} \tag{7-3-4}$$

$$\lambda = \frac{D_N}{K} \tag{7-3-5}$$

其中

$$d_1 = 0$$

$$t \in [2, N]$$

式中 K——聚类数目；

D_t——第 t 个样本的累积距离；

λ——每个簇平均累积距离。

依据 $\sum_{j=1}^{K} \lambda(j-1) > D_t$， $j \in [1, K]$ 计算出初始聚类边界为

$$\boldsymbol{b} = \{b_1, b_2, \cdots, b_K\} \tag{7-3-6}$$

式中 b_1，b_K——对数据集 $\boldsymbol{X}$ 聚类后，第一个簇和第 K 个簇的边界值；

$\boldsymbol{b}$——对数据集 $\boldsymbol{X}$ 进行初始聚类所得簇边界的集合。

（2）边界调整策略。

若 b_j 是簇 j（$1 \leqslant j \leqslant K$）的左边界，那么 $\boldsymbol{X}$ 的第 j 个簇有关参数可以如下表示

$$C_j = \{X_{b_j}, \cdots, X_{b_j + n_j - 1}\} (1 \leqslant j \leqslant K) \tag{7-3-7}$$

簇长度：

$$n_j = b_{j+1} - b_j \tag{7-3-8}$$

簇中心：

$$\mu_j = \frac{\sum_{t=b_j}^{b_{j+1}-1} x_t}{n_j}, \mu_j \in R^{1 \times M} \tag{7-3-9}$$

样本 x_t 从簇 j 到簇 l 所产生的畸变度 SQE 变化量为

$$\Delta J(x_t, j, l) = \frac{n_l}{n_l + 1} \times \sqrt{\frac{\sum_{i=1}^{M} |\alpha_i| (x_t - \mu_l)^2}{R}} - \frac{n_j}{n_j - 1} \times \sqrt{\frac{\sum_{i=1}^{M} |\alpha_i| (x_t - \mu_j)^2}{R}} \tag{7-3-10}$$

式中 n_l——$\boldsymbol{X}$ 的第 l 个簇中的样本个数；

μ_l——第 l 个簇的类中心；

μ_j——第 j 个簇的类中心。

如果$\Delta J\left(x_t, j, l\right)<0$，调整簇 l、簇 j 类中心，调整边界：

$$\begin{cases} \mu_j^* = \mu_j - \dfrac{x_t - \mu_j}{n_j - 1} \\ \mu_l^* = \mu_l + \dfrac{x_t - \mu_l}{n_l + 1} \end{cases} \tag{7-3-11}$$

$$J^* = \sum_{j=1}^{K} \sum_{t=b_j}^{b_{j+1}-1} \sqrt{\frac{\sum_{i=1}^{M} \left|\alpha_i\right| \left(x_t - \mu_j\right)^2}{R}} + \Delta J\left(x_t, j, l\right) \tag{7-3-12}$$

$$\begin{cases} b_j^* = b_j - 1 \\ b_l^* = b_l + 1 \end{cases} \tag{7-3-13}$$

式中 μ_j^*，μ_l^*——边界调整策略后更新的聚类均值；

J^*——更新后的畸变度（SQE）；

b_j^*，b_l^*——更新后的类边界。

聚类算法中，聚类数目的多少直接影响聚类结果，因此在采用 WWKM 对页岩气数据聚类之前，首先需要确定聚类数目。手肘法是用于确定聚类数目最常用的方法，该方法的原理主要是聚类数据增加时，样本会被划分出更多的类，划分得更加精细，这会使得每个簇的内成员越紧密，那么簇的质心与簇内样本点的误差平方和（SSE）就越小，并且会随着聚类数目地增加而降低。当聚类数目小于真实值时，SSE 下降速度快，当聚类数目等于真实值时，SSE 下降幅度降低，并且随着聚类数目增大而趋于平缓，这个拐点值就是数据真实聚类数目。

聚类误差平方和（手肘法）：

$$\mathrm{SSE} = \sum_{i=1}^{K} \sum_{x_i \in C_i} \left\| x_i - \mu_i \right\|^2 \tag{7-3-14}$$

3. 贝叶斯判别原理

在对新样本进行判别时，采用的是贝叶斯判别的方法。贝叶斯判别与距离判别不同的是首先利用先验概率来描述已有的认知，然后通过样本得到后验概率，最后基于后验概率进行判别，贝叶斯判别是以错分概率或风险最小为准则的判别规则（李鹡等，2013），其具体原理如下。

数据集 $\boldsymbol{X}=\boldsymbol{X}_{\mathrm{C}}=\{X_{\mathrm{C1}}, X_{\mathrm{C2}}, \cdots, X_{\mathrm{CK}}\}$，概率密度为 $f_1(x)$，$f_2(x)$，…，$f_K(x)$，样本 $\boldsymbol{X}'$（$X'=X_1', X_2', \cdots, X_N'$）来自 $\boldsymbol{X}_{\mathrm{C}}$ 的先验概率为 p_i（$i=1, 2, \cdots, K$），则

$$p_1 + p_2 + \cdots + p_K = 1 \tag{7-3-15}$$

根据贝叶斯理论可知：

$$P\left(\boldsymbol{X}_{\mathrm{C}} \middle| \boldsymbol{X}'\right)=\frac{p_i f_i\left(\boldsymbol{X}'\right)}{\sum_{j=1}^{K} p_j f_j\left(\boldsymbol{X}'\right)}, i=1,2,\cdots,K \tag{7-3-16}$$

若不考虑误判代价，则判别规则为

$$\begin{aligned}&\boldsymbol{X}' \in \boldsymbol{X}_{\mathrm{C}},\\&P\left(\boldsymbol{X}_{\mathrm{C}} \middle| \boldsymbol{X}'\right)=\max_{1 \leqslant j \leqslant K} P\left(\boldsymbol{X}_{\mathrm{C}} \middle| \boldsymbol{X}'\right)\end{aligned} \tag{7-3-17}$$

若考虑误判代价，误判概率为

$$P\left(j|i\right)=P\left(\boldsymbol{X}' \in \boldsymbol{R}_j \middle| \boldsymbol{X}' \in \boldsymbol{X}_{\mathrm{C}}\right)=\int_{\boldsymbol{R}_j} f_i\left(x\right)\mathrm{d}x \tag{7-3-18}$$

$\boldsymbol{R}_j$ 表示误判代价。

任一判别规则平均误判代价：

$$\mathrm{ECM}\left(R_1,R_2,\cdots,R_n\right)=E\left[c\left(j|i\right)\right]=\sum_{i=1}^{K} p_i \sum_{j=1}^{K} c\left(j|i\right)P\left(j|i\right) \tag{7-3-19}$$

式中　$c\left(j|i\right)\left(i,j=1,2,\cdots,K\right)$——$\boldsymbol{X}_{\mathrm{C}i}$ 的样本 $\boldsymbol{X}'$ 误判为 $\boldsymbol{X}_{\mathrm{C}j}$ 的代价；

$c\left(j|i\right)=0$；

$$\begin{aligned}&X' \in X_C\\&\sum_{i=1}^{K} p_j f_j\left(x\right)c\left(j|i\right)=\min_{1 \leqslant h \leqslant K} \sum_{j=1}^{K} p_j f_j\left(x\right)c\left(j|i\right)\end{aligned} \tag{7-3-20}$$

4. 时间序列加权预测模型

通过观测多口气井的生产数据发现：日产气量的变化或波动必定会带来压力的变化。而在单一调产井中，因为实际生产需求，会出现不同的日产气量的情况，建立单一的网络预测模型对压力进行预测，通常达不到预期的效果，因为单一的网络预测模型很难刻画压力的变化特征，从而导致预测精度的降低。并且压力随时间推移往往并不是完全符合单个预测模型，从压力变化整体趋势来看，在排除产量影响的前提下压力也伴有阶段式变化的特征。需要预测某天的压力值时不仅受到整体模型中压力变化趋势的影响，也受到历史相同产量下压力变化规律的作用。实验研究中充分考虑上述问题所对压力变化带来的影响，并基于此建立时间序列加权预测模型。

时间序列加权预测模型的核心在于首先将历史所有压力值均作为预测的基础（整体模型），其次，将当前期望预测时刻与其所对应的历史数据中压力变化趋势最接近的时间段的远近作为所构造模型的权值。该模型在对压力进行预测时，不仅充分考虑生产压力变化整体的趋势、局部压力变化特征，而且还充分利用了时间序列中历史数据离当前预测值越远，影响程度越低的特点，基于上述原理，利用式（7-3-21）构建了加权时间序列模型。

$$Y=\frac{t_{C_i1}-t_{C_if}}{T_1-T_f}y_{C_i}+\left(1-\frac{t_{C_i1}-t_{C_if}}{T_1-T_f}\right)y \tag{7-3-21}$$

式中 Y——时间序列加权预测结果；

y——整体模型的输出（目的是考虑压力整体存在阶段式变化的特征）；

C_i——贝叶斯对新样本与聚类结果匹配结果；

y_{C_i}——其匹配模型输出；

T_1，T_f——预测时域预测点以前的数据结尾和开始位置（时序）；

t_{C_i1}，t_{C_if}——对应模型中数据的结尾和起点位置。

5. 仿真结果及分析

1）WWKM 时序聚类

聚类首先需要确认聚类数目，在对生产压力进行 WWKM 聚类之前，首先用手肘法讨论了每口气井最优 K 值的选取。统计了气井有效的不同产量次数之后，对 K 取 1～8 的情况进行了讨论，并且利用 SSE 值来判断最佳聚类个数。实验结果如图 7-3-10 所示。

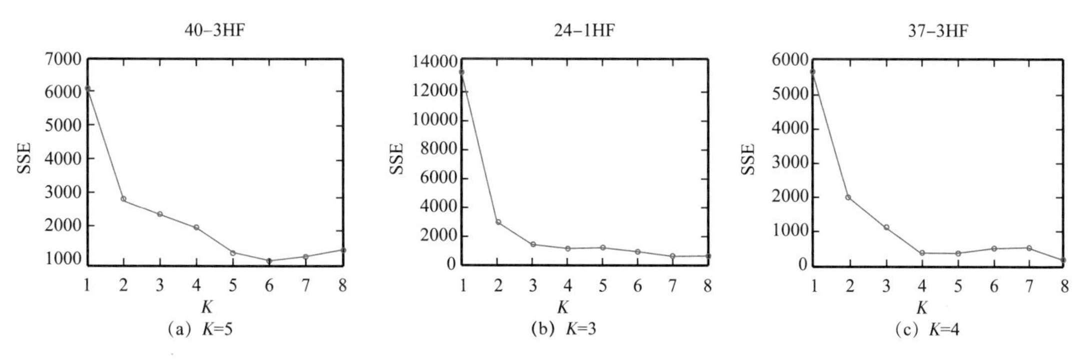

图 7-3-10 不同 K 值 SSE 计算结果图

由图 7-3-11 可知：40-3HF 井 K=5，37-3HF 井 K=4，24-1HF 井 K=3 为最佳聚类结果。下面将针对气井最优 K 值进行讨论研究。

利用 WWKM 时序聚类算法对所选调产井数据进行聚类，并且与传统的 K 均值算法和 WKM 做对比，其中 40-3HF 气井聚 5 类聚类结果如图 7-3-11 所示。

由图 7-3-13 可以看出，在聚类数 K 值相同的情况下，KM 只考虑了产量变化对压力影响这一特点，并没有充分利用观测样本压力随时间变化递减这一趋势，这样的处理方式显然会丢失掉一些有用的时序信息，这会使聚类结果在整体数据中不连续，破坏数据本身结构特点。虽然，WKM 能够很好地保持数据的时序性，但是该算法在对样本计算时，仅采用欧氏距离来衡量样本与类中心距离，并没有考虑多变量时序数据中多个变量之间存在的相关性，即没有考虑聚类对象中每个变量在聚类过程中体现作用的不同，这将影响聚类效果。而WWKM不仅保留了WKM算法的优点，还引入了各维数据与生产压力之间的相关系数作为权重因子，重新定义了每个样本之间的距离，并以此为依据，实现聚类，聚类结果不仅保持了数据的时序性，而且压力根据趋势被较好地聚类。综上所述本文所提WWKM算法优于WKM算法。利用WWKM算法对页岩气3口调产井进行聚类之后的统计结果见表7-3-7。

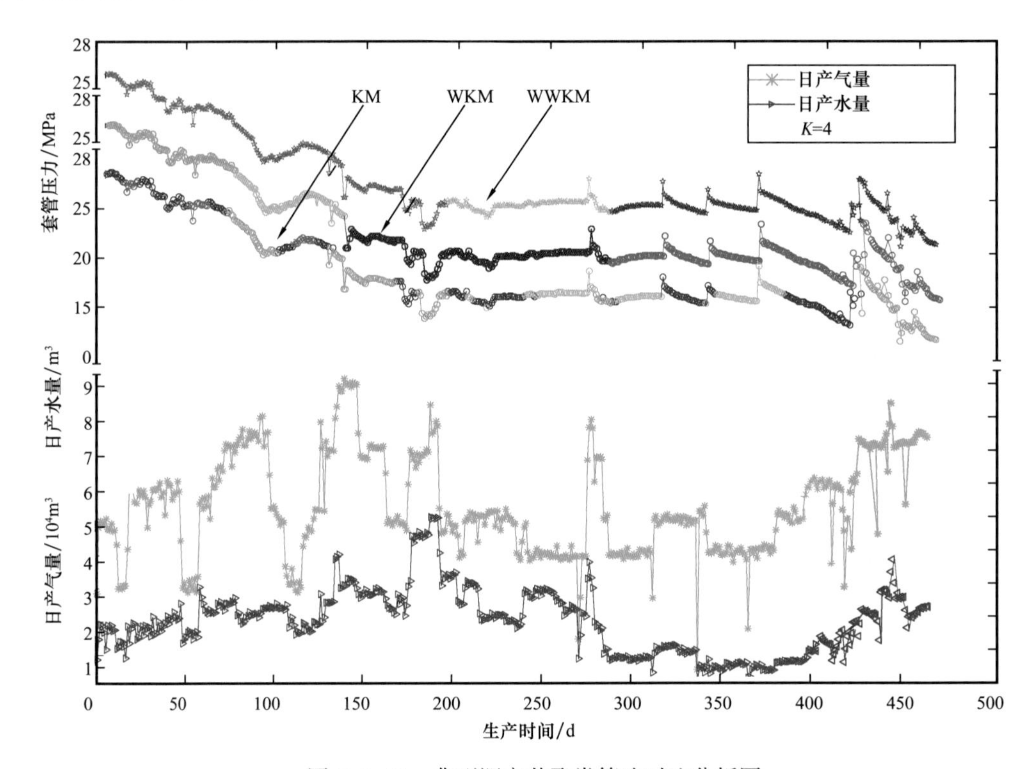

图7-3-11 典型调产井聚类算法对比分析图

表7-3-7 WWKM聚类结果

气井型号	算法	K	聚类结果
40-3HF	WWKM	5	{1，156}，{157，252}，{253，350}，{351，531}，{532，697}
24-1HF	WWKM	3	{1，100}，{101，289}，{290，471}
37-3HF	WWKM	4	{1，70}，{71，192}，{193，283}，{284，476}

2）Elman建模

下面将实验结果取最佳K值做下一步实验。分别对样本数据分别进行训练建模，其模型精度见表7-3-8、表7-3-9和表7-3-10。当$K=1$时，表示不对样本数据进行聚类，直接建立模型。通过计算结果可知，对同一气井而言，K值越大，不等于建模效果越好，模型精度还受到样本数据量的影响。

表 7-3-8 40-3HF 井模型训练结果

K=5		有效天数/d	训练集设置（训练集样本占总样本的百分比）	RMSE	MAE	MAPE	MSE
40-3HF 井模型训练结果	K=0	697	85（%）	0.6064	0.2615	0.0044	0.3677
	C_1	156	85（%）	0.3689	0.2209	0.0074	0.1361
	C_2	96	85（%）	0.3531	0.2392	0.007	0.1247
	C_3	98	85（%）	0.1657	0.0938	0.0018	0.0275
	C_4	181	85（%）	0.2642	0.1088	0.0028	0.0698
	C_5	166	85（%）	0.9938	0.4426	0.0204	0.9876

表 7-3-9 37-3HF 井模型训练结果

K=4		有效天数/d	训练集设置（训练集样本占总样本的百分比）	RMSE	MAE	MAPE	MSE
37-3HF 井模型训练结果	K=0	476	85（%）	0.4112	0.2079	0.0024	0.1691
	C_1	70	85（%）	0.4007	0.2247	0.0054	0.1606
	C_2	122	85（%）	0.3355	0.1317	0.002	0.1126
	C_3	91	85（%）	0.5503	0.2782	0.0033	0.3028
	C_4	193	85（%）	0.2883	0.1915	0.0078	0.0831

表 7-3-10 24-1HF 井模型训练结果

K=3		有效天数/d	训练集设置（训练集样本占总样本的百分比）	RMSE	MAE	MAPE	MSE
24-1HF 井模型训练结果	K=0	471	85（%）	0.5115	0.2247	0.0037	0.2616
	C_1	100	85（%）	0.1854	0.1298	0.0054	0.0344
	C_2	189	85（%）	0.4163	0.2113	0.0052	0.1733
	C_3	182	85（%）	0.4463	0.1504	0.0094	0.1992
	C_4	126	85（%）	0.2883	0.1915	0.0078	0.0831

3）时间序列加权预测

为验证算法的性能，选择不同规模的数据集对算法进行测试，并将本文所提算法与常见的时间序列预测方法（ARMA、SVM、WNN 等）进行对比实验，对比分析不同算法的预测结果，以此评价所建立模型的优劣。

给定新样本，即预留的测试数据。首先是计算给定样本的产量值，再用贝叶斯判别识别与历史样本产量和压力变化趋势最接近的聚类样本，在考虑所对应的样本时间段离当前需要预测时刻的远近的基础上，把历史所有数据信息点均作为预测的基础实现生产压力预测。

基于加权聚类的时间序列多模型，加权平均是指将整体模型和局部模型预测值加和求平均，不加权指的是局部模型预测值。

实验可知：不同算法针对同一气井进行预测时，预测结果更接近压力真实值。在 40–3HF 预测中，算法 ARMA 预测相对误差范围为 –0.2%～～0.3%，WNN 范围为 –1.3%～0.6%，SVM 范围为 0.2%～0.2%、平均加权范围为 –1.4%～0.63%，不加权为 –1.3%～–0.6%，所提方法范围为 –0.2%～0.2%。

24–1HF：ARMA 预测相对误差范围为 –0.6%～0.34%，WNN 范围为 –1.5%～–1.4%，SVM 范围为 –0.5%～0.7%、平均加权范围为 –0.2%～0.5%，不加权为 –1.6%～2.5%，所提方法范围为 –0.2%～0.2%。

37–3HF：ARMA 预测相对误差范围为 –8%～13%，WNN 范围为 –11%～1%，SVM 范围为 –2%～5%、平均加权范围为 –3%～4%，不加权为 –5%～5%，所提方法范围为 –5%～5%。

由上述实验可知在预测天数为 10 天时，所提方法优于其他算法。但是预测天数更多的情况下，所述模型是否仍然优于其他算法还有待验证，针对这一情况，在实验 1 的基础上，分别讨论了不同算法在不同气井中的预测情况。为了更精确地对这些模型进行比较，在表 7–3–11 中给出了预测天数为 30 天时这些模型的几种误差的确切值。

表 7–3–11 预测 30 天时不同气井预测误差统计

预测天数（30d）		RMSE	MAE	MAPE	MSE
40–3HF 井	本文方法	0.0205	0.015	0.0013	0.0004
	平均加权	0.082	0.0732	0.0064	0.0067
	不加权	0.0876	0.0794	0.0069	0.0077
	ARMA	0.0306	0.0238	0.0021	0.0009
	WNN	0.071	0.0607	0.0053	0.005
	SVM	0.0224	0.0196	0.0017	0.0005
37–3HF 井	本文方法	0.2103	0.1526	0.0104	0.0442
	平均加权	0.4182	0.3137	0.0215	0.1749
	不加权	0.4125	0.2928	0.02	0.1701

续表

预测天数（30d）		RMSE	MAE	MAPE	MSE
37–3HF 井	ARMA	0.8195	0.5885	0.0397	0.6716
	WNN	0.8376	0.6808	0.0464	0.7015
	SVM	0.4893	0.3099	0.0213	0.2394
24–1HF 井	本文方法	0.0268	0.0184	0.0021	0.0007
	平均加权	0.0481	0.041	0.0046	0.0023
24–1HF 井	不加权	0.1347	0.1256	0.0142	0.0181
	ARMA	0.0536	0.0468	0.0053	0.0029
	WNN	0.1258	0.1212	0.0137	0.0158
	SVM	0.0437	0.0408	0.0046	0.0019

通过观察和计算可以知道，在预测天数相等时，所提基于加权聚类的时间序列多模型方法的预测误差比其他算法的预测误差要低，这表明较好利用时间序列加权的结构有助于降低整体的预测误差，所提模型方法可靠有效。

通过对页岩气井生产数据进行分析，综合考虑时间以及产量对生产压力变化的影响，提出了一种基于加权聚类的时间序列多模型方法，该方法首先利用 WWKM 聚类算法对时间序列进行聚类，将样本数据分为不同类别进行讨论；再用 Elman 网络对整体数据以及聚类后每一类数据建立模型，形成模型库，同时建立贝叶斯判别器。最后对生产压力进行预测时，通过贝叶斯判别找到与预测点最近的样本集和对应的时间段及其网络，并且将数据点所对应的时间段距离当前需要预测时刻的远近作为加权预测的基础，并用此对压力进行预测。实验结果表明，所提方法优于其他算法。

三、无人值守站安全预警相关技术

1. 基于光纤传感器的周界入侵检测技术

涪陵页岩气田井场的周界安防采用了全光纤周界安防系统（防区型）。该系统必须与多根通信光纤相连，使用接插线或尾纤，与 SC/APC 光纤适配器相适配。该安防系统主要包括全光纤周界安防主机（防区型），以下简称主机和处理软件系统（以下简称处理软件）两部分。主机用于生产探测光信号并接受探测光信号，进行光电转换、数据采集形成数据以待处理软件系统获取。处理软件连接主机，对主机的数据进行分析处理，并根据处理结果驱动主机和客户管理系统产生特定动作。振动光纤传感光缆一般采用挂网式设置在光纤围栏上，且有多种布线方式。涪陵页岩气井场采用了直线形和 U 形两种布线方式，如图 7–3–12 所示。

(a) 直线形　　(b) U形

图 7-3-12　分布式光纤周界安防系统现场图

1）入侵数据采集

实际应用发现，现有的周界安防报警系统（简称原系统）在精度方面存在一定的局限性。原因在于，原系统处理软件采用的是振动信号时域特征的算法组合。其中时域特征算法主要有振动信号幅值阈值算法、单包最大持续时间算法、持续时间算法、包数统计算法、占空比算法、相对等效算法、绝对等效算法、沿分析算法、峰值平均值法、峰值相对平均值法。而组合算法包括 Must 组合，Any 组合以及 Super 组合。可见，原系统无论是从特征提取还是决策判定方法都是非常简单、落后的。近年来，机器学习，尤其是深度学习在图像、声音领域取得了巨大成功。因此，提出基于原系统采集的数据，利用深度学习方法进行二次开发，以提高入侵检测的准确性。

基于深度学习的入侵检测通常是有监督方法，需要采集大量的样本并进行标注。通过对原系统分析发现，常见的入侵信号主要有“人为入侵”“动物撞机围栏”“山上落石”“刮风”“小鸟飞过”“下雨”等。这些入侵产生的信号是有区别的，如果不加以区分获得的模型的适应性会大大降低。另一方面，如果将入侵类别进行细分，还可以为以后的针对性报警提供支持。

由于国内外暂时没有关于周界入侵的公开数据集，首先设计并建立了涪陵页岩气井场的入侵事件库。针对前面提到的六种常见入侵信号，由于“小鸟飞过”和“下雨”很难模拟，故前期主要采集了“攀爬”“丢石子”“敲击”“晃动”4 种动作。用“攀爬”模拟人为入侵，“丢石子”模拟动物撞机围栏，“敲击”模拟山上落石，“晃动”模拟刮风。选取其中问题较大的几个站，分析、设计并采集了部分入侵信号。每个站在 4 个防区分别做测试，每个防区分别在 3 个位置，即发射箱端、接受箱端、中间位置，4 组动作（“敲击”“扔石头”“攀爬”“晃动”），每个动作重复 10 次，同时需要记录无入侵事件的信号波形数据。

总共采集 1898 组数据样本，包含：防区编号、系统的报警结果、记录时刻、波形数据实时数值等内容。统计结果见表 7-3-12。

如图 7-3-13 所示展示了四种入侵方式的入侵信号波形。

表 7-3-12 系统检测率统计

布线	类型				
	晃动	攀爬	敲击	扔石头	原系统检测率 /%
直线形	160/38	323/173	340/202	340/216	54.08
U 形	201/69	144/69	190/145	200/161	60.41

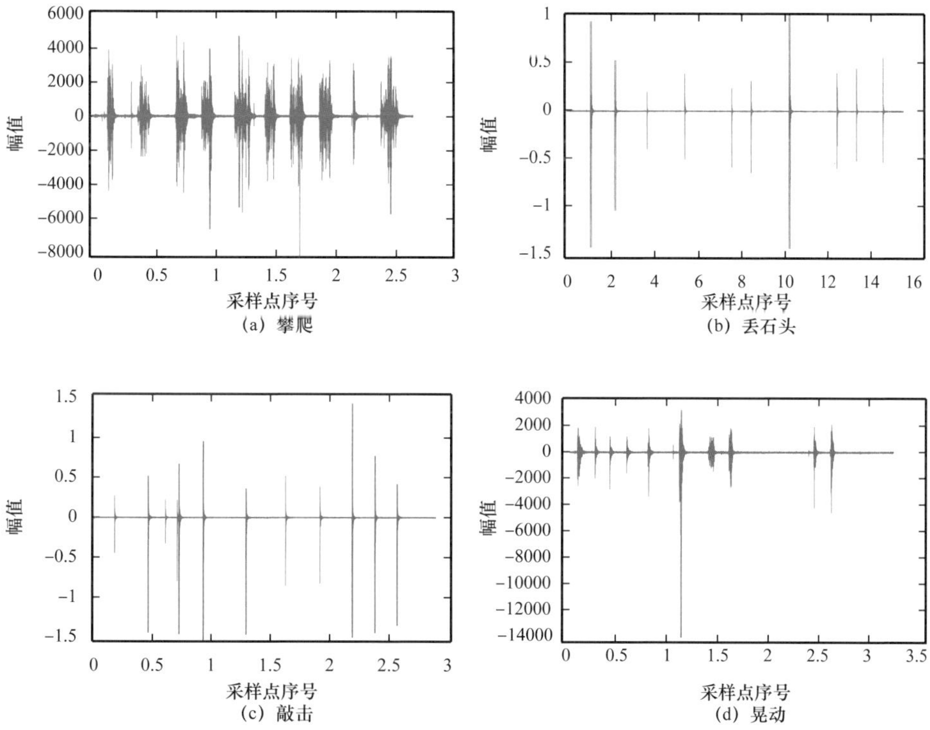

图 7-3-13 入侵信号波形示例

2）信号预处理

由于采集时一个文件包含了多次入侵，通过手动方式将入侵信号由粗到精的进行切分，获得较为纯净的入侵信号。处理过程如图 7-3-14 所示。

最终得到 1898 个入侵样本，1898 个背景信号，具体见表 7-3-13。

3）基于背景建模的振动信号入侵检测

常规的入侵检测方法将关注点集中在入侵信号本身的特性上，然而实际系统中入侵信号变化多端，在不同事件、不同场景下，相同的入侵也在幅度、时间长度等方面存在极大的差异。与之相反，背景信号相对保持较平稳的特性，为此提出基于背景建模的入侵检测方法。

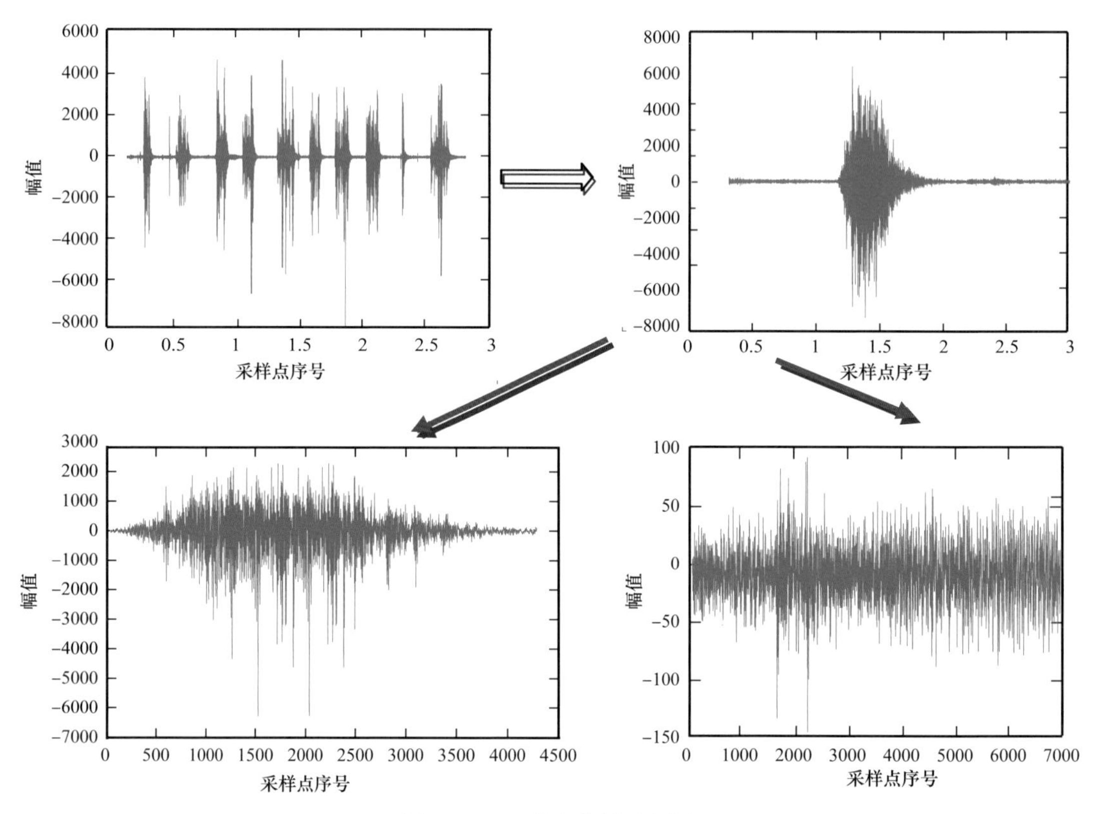

图 7-3-14 分离信号示意图

表 7-3-13 基本入侵事件库

入侵事件类型	晃动	攀爬	敲击	扔石头	总计
类别编号	1	2	3	4	
U 形样本数	201	144	190	200	735
直线形样本数	339	217	277	330	1163
总计	540	361	467	530	1898

高斯混合模型是最常用的背景建模方法。振动信号的波形参数是随机产生的，每个参数相互独立，互不影响。从概率论可知，服从同一分布且相互独立的大量随机变量总体服从正态分布，因此可以采用正态分布函数来近似描述振动信号特征的分布情况。高斯混合模型（Gaussian mixture model，GMM）（Stauffer et al.，1999）是一种由多个单高斯函数组合而成的多维概率密度函数。

若 x 服从如式（7-3-22）所示的正态分布（张丽君，2017），即

$$x \sim N(\mu,\sigma^2) \tag{7-3-22}$$

则

$$p(x)=\frac{1}{\sqrt{2\pi}\sigma}\mathrm{e}^{-\frac{1}{2}(\frac{x-\mu}{\sigma})^2} \quad (7\text{–}3\text{–}23)$$

设高斯混合模型由 N 个单高斯模型组成，每个单高斯模型的均值、方差矩阵分别为 $\boldsymbol{\mu}_k, \boldsymbol{C}_k(k=1,2,\cdots,N)$，$X_i$ 为第 i 帧信号的特征向量，那么 GMM 模型可以表示为

$$P(X_i|\lambda)=\sum_{k=1}^{N}\alpha_k N_k(X_i;\boldsymbol{\mu}_k,\boldsymbol{C}_k),\ k=1,2,\cdots,N \quad (7\text{–}3\text{–}24)$$

式中 α_k——每个高斯分量所占的权重系数；

$N_k(X_i;\boldsymbol{\mu}_k,\boldsymbol{C}_k)$——每个高斯分量的概率密度函数。

α_k 满足：

$$\sum_{k=1}^{N}\alpha_k=1, 0<\alpha_k<1 \quad (7\text{–}3\text{–}25)$$

$N_k(X_i;\boldsymbol{\mu}_k,\boldsymbol{C}_k)$ 表示该帧信号与每个单高斯匹配的似然度，定义为

$$N_k(X_i;\mu_k,C_k)=\frac{1}{\sqrt{(2\pi)^n|C_k|}}\exp\left[-\frac{1}{2}(X_i-\mu_k)^T C_k^{-1}(X_i-\mu_k)\right] \quad (7\text{–}3\text{–}26)$$

因此一个完整的 GMM 模型是一个关于权重系数、均值和方差矩阵的函数，可以表示为

$$\lambda=\{\alpha_k,\boldsymbol{\mu}_k,\boldsymbol{C}_k\},k=1,\cdots,N \quad (7\text{–}3\text{–}27)$$

实际应用中，通过随机取出某种入侵方式的某个背景信号为 $a[n]$，将其整理取出大量的该类信号，用 x_i 表示，得到背景建模的样本训练集 $\boldsymbol{X}$：

$$\boldsymbol{X}=\{x_1,x_2,\cdots,x_i\},i\in(1,K) \quad (7\text{–}3\text{–}28)$$

假设采用 K 个单高斯组成高斯混合模型，建立背景模型：

$$G=\{\alpha_k,\boldsymbol{\mu}_k,\boldsymbol{C}_k\} \quad (7\text{–}3\text{–}29)$$

式中 μ——高斯分布均值；

δ——设定系数；

σ——方差。

该高斯分布满足：

$$\sum_{i=1}^{K}\alpha_i=1 \quad (7\text{–}3\text{–}30)$$

其中，方差、均值、设定系数的计算都采用EM算法进行迭代收敛计算，按如图 7–3–15 所示流程建立基于高斯混合模型的入侵检测模型。

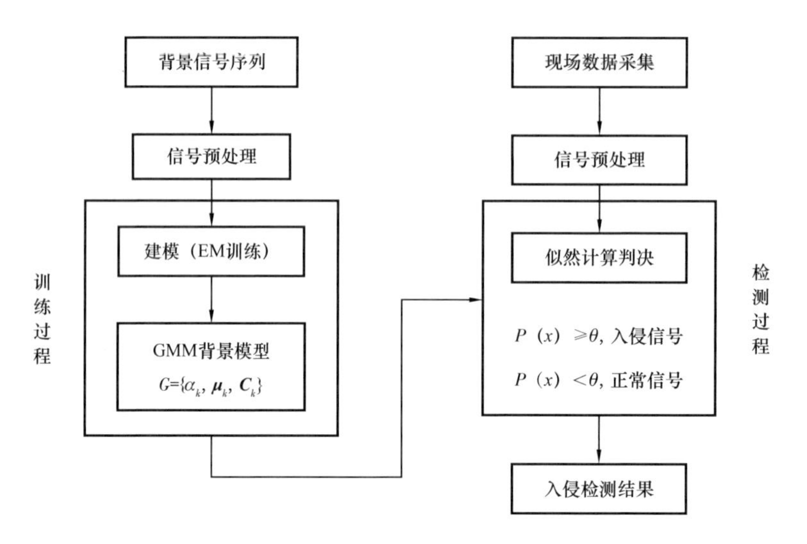

图 7-3-15　高斯混合模型建立流程

在自建的井场周界入侵事件库上，选取高斯混合模型中单高斯模型个数为 2，选取 40%、60%、80% 背景样本数作为高斯模型训练，剩下的样本作为测试，进行入侵检测实验。分别得到混淆矩阵，见表 7-3-14、表 7-3-15 和表 7-3-16。

表 7-3-14　训练样本为 40% 的测试混淆矩阵

真实标签	预测标签	
	背景信号	入侵信号
背景信号	214	0
入侵信号	162	134

表 7-3-15　训练样本为 60% 的建模效果

真实标签	预测标签	
	背景信号	入侵信号
背景信号	142	0
入侵信号	134	195

表 7-3-16　训练样本为 80% 的建模效果

真实标签	预测标签	
	背景信号	入侵信号
背景信号	71	0
入侵信号	78	279

进一步，定义 TP 表示真实背景信号预测为背景信号，FN 表示真实背景信号预测入侵信号，FP 表示真实入侵信号预测背景信号，TN 表示真实入侵信号预测入侵信号，得到正确率 P 表示为

$$P=\frac{\mathrm{TP}+\mathrm{TN}}{\mathrm{TP}+\mathrm{FN}+\mathrm{FP}+\mathrm{TN}} \tag{7-3-31}$$

不同训练样本比例下的正确率 P 见表 7–3–17，可以得出随着训练样本比例增加，正确率也在提高，故将训练样本比例设为 80%，对 U 形布线方式进行入侵检测。

表 7–3–17 各训练样本比例正确率比较

项目	训练样本 40%	训练样本 60%	训练样本 80%
正确率 /%	68.23	71.54	81.77

实验表明基于背景建模的入侵检测方法可以有效检测出入侵信号，在此代入建立井场周界入侵事件库时单个处理步骤中的数据，在整段背景与入侵均有的数据中，对入侵数据进行检测，得到入侵检测结果（表 7–3–18）。

表 7–3–18 基于 GMM 入侵检测实验结果

布线	实验样本数量	检测入侵个数	正确检测率 /%
U 形	735	627	85.31
直线形	1163	937	80.57

4）基于 DNN 回归的振动信号入侵检测

背景建模的入侵检测方法主要依赖背景信号。而在现场应用中，基于振动光纤周界安防报警系统由于受周围环境影响加上其他一些干扰因素，导致其背景信号不纯净，有的干扰甚至在幅值上和入侵信号一样，这将影响背景建模的检测效果，故提出深度学习的入侵检测方法。

深度神经网络（Deep Neural Networks，DNN）也称深度学习（Deep Learning），该神经网络具有多个层次，每个层次具有不同的权重，上一层的输出特性作为下一层的输入特性进行神经网络学习训练，学习信号通过逐层特征映射后，将输入的空间样本映射到另外一个特征空间，以此来学习现有样本的特征。深度学习主要的优点是用简单的方式表示复杂的函数集合。常用的 DNN 模型如卷积神经网络（CNN）属于前馈神经网络，递归神经网络（RNN）和长短期记忆模型（LSTM）都属于反馈神经网络（Simonyan K et al.，2014）。

1）卷积神经网络

卷积神经网络（Convolutional Neural Network，CNN）属于典型前馈神经网络，本质是通过建立多个滤波器提取输入数据的特征。卷积神经网络的每一个神经元都采用局部连接的方式（董靖川等，2019），这种方式易于训练，因而该网络可以更深。它在结构

上呈多层模式，每一层都输出大量的特征图。这些特征图分别由很多不同的神经元组成（曲建岭等，2018）。卷积神经网络利用输入的大量原始数据，通过一层层的隐藏层逐渐对图像特征进行学习。通过这种方式，卷积神经网络能将图像原始特征抽象为具有强大表达能力的高层特征。卷积神经网络基本结构（闫联国和周玉仓，2012）包括：输入层、卷积层、池化层、全连接层、输出层，其典型结构如图 7–3–16 所示。

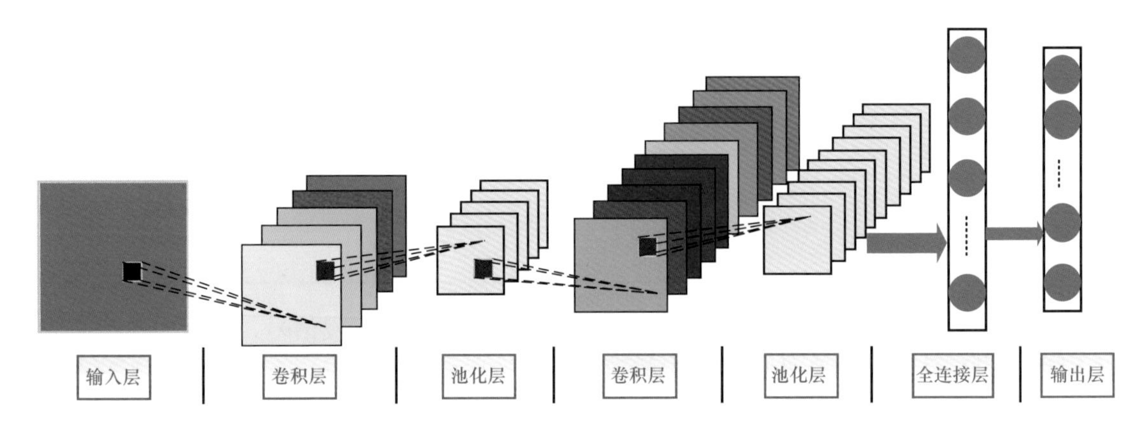

图 7–3–16 卷积神经网络典型结构

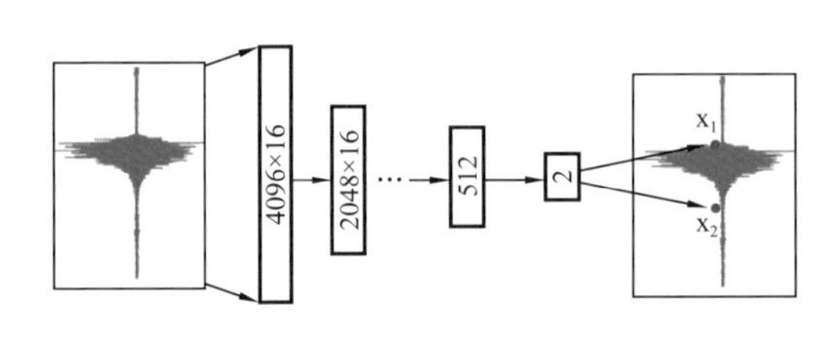

图 7–3–17 DNN 检测原理图

2）基于 DNN 的入侵检测算法

使用卷积神经网络和级联的思想，将以前用于分类的卷积神经网络，通过改变误差函数，将其转变为用于关键点坐标估计的卷积神经网络。检测过程如图 7–3–17 所示。

3）参数设置

在上述对基于多特征融合的入侵检测方法及基于背景建模的入侵检测方式的验证中，基于背景建模的入侵检测方法能检测出的入侵信号要多于基于多特征融合的入侵检测方法，在此继续验证基于深度学习的入侵检测方法。选用的是卷积神经网络提取特征，用 Full Connect 网络做分类任务，随机选取 20% 作为测试集，剩余 80% 作为训练集。其他参数设置见表 7–3–19。

表 7–3–19 DNN 参数设置

参数	设定值
卷积层	12
全连接层	1
学习率	0.0001
权值衰减	0.001
Batch_size	8

续表

参数	设定值
输入维度	8192
输出维度	2
优化器	Adam
最大迭代次数	100
最小误差	0.002
动量因子	0.9

4）基于深度学习的振动信号入侵检测结果

由于该方法类似于 Deeppose 方法，在 U 形布线方式下，长度重叠阈值分别设置为 0.8，0.5，0.3 进行实验，得到如表 7–3–20 所示结果。

表 7–3–20 DNN 阈值对比结果

阈值	0.3	0.5	0.8
检测率 /%	95.45	96.97	95.51

由表 7–3–20 可知，当长度重叠阈值为 0.3 时，其检测率为 95.45%，与长度重叠阈值为 0.8 时正确率很接近。检测率最大的是长度重叠阈值为 0.5 时。因此，将阈值设置为 0.5，对直线分布下的数据进行检测，得到的检测率为 96.97%。

5）基于光纤振动信号的入侵检测模型结果对比

对基于多特征融合的振动入侵检测方法、基于 GMM 的入侵检算法和基于 DNN 的入侵检测算法分别对两种布线的入侵检测结果进行统计，绘制成表格（表 7–3–21）。可以看出，两种入侵检测方法都大大提高了原系统的性能，尤其是基于深度神经网络的方法，在两种布线类型上都达到了超过 95% 的势检测率，基本满足实际需求。

表 7 3 21 检测率结果

布线	GMM	DNN	原系统
直线形	80.57%	95.45%	54.08%
U 形	85.31%	96.97%	60.41%

2. 基于监控视频的周界入侵检测技术

1）基于帧间差法建模的视频识别入侵检测

帧间差法背景建模利用连续帧序列的相邻两帧做差分运算，然后取绝对值，得出两帧之间差异，能够相对于其他方法以更快的速度获取到运动目标。假设当前帧 $f_1(x, y)$，

前一帧 f_2（x，y），则差分结果 δ（x，y）为

$$\delta(x,y)=\left|f_1(x,y)-f_2(x,y)\right| \tag{7-3-32}$$

但是一般来说，连续两帧之间的变化非常小，所以连续两帧的差分运算得到的是运动物体的边沿轮廓。如果运动物体是一个单色像素块，差分结果图像的边缘还会出现比较大的空洞。并且在现实自然环境中，两个连续图像帧之间总是存在细微差异，那么这样简单差分运算的结果会产生相当大的犹如椒盐噪声和高斯噪声相似的干扰信号，对后续处理造成极大的不良影响。

根据上面的问题，所以采用三帧差法背景建模，并且对每一次差分结果做了记录，通过时间阈值来判断运动是否真的为运动目标。详细的建模过程如图 7-3-18 所示。

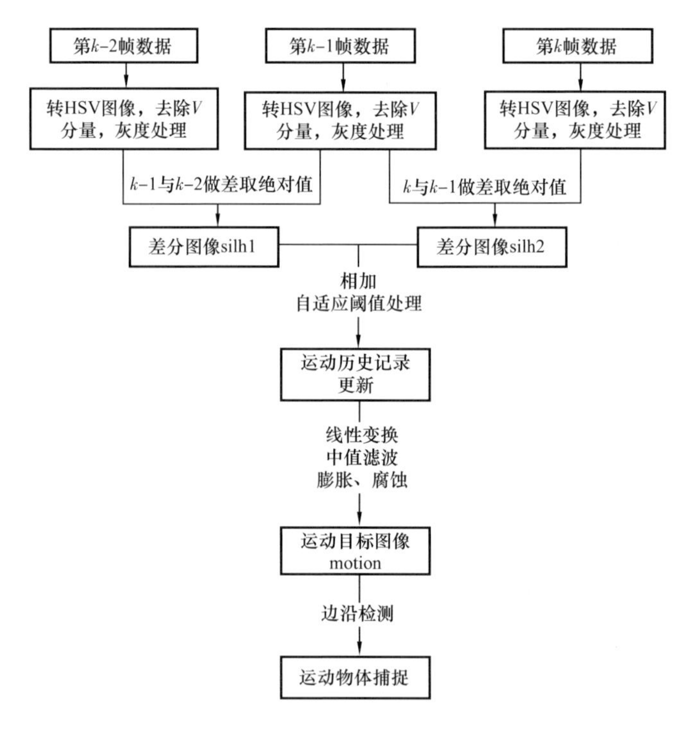

图 7-3-18 三帧差法背景建模

如图 7-3-18 所示，对于三帧连续的监控视频数据 f_{k-2}（x, y），f_{k-1}（x, y）和 f_k（x, y），将他们各自进行变换为 HSV 空间储存模型，在该空间中能够很方便地去除 V（Value，亮度）分量，然后还原为 RGB（Red，Green，Black）储存模型，在将其转变为灰度值图像 g_{k-2}（x, y），g_{k-1}（x, y）和 g_k（x, y）。将此类的连续三帧图像做差分运算，得到差分结果：

$$d_{(k-2,k-1)}(x,y)=\left|g_{(k-1)}(x,y)-g_{(k-2)}(x,y)\right| \tag{7-3-33}$$

$$d_{(k-1,k)}(x,y)=\left|g_k(x,y)-g_{k-1}(x,y)\right| \tag{7-3-34}$$

由于连续的前后两帧图像的差分运算很难检测到重叠部分，所以这里再将两次差分

结果相加，增强目标像素值，扩大目标范围：

$$D_k(x,y)=\left|d_{(k-2,k-1)}(x,y)+d_{(k-1,k)}(x,y)\right| \quad (7\text{–}3\text{–}35)$$

当前的差分结果仍为不完整的灰度图像，为使后面的处理能够继续下去，对 $D_k(x,y)$ 进行了动态阈值处理，得到一帧二值［（0，1）或者（0，255）］图像。由于这样得到的图像几乎所有目标都是“空洞”，而且目标非常小，很难与噪声和细微的风吹草动区分开来，所以进行了运动目标像素点的记录。在 OpenCV 中提供了一个用于记录像素点的接口函数，名称如下：

void updateMotionHistory（InputArray silhouette，InputOutputArray mhi，double timestamp，double duration）

其中 silhouette 为当前采集到的运动目标的二值图像，也就是前面的计算结果；mhi 为需要更新的历史图像，以双精度浮点型数据保存；timestamp 为当前时间，可以是任意时间单位的数值；duration 为每个历史像素点的存活时间，时间单位必须与 timestamp 相同。

由前面的计算可知，silhouette 的像素值 pix（x，y）！ =0 则表示该点为运动像素点，反之则判定为静止像素点。mhi 中的每个元素记录该像素发生运动的时刻，pix（x，y）小于 timestamp–duration 则表示该像素点已经超出时间阈值没有运动了，可以清除，反之则保留。由此可见，当 duration 参数太大，运动目标将会留下很长的重影，将极不利于背景中晃动景物的排除；反之，则运动目标将会严重碎片化极不利于提取。

如图 7–3–18 所示，将更新后的历史图像经线性变换成对比度增强的 uchar 类型元素的运动图像，再将该图像做平滑处理，然后通过形态学膨胀处理（去除目标图像中的“空洞”），然后腐蚀（浓缩目标区域），得到最终的运动目标为白色团块的二值图像 motion。将该二值图像做边沿检测，得到各白色团块的边沿定点，再将定点序列近视成规则的多边形或者圆形，就可以将目标圈出来了。

整个函数具体实现为 void getMoveTarget（Mat &srcImage，Mat &areaMask，cv：：vector <Rect> &RectPoints）接口函数，其中 areaMask 为要检测的区域掩码。

2）基于混合高斯背景建模的视频识别入侵检测

混合高斯模型基于单高斯模型改进而来，都是对每个单独的像素点做基于高斯分布的概率统计计算，时间复杂度较高。单高斯模型在背景比较简单的室内有较好的背景前景区分效果，而混合高斯模型对于背景变化比较小的室外环境也有不错的效果，如树叶、花草的轻微晃动和光线轻微的明暗变化。

（1）单高斯模型。

对于一帧图像 $f(x,y)$，假定均值、方差、标准差分别为 $u(x,y)$、$s_2(x,y)$ 和 $s(x,y)$，那么监控视频作为连续的序列则可以表示为图像 $f(x,y)$ 关于时间 t 的函数，记为 $f(x,y,t)$，则均值、方差和标准差分别表示为 $u(x,y,t)$、$s_2(x,y,t)$ 和 $s(x,y,t)$。令高斯模型判定结果为 OutPix（x,y,t），则对前景和背景区分的判定公式见式（7–3–36），其中 β 为自定义常数（一般取 2.5）。

$$\mathrm{OutPix}(x,y,t)=\begin{cases}0,\left|f(x,y,t)-u(x,y,t-1)\right|\leqslant \beta s(x,y,t-1) & （背景）\\ 1,\mathrm{else} & （背景）\end{cases} \quad （7-3-36）$$

在每一帧图像判定完之后，要即时更新均值、方差和标准差，它们的更新方法依据式（7-3-37）所示，其中 α 表示学习率（又称更新率）。

$$\begin{cases}u(x,y,t)=(1-\alpha)u(x,y,t-1)+\alpha\left[f(x,y,t)-u(x,y,t-1)\right]\\ s^2(x,y,t)=(1-\alpha)u(x,y,t-1)+\alpha\left[f(x,y,t)-u(x,y,t)\right]^2\\ s(x,y,t)=\sqrt{s^2(x,y,t)}\end{cases} \quad （7-3-37）$$

（2）高斯混合模型。

高斯混合模型作为单高斯模型的推广，在监控室外有细微变动背景时，一定程度上提高了系统的鲁棒性。如图 7-3-19 所示，为高斯混合模型的创建和更新过程。简单地说，混合高斯模型就是 K（K=1，2，…，n）个单高斯模型同时描述一个像素点，当下一个像素点如果与这 K 个高斯模型中的任意一个匹配［判定公式见式（7-3-37）］，则该像素被判定为背景，反之则为前景，然后再按照固定的公式更新该像素点的所有单高斯模型。

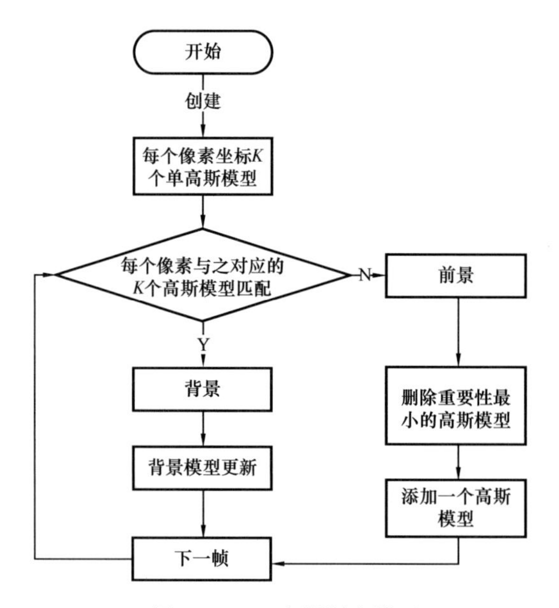

图 7-3-19　高斯混合模型

高斯混合模型背景建模的具体步骤如下，假定用于描述（x，y）像素点的高斯模型有 K（K 为常数）个，每个高斯模型用 P_i 表示，见式（7-3-38）：

$$P_i=\left\{\left[w_i(x,y,t),u_i(x,y,t),s_i^2(x,y,t)\right]\right\} \quad (i=0,1,2,\cdots,K) \quad （7-3-38）$$

其中

$$\sum_{i=0}^{K}w_i(x,y,t)=1$$

式中 w_i——该高斯模型的权重，这 K 个权重具有归一性；

u_i 和 s_i^2——均值和方差。

假设 OutPix 为判定输出结果，则判定前景和背景公式见式（7–3–39），其中 i=0，1，2，…，K，β 为常数（很多资料上引用的 2.5），只要 f（x，y，t）满足一个高斯模型，即判定为背景，反之为前景。

$$\mathrm{OutPix}(x,y,t)=\begin{cases}0, & \left|f(x,y,t)-u_i(x,y,t-1)\right| \leqslant \beta \cdot s_i(x,y,t-1); \text{（背景）} \\ 1, & \text{else} \qquad \text{（背景）}\end{cases} \tag{7–3–39}$$

在更新高斯模型时，这里相较于单高斯模型更复杂，从图 7–3–19 中也可以看出。在式（7–3–39）中判定为背景的更新方式为方式一，前景为更新方式二。

① 方式一（背景）。

当在式（7–3–39）中判定为背景时，权重增量为式（7–3–40），其中 α 为学习率，式（7–3–41）为权重的更新公式。

$$\Delta w_i=\alpha\left[1-w_i(x,y,t-1)\right] \tag{7–3–40}$$

$$w_i(x,y,t)=w_i(x,y,t-1)+\Delta w_i \tag{7–3–41}$$

对于均值、方差和标准差的更新，则与单高斯模型相同，见式（7–3–41）。

② 方式二（前景）。

先删除重要性最小的高斯模型，然后新增高斯模型，权重 w_i（x，y，t）等于一个较小的常数值（比如 0.001 等），u_i（x，y，t）=f（x，y，t），s_i（x，y，t）赋值为初始化设置的固定值。

执行完方式一和方式二之后，还有一个对每个高斯模型的重要性做处理，重要性的计算方式为 $w\_\mathrm{key}_i=\dfrac{w_i(x,y,t)}{s_i(x,y,t)}$，然后将每个高斯模型按重要性递减排序，如果前面 n 个重要性之和大于 T（一般为 0.7），即满足式（7–3–42），则将后面的高斯模型删除，最后还要将权重进行归一化操作。

$$\sum_{i=0}^{n} w\_\mathrm{key}_i \geqslant T \mid n \in [0,K], n \in Z \tag{7–3–42}$$

针对原有全光纤周界安防系统（防区型）算法简单、入侵检测准确率低的问题，本着不增加硬件成本的原则，基于原系统采集数据进行二次开发。首先建立了周界入侵事件库，在此基础上提出了基于背景建模的入侵检测方法，将着眼点从多变、不稳定的前景信号转移到相对固定、平稳的背景信号，将入侵检测的精度从 50%～60% 提高到了 80%～85%。进一步提出了基于深度学习的入侵检测方法，将检测精度提高到了 95% 左右，基本满足现场要求。

参考文献

艾军，张金成，臧艳彬，等，2014. 涪陵页岩气田钻井关键技术［J］. 石油钻探技术，42（5）：9–15.

陈平，刘阳，马天寿，2014. 页岩气“井工厂”钻井技术现状及展望［J］. 石油钻探技术，42（3）：1–7.

陈燕，王召兵，2012. 新闻学与传播学期刊同被引网络结构分析［J］. 情报探索，（8）：12–14.

陈海力，王琳，周峰，等，2014. 四川盆地威远地区页岩气水平井优快钻井技术［J］. 天然气工业，34（12）：100–105.

陈建国，邓金根，袁俊亮，等，2015. 页岩储层Ⅰ型和Ⅱ型断裂韧性评价方法研究［J］. 岩石力学与工程学报，（6）：1101–1105.

陈勉，庞飞，金衍，2006. 大尺寸真三轴水力压裂模拟与分析［J］. 岩石力学与工程学报，19（sp）：868–872.

陈天宇，冯夏庭，张希巍，等，2014. 黑色页岩力学特性及各向异性特性试验研究［J］. 岩石力学与工程学报，33（9），1772–1779.

陈甜甜，2018. 基于深度学习的说话人识别研究［D］. 北京：北京邮电大学.

陈佑宁，樊国栋，2007. 聚乳酸及其共聚物合成催化体系研究进展［J］. 工业催化，15（9）：47–51.

程万，金衍，陈勉，等，2014. 三维空间中水力裂缝穿透天然裂缝的判断准则［J］. 石油勘探与开发，41（3）：336–240.

程庆昭，魏修平，宿伟，2016. 水平井测井解释评价技术综述［J］. 非常规油气，3（2）：93–98.

邓燕，赵金洲，郭建春，2005. 重复压裂工艺技术研究及应用［J］. 天然气工业，25（6）：67–69.

邓广东，高德伟，赵大鹏，等，2013. 应用地应力分析技术优化九龙山构造的钻井设计［J］. 天然气工业，33（8）：95–101.

董大忠，王玉满，李登华，等，2012a. 全球页岩气发展启示与中国未来发展前景展望［J］. 中国工程科学，14（6）：69–76.

董大忠，王玉满，李新景，等，2016. 中国页岩气勘探开发新突破及发展前景思考［J］. 天然气工业，36（1）：19–32.

董大忠，邹才能，李建忠，等，2011. 页岩气资源潜力与勘探开发前景［J］. 地质通报，30（Z1）：324–336.

董大忠，邹才能，杨桦，等，2012b. 中国页岩气勘探开发进展与发展前景［J］. 石油学报，33（S1）：107–114.

董靖川，徐明达，王太勇，等，2019. 分布式卷积神经网络在刀具磨损量预测中的应用［J］. 机械科学与技术，（6）：1–7.

董靖川，徐明达，王太勇，等. 分布式卷积神经网络在刀具磨损量预测中的应用［J］. 机械科学与技术，2019（6）：1–7.

范翔宇，吴昊，殷晟，等，2014. 考虑井壁稳定及增产效果的页岩气水平井段方位优化方法［J］. 天然气工业，34（12）：94–99.

方世杰，刘耀辉，王强，等，2008. SRB 对 AZ91 镁合金在含氯离子溶液中腐蚀的影响［J］. 华南理工大学学报，36（7）：92–36

封莉，梁艳，刘建斌，等，2014. 产气剖面测试在苏里格气田东区的应用［J］. 石油化工应用，33（8）：24–26.

付胜利，高德利，易先中，等,2006. 实体可膨胀管变形力与膨胀工具模角关系研究［J］. 石油机械,34(1)：25–28.

高松巍，杨洋，2006. 泄漏同轴电缆在周界报警装置中的应用［J］. 沈阳工业大学学报，28（1）：91–93.

葛洪魁，王小琼，张文，2013. 大幅度降低页岩开发成本的技术途径［J］. 石油钻探技术，41（3）：1–5.

耿帅，2018. 智能光纤周界安防系统研究与应用［J］. 机电信息，（18）.

郭洪志 . WY 地区页岩气藏测井精细评价［D］. 西南石油大学，2014.

郭彤楼，2016. 中国式页岩气关键地质问题与成藏富集主控因素［J］. 石油勘探与开发，43（3）：317–326.

郭彤楼，曾萍，2017. 复杂构造区页岩气地质特征、资源潜力与成藏关键因素［M］. 北京：科学出版社 .

郭彤楼，张汉荣，2014，. 四川盆地焦石坝页岩气田形成与富集高产模式［J］. 石油勘探与开发，41（1)：28–36.

郭旭升，2014. 涪陵页岩气田焦石坝区块富集机理与勘探技术［M］. 北京：科学出版社 .

郭旭升，郭彤楼，魏志红，等，2012. 中国南方页岩气勘探评价的几点思考［J］. 中国工程科学，14（6）：101–105，112.

郭旭升，胡东风，魏志红，等，2016. 涪陵页岩气田的发现与勘探认识［J］. 中国石油勘探，21（3）：24–37.

郭旭升，李宇平，刘若冰，等，2014. 四川盆地焦石坝地区龙马溪组页岩微观孔隙结构特征及其控制因素［J］. 天然气工业，34（6）：9–16.

郭印同，杨春和，贾长贵，等，2014. 页岩水力压裂物理模拟与裂缝表征方法研究［J］. 岩石力学与工程学报，33（1）：52–59.

韩恩厚，柯伟，2002. 镁合金的腐蚀与防护—现状与展望［C］.2002 全国镁行业年会会议论文集：83–94

衡帅，杨春和，张保平，等，2015. 页岩各向异性特征的试验研究［J］. 岩土力学，36（3），609–616.

衡帅，杨春和，曾义金，等，2014. 基于直剪试验的页岩强度各向异性研究［J］. 岩石力学与工程学报，33(5)：874–883.

衡帅，杨春和，郭印同，等，2015. 层理对页岩水力裂缝扩展的影响研究［J］. 岩石力学与工程学报，34（2）：228–237.

侯冰，陈勉，李志猛，等，2014. 页岩储集层水力裂缝网络扩展规模评价方法［J］. 石油勘探与开发，41（6）：763–768.

侯鹏，高峰，杨玉贵，等，2016. 黑色页岩巴西劈裂破坏的层理效应研究及能量分析［J］. 岩土工程学报，38（5），930–937.

侯振坤，杨春和，郭印同，等，2015. 单轴压缩下龙马溪组页岩各向异性特征研究［J］. 岩土力学，36(9)，2541–2550.

侯振坤，杨春和，王磊，等，2016. 大尺寸真三轴页岩水平井水力压裂物理模拟试验与裂缝延伸规律分析［J］. 岩土力学，37（2）：407–414.

胡东风，张汉荣，倪楷，等,2014. 四川盆地东南缘海相页岩气保存条件及其主控因素［J］. 天然气工业，

34（6）：17–23.
胡文瑞，2013. 页岩气将工厂化作业［J］. 中国经济和信息化，（7）：18–19.
胡永全，赵金洲，刘洪，等，2006. 考虑气井生产影响的重复压裂裂缝重定向研究［J］，天然气工业，26（5）：87–89.
胡长翠，张明友，张琴，等，2011. 井下测试数据无线传输技术探讨 . 钻采工艺［J］，34（1）：48–50.
黄斌，卢金金，王建华，等，2016. 基于深度卷积神经网络的物体识别算法［J］. 计算机应用，36（12）：3333–3340.
黄浩，2017. 金属降阻剂在页岩气井产气剖面测试中的应用［J］. 江汉石油职工大学学报，30（3）：44–46.
黄荣樽，1981. 水力压裂裂缝的起裂和扩展［J］. 石油勘探与开发，5：65–77.
姬洪明，刘方志，2013. 页岩气水平井扫塞技术研究［J］. 辽宁化工，42（12）：1446–1452.
姜德义，谢凯楠，蒋翔，等，2016. 页岩单轴压缩破坏过程中声发射能量分布的统计分析［J］. 岩石力学与工程学报，35（A2），3822–3828.
姜振学，唐相路，李卓，等，2018. 中国典型海相和陆相页岩储层孔隙结构及含气性［M］. 北京：科学出版社 .
姜政华，童胜宝，丁锦鹤，2012. 彭页 HF–1 页岩气水平井钻井关键技术［J］. 石油钻探技术，40（4）：28–31.
蒋廷学，2013. 页岩油气水平井压裂裂缝复杂性指数研究及应用展望［J］. 石油钻探技术，41（2）：7–12.
蒋裕强，董大忠，漆麟，等，2010. 页岩气储层的基本特征及其评价［J］. 天然气工业，30（10）：7–12.
金列俊，詹建明，陈俊华，等，2020. 基于一维卷积神经网络的钻杆故障诊断［J］. 浙江大学学报（工学版），54（3）：467–474.
李传亮，孔祥言，2000. 油井压裂过程中岩石破裂压力计算公式的理论研究［J］. 石油钻采工艺，22（2）：54–56.
李凡长，2007. 面向数据约简的机器学习新理论与新方法研究 . 江苏省：苏州大学 .
李国相，2014. 基于光纤振动安全预警系统的振源识别算法研究［D］. 北京：北方工业大学 .
李洪才，刘春桐，张志利，2015. 一种用于周界入侵监测的 FBG 振动传感器［J］. 光电子·激光，（10）：1902–1907.
李惠芳，印新达，刘简，2012. 基于光纤光栅传感系统的入侵信号识别［J］. 光通信技术，36（2）：12–14.
李继庆，梁榜，曾勇，等，2017. 产气剖面井资料在涪陵焦石坝页岩气田开发的应用［J］. 长江大学学报（自科版），14（11）：8，75–81.
李江涛，张绍辉，杨莉，等 . 涩北气田气层动用程度研究［J］. 油气井测试，2014，23（1）：30–32，76.
李凯彦，赵兴群，孙小菡，等，2015. 一种用于光纤链路振动信号模式识别的规整化复合特征提取方法［J］. 物理学报，64（5）：54304–054304.
李克智，何青，秦玉英，等，2013. “井工厂”压裂模式在大牛地气田的应用［J］. 石油钻采工艺，35（1）：68–71.
李庆辉，陈勉，Fred P Wang，等，2012. 工程因素对页岩气产量的影响——以北美 Haynesville 页岩气藏为例［J］. 天然气工业，32（4）：54–59.

李士伦，等，2000. 天然气工程［M］. 北京：石油工业出版社.

李世愚，等，2010. 岩石断裂力学导论［M］. 合肥：中国科学技术大学出版社.

李鹤，Hii King-Kai，Todd Franks，等，2013. 四川盆地金秋区块非常规天然气工厂化井作业设想［J］. 天然气工业，33（6）1-6.

李湘燕，张春丽，赵玮，等，2003. 轻中度高血压病人血管功能及结构的超声评价及其与血管活性因子的相关性［J］. 中国医药导刊，5（3）：189-191.

李勇明，赵金洲，郭建春，2001. 考虑缝高压降的裂缝三维延伸数值模拟［J］. 钻采工艺，24（1）：34-37.

李元华，2015. 水平井井筒温度场数值模拟方法及影响因素研究［D］. 青岛：中国石油大学（华东）.

李宗田，2009. 水平井压裂技术现状与展望［J］. 石油钻采工艺，31（6）：13-18.

刘安琪，王嘉麟，喻千，等，2019. 页岩气开发环境保护实践及环境监管思考——以中国石油集团为例［J］. 环境影响评价，41（1）：1-5.

刘德华，肖佳林，关富佳，2011. 页岩气开发技术现状及研究方向［J］. 石油天然气学报，33（1）：119-123，169.

刘洪，胡永全，赵金洲，等，2004. 重复压裂气井造新缝机理研究［J］，天然气工业，24（12）：102-104.

王公昌，杨明，王睿恒，等，2011. 页岩气开发存在的几个难题及我国的开发前景［J］. 低渗透油气田，16（3）：54-57.

刘吉余，彭志春，郭晓博，2005. 灰色关联分析法在储层评价中的应用——以大庆萨尔图油田北二区为例［J］. 油气地质与采收率，（2）：13-15，82.

刘琨，翁凌锋，江俊峰，等，2019. 基于过零率的光纤周界安防系统入侵事件高效识别［J］. 光学学报，39（11）：77-83.

刘龙伟. 气藏水平井产气剖面实验装置及测试方案［D］. 成都：西南石油大学，2017.

刘茂果，晏宁平，吕利刚，等，2015. 靖边气田下古分层产量贡献率影响因素分析［J］. 石油化工应用，34（7）：47-52，63.

刘乃震，2014. 苏 53 区块“井工厂”技术［J］. 石油钻探技术，42（5）：21-25.

刘社明，张明禄，陈志勇，等，2013. 苏里格南合作区工厂化钻完井作业实践［J］. 天然气工业，33（8）：64-69.

刘伟，陶谦，丁士东，2012. 页岩气水平井固井技术难点分析与对策［J］. 石油钻采工艺，34（3）：40-43.

刘武，陈才林，吴小红，等，2003. 多相管流流体温度分布计算公式的推导与应用［J］. 西南石油学院学报，25（6）：93-95.

刘武，陈才林，吴小红，等，2003. 多相管流流体温度分布计算公式的推导与应用［J］. 西南石油学院学报，25（6）：93-95.

卢娜，安博文，李玉涟，等，2017. 基于时域特征的光纤安防系统信号识别算法［J］. 传感器与微系统，（4）：150-152.

卢运虎，陈勉，安生，2012. 页岩气井脆性页岩井壁裂缝扩展机理［J］. 石油钻探技术，40（4）：13-16.

路保平，2013. 中国石化页岩气工程技术进步及展望［J］. 石油钻探技术，41（5）：1-8.

罗光明，李枭，崔贵平，等，2012. 分布式光纤传感器的周界安防入侵信号识别［J］. 光电工程，39（10）.
吕芳蕾，2015. 国内外压裂用新型可溶复合材料井下工具［J］. 石化技术，（6）：113–114.
米克尔 J·埃克诺米德斯，2002. 油藏增产措施（3 版）［M］. 北京：石油工业出版社.
倪卫宁，刘建华，张卫，等，2014. 基于无线射频识别的井下工具控制技术［J］. 石油钻探技术，42（6）：102–105.
倪郁东，陈天富，左冬森，等，2015. 采用时域和复域小波变换的光纤周界振动信号识别［J］. 化工自动化及仪表，42（12）：1300–1304.
牛新明，2014. 涪陵页岩气田钻井技术难点及对策［J］. 石油钻探技术，42（4）：1–6.
庞长英，连军利，吴一凡，等，2012. 美国页岩油气开发技术及对我国的启示［J］. 石油地质与工程，26（5）：62–66.
皮少华，王冰洁，赵栋，等，2016. 分布式光纤 Sagnac 干涉仪中基于倒谱的多分辨率入侵定位算法［J］. 物理学报，65（4）：044210.
邱亮南，2009. 红外线幕墙产品的技术特征与应用——主动红外入侵探测技术的发展历程［J］. 中国安防，（1）：46–49.
曲建岭，余路，袁涛，2018. 基于一维卷积神经网络的滚动轴承自适应故障诊断算法［J］. 仪器仪表学报，39（7）：134–143.
尚晓峰，樊金喆，尚进，2015. 镁合金滑套压裂球的表面改性研究［J］. 机械工程师，3（9）：47–51.
邵蔚元，郭跃飞，2016. 多任务学习及卷积神经网络在人脸识别中的应用［J］. 计算机工程与应用，52（13）：32–37.
盛媛媛，刘俊承，金佳颖，等，2015. 光纤传感器振动信号特征提取研究［J］. 光电技术应用，30（6）：45–50.
施培华，王成荣，刘志敏，等，2015. 青海涩北气田产气剖面解释方法研究［J］. 测井技术，（3）：216–219，243–283.。
时贤，程远方，常鑫，等，2014. 缺失声波条件下的页岩储层地应力测井解释方法［J］. 天然气工业，34（12）：55–62.
史雅琴，辛钢，高阳，2003. 热喷涂铁铝合金涂层［J］. 大连海事大学学报，29（2）：83–89
司光，林好宾，丁丹红，等，2013. 页岩气水平井工厂化作业造价确定与控制对策［J］. 天然气工业，33（12）：163–167.
司辉，李香文，董晓琪，等，2013. 振动光纤技术在天然气站场周界安防中的应用［J］. 天然气工业，33（10）：116–121.
司晓冬，罗明良，李明忠，等，2021. 压裂用减阻剂及其减阻机理研究进展［J］. 油田化学，38（4）：732–739.
谭茂金，张松扬，2010. 页岩气储层地球物理测井研究进展［J］. 地球物理学进展，25（6）：2024–2030.
唐瑞江，王玮，王勇军，等，2014. 元坝气田 HF–1 陆相深层页岩气井分段压裂技术及效果［J］. 天然气工业，34（12）：76–80.
唐颖，唐玄，王广源，2011. 页岩气开发水力压裂技术综述［J］. 地质通报，30（2）：393–399.
陶俊明，2004. 浅谈周界防范中的主动红外探测器［J］. 安防科技，（5）：24–25.

万遂人，彭丽成，2012. 安防系统光纤信号特征提取与分类算法研究［J］. 科技导报，30（36）：24–28.
王林，平恩顺，李楠，等，2017. 可降解桥塞坐封过程卡瓦力学分析［J］. 石油机械，45（12）：48–52.
王路露，2014. 光纤周界安防系统在物流仓储安全管理中的应用［J］. 信息技术与信息化，（9）：141–143.
王显光，李雄，林永学，2013. 页岩水平井用高性能油基钻井液研究与应用［J］. 石油钻探技术，41（2）：17–2.
王晓冬，罗万静，侯晓春，王军磊，矩形油藏多段压裂水平井不稳态压力分析，石油勘探与开发，2014，2，41（1）：74–78
王艳领，刘勋，曹子英，2015. 水平井压裂技术开采页岩气的现状与展望［J］. 重庆工贸职业技术学院学报，（2）：28–31，52.
王易志，2010. 浅谈周界防范技术在民航机场中的应用［J］. 中国科技信息，（1）：50–51.
王志刚，2019. 涪陵大型海相页岩气田成藏条件及高效勘探开发关键技术［J］. 石油学报，40（3）：370–382.
王中华，2011. 国内外油基钻井液研究与应用进展［J］. 断气块气田，18（4）：533–537.
魏元龙，杨春和，郭印同，等，2015. 单轴循环荷载下含天然裂隙脆性页岩变形及破裂特征试验研究［J］. 岩土力学，36（6），1649–1658.
魏元龙，杨春和，郭印同，等，2015. 三轴循环荷载下页岩变形及破坏特征试验研究［J］. 岩土工程学报，37（12），2262–2271.
吴红艳，更波，卞庞，2013. 光纤周界安防系统端点检测技术的研究［J］. 仪器化表学报，34（4）：743–748.
吴仕荣，邓传光，周开吉，2006. 空气钻井地层出水限定值的探讨［J］. 钻采工艺，29（5）：7–8.
伍永忠，2008. 电子安全围栏系统发展现状和市场前景及在国内送变电站的应用［J］. 中国安防，（3）：63–66.
谢尚然，邹琪琳，屠亦军，2009. 长距离双 M–Z 干涉型振动传感器实时定位算法研究［J］. 光电子·激光，（8）：1020–1024.
邢八一，徐方辰，2014. 光纤周界安防系统技术现状及市场前景分析［J］. 中国安防：85–89.
徐帮才，2016. 连续油管光纤产气剖面测试技术应用试验［J］. 江汉石油职工大学学报，29（1）：26–29.
徐铖晋，2017. 分布式光纤传感系统的信号处理技术研究［D］. 浙江：浙江大学 .
徐旭东，马立乾，2018. 基于迁移学习和卷积神经网络的控制图识别［J］. 计算机应用，38（S2）：295–300.
许洁，许明标，2011. 页岩气勘探开发技术研究［J］. 长江大学学报（自然版），8（1）：80–82.
薛承瑾，2011. 页岩气压裂技术现状及发展建议［J］. 石油钻探技术，39（3）：24–29.
薛茹，宋焕生，张环，2012. 基于像素的背景建模方法综述［J］. 电视技术，36（13）：39–43，47.
闫联国，周玉仓，2012. 彭页 HF–1 页岩气井水平段固井技术［J］. 石油钻探技术，40（4）：47–51.
杨德敏，喻元秀，梁睿，等，2019. 我国页岩气重点建产区开发进展、环保现状及对策建议［J］. 现代化工，39（1）：1–6.
杨海平，许明标，刘俊君，2013. 鄂西渝东建南构造页岩气钻完井关键技术［J］. 石油天然气学报，35（6）：99–102，130

杨勇，2007. 水力压裂过程中井下温度场的研究与应用［D］. 中国石油大学（华东）.

杨正理，2013. 采用小波变换的周界报警信号辨识［J］. 光电工程，40（1）：84–89.

杨志鹏，何柏，谢凌志，等，2015. 基于巴西劈裂试验的页岩强度与破坏模式研究［J］. 岩土力学，36(12)：3447–3455.

姚军，孙海，樊冬艳，等，2013. 页岩气藏运移机制及数值模拟［J］. 中国石油大学学报（自然科学版），137（1），91–98.

姚强，樊丽丽，张文静，等，2016. 一种定量解释水平气井产出剖面的方法 . CN106321065A［P］.

尹帅，丁文龙，孙雅雄，等，2016. 泥页岩单轴抗压破裂特征及 UCS 影响因素 . 地学前缘，23（2），75–95.

喻骁芒，2014. 分布式光纤传感器周界安防入侵信号的多目标识别［D］. 湖南：湘潭大学 .

岳献云，2005. 热塑性弹性体研究进展［J］. 特种橡胶品，1：51–54+58.

曾义金，2014. 页岩气开发的地质与工程一体化技术［J］. 石油钻探技术，42（1）：1–6.

张宏伟，舒畅，窦益华，等 . 楔形封隔器卡瓦与套管相互作用的力学分析［J］. 机械设计与制造工程，2017，46（10）：34–37

张金成，孙连忠，王甲昌，等，2014.“井工厂”技术在我国非常规油气开发中的应用［J］. 石油钻探技术，42（1）：20–25

张金川，陶佳，李振，等，2021. 中国深层页岩气资源前景和勘探潜力［J］. 天然气工业，41（1）：15–28.

张金川，金之钧，袁明生，2004. 页岩气成藏机理和分布［J］. 天然气工业，24（7）：15–18.

张丽君，2017. 公共场所异常声音识别算法设计与研究［D］. 重庆：重庆大学 .

张锐铎，段永刚，蔡珺君，2017. 一种预测水平井井筒温度剖面的新方法［J］. 复杂油气藏 . 10（3）：39–43.

张卫东，郭敏，姜在兴，2012. 页岩气评价指标与方法［J］. 天然气地球科学，22（6）：1093–1099.

张文彬，2013. 大牛地气田 DP43 水平井组的井工厂钻井实践［J］. 天然气工业，33（6）：36–41.

张燕君，刘文哲，付兴虎，等，2016. 基于 EMD–AWPP 和 HOSA–SVM 算法的分布式光纤振动入侵信号的特征提取与识别［J］. 光谱学与光谱分析，36（2）：577–582.

张予生，夏元剑，王成荣，等 . 柴达木盆地涩北气田出水井产气剖面曲线特征［J］. 吐哈油气，2008，13（4）：378–380.

张玉军，刘谊平，2001. 层状岩体抗剪强度的方向性及剪切破坏面的确定［J］. 岩土力学，22（3），254–257.

赵晓叶，2018. 基于深度信息的人体行为识别方法研究［D］. 江苏：江南大学 .

赵忠建，樊丽丽，聂国浩，等，2019. 水平气井内温度分布影响因素的试验研究［J］. 科学技术与工程，19（18）：

周虎，熊文祥，吴俊杰，2017. 超声波流量计测井技术在吐哈油田的应用［J］. 化工管理，（11）：3，5.

周贤海，2013. 涪陵焦石坝区块页岩气水平井钻井完井技术［J］. 石油钻探技术，41（5）：26–30.

周正仙，肖石林，仝芳轩，2009. 基于 M–Z 干涉原理的定位式光纤振动传感器［J］. 光通信研究，155(5)：67–70.

周志华，张文君，王卫红，2009. 基于 GIS 的映（秀）—日（隆）旅游公路滑坡灾害预测预报系统研究［J］. 安徽农业科学，37（4）：1852–1854.

周志华，2016. 机器学习［M］. 北京：清华大学出版社.

周治岳，单永乐，高勤峰，等，2013. 不同生产压差下产气剖面测井的应用［J］. 中国石油和化工标准与质量，34（4）：83.

朱程辉，瞿永中，王建平，2014. 基于时频特征的光纤周界振动信号识别［J］. 光电工程，41（1）：16–22.

朱迎辉，廖意，罗文波，等，2012. 水平井光纤测温及井温曲线应用技术［J］. 油气地球物理.（1）：22–24.

邹毓，吴东胜，石文睿，等，2017. 页岩气开发的水环境问题及处理方法探讨［J］. 能源与环保，39（7）：109–114.

邹才能，董大忠，王社教，等，2010. 中国页岩气形成机理、地质特征及资源潜力［J］. 石油勘探与开发，37（6）：641–653.

邹才能，赵群，丛连铸，等，2021. 中国页岩气开发进展、潜力及前景［J］. 天然气工业，41（1）：1–14.

邹才能，赵群，董大忠，等，2017. 页岩气基本特征、主要挑战与未来前景［J］. 天然气地球科学，28（12）：1781–1796.

邹才能，董大忠，杨桦，等，2011. 中国页岩气形成条件及勘探实践［J］. 天然气工业，31（12）：26–39，125.

邹才能，董大忠，王玉满，等，2015. 中国页岩气特征、挑战及前景（一）［J］. 石油勘探与开发，42（6）：689–701.

A Kalantari–Dahaghi，S D Mohaghegn，2011. Numerical Simulation and Multiple Realizations for sensitivity study of Shale Gas Reservoir. SPE 141508

Ai–Hua Z，Xin–Wen Z，2007. Recognition of mental task of pressing key about left–right hand based on BP neural networks［J］. China Medical Engineering，15（3）：239–241，244.

Akob D M，Cozzarelli I M，Dunlap D S，et al.，2015. Organic and inorganic composition and microbiology of produced waters from Pennsylvania shale gas wells［J］. Applied Geochemistry，60：116–125.

Alves I N，Alhanati F J S，Shoham O，1992. A unified model for predicting flowing temperature distribution in wellbores and pipelines［J］. SPE Production Engineering，7（4）：363–367.

Anderson T L，1991. Fracture mechanics：fundamentals and applications［M］. CRC Press.

Arora S，Mishra B，2015. Investigation of the failure mode of shale rocks in biaxial and triaxial compression tests［J］. International Journal of Rock Mechanics and Mining Sciences，79：109–123.

Atkinson C，Smelser R E，Sanchez J，1982. Combined mode fracture via the cracked Brazilian disk test［J］. International Journal of Fracture，18（4）：279–291.

Bi F，Zheng T，Qu H，et al.，2016. A harmful–intrusion detection method based on background reconstruction and two–dimensional K–S test in an optical fiber pre–warning system. Photonic Sensors，6（2）：143–152.

Burms C S，Gopinath R A，Guo H，1998. Introduction to wavelets and wavelet transforms：a primer［M］. Prentice Hall，Englewood Cliffs.

C Stauffer，WEL Grimson，1999. Adaptive Background Mixture Models for Real–Time Tracking［J］. IEEE Computer Society Conference on Computer Vision & Pattern Recognition，2：252 Vol. 2.

C. J. De Pater，et al，1994. Experimental verification of dimensional analysis for hydraulic fracturing［J］.

SPE Production & Facilities, 9 (4), 30–238.

Cai J, Duan Y, 2015. Study on temperature distribution along wellbore of fracturing horizontal wells in oil reservoir [J] . Petroleum.1 (4): 358–365.

Cho, J. W, Kim, H, Jeon, S, et al., 2012. Deformation and strength anisotropy of Asan gneiss, Boryeong shale, and Yeoncheon schist [J] . International Journal of Rock Mechanics and Mining Sciences, 50, 158–169.

Crouch S L, Starfield A M. Boundary element methods in solid mechanics [M] . George Allen & Unwin, London, 1983.

Curtis, J B, 2002. Fractured shale–gas systems [J] . AAPG Bulletin, 86 (11): 1921–1938.

E. Barrett, I. Abbasy, C–R. Wu, et al., 2013. Determining Rate Profile in Gas Wells from Pressure and Temperature Depth Distributions[C]. 6th International Petroleum Technology Conference, IPTC 17041: 1–7.

Elsner M, Hoelzer K, 2016. Quantitative Survey and Structural Classification of Hydraulic Fracturing Chemicals Reported in Unconventional Gas Production [J] . Environmental Science & Technology, 50 (7): 3290–3314.

Estrada J M, Bhamidimarri R, 2016. A review of the issues and treatment options for wastewater from shale gas extraction by hydraulic fracturing [J] . Fuel, 182: 292–303.

F Javadpour, D Fisher, M Unsworth, 2007. Nanoscale Gas Flow in Shale Gas Sediments[J]. JCPT, 46(10), 55–61.

F Javadpour, 2009. Nanopores and Apparent Permeability of Gas Flow in Mudrocks(Shales and Siltstone) [J]. JCPT, 48 (8), 16–21.

Galloway E, Hauck T, Corlett H, et al., 2018. Faults and associated karst collapse suggest conduits for fluid flow that influence hydraulic fracturing–induced seismicity [J] . Proceedings of the National Academy of Sciences, 115 (43): E10003–E10012.

Gonzaga G G, Leite M H, Corthesy R, 2008. Determination of anisotropic deformability parameters from a single standard rock specimen [J] . International Journal of Rock Mechanics and Mining Sciences, 45 (8): 1420–1438.

Hao F, Zou H, Lu Y, 2013. Mechanisms of shale gas storage : Implications for shale gas exploration in China [J] . AAPG Bulletin, 97 (8): 1325–1346.

Haque M F, Lim H Y , Kang D S, 2019. Object Detection Based on VGG with ResNet Network [C] . 2019 International Conference on Electronics, Information, and Communication (ICEIC) .

Harkness J S, Dwyer G S, Warner N R, et al., 2015. Iodide, Bromide, and Ammonium in Hydraulic Fracturing and Oil and Gas Wastewaters : Environmental Implications [J] . Environmental Science & Technology, 49 (3): 1955–1963.

Hill D G, Nelson C R, 2000. Reservoir properties of the Upper Cretaceous Lewis Shale, a new natural gas play in the San Juan Basin [J] . AAPG Bulletin, 84 (8): 1240.

Jarvie D, 2008. Geochemical characteristics of the Devonian Woodford shale. Worldw. Geochem. LLC : 1–23.

Jiang L H, Liu X M, Zhang F, 2010. Multi–target recognition used in airpoty fiber fence warning system [C].

International Conference on Machine Learning & Cybernetics. IEEE.

K. Yoshioka, 2007. Detection of Water or Gas Entry into Horizontal Wells by Using Permanent Downhole Monitoring System (PhD thesis), Texas A&M University, College Station, Texas.

Lauer N E, Warner N R, Vengosh A, 2018. Sources of Radium Accumulation in Stream Sediments near Disposal Sites in Pennsylvania : Implications for Disposal of Conventional Oil and Gas Wastewater [J] . Environmental Science & Technology, 52 (3) : 955–962.

LeCun Y, Botton L, Bengio Y, et al., 1998. Gradient–based learning applied to document recognition [J] . Proceedings of the IEEE, 86 (11) : 2278–2324.

Lecun Y, Kavukcuoglu K, Farabet C, 2010. Convolutional networks and applications in vision [C] . Proceedings of IEEE International Symposium on Circuits and Systems, 253–256.

Li T, Tan Y, Zhou Z, et al., 2015. Study on the non–contact FBG vibration sensor and its application [J] . Photonic Sensors, 5 (2) : 128–136.

Lipus D, Vikram A, Ross D, et al., 2017. Predominance and Metabolic Potential of Halanaerobium spp. in Produced Water from Hydraulically Fractured Marcellus Shale Wells [J] . Applied and Environmental Microbiology, 83 (8) .

Mahmoud S S, Katsifolis J, 2010. Performance investigation of real–time fiber optic perimeter intrusion detection systems using event classification [C] // IEEE International Carnahan Conference on Security Technology. IEEE.

Minsky L M, 1954. Theory of neural–analog reinforcement systems and its application to the brain–model problem [D] . Princeton University.

Nolte K G, 1988. Application of fracture design based on pressure analysis [J] . SPE Production Engineering, 3 (1) : 31–42.

Olmstead S M, Muehlenbachs L A, Shih J S, et al., 2013. Shale gas development impacts on surface water quality in Pennsylvania [J] . Proceedings of the National Academy of Sciences, 110 (13) : 4962– 4967.

Ozkan E, Raghavan R, 1991. New solutions for well test analysis problems : Part 1–analytical considerations [J] . SPE Formation Evaluation, 6 (3) : 359–368.

R Sagar, D R Doty, Z Schmidt, 1991. Predicting temperature profiles in a flowing well [J] . Society of Petroleum Engineers, 6 (4) : 441–448.

Ramey H J, 1962. Wellbore heat transmission [J] . J P T, 14 (4) : 427–435.

Rumelhart, David E, Hinton, et al., 1986. Learning representations by back–propagating errors [J] . Nature, 323 (6088) : 533–536.

Sagar R K, 1991. Predicting temperature profiles in a flowing well [J] . SPE Production Engineering, 6 (4) : 441–448.

Sedman A, Talviste P, Mõtlep R, et al., 2012. Geotechnical characterization of Estonian oil shale semi–coke deposits with prime emphasis on their shear strength [J] . Engineering Geology, 131 : 37–44.

Selley, R. C, 2012. UK shale gas : The story so far [J] . Marine and Petroleum Geology, 31 (1) : 100–109.

Shi M, Huang D, Zhao G, et al., 2014. Bromide : A Pressing Issue to Address in China' s Shale Gas

Extraction [J] . Environmental Science & Technology, 48 (17) : 9971–9972.

Shiu K C, Beggs H D, 1980. Predicting temperature in flowing oil wells [J] . Journal of Energy Resources Technology, Transactions of the ASME, 102 (1) : 2–11.

Simonyan K, Zisserman A, 2014. Very deep convolutional networks for large–scale image recognition [J] . Computer Science. 570–578.

Tavallali A, Vervoort A, 2013. Behaviour of layered sandstone under Brazilian test conditions : Layer orientation and shape effects [J] . Journal of Rock Mechanics and Geotechnical Engineering, 5 (5) : 366–377.

Vengosh A, Jackson R B, Warner N, et al., 2014. A Critical Review of the Risks to Water Resources from Unconventional Shale Gas Development and Hydraulic Fracturing in the United States [J] . Environmental Science & Technology, 48 (15) : 8334–8348.

Vikram A, Lipus D, Bibby K, 2016. Metatranscriptome analysis of active microbial communities in produced water samples from the Marcellus Shale [J] . Microbial Ecology, 72 (3) : 571–581.

Walter Konhaeuser, 2006. Broadband wireless access solutions—progressive challenges and potential value of next generation mobile networks [J] . Wireless Personal Communications, 37 (3–4) : 243–259.

Warlick D, 2006. Gas shale and CBM development in North America [J] . Oil and Gas Financial Journal, 3 (11) : 1–5.

Warpinski N R, Teufel L W, 1987. Influence of geologic discontinuities on hydraulic fracture propagation [J] . Journal of Petroleum Technology, 39 (2) : 209–220.

Yuan W, Pang B, Bo J, et al., 2014. Fiber Optic Line–Based Sensor Employing Time Delay Estimation for Disturbance Detection and Location [J] . Journal of Lightwave Technology, 32 (5) : 1032–1037.

Zhouyi Li, Zhuoyi Li, 2010.Interpreting horizontal well flow profiles and optimizing well performance by downhole temperature and pressure data. Texas A&M University.